電子工作のための PIC16F1ファミリ 活用ガイドブック

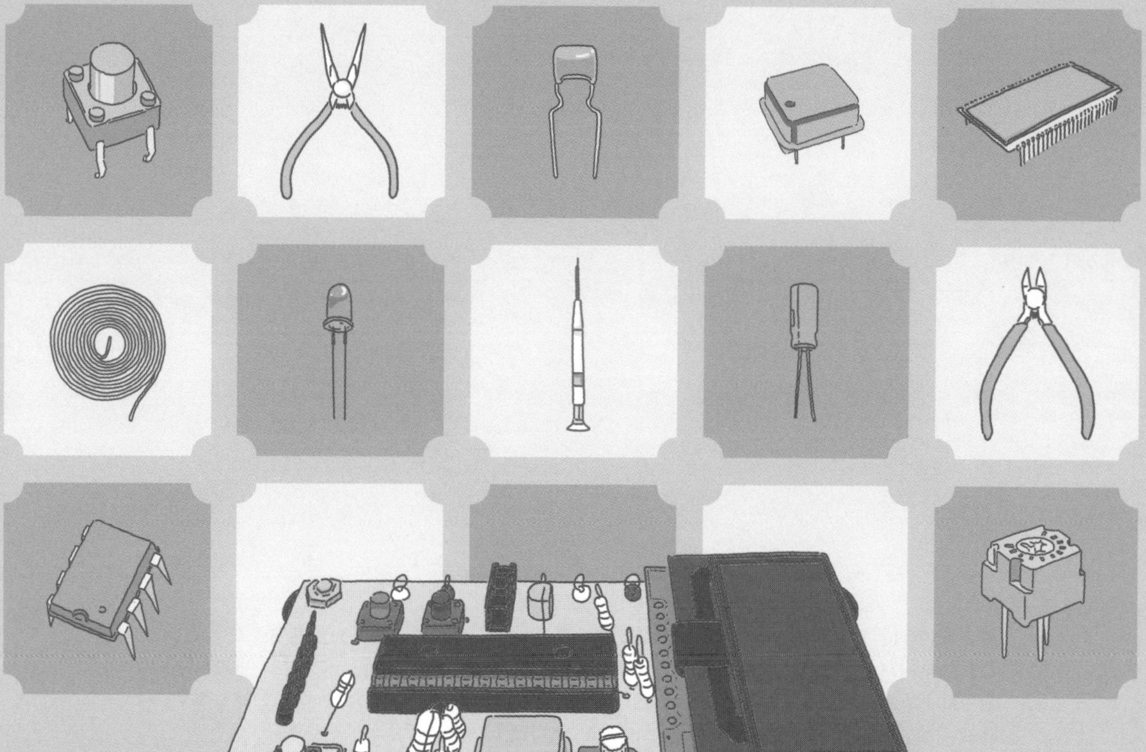

後閑 哲也 著

技術評論社

第２刷（2017年３月）時点で、本書収録のプログラムにコンパイルエラーが出ることが判明しています。これはコンパイラのバージョンアップが原因で、組み込み関数 __delay_ms(xx) と __CONFIG のマクロ命令による記述の部分にエラーマークが出ますが、コンパイラは成功し、正常に動作します。
詳細は http://www.picfun.com/bookmntU.html をご覧ください。

まえがき

マイクロチップ社から従来のPIC16というミッドレンジファミリを大幅に機能アップした新ファミリ「F1ファミリ」がリリースされました。また、これに合わせて開発ツールのMPLAB IDEもMPLAB X IDEとして新規に開発されリリースされました。本書ではこの両者の使い方を解説しています。

F1ファミリは、PIC16F1xxxという型番であるため中のF1を取ってF1ファミリと呼ばれています。従来のPIC16ファミリを根本から作りなおした感じの強化が行われていて、クロックは最高32MHz（1.6倍）、プログラムメモリは最大32kワード（4倍）、データメモリは最大4kバイト（8倍）と大幅に増強されただけでなく、間接アドレッシングを強化し、データメモリもプログラムメモリも同じように間接アドレッシングで扱えるようになりました。さらにそれに対応する命令も追加されています。

これらは、すべてC言語によるプログラミングに対応させたもので、いよいよPIC16ファミリのレベルもC言語でプログラムを開発するのが当たり前になったということです。

これに呼応して統合開発環境のMPLAB IDEも全く新規に開発され、MPLAB X IDEとしてリリースされました。NetBeansをベースにして開発されていますので、プラットフォームを選ばず、Windowsだけでなく、LinuxやMac OSでも動作します。

これまでとは画面も操作方法もかなり異なっていますので、使いはじめは戸惑うことになるかと思います。しかし、これまでとはエディタ機能やデバッグ機能が大幅に強化されていますので、より便利になっていますから使わない手はないと思います。

さらにCコンパイラも統合されてMPLAB XC8/16/32として整理され、すべてにフリー版が用意されましたので、これですべてのPICマイコンのプログラムをC言語で開発する準備が整いました。

このような大きな変更を踏まえて、F1ファミリとMPLAB X IDEの使い方をご紹介していきます。

F1ファミリでは内蔵モジュールも強化されたり、新モジュールが追加されたりしていますので、実際にこれらを使った製作例を元に解説しています。

本書執筆時点ではまだリリースされていなかった、PIC16F14xxというUSBモジュールを内蔵したファミリも追加されましたが、これについてはまた別の機会にご紹介したいと思います。

末筆になりましたが、本書の編集作業で大変お世話になった技術評論社の藤澤 奈緒美さんに大いに感謝いたします。

2013年3月

PIC16F1 family

目次 CONTENTS

Peripheral Interface Controller

PIC16F1 family

第1章 F1ファミリの概要

PIC16F1xxxという名称のPICマイコン群を、その型番の特徴から「F1ファミリ」と呼んでいます。このファミリは従来のPIC16ファミリの強化版となっていて、メモリ容量が大幅に増強され、より高速な動作ができます。

本章では、このF1ファミリの概要について解説します。

1-1 F1ファミリの位置づけと特徴

現状のマイクロチップのPICマイコンのファミリは図1-1-1のようになっています。

●図1-1-1　PICマイコンのファミリ

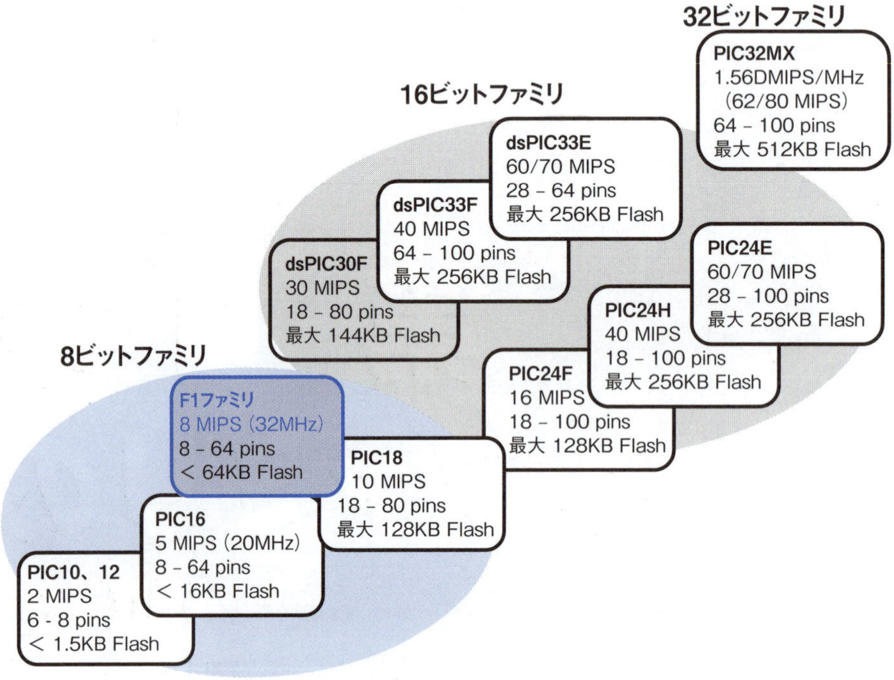

この中のPIC16ファミリは、8ビットファミリの中で中心的な位置を占めており、最も多く使われ、最も多くの種類のあるデバイスとなっています。

このように多く使われていく中で、市場では、より高度な機能をより効率的に実行でき、開発もより効率良く進められるデバイスが求められるようになりました。しかし、このデバイスはプロセスが古くなり、機能強化やコストダウンに限界が見えてきていました。

そこで、デバイスのプロセスから見直しをはかり、従来のPIC16ファミリのアーキテクチャを大幅に見直して市場の要求に応えられるようにしたものがF1ファミリです。

このF1ファミリを含めた8ビットファミリの基本的な種類は、表1-1-1に示すようになります。この表からわかるように、F1ファミリは従来のPIC16ファミリの強化版という位置づけで、速度や内蔵周辺モジュールも増強されて、ハイエンドのPIC18ファミリに迫る性能の8ビットマイコンとなります。

▼表1-1-1 8ビットファミリの種類

項目	ベースライン	ミッドレンジ	F1ファミリ	ハイエンド
型番 命令長 命令数 クロック ピン数	・PIC10、PIC12 ・12bit幅 ・33命令 ・4/8/20MHz ・6～40ピン	・PIC16 ・14bit幅 ・35命令 ・20MHz ・6～64ピン	・PIC16F1 ・14bit幅 ・49命令 ・20/32/48MHz ・8～64ピン	・PIC18 ・16bit幅 ・77命令 ・40/48/64MHz ・18～100ピン
特徴 周辺など	・周辺 コンパレータ 8bit ADC データメモリ 内蔵クロック	・周辺 10bit ADC SPI/I^2C USART PWM LCD オペアンプ	・強化周辺等 メモリ容量増 実行速度向上 複数通信 独立PWM 新モジュール	・高機能周辺 8x8乗算器 CAN CTMU イーサネット 12bit ADC

こうしてF1ファミリは機能強化され、次のような市場の要求に応えられるようになっています。

❶より高度な機能の実現

メモリを増強し、内蔵モジュールも強化することでより高度な機能を実行可能とした。セグメント液晶パネルドライバ、モーター用フルブリッジドライバ、フルスピードUSBなど、より高度な機能を実現できるようになった。

❷より効率良い実行

クロック速度をアップすることで実行速度を増し、さらに間接アドレッシング機能を強化し関連する命令を追加することで、プログラム実行効率を向上させた。

❸より効率的な開発

C言語によるプログラム開発で効率良い開発を可能とし、Cコンパイラが効率良いプログラムコードを生成できるように命令を追加した。

これらを考えると、F1ファミリは従来のPIC16ファミリとは独立の別ファミリと考えた方がよいかもしれません。しかし、ピンは完全に互換性が保たれているので差し替えが可能です。

代表的なF1ファミリの外観は写真1-1-1のようになっています。DIPタイプのものとSSOPタイプとSOICタイプの表面実装のものです。これ以外にも、ICの足が出ていない小型のQFNパッケージも用意されています。

●写真1-1-1 F1ファミリの外観

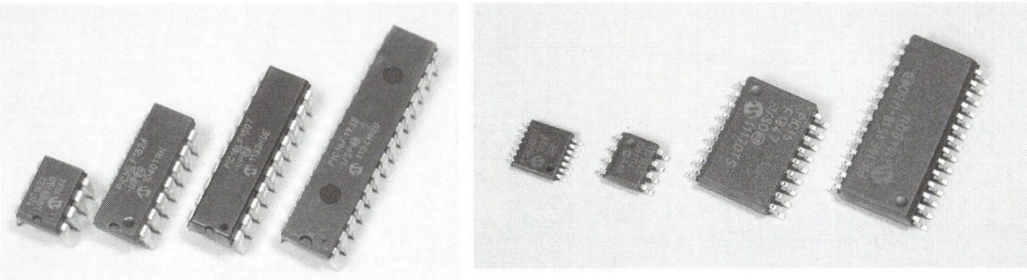

PIC16F1 family

1-2 F1ファミリと従来PIC16ファミリとの差異

F1ファミリが従来のPIC16ファミリから機能強化された内容は数多くありますが、主な変更内容は表1-2-1のようになっています。

▼表1-2-1　従来PIC16とF1ファミリの差異

項　目	従来PIC16	F1ファミリ
クロック周波数 内蔵クロック周波数	Max 20MHz 8MHz（最高8MHz動作）	Max 32MHz 16MHz（最高32MHz動作） （最高48MHz動作もあり）
プログラムメモリ	最大8kワード	最大32kワード
データメモリ	最大0.5kバイト	最大4kバイト
間接アドレスレジスタ	9ビット長 最大512アドレス	16ビット長 最大64kアドレス （プログラムメモリもアクセス可能）
命令数	35個	49個
スタックメモリ	8レベル	16レベル
割り込み	1レベル	1レベル（コアレジスタ退避自動）
電源電圧	2.0V ～ 5.5V	1.8V ～ 5.5V
新規内蔵モジュール	—	次世代新モジュール LCDドライバモジュール 8ビットDAC 12ビットADC USB、ECCP

変更内容の概要を説明します。

❶速度アップ

最大クロック周波数が20MHzから32MHzにアップし、命令実行速度が1.6倍となった。また内蔵クロックを8MHzから16MHzにアップし、さらに内蔵クロックをPLLで逓倍して32MHzの最高速度での実行を可能にした。またUSBモジュールを内蔵するPIC16F14xxファミリは、16MHz×3倍の48MHzでの動作も可能となっている。

❷メモリ容量アップ

メモリ空間としては、プログラムメモリが8kワードから32kワードと4倍になった。データメモリも、512バイトから4kバイトと8倍となった。ただし、実際の実装容量はデバイスごとに異なり、これより少なくなっている。

❸間接アドレッシング空間の拡張

間接アドレッシング用のアドレスレジスタが9ビットから16ビットに拡張されたことにより、512バイトから64kバイトのアドレス空間に拡張された。

この拡張により、データメモリだけでなく、プログラムメモリもデータメモリとして間接アドレッシングでアクセスできるようになった。

❹命令数の増強

間接アドレッシングや、ジャンプ命令の強化により36命令から49命令に増えた。

❺ スタックレベルの増加

8レベルから16レベルに倍増した。

❻割り込みのレジスタ保存を自動化

シャドーレジスタを用意して、割り込みの際のコアレジスタ保存を自動化した。

❼電源電圧範囲を拡張

PIC16LF1xxxの低電圧動作版では、最低動作電圧を2.0Vから1.8Vとした。これによりバッテリ動作時の動作時間が伸ばせるようになった。

❽内蔵周辺モジュールの強化

次のような多くの強化が行われた。

- すべての入出力ピンに内蔵プルアップと状態変化検出機能を追加
- アナログ機能モジュール強化
  - －12ビットA/Dコンバータ
  - －5または8ビットD/Aコンバータ
  - －定電圧リファレンス内蔵
- 次世代新モジュールを内蔵
  - CLC　：Configurable Logic Cell
  - CWG　：Complementary Wave Generator
  - PWM：Pulse Width Module（パルス幅変調）
  - NCO　：Numerical Control Oscillator
- セグメント液晶パネルドライバモジュール（最大184セグメント）
- ECCPモジュール（モータ制御用フルブリッジ構成可能）
- 8ピンPICマイコンにシリアル通信モジュールを内蔵
- タイマとしてタイマ2と同じ構成のタイマ4とタイマ6を追加
- 容量検知モジュールを追加（タッチパネル用）
- フルスピードのUSBモジュールを内蔵

❾低消費電力化

XLPファミリに属す。

1-3 F1ファミリの種類

F1ファミリとして発表されている製品は、本書執筆時点では、表1-1-1のような5種類となっています。このうちPIC16F14xxは量産製品未リリースとなっています。

これらの中も、さらにメモリ容量やピン数などにより多くの種類に分けられています。

▼表1-1-1 F1ファミリの種類

型 番	特 徴
PIC16F14xx	14ピン/20ピンでフルスピードUSBモジュール内蔵
PIC16F15xx	多チャネルアナログ入力(Max30チャネル) 多チャネルPWM出力(Max10チャネル) 新モジュール(CLC、CWG、NCO、PWM)内蔵
PIC16F178x	アナログ強化版 12ビット差動ADコンバータ、アナログコンパレータ オペアンプ、8ビットDAコンバータ、電圧リファレンス PSMCモジュール内蔵(スイッチング電源用PWM)
PIC12/16F18xx	少ピン高機能(8ピンから20ピン) 少ピンでありながらADコンバータ、DAコンバータ、 SPI/I^2C/USARTモジュールを内蔵
PIC16F19xx	廉価版 LCDドライバモジュール(Max184セグメント)

以降で、まだリリースされていないPIC16F14xxファミリ以外について、ファミリごとの概要を説明します。

1 PIC16F15xxファミリ

このファミリのデバイスは図1-3-1のような種類となっています。

図のように20ピン以下の少ピンと28ピン以上の多ピンでは内部構成が大きく異なっています。

少ピンのファミリは新モジュールと呼ばれているCLC、CWG、NCO、PWMのモジュールを内蔵し、多ピンのものには、多チャネルのアナログ入力ピンとPWM出力ピンを内蔵していることが特徴です。

少ピンのものでもPWMを4チャネル内蔵しているので、モータ駆動などのフルブリッジ回路を容易に構成できます。

●図1-3-1 PIC12/16F15xxファミリの種類

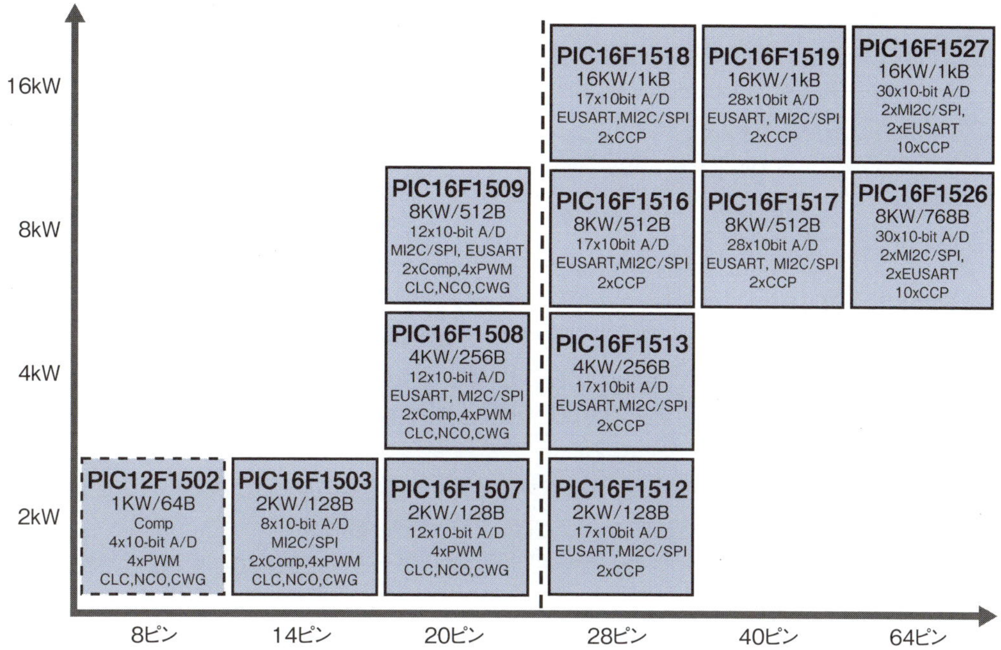
16kW
8kW
4kW
2kW
PIC16F1518 16KW/1kB 17x10bit A/D EUSART,MI2C/SPI 2xCCP
PIC16F1519 16KW/1kB 28x10bit A/D EUSART, MI2C/SPI 2xCCP
PIC16F1527 16KW/1kB 30x10-bit A/D 2xMI2C/SPI, 2xEUSART 10xCCP
PIC16F1509 8KW/512B 12x10-bit A/D MI2C/SPI, EUSART 2xComp,4xPWM CLC,NCO,CWG
PIC16F1516 8KW/512B 17x10bit A/D EUSART,MI2C/SPI 2xCCP
PIC16F1517 8KW/512B 28x10bit A/D EUSART, MI2C/SPI 2xCCP
PIC16F1526 8KW/768B 30x10-bit A/D 2xMI2C/SPI, 2xEUSART 10xCCP
PIC16F1508 4KW/256B 12x10-bit A/D EUSART, MI2C/SPI 2xComp,4xPWM CLC,NCO,CWG
PIC16F1513 4KW/256B 17x10bit A/D EUSART,MI2C/SPI 2xCCP
PIC12F1502 1KW/64B Comp 4x10-bit A/D 4xPWM CLC,NCO,CWG
PIC16F1503 2KW/128B 8x10-bit A/D MI2C/SPI 2xComp,4xPWM CLC,NCO,CWG
PIC16F1507 2KW/128B 12x10-bit A/D 4xPWM CLC,NCO,CWG
PIC16F1512 2KW/128B 17x10bit A/D EUSART,MI2C/SPI 2xCCP
8ピン
14ピン
20ピン
28ピン
40ピン
64ピン

2 PIC16F178xファミリ

このファミリには図1-3-2のようなデバイスが含まれています。

●図1-3-2 PIC16F178xファミリの種類

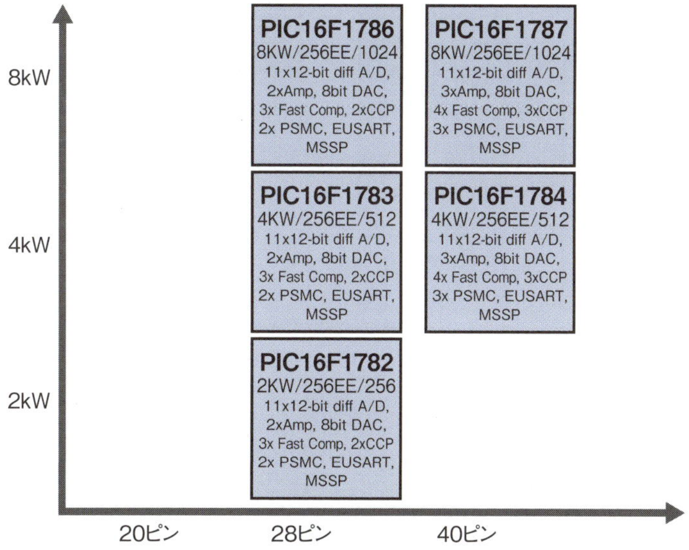
8kW
4kW
2kW
PIC16F1786 8KW/256EE/1024 11x12-bit diff A/D, 2xAmp, 8bit DAC, 3x Fast Comp, 2xCCP 2x PSMC, EUSART, MSSP
PIC16F1787 8KW/256EE/1024 11x12-bit diff A/D, 3xAmp, 8bit DAC, 4x Fast Comp, 3xCCP 3x PSMC, EUSART, MSSP
PIC16F1783 4KW/256EE/512 11x12-bit diff A/D, 2xAmp, 8bit DAC, 3x Fast Comp, 2xCCP 2x PSMC, EUSART, MSSP
PIC16F1784 4KW/256EE/512 11x12-bit diff A/D, 3xAmp, 8bit DAC, 4x Fast Comp, 3xCCP 3x PSMC, EUSART, MSSP
PIC16F1782 2KW/256EE/256 11x12-bit diff A/D, 2xAmp, 8bit DAC, 3x Fast Comp, 2xCCP 2x PSMC, EUSART, MSSP
20ピン
28ピン
40ピン

このファミリはアナログ機能の強化版で、アナログ関連モジュールがすべて実装されているだけでなく、ADコンバータは12ビット分解能の差動入力、DAコンバータは8ビット分解能となっています。さらに電圧リファレンスを内蔵しているので、高精度での変換ができます。

オペアンプも内蔵していて、AD変換の前段で増幅する回路や、DAコンバータの出力アンプも内蔵モジュールで構成できます。

さらにこのファミリにだけ、PSMCという高速で16ビットという高分解能のPWM出力ができるモジュールが内蔵されています。このPSMCは、スイッチング電源やモータ制御に使うことができます。

3 PIC12/16F18xxファミリ

このファミリには図1-3-3に示すようなデバイスが含まれています。

8ピンからという少ピンでありながら、10ビットADコンバータだけでなく、SPI、I^2C、USARTモジュールというシリアル通信モジュールを一通り内蔵している高機能なものとなっています。

18ピンのものは古くから使われているPIC16F84Aとピン互換なので、そのまま差し替えて使うことができます。ただしプログラムは一部変更が必要です。

8ピンのものだけが「PIC12」となっていますが、同じファミリに属していて構成も同じとなっています。

●図1-3-3　PIC12/16F18xxファミリの種類

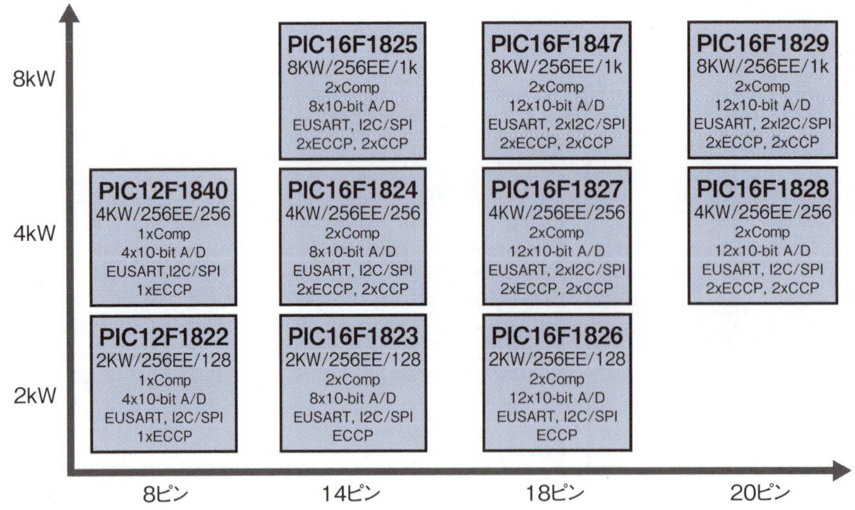

4 PIC16F19xxファミリ

このファミリには図1-3-4のようなデバイスが含まれています。

このファミリはLCDドライバモジュールを内蔵した廉価版の汎用ファミリです。LCDドライバモジュールは4コモンで最大184セグメントまで駆動できます。28ピンから64ピンまで用意されています。

●図1-3-4　PIC16F19xxファミリの種類

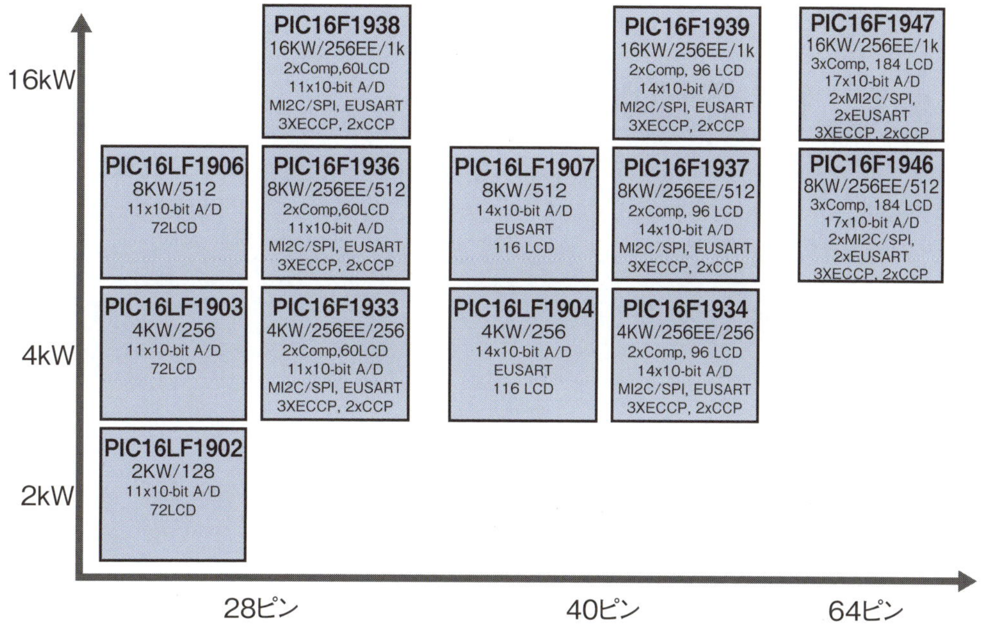

1-4 F1ファミリのデモボード

F1ファミリをすぐ使ってみたり、デバッグツールとして使ったりできるデモボードがいくつか用意されています。

1-4-1 F1評価ボード

F1ファミリの最も基本的なデモボードとして用意されたものが、写真1-4-1の「F1 Evaluation Platform Demo Board(DM164130-1)」です。本書でもこの「F1評価ボード」を使って多くの例題を作成しています。

●写真1-4-1　F1評価ボードの外観

このF1評価ボードの構成を簡単に表すと、図1-4-1のようになっています。詳細はF1評価ボードの回路図によりますが、回路図は、F1評価ボードのユーザーマニュアルにあるので、マイクロチップ社のホームページからダウンロードしてください。参考までに図1-4-2に回路図を示します。

まず、PICマイコンとしてはPIC16LF1937が使われているので、セグメントLCDドライバモジュールで液晶パネルを駆動しています。あとは、4個の発光ダイオードと1個のスイッチ、1個の可変抵抗、1個の温度センサがデバイスとして実装されているだけです。温度センサはI^2Cインターフェースで接続するタイプが使われています。

これ以外に、「PICkitシリアル」のコネクタに「PICkit Serial Analyzer（DV164122）」が接続できるコネクタが用意されていて、USARTやI^2Cモジュールを使った通信のテストができます。

また、拡張コネクタがあり、ここに数種類のモータの拡張ボードを接続して動作確認することができるようになっています。

電源は3.3Vとなっていて、ICSPコネクタでPICkit 3から供給するか、電源コネクタから供給するかをジャンパで切り替えられるようになっています。

クロックは内蔵クロックで動作させるようになっていますが、タイマ1の発振回路に32.768kHzのクリスタルが接続されているので、1秒割り込みによる間欠動作などのテストをすることができます。

●図1-4-1 F1評価ボードの構成

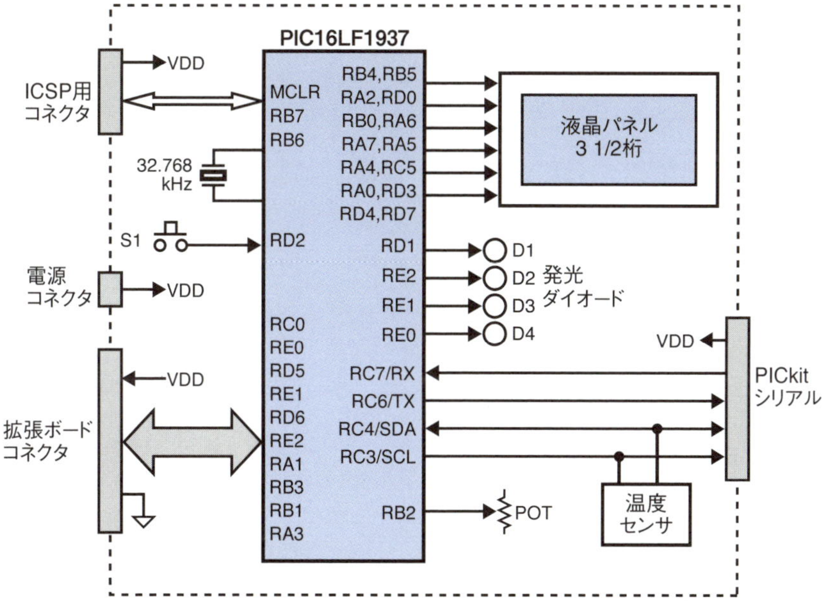

●図1-4-2　F1評価ボードの回路図

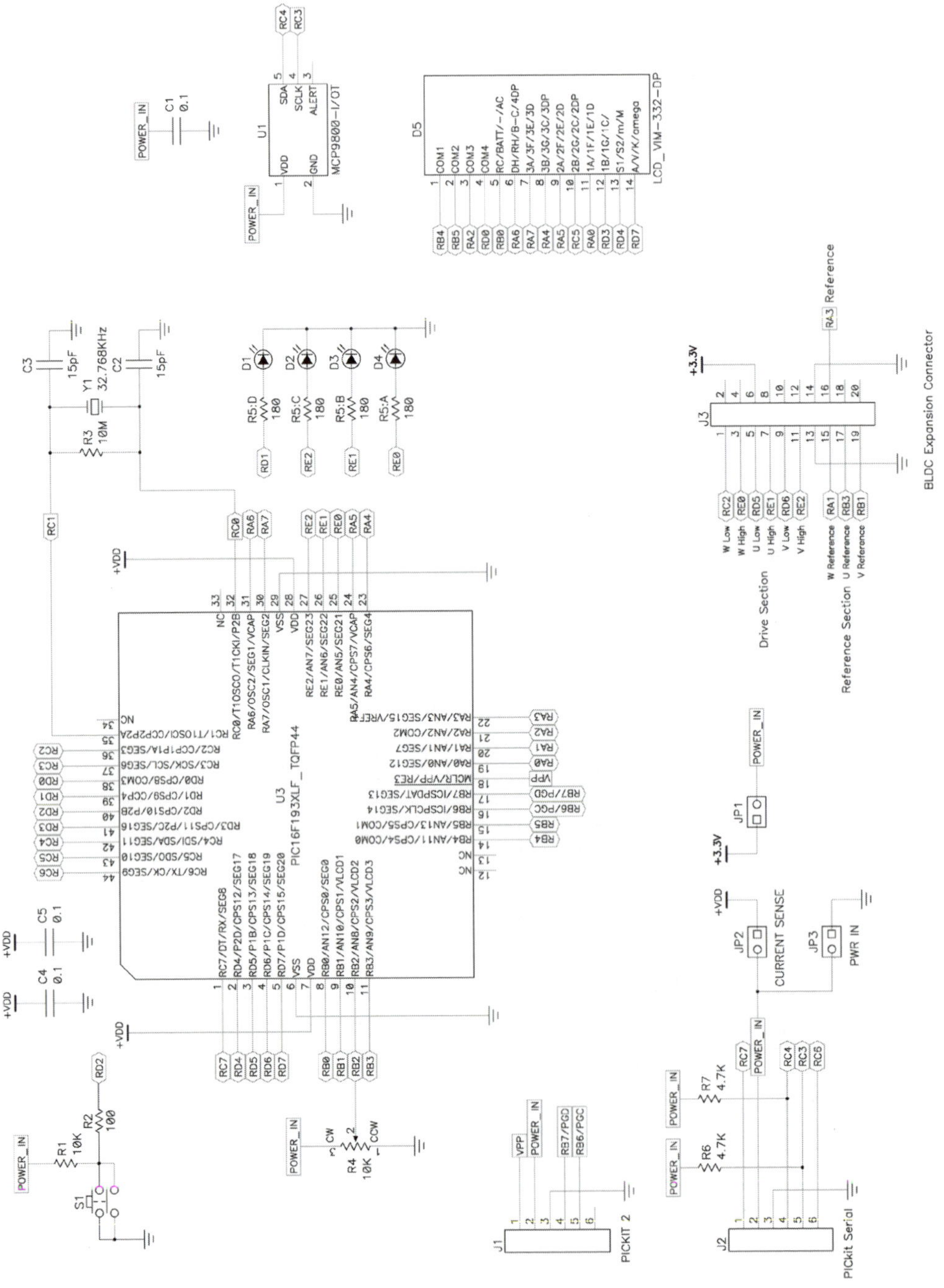

1-4-2 F1 LV評価ボード

F1ファミリの低電圧、低消費電力動作を評価するために用意されたボードが、写真1-4-2の「F1 LV Evaluation Platform (DM164130-5)」です。

こちらはPIC16LF1947という64ピンのF1ファミリが使われていて、バッテリ動作の評価もできるようになっています。

プログラム書き込みはPICkit 3で行うようになっています。さらにUSBシリアル変換の機能も同じボードに実装されているので、USB経由でパソコンとシリアル通信をすることもできます。

主に低消費電力の評価を行うためのボードなので、いろいろな条件で消費電流計測ができるようになっています。

さらに、このボードはPICマイコンの部分がソケットになっていて、Plug-in-Module (PIM)と呼ばれる形になった他の種類のPICマイコンのサブボードを挿入して試せるようになっています。

●写真1-4-2 F1 LV評価ボード

1-4-3 オプションボード

これらのF1の評価ボードは単体でも動作しますが、基板端にあるコネクタに各種のオプションボードを接続してより多くのデモができるようになっています。オプションボードとして用意されているものには、本書執筆時点では次のようなモータ関連のものがあります。

- F1 BLDC Motor add-on for the F1 Evaluation Platform（DM164130-2）
- F1 BDC Motor add-on for the F1 LV Evaluation Platform（DM164130-6）
- F1 Bipolar Motor add-on for the F1 LV Evaluation Platform（DM164130-7）
- F1 Unipolar Motor add-on for the F1 LV Evaluation Platform（DM164130-8）

例えば写真1-4-3がBLDCモータのオプションボード（DM164130-2）となります。

●写真1-4-3　BLDCモータのオプションボード

COLUMN　PICマイコンの歴史

■黎明期

PICマイコンの誕生は、1970年頃の米国のケーブルTVと半導体の会社であったGeneral Instrument社（GI社）に遡ります。

この頃のGI社の一部門の「Microelectronics Division」では、CP1600という16ビットコンピュータを使ってTVゲームなどの半導体製品を開発していました。また、この部門では、この頃すでにEEPROMメモリの技術開発を進めており、PICの優れたEEPROMやフラッシュメモリは、この技術力が基盤にあるということになります。

CP1600コンピュータは結構高性能だったようですが、入出力機能が弱く、これを補うために8ビットのマイクロコントローラを1975年頃に開発しました。

このときのコントローラは16ビットコンピュータの入出力を高速に実行するだけでよかったので、単純な機能のマイクロコードを持ったRISC型コントローラとして開発されました。このときのアーキテクチャがその後の「PIC16C5x」ファミリの基となっています。

1977年にGI社から提供されたこのマイクロコントローラのカタログでは、PICの呼称は「Programmable Intelligent Computer」となっていますが、その後、その役割から「Peripheral Interface Controller」と呼称することにしたようです。

■マイクロチップ・テクノロジー社の誕生

PIC誕生から数年間はPICの市場は小さなものでした。そんな中、1980年の初め頃、GI社が経営をコア事業であるケーブルTVとパワー半導体に絞るため、大規模なリストラを行いました。このリストラで、Microelectronics Divisionも子会社化され、「GI Microelectronics Inc.」となりましたが、結局1985年に会社ごとベンチャーキャピタルに売却されてしまいました。

新たな経営陣は新会社の事業をPICとEEPROMに絞ることにし、1988年、他社と差別化を図るためPICを設計し直し、得意としていたEPROMのプログラムメモリを内蔵したCMOS構成のものとしました。これが、PIC16C52/53/54/55で、現在のユーザプログラム可能なPICファミリの起源となっています。これらは、基本アーキテクチャとしてPIC1650のアーキテクチャを継承し、20MHzという高速動作を可能にしています。

そして1989年社名を「Microchip Technology Inc.」と改め、ここで現在のマイクロチップ・テクノロジー社が誕生したことになります。

この8ビットのマイクロコントローラは、20MHzという高速動作で、どの入出力ピンも20mAという大電流を直接ドライブできるという他社にない特徴と、低価格という価格戦略で出荷数量を拡大していきました。

新たなPICマイクロコントローラもラインナップに加わり、1992年時点で発売されていたPICファミリは、12ビット命令幅のベースラインファミリがPIC16C52/53/54/55の4種類、命令長が14ビットでA/Dコンバータを内蔵し割り込み機能を持たせて大幅に機能強化したミッドレンジファミリがPIC16C71の1種類。さらに最高性能の命令長が16ビットのハイエンドファミリがPIC17C42の1種で、合計6種のデバイスとなっていました。ただ、PIC17C42のアーキテクチャは下位ファミリとの互換性がなかったため、あまり使われることはなく、現在では製品ラインアップにも含まれていません。

これらのデバイスはOTP（one time programmable）で、一度しか書き込みができないタイプが量産用で、開発用には写真-1のような紫外線消去タイプの窓付きのデバイスを使っていました。

プログラム開発の際には、ICソケットを実装した基板を使い、窓付きのPICマイコンを「イレーザー」を使って紫外線で消去してから、「プログラマ」と呼ばれる道具でプログラムを書き込んで差し替えるという作業を繰り返していました。この消去、再書込み作業に結構時間がかかるため、プログラム開発作業の効率は良いものとはいえませんでした。

この頃の書き込み用プログラマには、「PIC Pro II」が使われ、デバッグ用エミュレータには「PICMASTER」が使われていましたが、いずれも結構高価なものでした。

プログラム開発は、MPLAB IDEはまだできていませんでしたから、パソコンやミニコンピュータなどの汎用エディタでプログラムを記述し、MPASMアセンブラかサードパーティ製のC

コンパイラを使ってコンパイルし、書き込み専用のプログラムを使ってプログラマで書き込むという作業で行われていました。まだWindows 3.1が出たばかりの頃ですから、MS-DOS環境での開発が主だったようです。

●写真-1　紫外線消去タイプのPICマイコン

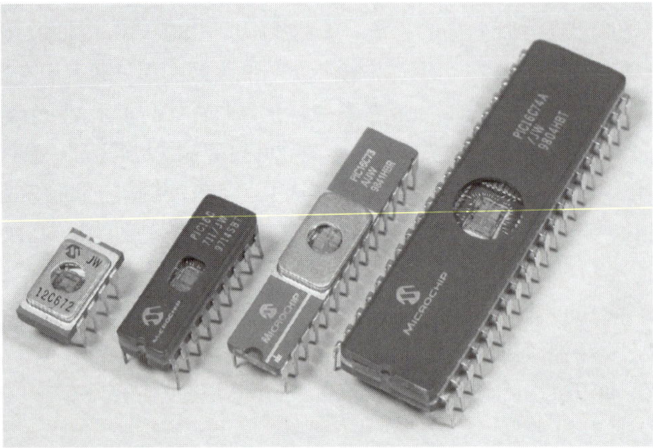

■EEPROMで書き換え可能に

マイクロチップ社のPICマイコンが一躍有名になったのは、1993年に新たに開発されたEEPROMメモリを使ったPIC16C84が世に出てからです。

このデバイスは、電気的に消去可能で、シリアルインターフェースで再プログラム可能だったため、基板にデバイスを実装した後でもプログラムの書き換えが可能でした。つまり、製品ハードウェアの開発完了後でもプログラムデバッグを繰り返し行うことができるという画期的なものでした。この特徴から開発者達が好んで使うようになり、急激に出荷数量を拡大していったのです。

写真-2がPIC16C84の外観で、18ピンという小型のマイクロコントローラです。

この1993年には、大量生産の需要に応えるため、アリゾナ州テンピに半導体工場を設立し、同時に株式を公開しています。この時点からマイクロチップ社の急激な成長が始まりました。

●写真-2　PIC16C84の外観

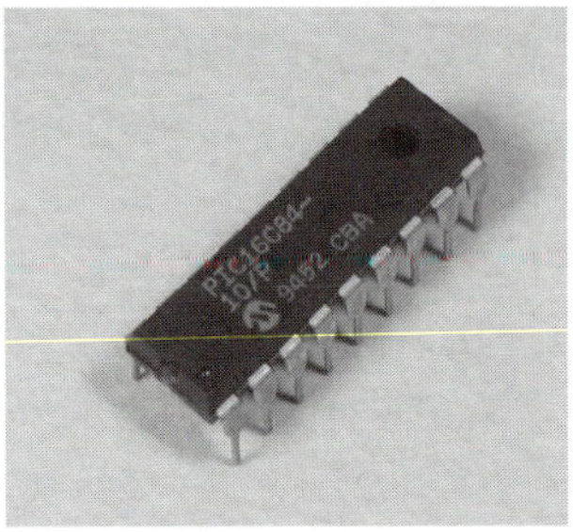

■日本でのPICマイコンブーム

日本にPICマイコンが紹介されたのは1994年からです。この年にマイクロチップ社によるセミナが開催されています。残念ながら筆者はこのセミナには参加していませんが、受講された方々のインパクトは非常に大きなものだったようです。

このあと、雑誌などでPIC16C84に関するすべての情報が詳細に紹介され、書き込み用プログラマの自作方法や実際のPICの製作例も紹介されていました。

また、マイクロチップ社が個人などの少ロットユーザにも門戸を開いたことも、PICマイコンが広がる大きなきっかけになったのだと思います。すでに、国内にもワンチップマイコンと呼ばれるデバイスは結構たくさんあったのですが、いずれも個人や中小企業では入手は不可能だったため、使うことはできませんでした。マイコンを使うというとZ80などのマイコンボードを使うしかない状況でしたので、敷居が高く簡単に使うというわけにはいきませんでした。このような中で、秋葉原で1個から購入可能になったPICマイコンの威力は抜群でした。

さらに、PICプログラマも純正品では「PICSTART-16B1」や「PICSTART-16C」という基板状の安価なものがありましたし、さらに、自作できる簡単なプログラマもマイクロチップ社のアプリケーションノート（AN589）で紹介されていたことなどで、アマチュアでも容易に使うことができる環境が整えられました。筆者もこのアプリケーションノートを参考に、写真-3のようなプログラマを自作して使っていました。

●写真-3　自作プログラマ

すでにこのときから、純正のアセンブラやシミュレータがマイクロチップ社のBBSから無料でダウンロードできました。このようにマイクロチップ社は、当初からソフトウェア群は無料提供するというポリシーだったようです。

ウェブが開発されるといち早くホームページの公開を開始し、情報公開と開発用のツールやプログラムサンプルをすぐダウンロードできる環境を整えていきました。

■不動の地位を築く

PIC16C84により日本でPICマイコンのブームが始まってしばらくした1996年には世界初の8ピンのPIC12C508を開発、さらにパッケージも写真-4のように種類を増やしています。

●写真-4　各種パッケージ

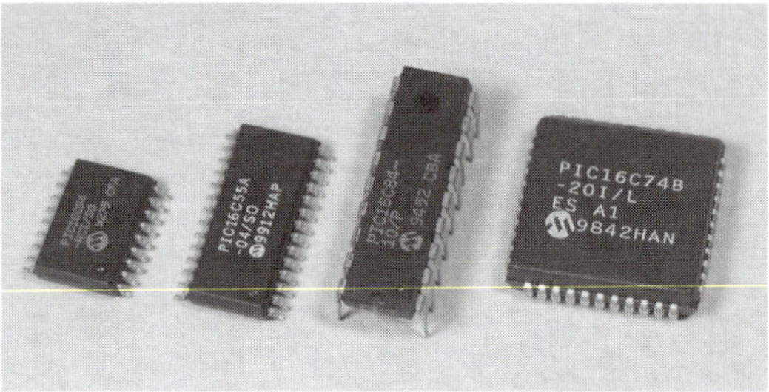

続けてフラッシュ化されたPIC16F84が開発されると、一層使いやすくなったことでさらにユーザが増えました。

さらに1999年には、これまでPIC16F84の規模や機能に不満があったユーザに対し、一挙にそれらを払拭する高機能マイコンPIC16F87xファミリが開発され、PICマイコンは不動の地位を確固なものとしていきました。

2000年には、より大容量のメモリで高速なPICマイコンが欲しいというユーザの要求に応じて、ハイエンドファミリをゼロから見直し、PIC16ファミリと上位互換性を持たせたPIC18ファミリを開発しました。

こうしてPICファミリは当初の6種類だけから大幅に種類を追加し、選択メニューも豊富に揃うようになっていきました。

このあと、16ビットファミリや32ビットファミリも追加され、2012年現在で、PICマイコンファミリは全部で700種類以上のデバイスが存在します。この新製品を矢継ぎ早に投入していく速さは驚異的な開発力といえます。

これからも我々を十分楽しませてくれるマイコンだと思います。

Peripheral Interface Controller

PIC16F1 family

第2章 F1ファミリのアーキテクチャ

本章ではF1ファミリに共通のCPUコアやメモリなどのアーキテクチャを解説します。使い方の基本となる内容です。

アセンブラ命令についても一部解説しますが、本書の例題はすべてC言語で行うので、アセンブラ命令そのものの詳しい解説は省略しています。したがって命令の詳細についてはオリジナルのデータシートを参照してください。

PIC16F1 family

2-1 全体構成とCPUコアの構成と動作

F1ファミリでは、PICマイコンの心臓部となるCPUコア部が大幅に機能強化されています。ここではこのCPUコア部の説明をします。

2-1-1 全体構成

まず、F1ファミリの内部の全体構成は、ファミリごとに少々の差異はありますが図2-1-1のようになっています。

基本的な構成として、メモリがデータ格納用とプログラム命令格納用に分かれていて、CPU部とプログラムメモリ、CPU部とデータメモリとの間がそれぞれ別々のデータバスで接続されているハーバードアーキテクチャとなっています。データバスのビット幅が8ビットであることから、8ビットマイコンに位置づけられています。

内蔵発振器や外部発振器のクロック信号をペースメーカとして、全体のタイミングが制御されます。

PICマイコンの核となるのがCPUコア部で、プログラムを構成する命令はプログラムメモリに格納されており、一定の順序で読み出されてCPU部で実行されます。そして命令によりデータバスを介して周辺モジュール群や、入出力ポートを制御し、外部ピンへの入出力動作を実行しています。周辺モジュール群では、おのおのプログラムの設定制御により決められた動作を自動的に実行し、さまざまな機能を果たします。

●図2-1-1 F1ファミリの全体内部構成

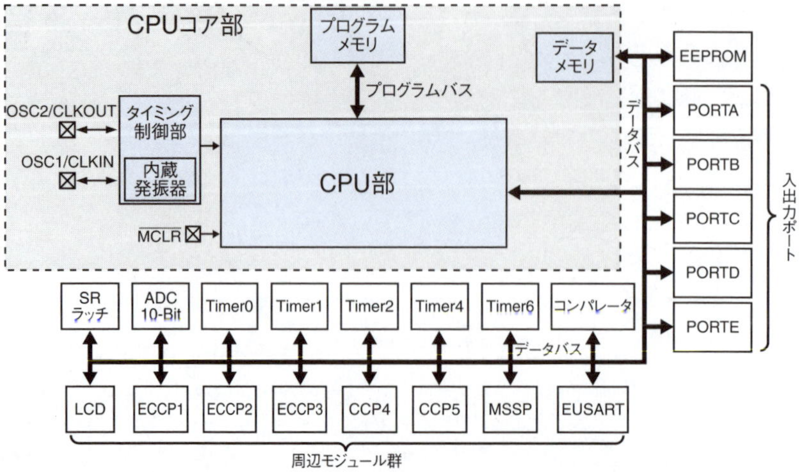

2-1-2 CPUコアの全体構成

図2-1-1で点線で囲まれたメモリを含むCPUコア部の内部構成をもう少し詳細に表すと、図2-1-2のようになります。機能的に分けると、命令を格納するプログラムメモリとデータを格納するデータメモリがあり、命令を実行するALUと略称する演算実行部、さらに全体を制御する実行制御部があります。このCPUコア部の各部の動作を機能ごとに分けて説明します。

●図2-1-2 CPUコア部の全体構成

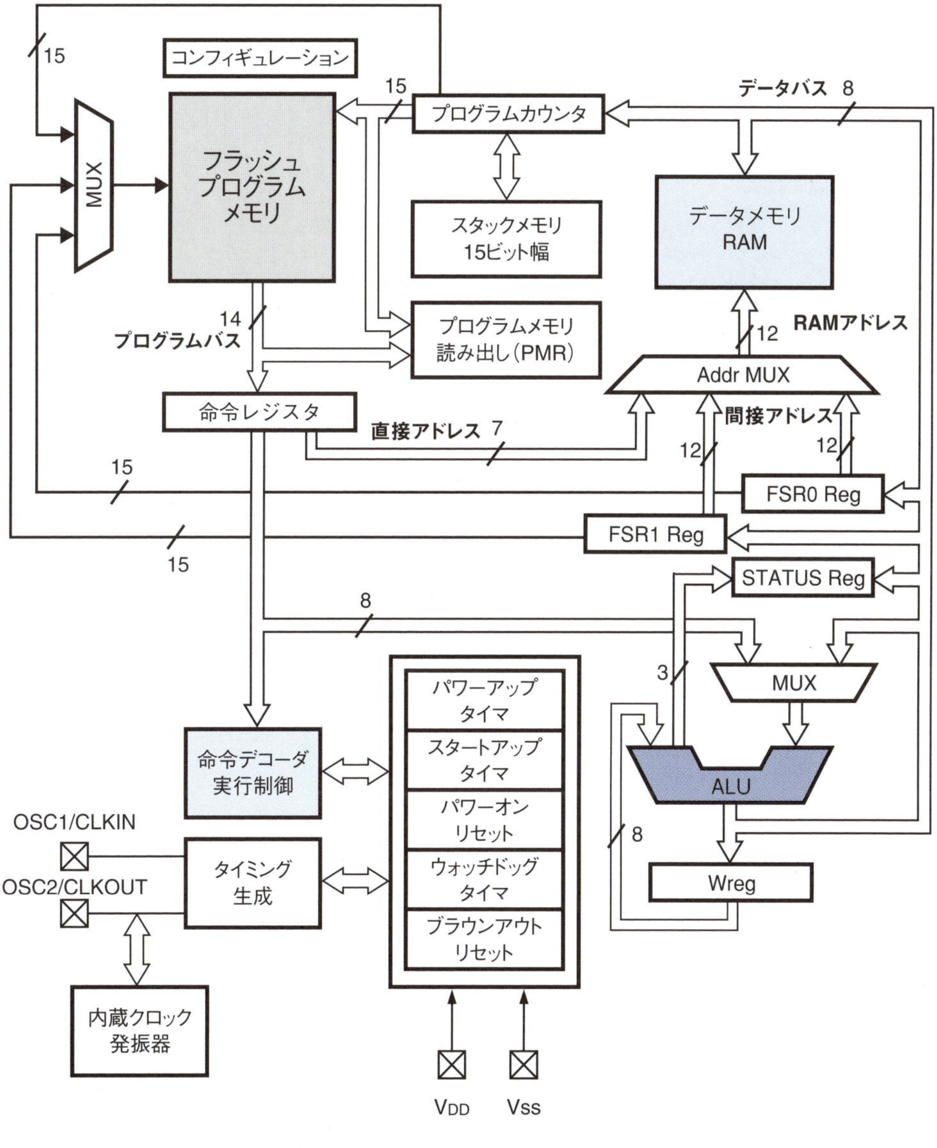

2-1-3 命令の実行

命令は、フラッシュメモリで構成されたプログラムメモリ内に外部ツールを使って書き込まれていて、図2-1-3のような仕組みで順次読み出され実行されていきます。

●図2-1-3　命令の読み出しと実行

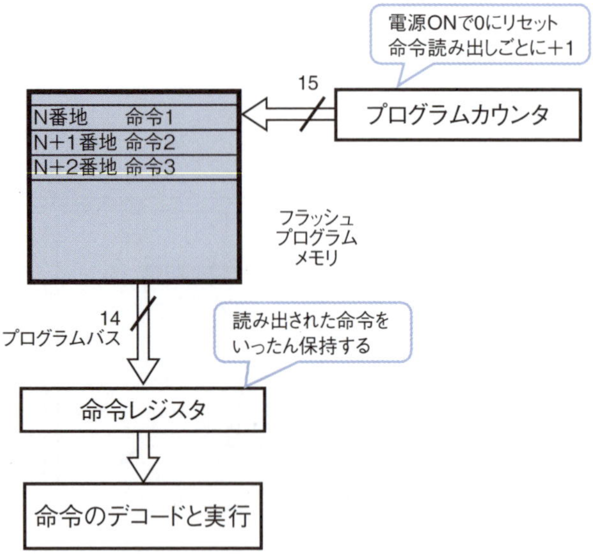

まずPICマイコンの中に1つだけ用意されているプログラムカウンタと呼ばれるカウンタがあります。このカウンタが、次に実行する命令のあるプログラムメモリの場所を示しています。この場所を示す値のことをアドレスと呼び番地で表現されます。

プログラムカウンタは電源オン時、あるいはリセットと呼ばれる初期化動作を行うと0という値になります。したがって、命令は必ず最初は0番地から実行が開始されます。

そして命令を読み出すとプログラムカウンタは+1されるので、通常は0番地から1番地、2番地という順序で順番に命令が実行されていきます。

読み出された命令は命令レジスタと呼ばれる一時メモリに保存され、その後デコードされて命令の種別が判定されてALU部で実行されます。

しかし、プログラムの実行の流れは、順番に進むだけでなく別の場所に移動しなければならないことがあります。このような場合にはジャンプ命令が使われますが、このジャンプ命令を実行すると、命令の中で指定された移動先のアドレスが、プログラムカウンタに上書きされます。これで次に実行する場所が、指定された場所に変わることになりプログラム実行の流れが変わることになります。このように命令の読み出しと実行は単純な動作で行われています。

ここで、プログラムカウンタは15ビット幅となっており、0から0x7FFF（16進数の意味）まで、つまり32,767番地までカウントできます。これがプログラムメモリの最大容量ということになり「32kワード」の容量と呼びます。

従来のPIC16ファミリのプログラムカウンタは13ビット幅だったので、2ビット追加されています。これにより、プログラムメモリの最大容量が8kワードから32kワードの4倍になったことになります。

PIC16ファミリでは1ワードは14ビット幅となります。つまりマイクロチップのPIC16ファミリの命令は、すべて14ビットで構成されているため、プログラムメモリもこれに合わせて14ビット幅で構成されています。F1ファミリも同じ命令体系なので、14ビット幅の命令となっています。

2-1-4　アセンブラ命令の種類

プログラムメモリに書き込まれる命令は0と1で表現される機械語ですが、C言語などで作成するプログラムは、最終的にこの機械語と1対1に対応するアセンブラ命令に変換されます。

F1ファミリのアセンブラ命令は全部で49種ありますが、すべて14ビット幅の1ワードで構成されています。これらの49種の命令をその内部構成で大別すると、図2-1-4のようになります。

14ビットの上位側には命令の種別を示すオペコード（命令コード）があり、下位側には命令の修飾部となるオペランドがあります。

●図2-1-4　命令の内部構成

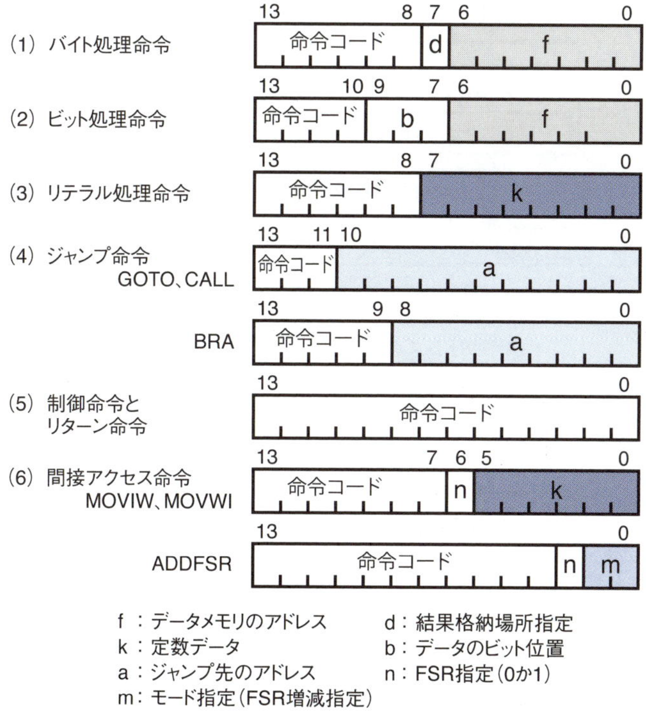

これらの命令の実行がどのようにCPUコアの中で行われるかをみてみます。

バイト処理命令、ビット処理命令、リテラル処理命令

バイト処理命令、ビット処理命令、リテラル処理命令の場合は、図2-1-5のような流れで行われます。リテラルとは定数のことで、10とか5とかの定数の加減算などの命令となります。

バイト処理命令とビット処理命令の場合には、命令のオペランドであるf部の7ビットが、演算対象とするデータがあるデータメモリの番地を示します。この場合の番地指定を「直接アドレス指定」と呼んでいます。このアドレスがAddr MUXで選択され、指定されたデータが読み出され、データバスを経由してMUXで選択され演算ユニット(ALU)の右側に届きます。そしてALUの左側には作業レジスタ(W reg)の内容が届いており、この両者の間での演算がALUで実行されます。

ALUの演算結果がALUの下側に出力され、命令オペランドのdビットの値により、d＝0の場合はW regに、d＝1の場合はf番地のデータメモリに上書きされます。

最後に演算結果の正負、ゼロなどのフラグと呼ぶ状態がSTATUS regに書き込まれて命令の実行が完了します。

●図2-1-5　バイト処理命令とリテラル処理命令の実行の流れ

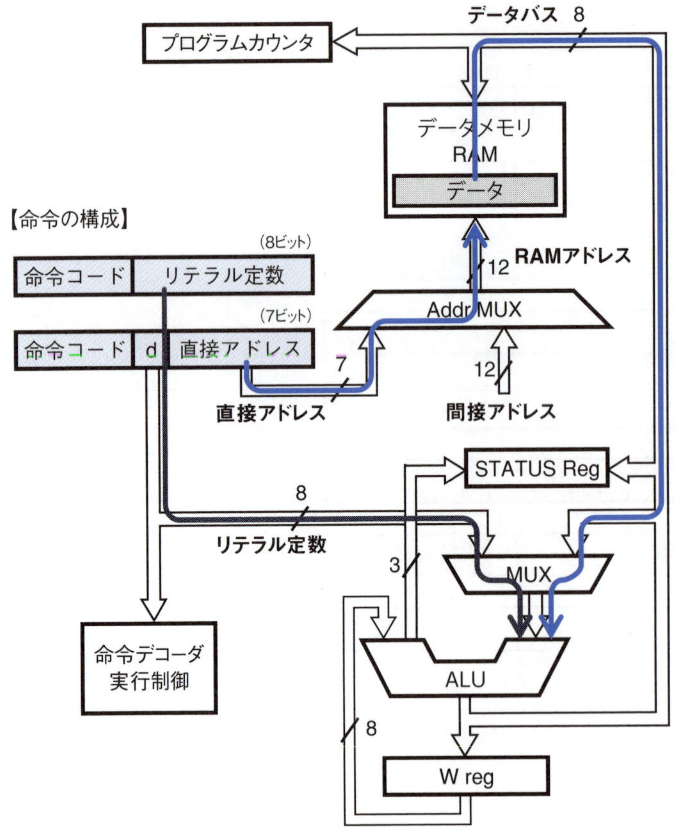

ここで、オペランドf部により表される直接アドレスの範囲は7ビットですから、128バイトの範囲に制限されてしまいます。つまり、命令では直接4kバイトのデータメモリの全範囲を指定できないという問題が発生します。

この問題を解決するため「バンク切り替え」という手法を使っています。このバンク切り替えについては、データメモリの項で説明します。

リテラル処理命令の場合は、命令オペランドのk部の8ビットに定数が指定されています。この8ビットの定数が直接MUXで選択され、ALUの右側に届きます。ALUでW regとこの定数との演算が実行され、ALUの結果の出力は常にW regに上書きされます。最後にSTATUS regにフラグが書き込まれて実行完了となります。

Addr MUX、MUXの選択切り替えや、タイミングの制御は、命令デコーダの実行制御部で行います。

ジャンプ命令

ジャンプ命令の実行も、図2-1-5で表すことができます。ジャンプ命令の場合には、ジャンプ先のアドレスが命令のオペランドa部として格納されています。これがリテラルと同じ扱いとなります。しかしこのリテラルはALUを素通りしてデータバス経由でプログラムカウンタに上書きされます。

プログラムカウンタが直接書き換わりますから、次に実行する場所が書き換わったアドレスとなりプログラムがジャンプしたことになります。

しかし、ここで指定されるオペランドa部のジャンプ先アドレスを示す部分は、GOTOまたはCALL命令の場合は11ビットで、BRA命令の場合は9ビットとなっていて、プログラムカウンタの15ビットには不足しています。このため、ジャンプ命令では直接32kワードのプログラムメモリの全範囲にはジャンプできないという問題が発生します。

この問題を解決するため、「ページ切り替え」という手法を使っています。このページ切り替えについてはプログラムメモリの項で説明します。

間接アクセス命令

間接アクセス命令はF1ファミリで新たに追加された命令で、図2-1-6のような流れで実行されます。

FSR0 regまたはFSR1 regで指定された15ビットのアドレスで、プログラムメモリとデータメモリの両方の全範囲を指定できます。これで指定されたアドレスのデータは、常にデータメモリの特定の位置（INDF0レジスタかINDF1レジスタ）で読み書きすることができるようになります。

したがって、FSR0 regかFSR1 regのアドレスを更新するだけで、常にINDF0かINDF1レジスタを読み書きするだけで任意の位置のデータにアクセスすることができることになります。このため連続的に配置されたデータをアクセスするときには非常に便利に使うことができます。

●図2-1-6　間接アクセス命令の実行の流れ

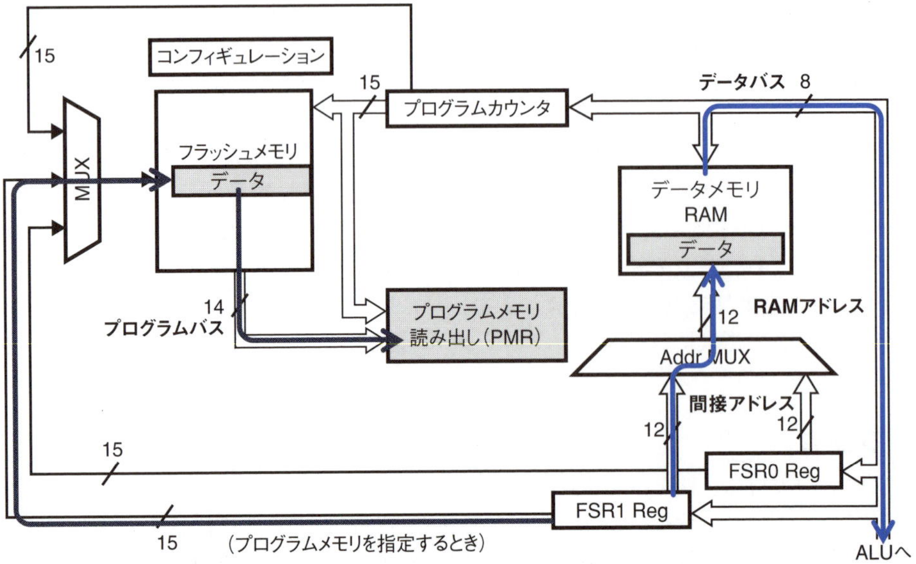

2-1-5 パイプライン

PICマイコンの命令実行内部動作は、大きく分けるとプログラムメモリから命令を取り出す「フェッチ」と呼ばれる動作と、その命令を「実行」する動作の2つの「サイクル」という時間単位に等分されます。つまり、1つの命令の実行にはフェッチと実行という2つのサイクルが必要になります。フェッチ動作に実行と同じ1サイクルを割り当てているのは、フラッシュメモリからの読み出しになるため一定の時間を要するためです。

ここでPICマイコンには工夫が盛り込まれています。命令を実行する間は、ALUとデータバス周りだけで処理が行われていて、プログラムメモリ部は完全に空いています。

そこで、命令を実行している間に、この空いている部分だけで、次の命令をプログラムメモリから読み出す作業を並行して行ってしまいます。つまり命令を実行しながら次の命令のフェッチを行うという「先読み」をしていることになります。

これを「パイプラインアーキテクチャ」と呼んでいます。非常に単純な2段のパイプラインということになります。

パイプラインが続いている間は、各命令の実行は1サイクルで行うように見えます。これがPICマイコンの高速処理の秘訣で、命令の実行時間は実際の半分の1サイクルとなります。

しかし、この先読みは単純に次のアドレスの命令しかできないため、図2-1-7のようにジャンプ命令や、スキップ命令でジャンプするときには先読みが無駄になり、ジャンプ先の命令のフェッチをあらためてやり直さなければならないので、ジャンプ命令とスキップ命令は2サイクルを必要とします。

●図2-1-7　PICマイコンのパイプライン処理

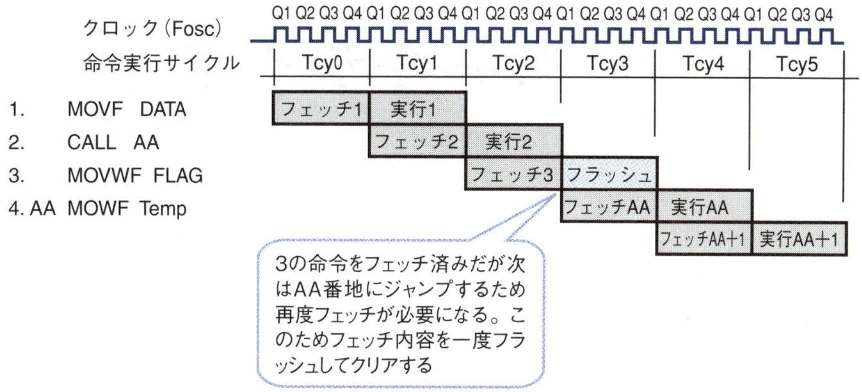

2-1-6　クロックと命令実行

PICマイコンの内部動作はすべてクロック信号（Foscと略す）で進められています。命令実行もこのクロックにより進められます。

1個の命令の実行には4個のクロックを必要とします。つまり1サイクルは4クロックで構成されます。この4個のクロックごとに命令実行の内容が決まっており、例えばバイト処理命令の場合には次のように進められます。

❶第1クロック（デコード）

この最初のクロックで、前のサイクルでフラッシュメモリから読み出され命令レジスタに保持されている命令の命令コードの部分をデコードして、命令の種別を判定します。そして命令実行部で何をすべきかを判定し、ALUやMUXなど各部の切り替えを行い、命令実行準備を行います。

例えばバイト処理命令の場合には、命令オペランドにあるデータメモリのアドレスfがAddr MUXに送られ保持されます。

❷第2クロック（読み出し）

このクロックではデータの読み出しが行われます。つまりAddr MUXに保持されたアドレスで指定されたメモリの内容がデータバスに出力され、ALUなど全体に伝わります。

❸第3クロック（実行）

このクロックの間にALUでの演算が実行され、ALUの出力に演算結果が出力されます。

❹第4クロック（書き込み）

ALUの結果出力をWregかf番地のデータに上書きして保存し、さらに演算結果の正負などのフラグをSTATUSregに書き込んで実行が完了します。

このような順序で命令はクロックにより実行が進められます。

PIC16F1 family

2-2 メモリアーキテクチャ

PICマイコンのメモリは、ハーバードアーキテクチャの特徴として、プログラムメモリとデータメモリが別々になっています。さらに、PICマイコンではデータメモリを8ビットレジスタの集合、つまりレジスタファイルとして扱っています。

PIC16ファミリのアーキテクチャでは、前節で説明したようにプログラムカウンタや命令のビット幅による制限のため、直接アクセスできるメモリ範囲が下記のように小さくなっています。

・ プログラムメモリは　最大2kワード（ジャンプ命令）
・ データメモリは　　　最大128バイト（バイト処理命令他）

この範囲では、ちょっと大きなプログラムを作ろうとするとすぐ不足してしまいます。そこで考えられたアーキテクチャが、「ページ」と「バンク」の考え方です。これらを含めたメモリ構成の説明をします。

2-2-1 プログラムメモリの構成

プログラムメモリには、「ページ」という拡張の方法が採用されています。

PIC16のジャンプ命令にはジャンプ先のアドレス指定部が11ビットしかないため、2の11乗つまり2048ワードの範囲しか直接ジャンプできません。この2kワードをページと呼びます。

ページの拡張は、図2-2-1に示すように、データメモリの1つであるPCLATHレジスタの中に4ビットの追加ビットを用意することで実現しています。

F1ファミリのプログラムの実行アドレスを示すプログラムカウンタは15ビット幅となっています。しかし、GOTOなどのジャンプ命令の命令に含まれているジャンプ先アドレスは11ビットしかありません。

そこで、これとは別にPCLATHレジスタという特別のレジスタから4ビットを追加して、これと合わせて合計15ビット長のプログラムカウンタとし、これでプログラムメモリのアドレス指定をしています。このようにして、2kワードの16倍つまり32kワードのメモリ範囲を扱えるように拡張しています。

これでF1ファミリのプログラムメモリの最大規模は32kワードということになりますが、実際のデバイスにどれだけ実装されていて実メモリとして使えるかはデバイスごとに異なっているので、データシートで確認することが必要です。

●図2-2-1 F1ファミリのプログラムメモリの構造

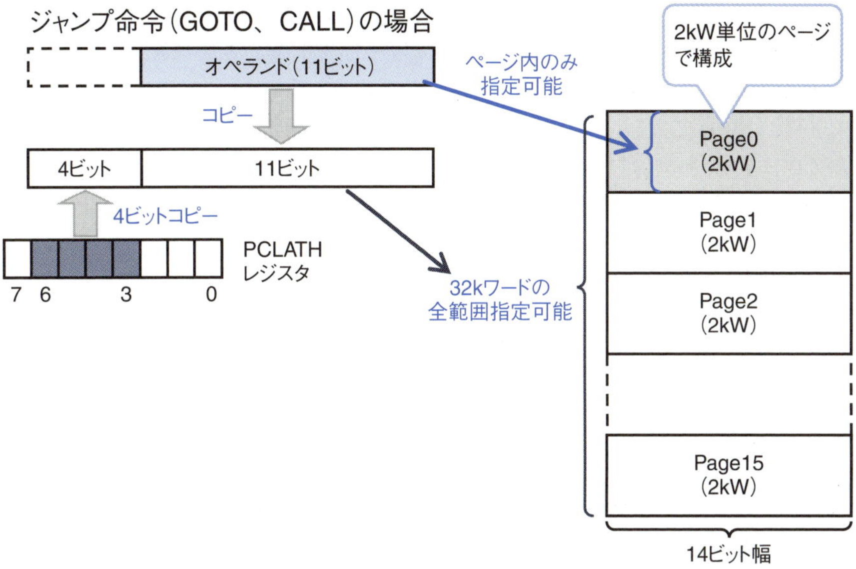

このページ切り替えはどのように使うのでしょうか。実際の使い方で説明していきます。

ジャンプ命令(GOTO、CALL)の場合

GOTOかCALLジャンプ命令の場合には、オペランドとしてアドレスが11ビット含まれているので、2kワードの1ページ内でしたら自由にジャンプすることができます。

しかし、それを超える場合には、図2-2-1に示すように、まず先にPCLATHレジスタの3から6ビット目にページ番号を0000から1111の範囲で通常のバイト処理命令かリテラル処理命令を使って書き込みます。

このあとでジャンプ命令を実行すると、PCLATH<3:6>の4ビットがジャンプ命令で指定したアドレスの上位に追加されたアドレスにジャンプすることになります。そして一度ページを指定すると、次からはその値が保持されるので、次に変更するまで同じページの中で実行が行われます。

CALL命令も、GOTO命令と全く同じ動作をしますが、異なるのは、CALL命令の次のアドレスを戻り番地としてスタックメモリに保存することです。

アセンブラ命令を使ってページを超えるような大きなプログラムを記述する場合には、このページ切り替えを意識して作成しなければなりませんが、C言語を使ってプログラムを記述すると、Cコンパイラがこの切り替え処理を自動追加してくれるので、気にしなくてもよくなります。

演算命令の演算対象にプログラムカウンタ(PC)を指定したとき

通常のバイト処理命令の演算対象としてプログラムカウンタ(PCレジスタ)も指定することができます。しかしプログラムカウンタは15ビット幅で、演算に使えるのは8ビット幅です。そこで、プログラムカウンタを図2-2-2のように、上位7ビット(PCHレジスタ)と下位8ビット(PCLレジスタ)に分割して扱います。下位のPCLレジスタは通常のレジスタと全く同じように扱うことができますが、上位のPCHレジスタは直接には命令で書き込みできないようになっていて、PCLATHレジスタ経由で間接的に書き込みます。

●図2-2-2 プログラムカウンタを演算対象とする場合

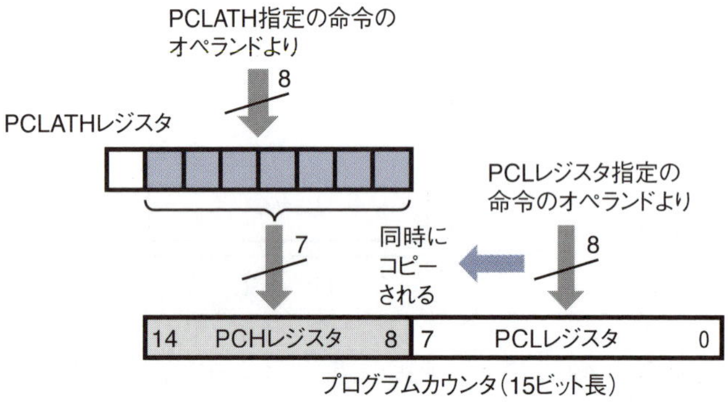

さらにPCLATHレジスタに書き込んでもすぐPCHに書きこまれるのではなく、次にPCLに書き込む命令を実行するときにPCLATHからPCHに転送されて新たなプログラムカウンタとして実行されるようになります。

この理由はPCLとPCHどちらも変更して実行したいとき、まず上位をPCLATHに書き込み、次にPCLに書き込めば、その直後に両方が同時に変更されて実行されるようにするためです。また、PCLだけ変更した場合には、PCLATHの値は書き換えなければそのまま残っているので、そのときのPCLATHの内容がPCHに転送されて実行されます。

しかしここで問題になるのは、ADDWF命令などの加減算のバイト演算をPCLに対して行う場合です。演算結果がオーバーフローした場合には、オーバーフローしてもPCHに桁上げされず無視されてしまうため、期待どおりのアドレス指定にはならず、256ワード分少ないまたは多いアドレスとなってしまいます。注意して下さい。

新規追加されたジャンプ命令の場合

これまでのPIC16ファミリでは、前項のようなPCレジスタのバイト演算時の桁上げ問題が不便であったため、F1ファミリではジャンプ命令を追加してこの問題を回避できるようにしています。

追加されたジャンプ命令の動作は図2-2-3のようになります。BRA命令やBRW命令では、オペランドまたはW regが直接15ビットのプログラムカウンタに加減されるので、バイト演算による問題は発生しません。

CALLW命令の場合も演算とは無関係にW regをコピーするので、同様に問題は発生しません。

これらのジャンプ命令によりCコンパイラの変換処理効率が大幅にアップし、生成されるオブジェクトコードが小さくかつ高速になりました。

図2-2-3 新規追加ジャンプ命令の動作

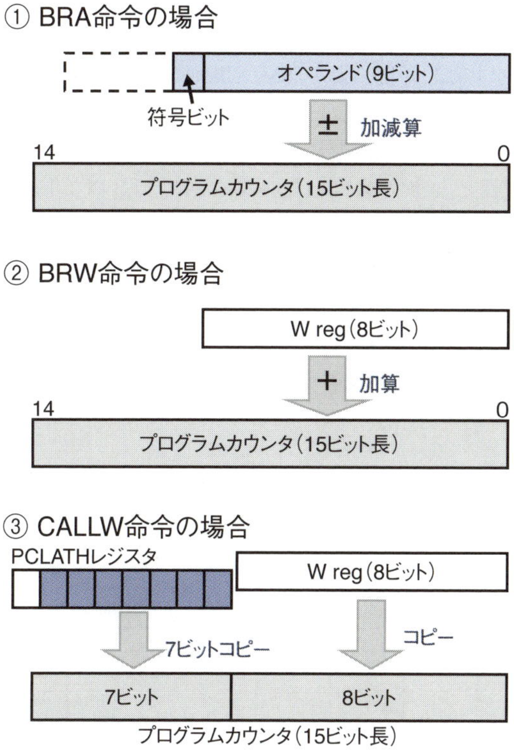

リターン命令の場合(RETURN、RETFIE、RETLW)

リターン命令もジャンプ命令の仲間ですが、動作は他のものとは大きく異なります。

リターン命令が実行されると、スタックメモリに保存されている最新のアドレスデータが戻り番地としてプログラムカウンタに取り込まれます。このときには15ビット幅全部が取り込まれるので、32kワードすべての範囲へジャンプすることができます。

2-2-2 データメモリ(ファイルレジスタ)の構成

PICマイコンのデータメモリはレジスタファイルとしてPICマイコン内に実装されています。命令構造の制限から、オペランドで直接アクセスできるのは、オペランド「f」が7ビットなので128バイトまでとなっています。これを拡大するため、データメモリアーキテクチャには、「バンク」というアドレス範囲の拡張方式が採用されています。

プログラムメモリと同じように、特別のレジスタである「BSRレジスタ」に拡張用の5ビットが用意されており、データメモリアドレスの拡張ビットとして使います(BSR：Bank Select Register)。

図2-2-4のように、まずF1ファミリでは128バイト単位のバンクが最大32個使えるようになっています。このバンクをBSRレジスタにより1つ選択します。そのあとで演算命令などを実行すると、その命令のオペランド部の7ビットで選択したバンク内の128バイトの中をアドレス指定することになります。

これで、直接データとしてアクセスできる範囲は128バイトの32倍、つまり最大4kバイトのデータメモリが使えることになります。このアクセス方法を、直接アドレッシングとか直接アクセスとか呼んでいます。

ただし、実際に実装されていて使える実メモリはデバイスごとに異なっているので、データシートで確認が必要です。

●図2-2-4 データメモリの構成

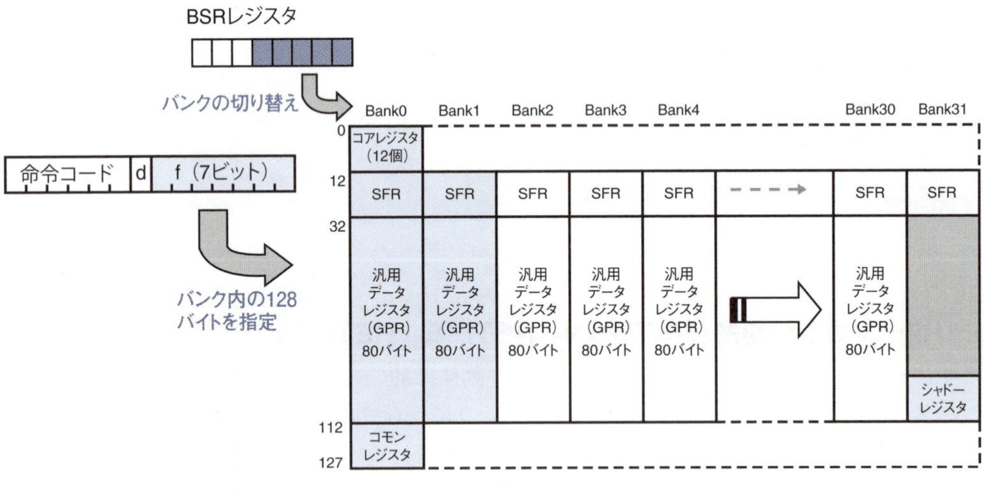

実際にアセンブラ言語によるプログラム作成でデータメモリを使う場合には、バンクを意識して自分で切り替える必要があります。リテラル処理などの命令で、BSRレジスタをセットしてバンクを切り替えてアクセスします。

しかし、C言語を使うとこのバンク切り替えもCコンパイラが自動的に処理追加してくれるので、切り替え命令の考慮は不要となります。

このようにして32kバイトのF1ファミリのデータメモリが使用可能となりますが、その中身は、図2-2-4に示すように、コアレジスタ、SFRレジスタ、汎用データレジスタ、コモンレジスタ、バンク31の5つの領域に分けられています。それぞれの領域の内容をもう少し詳しく説明します。

1 コアレジスタ

コアレジスタ領域は、CPUコアが使う基本のレジスタで、バンク共通でバンク0の先頭の12バイトに1組だけ実装されており、どのバンクでアクセスしてもバンク0の領域をアクセスします。

コアレジスタに含まれるレジスタは、表2-2-1の12種類となっています。表の機能欄でわかるように、CPUコアが使う基本のレジスタとなっています。

▼表2-2-1　コアレジスタ

アドレス	名　称	機　能
0x00	INDF0	間接アクセス用レジスタ0
0x01	INDF1	間接アクセス用レジスタ1
0x02	PCL	プログラムカウンタ下位バイト
0x03	STATUS	ALUステータスレジスタ
0x04	FSR0L	間接アクセス用アドレスレジスタ0　下位バイト
0x05	FSR0H	間接アクセス用アドレスレジスタ0　上位バイト
0x06	FSR1L	間接アクセス用アドレスレジスタ1　下位バイト
0x07	FSR1H	間接アクセス用アドレスレジスタ1　上位バイト
0x08	BSR	バンク選択レジスタ
0x09	WREG	作業レジスタ
0x0A	PCLATH	プログラムカウンタ上位バイト用ラッチ
0x0B	INTCON	割り込み制御レジスタ

2 SFR (Special Function Register)

SFRはPICマイコンの入出力や各種モード設定などに使う特別なレジスタとなっています。

「特別」という意味は、あらかじめレジスタの存在位置が指定席になっていて、それぞれのデバイスごとに「特定の番地は、特定の周辺回路の機能設定用」というように固定されているためです。

このようにメモリにアドレスマッピングされ、メモリを読み書きするのと同じ方法で入出力する仕方のことを「メモリマップドI/O」と呼んでいます。

SFRはデバイスと周辺回路の違いによりデバイスごとに異なっているので、実際に使うに際してはデータシートで確認する必要があります。

これらの違いを吸収するため、マイクロチップテクノロジー社が開発した統合開発環境MPLAB IDE、MPLAB X IDEでは、これらの特別なレジスタに共通の名前を定義したヘッダーファイルを一緒に提供しており、同じ機能を持ったSFRについては、同じ名前のラベルで指定すれば自動的に違いを吸収してくれるようになっています。C言語で記述する場合にも同じ名前で指定することができます。

3 汎用レジスタ領域(GPR：General Purpose Register)

汎用データレジスタ領域がプログラム変数として汎用に使える領域で、バンクごとに80バイトずつとなっています。バンクごとに独立になっているため、80バイト以上の連続した領域が確保できないという問題があります。

4 コモンレジスタ領域

最上位のアドレスにある16個のコモンレジスタは、どのバンクからもアクセスできる共通変数領域で、バンク0にのみ配置されています。割り込み時のデータの退避や、常にアクセスできるデータ用として汎用に使えます。

つまり、割り込みは任意の位置で割り込めますから、どのバンクの状態で割り込み処理にジャンプするかわかりません。割り込み処理の最初でデータの現在値をメモリに保存する必要がありますが、バンクが異なると格納場所が変わってしまいます。そこで、全バンクに共通な領域を用意して、どのバンク状態で割り込みが入っても必ず同じ場所にアクセスできる領域を用意しています。

5 バンク31の構成

バンク31は特別なバンクとなっており、どのPICにも実装されていて、割り込み時に退避するコアレジスタのシャドーレジスタ領域となっています。

これで割り込み時のレジスタ退避を自動的に実行するため、割り込み処理がより高速化されます。このバンク31の内容は図2-2-5のようになっています。

●図2-2-5　シャドーレジスタの構成

バンク31

F8Ch	未実装
FE3h	
FE4h	STATUS_SHAD
FE5h	WREG_SHAD
FE6h	BSR_SHAD
FE7h	PCLATH_SHAD
FE8h	FSR0L_SHAD
FE9h	FSR0H_SHAD
FEAh	FSR1L_SHAD
FEBh	FSR1H_SHAD
FECh	—
FEDh	STKPTR
FEEh	TOSL
FEFh	TOSH

FE4番地からFEB番地までがシャドーレジスタと呼ばれる領域で、割り込み時のレジスタ自動保存領域となっています。SHADがShadowの略で、その前にある名称がシャドーとして自動保存されるレジスタの名称になります。コアレジスタの大部分が自動保存の対象となります。

最後に配置されているのが、スタックポインタ関連のレジスタです。

2-2-3 間接アドレッシング

データメモリのアクセス方法には、これまでのようにバンクを設定し、直接データメモリのアドレスを指定してアクセスする直接アドレッシングのほかに、もう1つ、間接アドレッシングという方法があります。

間接アドレッシングには、特別なレジスタであるINDFnレジスタとFSRnレジスタを使います（nは0か1）。

（FSR：File Select Register　　INDF：Indirect File Register）

間接アドレッシングの仕組みとメリット

図2-2-6に示したように、FSRnレジスタでアドレス指定されたデータメモリは、INDFnレジスタを経由してアクセスできるようになります。

●図2-2-6　間接アドレッシングのしくみ

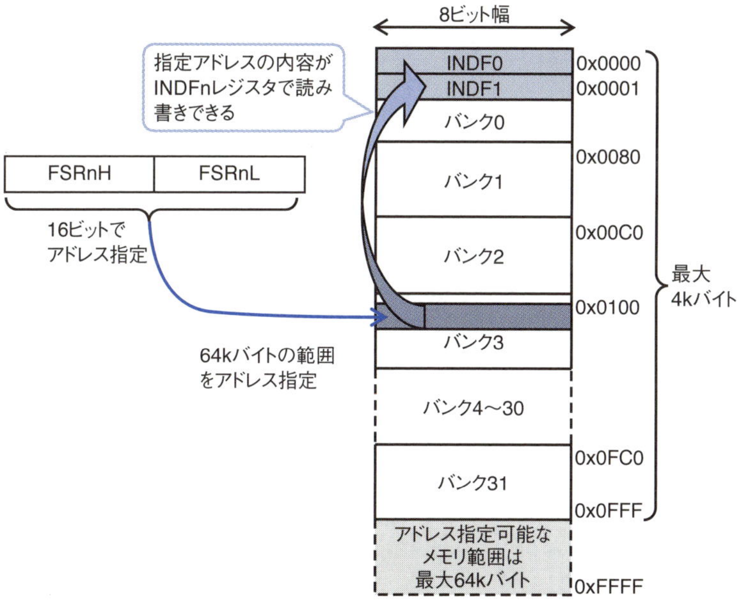

この場合、データメモリにはバンク0から連続したアドレスが割り付けられます。つまりアドレス0x0000から0x0FFFまでの4kバイトのアドレスとなります。

データメモリに間接アドレッシングでアクセスするには、まずFSRnHレジスタとFSRnLレジスタに16ビットのメモリアドレスを書き込みます。このとき指定するアドレスにはバンク指定も含まれています。

その後INDFnレジスタを読めば上記で指定したデータメモリの内容が取り出せ、INDFnレジスタに書き込めば、指定したアドレスのデータメモリに書き込まれます。このように、INDFnレジスタ経由で間接的にアクセスするため間接アドレッシングと呼ばれます。

FSRnレジスタはFSRnHとFSRnLの2つのレジスタが一緒に扱われ16ビット幅となるので、例えば、100番地から1000番地まで順番にアクセスしたい場合でもFSRnレジスタをカウントアップダウンするだけで連続してアクセスできるようになります。

このように間接アドレッシングのメリットは、連続した領域を順にアクセスするのに便利であることと、BSRレジスタを使ってバンクの切り替えをしなくても、FSRnレジスタで直接任意のバンクをアクセスできることにあります。したがってプログラム中でバンクの切り替えをせずに、異なるバンクにあるバッファなどのデータを連続で扱えることになり、間接アドレッシングを使うとスマートにプログラムを作ることができます。

間接アクセス命令

FSRnレジスタを連続的にカウントアップダウンしながらデータメモリをアクセスできるようにするため、特別な命令がF1ファミリに追加されました。

追加された命令が表2-2-2となります。この命令を使うとCコンパイラが生成するコードが効率化され、より小さなオブジェクトが生成されます。このようにF1ファミリで新たに追加された命令の多くは、C言語でプログラムを作成した場合に、より効率の良いプログラムが生成できるようにするためのものです。

表2-2-2　追加された間接アクセス命令

命　令	命令の機能
ADDFSR FSRn, k	リテラルkをFSRnに加減算する －32≦k≦32
MOVIW ++FRSn MOVIW -FSRn MOVIW FSRn++ MOVIW FSR- MOVIW k[FSRn]	FSRnを＋1してからINDFnの内容をWregにコピーする FSRnを－1してからINDFnの内容をWregにコピーする INDFnの内容をWregにコピーしてからFSRnを＋1する INDFnの内容をWregにコピーしてからFSRnを－1する FSRn＋kを実行後INDFnの内容をWregにコピーする
MOVWI ++FSRn MOVWI -FSRn MOVWI FSRn++ MOVWI FSRn- MOVWI k[FSRn]	FSRnを＋1してからWregの内容をINDFnにコピーする FSRnを－1してからWregの内容をINDFnにコピーする Wregの内容をINDFnにコピーしてからFSRnを＋1する Wregの内容をINDFnにコピーしてからFSRnを－1する FSRn＋kを実行後Wregの内容をINDFnにコピーする

間接アクセスの範囲

F1ファミリでは、間接アクセスをさらに拡張し、64kバイトという広いアドレス範囲を利用して、図2-2-7のようなメモリアクセスを可能としています。

全体範囲を半分に分け、前半の32kバイトはデータメモリのアドレス範囲を指定しますが、後半の32kバイトはプログラムメモリのアドレス範囲を指定します。

さらに前半のデータメモリ範囲で、アドレス範囲が0から0x0FFF番地の4kバイトの範囲は通常のデータメモリをアクセスしますが、0x2000から0x29AF番地の範囲は、データメモリのバンク31を除くバンクごとの汎用データレジスタ領域（GPR）だけを連続的に接続してアドレス指定できるようにしたもので、リニア空間と呼んでいます。

通常のデータメモリの汎用データレジスタ領域はバンクごとに独立となっていて連続のアドレスとなっていないため、C言語で配列変数を作成するような場合、80バイト以上の連続するデータ領域を確保することができませんでした。これを仮想のリニア空間で連続させることにより、最大80バイト×31バンク＝2480バイトの連続データを扱うことが可能となります。ただし、実際に実装されているメモリ以上にはできません。

●図2-2-7　F1ファミリの間接アクセス

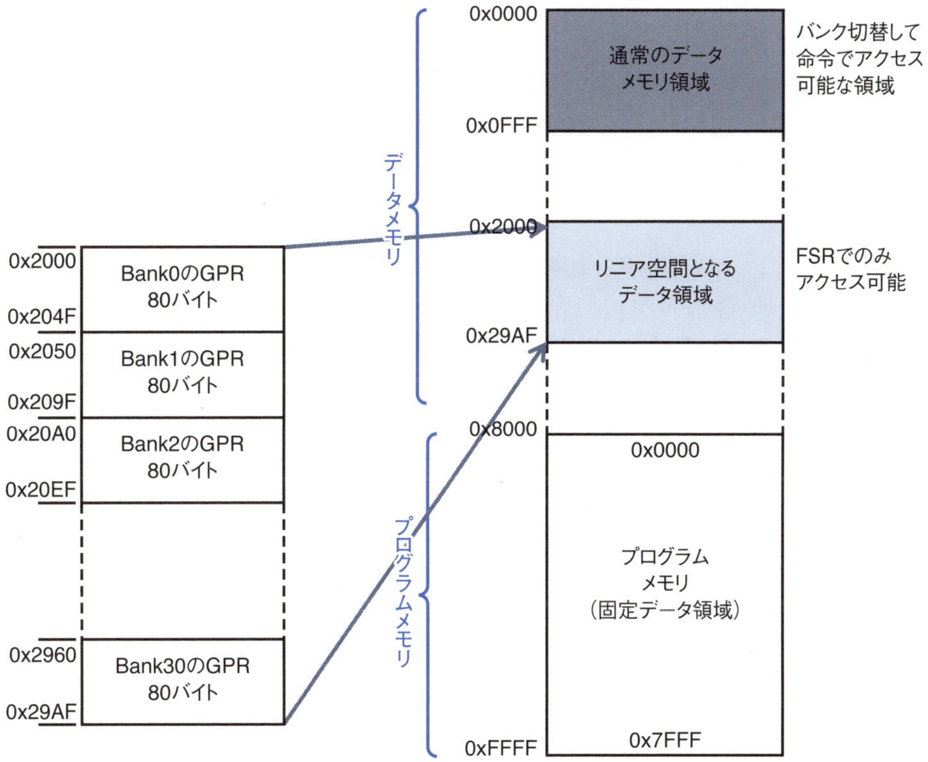

上位32kバイトのプログラムメモリ範囲をアクセスする場合には、プログラムメモリの14ビット幅の下位8ビットをデータとしてアクセスします。

フラッシュメモリ領域なので、プログラム実行中に高速で書き込むことはできません。このため、固定の定数データを扱うときに使います。液晶表示器のメッセージやUSARTのメッセージなど、固定でよいデータの場合便利に使うことができます。

これらのデータメモリへの配置やアクセス方法は、C言語を使えば、Cコンパイラが自動的に最も効率の良い方法で必要な処理プログラムを生成してくれます。

2-2-4 スタックメモリとサブルーチン

PICマイコンにはもう1つスタックメモリというメモリがあります。

このメモリは特別な動作を司っていて、サブルーチンや割り込みと呼ばれる機能の戻り番地を格納するためのメモリとなっています。

サブルーチンと関数

ここでサブルーチンとは、図2-2-8のような構成のプログラムの作り方のことを呼んでいます。

メインルーチンAがあり、この中で何回も同じことをしなければならない記述がある場合、毎回同じ処理を記述するのは面倒ですし、メモリも無駄に消費してしまいます。

そこで、この何回も現れる処理の部分だけ共通化してSUBAというように独立化し、どこからでもこの共通部を呼び出せるようにします。呼び出しにはジャンプ命令を使いますが、GOTO命令でジャンプすると戻る場合もやはりGOTO命令でしかジャンプできないので、いつも同じ固定の位置にしか戻れないことになってしまいます。このため複数の場所から呼び出すことができません。

ここでジャンプ命令にCALL命令を使うと、指定した場所にジャンプすると同時に、CALL命令の次の命令の番地をスタックメモリに保存します。

そして、共通部の処理を実行し、最後にRETURN命令を使うと、RETURN命令はスタックメモリの一番上に格納されている番地にジャンプします。この番地は、CALL命令の次の番地ですから、呼び出したCALL命令の次の命令に戻って来ます。こうすれば、メインルーチンAのどこからSUBAを呼び出しても必ず呼び出したCALL命令の次の命令に戻って来ます。SUBAのような構成とした共通部のことを「サブルーチン」と呼びます。サブルーチンからまた別のサブルーチンを呼び出すこともあり得ますから、スタックメモリが16個まで格納できるようになっていて、RETURN命令は常に最後に格納された番地にジャンプし、ジャンプ後、スタックメモリの使用済みの戻り番地はないものとみなされるようになります。これで、最大16回までのサブルーチンから別のサブルーチンを呼ぶ、「入れ子」と呼ばれる動作ができることになります。

C言語を使うとこのサブルーチンという構成は必要なくなり、関数が同じような機能を果たします。

●図2-2-8 サブルーチンの構成

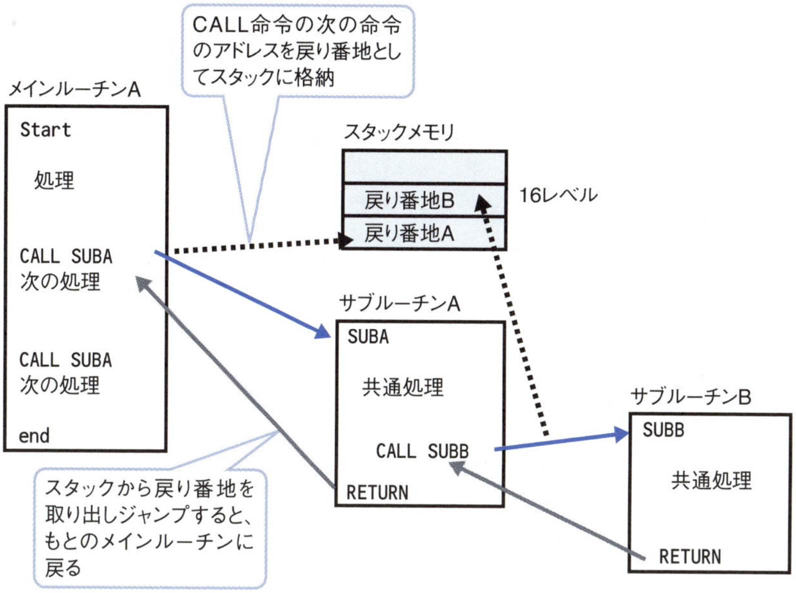

スタックメモリの役割

ここでスタックメモリは図2-2-9のようにプログラムカウンタと接続されています。そして、スタックメモリには、CALL命令や割り込み時に、プログラムカウンタの15ビット幅がそのまま戻り番地としてスタックメモリに書き込まれます。これは、CALL命令を実行するときには、プログラムカウンタは次の命令の位置、つまり戻り番地を示していますから、このプログラムカウンタを保存すればそのまま戻り番地を保存したことになるからです。

●図2-2-9 スタックメモリの構成

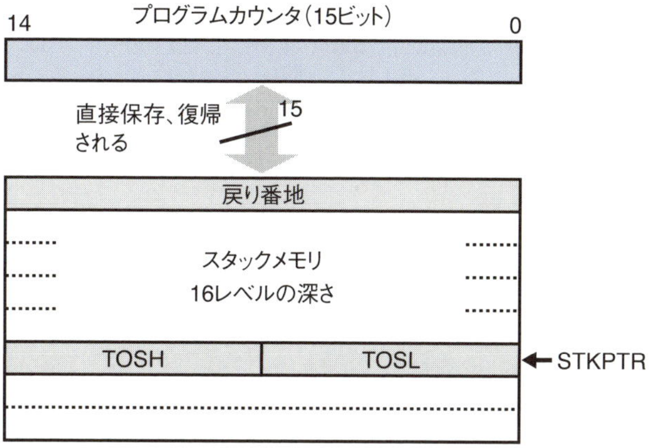

F1ファミリのスタックメモリ

スタックメモリは専用メモリとして用意されていますが、これまでのPIC16ファミリでは、プログラムでは読むことも書くこともできませんでした。しかもスタックできる深さは8レベルしかなかったので、サブルーチンからサブルーチンを呼び出すという入れ子を、何段にもする深い入れ子構造にしてスタックメモリを8レベル以上使うと、スタックオーバーフローとなって、正常に元の位置に戻らなくなってしまい、注意が必要でした。

これに対しF1ファミリでは、深さも倍の16レベルとなり、さらにSTKPTR、TOSH、TOSLという3個のレジスタが追加され、スタックメモリの内容を読み書きできるようになりました。

STKPTRレジスタはスタックポインタで、次に格納するスタックメモリの位置を示し、CALL命令などでスタックにプログラムカウンタ内容が保存されると＋1され、RETURN命令で使われると－1されます。

そしてSTKPTRが示している位置のスタックメモリの内容を、上位バイトがTOSHレジスタで、下位バイトがTOSLレジスタで読み書きできます。

STKPTRレジスタ自身も読み書きできるので、任意の位置のスタックメモリの内容の読み書きができることになります。

（STKPTR：Stack Pointer、 TOS：Top of Stack）

なお、スタックメモリ内容の読み書きは通常は使いませんが、リアルタイムOSなどを作る場合には必要になることがあります。

PIC16F1 family

2-3 コンフィギュレーションワードとIDワード

PICマイコンには、通常のプログラムメモリとはまったくアドレスの異なるところに存在する3種類の特殊なメモリがあります。デバイスIDとユーザIDと、もう1つはコンフィギュレーションワードです。

2-3-1 コンフィギュレーションワード

コンフィギュレーションワードは、プログラム実行中には読み書きできない特殊メモリ領域に配置されていて、書き込みはプログラマで行います。

配置番地は、0x8007番地と0x8008番地の2ワードで、いずれも14ビットで構成されています。

このワードは、PICマイコンの基本的な動作条件の指定や、プログラムにプロテクトをかけて読み出しても中身がわからないようにするなどの設定をするワードとなっています。

このコンフィギュレーションワードのビット位置や内容はPICマイコンにより異なっているので、個々のデバイスのデータシートで確認する必要があります。

例えば、PIC16F1937の場合のコンフィギュレーションビットの種類と意味は、表2-3-1および表2-3-2となっています。デフォルト値はメモリ消去時の値なので、どのビットも1となる設定となります。

▼表2-3-1　コンフィギュレーションワード1の一覧表(PIC16F1937の例)

ビットNO	記　号	名　称	意味内容
13	FCMEN	Fail-Safe Clock Monitor Enable	フェールセーフクロックモニタの指定 1 = 有効化　0 = 無効化
12	IESO	Internal External Switchover	クロックの内蔵、外部切り替え指定 1 = 切り替え有効化　0 = 切り替え無効化
11	CLKOUTEN	Clock Out Enable	クロック信号のピン出力指定 1 = クロック出力無効、汎用I/Oとする 0 = クロック出力有効
10、9	BOREN<1:0>	Brown-Out Reset Enable	ブラウンアウトリセット機能のオンオフ指定 11 = On　10 = 実行中オンスリープ中Off 01 = PCONレジスタのSBORENで制御 00 = Off
8	CPD	Data Memory Code Protection	データメモリのプロテクト指定 1 = プロテクトOff　0 = プロテクトOn

ビット NO	記　号	名　称	意味内容
7	CP	Code Protection	プログラム領域のプロテクトの指定 1 = プロテクトOff　0 = プロテクトOn
6	MCLRE	MCLR Pin Function Select	MCLRピンの機能の選択指定 1 = MCLR機能　0 = 汎用入力ピン（RE3）
5	PWRTE	Power-up Timer Enable	電源オンリセット機能指定 1 = 禁止（Off）　0 = 許可（On）
4、3	WDTE<1:0>	Watchdog Timer Enable	ウォッチドッグタイマの禁止許可設定 11 = 許可（On） 10 = 実行中On スリープ中Off 01 = WDTCONレジスタのSWDTENビットで制御 00 = 禁止（Off）
2、1、0	FOSC<2:0>	Oscillator Selection	発振回路の指定 111 = ECHモード　110 = ECMモード 101 = ECLモード　100 = INTOSCモード 011 = EXTRCモード　010 = HSモード 001 = XTモード　000 = LPモード

▼表2-3-2　コンフィギュレーションワード2の一覧表（PIC16F1937の例）

ビット位置	記　号	名　称	意味内容
13	LVP	Low Voltage ICSP Enable	低電圧ICSPプログラミングの指定 1 = 有効　0 = 無効
12	DEBUG	Debug Mode Enable	デバッグモードの指定 1 = 禁止（汎用ピン）　0 = 許可（デバッグ用ピン）
10	BORV	BORV Voltage Select	BORVスレッショルド電圧選択 1 = 1.9V　0 = 2.5V
9	SRVREN	Stack Over/Underflow Reset Enabe	スタックオーバーフロー、アンダーフロー時のリセット指定 1 = 有効化　0 = 無効化
8	PLLEN	PLL Enable	PLLの有効化指定 1 = 有効化　0 = 無効化
5、4	VCAPEN<1:0>	Voltage Regulator Capacitor Enable	内蔵レギュレータ安定化用コンデンサの指定 00 = RA0で有効化　01 = RA5で有効化 10 = RA6で有効化　00 = 使用せず
1、0	WRT<1:0>	Program Memory Self Write Protection Enable	フラッシュのプログラムメモリの書き込み保護指定 11 = 無効化　10 = 下位1/3有効化 01 = 中1/3有効化　00 = 上位1/3有効化

コンフィギュレーションワードを設定しないとクロックさえも生成されないため、PICマイコンは全く動作しません。したがって必ず設定する必要があります。しかし、たくさんの設定項目があるので、プログラムを書き込むときに毎回手動で設定していては面倒ですし、間違いも発生します。

そこでアセンブラ用にもC言語用にも、マクロ命令が用意されています。プログラム中にこのマクロ命令を使って記述しておけば、書き込みツール（プログラマ）でプログラムを書き込むときに一緒にコンフィギュレーションワードも書き込んでくれます。これで間違えることも余計な手間もなくなります。ただし、このマクロ命令に対応している書き込みツールを使う必要があります。

マイクロチップのCコンパイラを使った場合のマクロ命令の記述は、リスト2-3-1の例のようになります。この中の「__CONFIG()」がマクロ命令で、括弧の中に各パラメータを「&」で区切って記述します。先頭のアンダーバーは2個連続なので注意してください。

リスト 2-3-1　コンフィギュレーションの記述例

```
/***** コンフィギュレーションの設定 *********/
__CONFIG(FOSC_XT & WDTE_OFF & PWRTE_ON & MCLRE_ON & CP_OFF
    & CPD_OFF & BOREN_ON & CLKOUTEN_OFF & IESO_OFF & FCMEN_OFF);
__CONFIG(WRT_OFF & PLLEN_OFF & STVREN_OFF & LVP_OFF & VCAPEN_OFF);
```

このコンフィギュレーション設定の記述はMPLAB X IDEがサポートしています。コンフィギュレーションを一覧表で設定すれば、コンフィギュレーション記述のソースコードを自動的に生成してくれるので、容易に記述ができます。

このコンフィギュレーション記述の自動生成方法については、第4章で説明します。

2-3-2　ユーザID

このユーザIDと呼ばれる特殊メモリ領域は、0x8000から0x8003番地にある4ワード（14ビット／ワード）の領域で、ユーザが自由に書き込みできる領域です。

通常のプログラム実行中には特殊な手順でしか読み書きできませんが、プログラマでプログラムを書き込むときには自由に読み書きすることが可能となります。

このユーザIDの使い方はユーザの自由となっており、どんな使い方をしても構いません。一般的な使い方としては次のようなデータを書き込むことが多いようです。

・プログラム製造年月日
・バージョン番号
・プログラム管理用番号
・メモリチェックサム

2-3-3 デバイスID

0x8006番地の1ワードは、デバイスを区別するID（上位9ビット）とそのICマスクのリビジョン番号（下位5ビット）が工場出荷時に書き込まれています。この領域はユーザが変更することはできません。

MPLAB X IDEでプログラムを書き込む際には、正常な場合にはOutputメッセージの中に

```
Target detected
Device ID Revision = 2
```

というメッセージでデバイスのリビジョン番号が表示されます。

また書き込む際にデバイスが異なるような場合には、アラームダイアログで次のようにデバイスIDが異なるというメッセージが表示され、デバイスID値が表示されます。

```
Target detected
Target Device ID (0x0) does not match expected Device ID (0x2480).
```

MPLAB XC8コンパイラにはデバイスIDを呼び出すためのライブラリ関数が用意されています。書式は次のようになります。

```
unsigned int device_id_read(void);
```

これで次のようにすれば、デバイスIDとリビジョン番号が取得できます。

```
unsigned int id_value;
unsigned int device_code;
unsigned int revision_no;

id_value = device_id_read();
device_code = ide_value >> 5;      // 上位9ビット
revision_no = ide_value & 0x1F;    // 下位5ビット
```

PIC16F1 family

2-4 リセット

リセットはもともとPICマイコンを初期状態にする機能ですが、PICマイコンを安定に停止、開始させるためにも重要な働きをします。

2-4-1 リセットとは

PICマイコンのハードウェアは、電源が入ったときと外部リセット信号が入ったときに内部回路をすべて初期状態にします。この初期状態とは、以下のような状態です。

・プログラムカウンタは0番地
・内部で持っているPICマイコンの状態、命令の実行結果状態などが、あらかじめ決められた状態に戻されている
・内蔵周辺モジュールはあらかじめ決められた状態に戻っている
・割り込みはすべて禁止状態

つまりPICマイコンがすべての状態を初期化して、何もしていない状態ということになります。しかし、この状態からすぐプログラムの命令を実行開始するので、リセットの状態は一瞬で終了します。

これが最も基本となるリセットです。

PICマイコンのリセット

PICマイコンには次のような複数の異なったリセットがあります。

・パワーオンリセット
・MCLR端子によるリセット
・ブラウンアウトリセット機能によるリセット
・通常動作時のウォッチドッグタイマによるリセット
・SLEEP状態でのウォッチドッグタイマによるリセット
・RESET命令によるリセット
・スタックオーバーフロー、アンダーフローによるリセット
・プログラミングモード終了時のリセット

これらのリセット回路のブロックは、図2-4-1のようになっています。パワーオンリセットとブラウンアウトリセットの場合には、標準で64msecのパワーアップタイマを挿入する

ことで、より確実にリセット状態になるようにできます。

さらにスリープ状態中のウォッチドッグタイマのタイムアップでは、リセットにより初期状態にするのではなく、ウェイクアップしてスリープ命令の次の命令から命令実行を再開する動作をするようになっています。

●図2-4-1　リセット回路のブロック構成

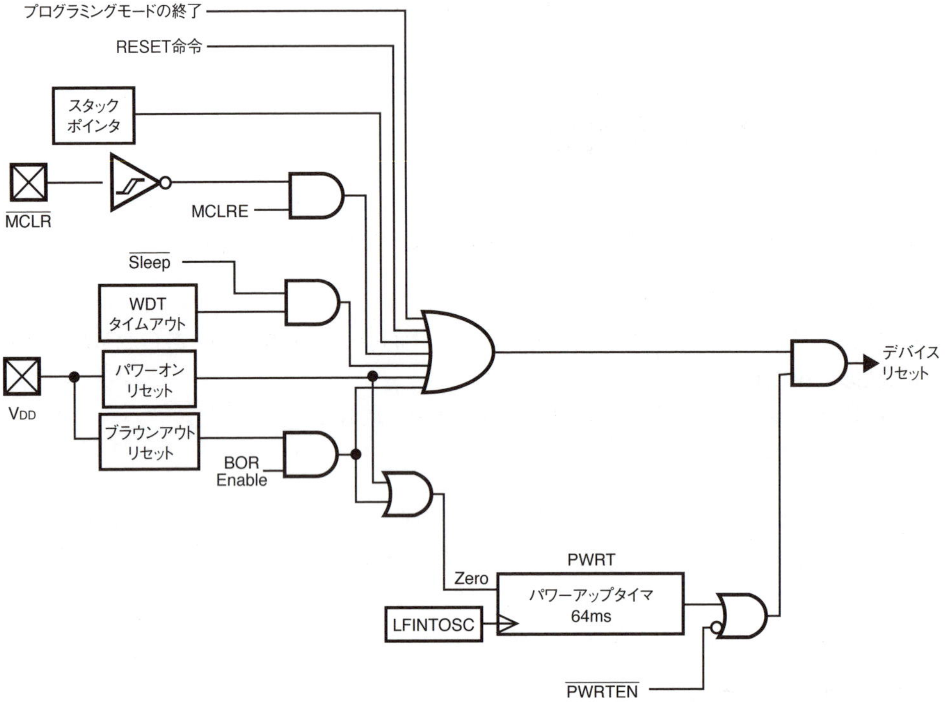

PCONレジスタ

リセット条件が多いので、リセットでスタートした後に、どのリセットでリセットされたのかをレジスタでチェックすることができます。このために用意されたレジスタがPCONレジスタです。PCONレジスタの詳細は図2-4-2のようになっています。

●図2-4-2　PCONレジスタの内容

STKOVF	STKUNF	―――	―――	$\overline{\text{RMCLR}}$	$\overline{\text{RI}}$	$\overline{\text{POR}}$	$\overline{\text{BOR}}$

STKOVF：スタックオーバーフロー
1：発生　0：未発生かクリア

STKUNF：スタックアンダーフロー
1：発生　0：未発生かクリア

$\overline{\text{RMCLR}}$：MCLRリセットフラグ
1：未発生　0：発生

$\overline{\text{RI}}$：RESET命令リセットフラグ
1：未発生　0：発生

$\overline{\text{POR}}$：パワーオンリセットフラグ
1：未発生　0：発生

$\overline{\text{BOR}}$：パワーオンリセットフラグ
1：未発生　0：発生

PCONレジスタの内容とリセット要因の区別は、表2-4-1で行うことができますが、電源オンオフによるリセットのような場合は、もともと電源が不安定な状態での動作なので、PCONレジスタだけに依存したリセット区別は避けた方がよいと思われます。

▼表2-4-1　PCONレジスタの内容とリセット要因

STKOVF	STKUNF	$\overline{\text{RMCLR}}$	$\overline{\text{RI}}$	$\overline{\text{POR}}$	$\overline{\text{BOR}}$	$\overline{\text{TO}}$	$\overline{\text{PD}}$	リセット要因
0	0	1	1	0	x	1	1	パワーオンリセットの場合
0	0	1	1	0	x	0	x	異常　$\overline{\text{TO}}$は$\overline{\text{POR}}$でセットされるはず
0	0	1	1	0	x	x	0	異常　$\overline{\text{PD}}$は$\overline{\text{POR}}$でセットされるはず
0	0	1	1	u	0	1	1	ブラウンアウトリセットの場合
u	u	u	u	u	u	0	u	WDTリセットの場合
u	u	u	u	u	u	0	0	WDTウェイクアップの場合
u	u	u	u	u	u	1	0	割り込みによるウェイクアップの場合
u	u	0	u	u	u	u	u	通常動作中の$\overline{\text{MCLR}}$リセットの場合
u	u	0	u	u	u	1	0	スリープ中の$\overline{\text{MCLR}}$リセットの場合
u	u	u	0	u	u	u	u	RESET命令リセットの場合
1	u	u	u	u	u	u	u	スタックオーバーフローリセットの場合
u	1	u	u	u	u	u	u	スタックアンダーフローリセットの場合

（注）$\overline{\text{TO}}$、$\overline{\text{PD}}$はSTATUSレジスタ内のビット。uは変化のないビットを示す。xは不定。

2-4-2 電源とリセット

PICマイコンのリセット関連で難しくてトラブルの種になるのは、電源がオンオフする瞬間と、電源が動作範囲ぎりぎりまで降下した場合です。

電源がオンになったときPICマイコンが正常にスタートするためには、電源が入ったときに確実にリセットがかかるようにしなければなりません。さらに、電源が規定の動作電圧になるまでリセット状態を維持して、確実に停止している状態にしなければなりません。そうしないと、電源が安定な電圧に達するまでの短い時間に異常な動作をしたり、最悪の場合は、電源が正常に入った後でもPICマイコンが動作しなかったりしてしまいます。

このような電源のオンオフ時に確実にリセット状態とするために用意された機能が電源オンリセット（POR：Power On Reset）の機能と、ブラウンアウトリセット（BOR：Brown Out Reset）の機能です。これらの機能の詳細を説明します。

パワーオンリセット（POR）機能

POR機能は電源がオンで確実にPICマイコンが動作を開始するようにするための機能で、図2-4-3のようなシーケンスとなっています。この機能により、単純に電源電圧が規定電圧になるのを待つだけでなく、一定時間リセットを継続させることで、クロック発振が確実になるのを待つようにしています。

●図2-4-3　PORのシーケンス

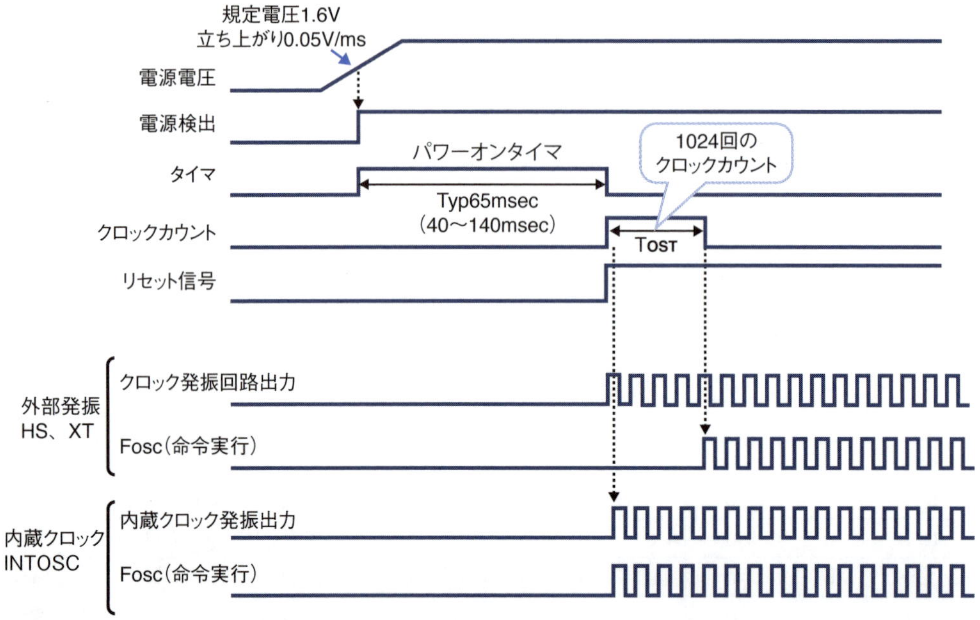

シーケンスは、まず電源がオンとなってから1.6Vを超えると電源がオンとなったと判定し、内部のパワーオンタイマをスタートさせ、同時に内部をリセット状態とします。この電源オン時の条件は、電源の立ち上がり速度が0.05V/ms以上である必要があります。

標準で65msecのパワーオンタイマがタイムアップした後は、外部発振クロックか、内蔵クロックかによりシーケンスが異なります。

内蔵クロックの場合は確実に発振しているとして、すぐ命令実行用のクロックFoscを生成するので、パワーオンタイマのタイムアップ後すぐに命令実行を開始します。

外部発振クロックの場合は、発振状態を確認するためこの発振クロックで10ビットのタイマをカウントアップさせます。このカウントがフルカウントまで進んだら正常発振と判断して内部リセットを解除し、命令実行用のクロックFoscを生成し、ここで0番地からプログラムの実行が開始されます。

このようなシーケンスがあるため、PICマイコンは電源オンで確実にスタートするようになっています。ただし、数10msecという時間がかかることになります。

ブラウンアウトリセット機能（BOR）

電源は、いつもは一定の電圧で電気を供給しています。しかし、突然の停電や瞬時停電などが発生したときには、電源電圧降下や突然の遮断が起きます。

電池動作をさせている場合でも、電池が消耗すると電圧が下がり、PICマイコンが正常動作できない限界以下になることもあります。

このようなときには、電源電圧は素直に0Vにならずに、何回か瞬時電圧低下したり、オン／オフを短時間に何度も繰り返したり、動作限界ぎりぎりで継続するなど不安定な状態となることがあります。このような場合の誤動作対策が最も難しく、トラブルを引き起こすことも多くあります。

このように、PICマイコンが動作中に、突然電源が切れたり電圧が低下したりしたときには、確実に止めることが重要です。このためには、電圧が降下する間に早めにリセットをかけて、PICマイコンが異常な動作をしないようにする必要があります。

PICマイコンには、この電圧降下を監視する回路が内蔵されており「ブラウンアウトリセット機能」と呼ばれています。

PICマイコンのBOR機能のシーケンスは図2-4-4のようになっています。

●図2-4-4　ブラウンアウトリセットのシーケンス

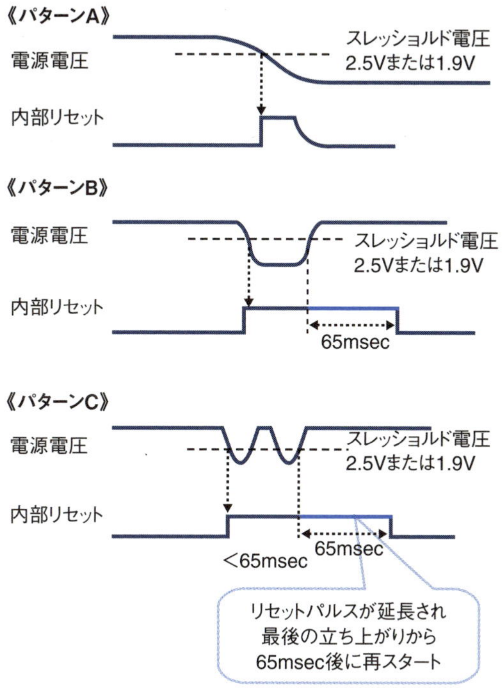

1 通常の電源オフ

通常の電源オフの場合がパターンAとなります。ブラウンアウトリセット機能がないと、低い電圧でも動作を継続してしまい、異常な命令実行をしていろいろなトラブルを引き起こすことがあります。しかしブラウンアウトリセット機能があれば、スレッショルド電圧（標準は2.5または1.9Vで選択可能）より電圧が下がると、内部的にリセット信号が出力されPICマイコンはリセットで確実に停止し、電圧が下がりきって動作できない状態で終了となります。

2 電源の一時的な低下

電源が一時的に低下するような場合がパターンBとなります。電源電圧がスレッショルド以下になった時点でリセット状態となり、電源電圧がスレッショルド以上の電圧に戻ってから65msec後にリセットが解除されPICマイコンのプログラムは0番地から再スタートします。これで確実に低電圧の間は停止することになり、電圧が正常になればまた正常動作を再開します。

電源電圧低下がスレッショルドぎりぎりでゆっくり変動するような場合でも、このスレッショルドに、標準で25mVのヒステリシスが設定されているので、電圧がぎりぎりの場合でもリセットがバタつくことなく、確実に安定にリセットがかかるようになっています。

3 瞬断の連続

電源の瞬断が続けて発生するような不安定な時がパターンCで、電圧低下が連続して発生することがあります。

いったん電圧が復旧した後65msec以内に再度低下する現象が起きたときには、内部リセットは連続して出力されたままとなって、PICマイコンは停止状態を継続します。最後に電圧が復旧してから65msec後にリセットが解除されて再スタートします。

外付けリセットIC

このBORだけでも信頼性の高い実用回路とすることができますが、希望の電圧で制御したい時や、もっと長時間リセットをかけたいというような場合には、外付けでリセット専用ICを使った回路を付加する必要があります。

電源監視用のICには数多くの種類があり、多くのメーカで特徴のあるICが開発されています。いずれも、電源電圧監視とリセット信号生成の機能が含まれており、電源電圧監視のスレッショルドを可変できるものや、いくつかの固定値から選択できるものもあります。さらにヒステリシスを持たせてより安定な動作をするようにしたものもあります。これらの中から、適当なものを選択して使います。

PIC16F1 family

2-5 クロック

クロックとは、コンピュータの世界や、ディジタルロジックの世界では、回路を動かすためのペースメーカとして使われる信号のことを言い、常に一定の周波数の信号を使います。いわば人間の心臓と同じ働きをし、すべての回路のタイミングのもととなる信号です。PICマイコンは、外部に発振子（振動子）を接続して発振させる発振回路と、内蔵のクロック発振回路とを持っており、多くの種類のクロックから選択して使うことができるようになっています。

2-5-1 クロック生成ブロックの構成

F1ファミリのクロック生成ブロックは、多くのクロック生成方法が構成できるように図2-5-1のような構成となっています。この図はF1ファミリで標準的なものですが、F1ファミリの中でもファミリごとに、PLL機能がなかったりする異なるデバイスもあるので、使うデバイスのデータシートで確認してください。

●図2-5-1　標準的なクロック生成ブロックの構成

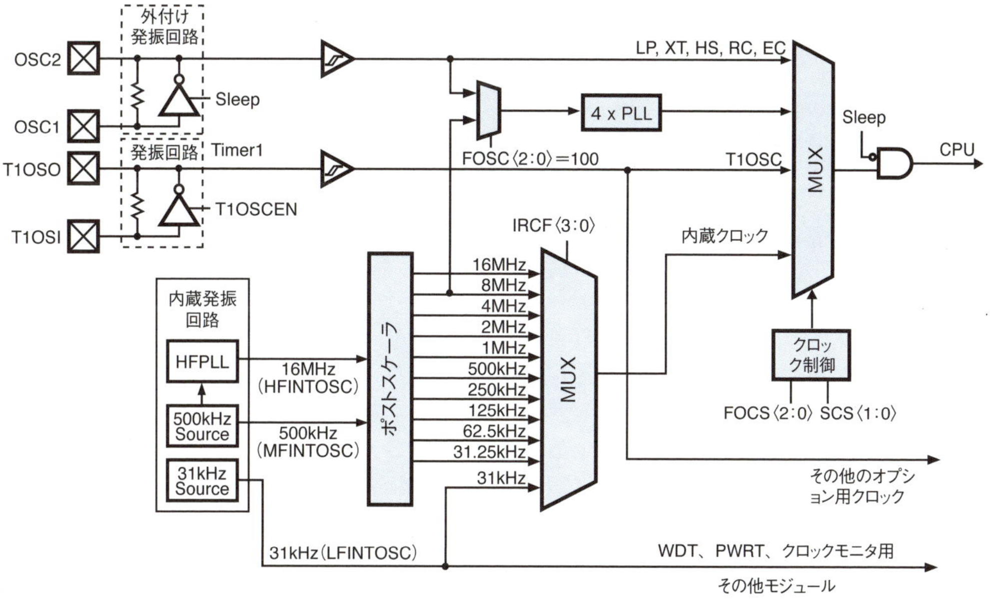

図の上側の部分が、外部にクリスタル発振子やセラミック発振子を接続して発振させる回路となっています。下側が、内蔵発振回路でクロックを生成する回路です。いずれの場合も、中央上側にあるPLL回路で4倍の周波数に上昇させることができ、F1ファミリの多くは、最高32MHzのクロックまで動作可能となっています。(PLL：Phase Lock Loop)

2-5-2 発振モードの種別

PICマイコンのクロック生成の方法には、表2-5-1のような発振モードがあります。大別すると、

- 外部発振器を使う
- 発振子と内部発振回路を使い、さらにPLLを使う
- 内蔵発振器を使い、さらにPLLを使う
- タイマ1の発振回路を使う

という4種類となりますが、どれを使うかの選択は、必要なクロック周波数の精度と消費電流に依存します。

この4種類のどれを使うかは、コンフィギュレーションのFOSC<2:0>のビットで設定して決定します。

▼表2-5-1 クロック発振モード一覧

モード	概 要	発振周波数範囲	クロック周波数精度
ECL	外部発振器で生成されたクロック信号を入力する	0.5MHz以下	高精度発振器を使えば3ppm程度まで可能
ECM		0.5～4MHz以下	
ECH		4MHz～32MHz	
LP	外部発振子と内蔵発振回路でクロック生成	32kHz	クリスタル発振子で約50ppm セラミック発振子で約0.5%
XT		4MHz以下	
HS		4MHz～20MHz	
INTOSC	内蔵発振器を使用	31kHz～32MHz 命令で周波数変更が可能	2%～5%程度
T1OSC	タイマ1の発振回路を使用	32kHz	クリスタル発振子で数10ppm

このとき注意が必要なのは、電源電圧によって発振周波数の上限に制限があることです。電源電圧が低い場合には、クロック周波数の上限が低くなるので気をつけてください。どの程度かはPICマイコンごとに異なっているので、データシートで確認が必要です。

図2-5-2がこの電源電圧とクロック周波数の制限のデータ例です。図から、PIC16FとPIC16LFでは電源電圧の範囲は異なりますが、クロック周波数の上限制限は同じとなっていて、電源電圧が2.5V以上であれば32MHzの最高クロック周波数まで使えますが、それ以下の場合には、16MHzまでに制限されます。

●図2-5-2 電源電圧とクロック周波数制限

(a) PIC16F193xの場合

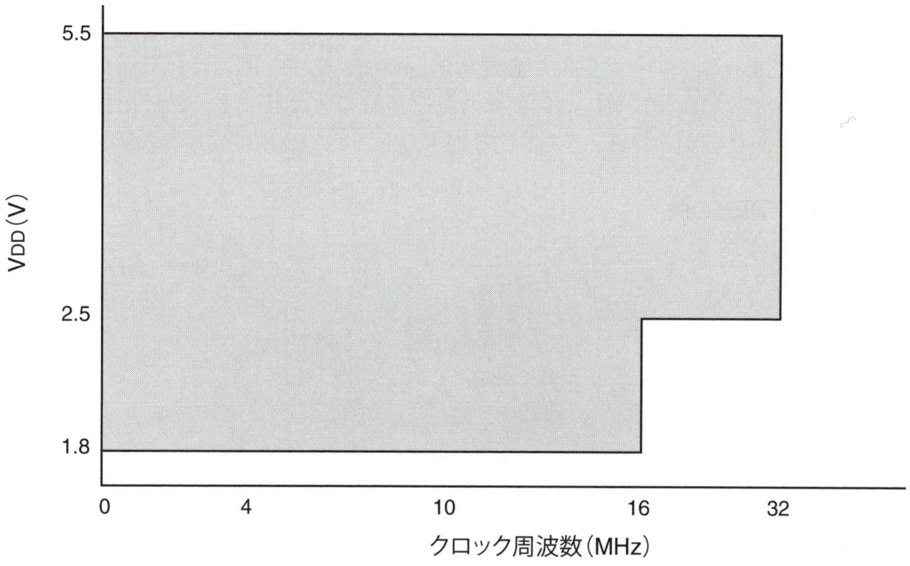

(b) PIC16LF193xの場合

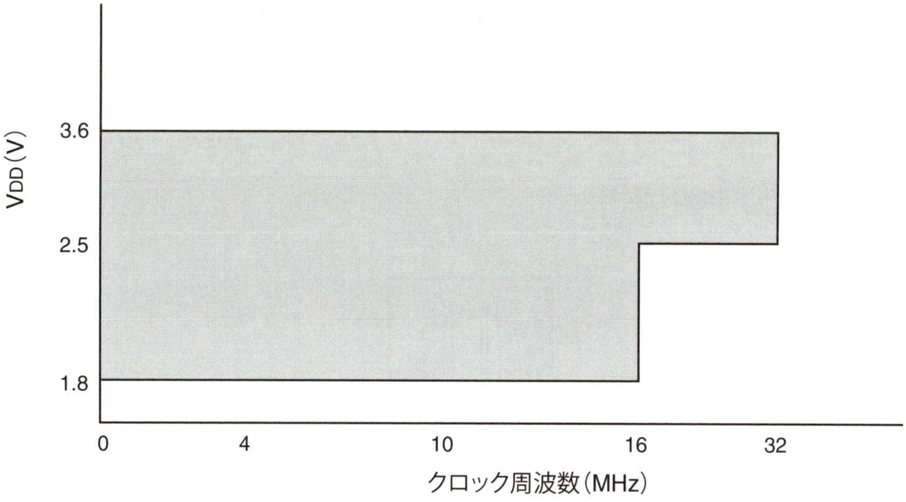

2-5-3 外部発振器モード

PICマイコン内蔵の発振回路を使わず、外部に一定の周波数の信号を発生する発振器を付加して直接PICマイコンの内部クロックを作り出し、PICマイコンを動作させるモードです。

特別に高精度な周波数のクロック信号が必要な場合に使います。例えば、データ通信で高精度な通信速度が必要な場合や、特に高精度な時計を作る場合などには、数ppm程度の精度が必要となることがあります。写真2-5-1は、このような目的の高精度発振器の例です。

●写真2-5-1 高精度発振器の例

外部発振器を使う場合のPICマイコンとの接続は、図2-5-3のようにします。抵抗の役割は発振器の出力をPICマイコンの入力スレッショルド電圧に合わせるためですが、抵抗の有無や接続方法は発振器によって異なるので、発振器のデータシートを参照して下さい。

●図2-5-3 発振ユニットの接続回路例

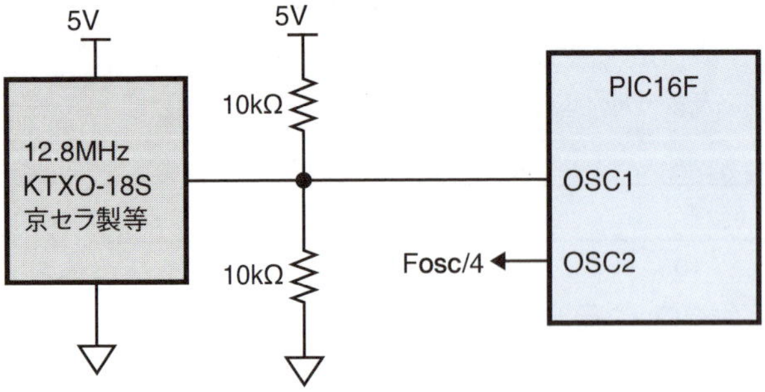

2-5-4 クリスタル／セラミック発振子モード

クリスタル発振子モード

クリスタル（水晶）発振子モードは、周波数精度が高く（数10ppm以下）安定な発振をします。したがってクリスタル発振子モードは、時計機能などの高精度発振が必要な場合や、高精度な一定の速度でのシリアル通信をするような場合、あるいは高精度な一定の時間を必要とする場合などに使います。

写真2-5-2がクリスタル発振子の代表的なもので、右側がHC-49U、真ん中がHC-49USと呼ばれるタイプです。HC-49USタイプの方が小型で、実装したときの部品の高さが低いので便利に使えます。左側は32kHzの時計用タイプです。通常は周波数が32.768kHz（2の15乗の値）となっています。これで時計の1秒パルスを生成するのに便利なようになっています。この時計用のクリスタルはわずかな電流しか流せないので、LPモードとして電流を制限して発振させるようにする必要があります。このクリスタル発振子は、タイマ1の発振回路用としても使用が可能です。

●写真2-5-2　クリスタル振動子

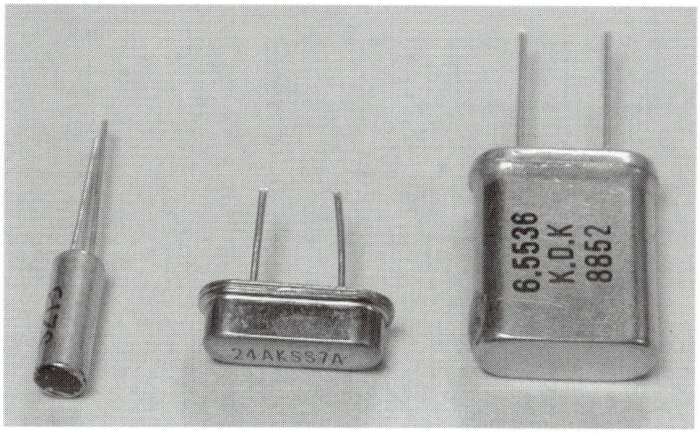

セラミック発振子モード

セラミック発振子モードは、周波数変動誤差が0.5％程度なのですが、クリスタル発振子より安価なことがメリットです。

デメリットは、電源電圧が変化するような用途では、やや不安定になることで、最悪の場合は発振が止まってしまうこともあります。このためセラミック発振は、特に高精度の時間の要求がなく、一定の電圧で使用するような場合に使います。

写真2-5-3が代表的なセラミック発振子で、セラロックとも呼ばれています。セラロックは周波数によりサイズが異なっています。また、最近はほとんどコンデンサ内蔵タイプが使われています。コンデンサ内蔵タイプは3本足で、外付けの2個のコンデンサが不要になるのでスペースが少ないときに便利です。真ん中の足をグランドに接続します。

●写真2-5-3　セラミック発振子の外観

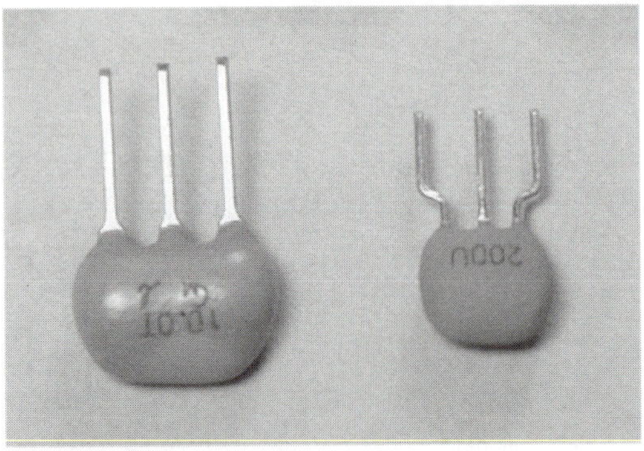

推奨回路

クリスタル発振、セラミック発振いずれも推奨回路は図2-5-4のようになっています。C1、C2に使用する部品は、発振周波数によって最適なコンデンサの値を選ぶ必要があります。コンデンサの種類は一般的なセラミックコンデンサを使います。

●図2-5-4　クリスタル／セラミック発振回路

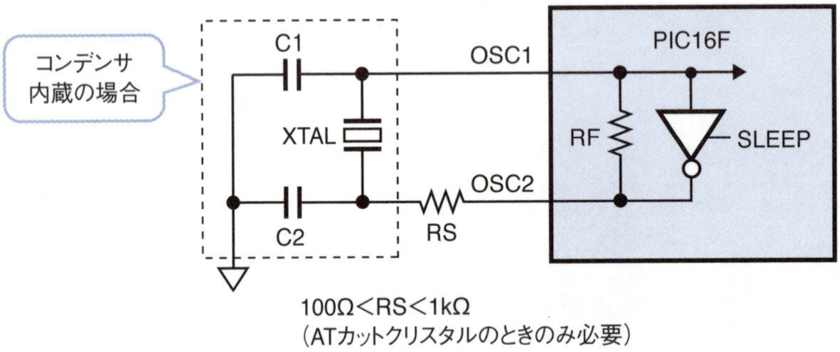

クリスタル発振子の場合、付加するコンデンサの容量には表2-5-2のような推奨値があります。この推奨値を守ってコンデンサを付加することで、安定で正しい周波数の発振をさせることができます。極端に異なる値のコンデンサを付けたときには発振しないこともあるので要注意です。

さらに、高い周波数のHSモードで、ATカットタイプのクリスタル発振子を使うときには、高周波電流を制限するために図2-5-4のように数100Ωの抵抗RSを挿入します。

いずれの発振回路でも、電源がオンになってから、発振を開始し発振振幅電圧が安定するまでには若干の時間がかかります。安定するまでの間は、PICマイコンが不安定な動作をすることも考えられるので、この不安定な時間より長い時間「リセット」をかけてPICマイコンを停止状態のままとしておく必要があります。

▼表2-5-2　クリスタル発振回路のコンデンサの推奨値

発振モード	発振周波数	C1の値	C2の値
LP	32kHz 200kHz	33pF 15pF	33pF 15pF
XT	200kHz 1MHz 4MHz	47～68pF 15pF 15pF	47～68pF 15pF 15pF
HS	4MHz 8MHz 20MHz	15pF 15～33pF 15～33pF	15pF 15～33pF 15～33pF

PICマイコンの場合には、前項で説明したように、パワーオンリセット回路に工夫が加えられており、電源オンの後、電圧が安定してクロック発振回路が安定するまでの間、リセット信号が継続するようになっているので、特に追加の考慮は必要ありません。

2-5-5　内蔵発振器モード

F1ファミリには、すべて内蔵発振回路が実装されています。図2-5-1に示したように内蔵発振回路には、16MHzの高周波発振回路（HFINTOSC）と500kHzの中周波発振回路（MFINTOSC）と、31kHzの低周波発振回路（LFINTOSC）の3種類の発振器が実装されています。

16MHzのHFINTOSCと500kHzのMFINTOSCはポストスケーラにより分周されて、16MHz、8MHz、4MHz、2MHz、1MHz、500kHZ、250KHz、125kHz、62.5kHz、31.25kHzの10種類に分けられ、 これにLFINTOSCが加わって11種類の周波数から命令で選択できます。さらに8MHzの場合にはPLLにより4倍することができ最高の32MHzでの動作も可能となっています。

コンフィギュレーションで内蔵発振器モード（INTOSC）を選択した場合には、命令でこの11種類の中から1つを選択して使うことができます。

この選択指定をするのがOSCCONレジスタで、図2-5-5のような構成となっています。MFINTOSCとHFINTOSCで同じ周波数となっている選択肢もあるので、全部で15種類となっています。

リセット後のデフォルトでは、MFINTOSCの500kHzとなっています。

OSCCONレジスタによるクロック周波数の切り替えは命令でできるので、プログラム実行中でも切り替えられます。この機能をうまく使えば、低消費電力と、高速実行の両方の要求を満足させることも可能になります。

●図2-5-5　OSCCONレジスタの構成

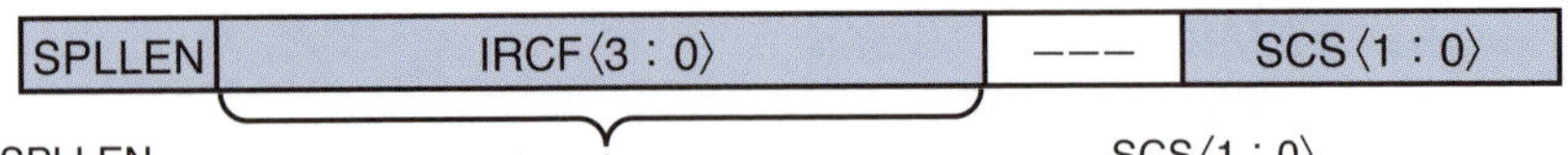

SPLLEN
　PLL有効化
　1= 有効、0= 無効
　コンフィギュレーション
でPLL無効の場合

IRCF〈3：0〉
　内蔵クロック選択
　000x = 31kHz (LF)
　0010 = 31.25kHz (MF)
　0011 = 31.25kHz (HF)
　0100 = 62.5kHz (MF)
　0101 = 125kHz (MF)
　0110 = 250kHz (MF)
　0111 = 500kHz (MF) (リセット時デフォルト)
　1000 = 125kHz (HF)
　1001 = 250kHz (HF)
　1010 = 500kHz (HF)
　1011 = 1MHz (HF)
　1100 = 2MHz (HF)
　1101 = 4MHz (HF)
　1110 = 8MHz (HF) or 32MHz (PLL)
　1111 = 16MHz (HF)

SCS〈1：0〉
　クロック選択
　1x = 内蔵クロック
　01 = タイマ1選択
　00 = コンフィギュレーション指定
　　(デフォルト)

2-5-6　その他の機能

クロック生成ブロックには、以上の他に次のような追加機能があります。以下でそれぞれの使い方の説明をします。

・ 2速度スタートアップ
・ フェールセーフクロックモニタ
・ 発振周波数微調整
・ リファレンスクロックモジュール

1 2速度スタートアップ

これはHS、XT、LPのクロック発振モードの場合で、スリープ機能を使う場合に有効な機能です。

スリープ状態ではクロック発振回路は停止状態となります。スリープからウェイクアップする際には、まずこの発振回路を起動させ、発振が安定し、このクロックで10ビットカウンタがフルカウントになってはじめて命令動作が可能になります。

クリスタル発振回路の起動には数msecという時間がかかることがあり、スリープとウェイクアップを頻繁に繰り返すアプリケーションの場合には、このクロック起動待ち時間が無視できない長さとなります。

そこで2速度スタートアップ機能を有効にすると、ウェイクアップ直後は、IRCF<3:0>で設定された内蔵発振器のクロックで命令実行を開始し、外部発振回路のクロックが起動完了したら、外部クロックに切り替えて命令を実行するという動作になります。

内蔵発振回路のクロックの起動時間は非常に短時間ですから、ウェイクアップ後すぐに命令実行を開始することができ、無駄な待ち時間をなくせます。

この2速度スタートアップ機能を有効にするには、下記手順で行います。

①コンフィギュレーションでIESOビットを1にセットする
②OSCCONレジスタでSCS<1:0>=00にしてコンフィギュレーションクロックを使う指定とする
③コンフィギュレーションでクロック指定をLP、XT、HSのいずれかとする

2 フェールセーフクロックモニタ

LP、XT、HS、ECの外部クロックモードの場合、コンフィギュレーションでFSCMを1にしてフェールセーフクロックモニタを有効にすると、発振回路からのクロック出力を常時監視し、万一クロックが停止したら、IRCF<3:0>で指定されている内蔵発振器のクロックに自動的に切り替え、動作を継続させると同時に、割り込み要因（OSFIF）をセットします。割り込みが許可されていれば、この要因で割り込みが発生します。

この監視機能は、スリープ中とパワーオンリセット中は停止されます。

3 発振周波数微調整

HFINTOSCとMFINTOSCの内蔵発振器の発振周波数は、OSCTUNEレジスタで周波数の微調整をすることができます。

OSCTUNEレジスタの内容は符号＋4ビットの5ビットで構成されており2の補数で設定するようになっています。

したがって0x00から0x0Fまでが周波数を上昇させる方向に微調整し、0x0Fが最高の周波数になり、0x1Fから0x10までが周波数を下降させる方向に微調整し、0x10が最低の周波数になります。

この微調整はMFINTOSCとHFINTOSCの両方に同時に有効となります。

4 リファレンスクロックモジュール

これは一部のF1ファミリに内蔵されている機能で、クロックを分周したパルスを特定のピン（CLKRピン）に出力する機能です。

有効化と分周比は図2-5-6のCLKRCONレジスタで行います。

●図2-5-6 CLKRCONレジスタの詳細

CLKREN	CLKROE	CLKRSLR	CLKRDC〈1:0〉		CLKRDIV〈2:0〉		

CLKREN:
　リファレンスクロック有効化
　1:有効　0:無効
CLKROE:
　リファレンスクロック出力
　1:有効　0:無効
CLKRSLR:
　リファレンスクロック
　スルーレート制御
　1:有効　0:無効

CLKRDC〈1:0〉
デューティサイクル設定
　11=75%　10=50%
　01=25%　00=0%

CLKRDIV〈2:0〉
分周比設定
　111=128　110=64
　101=32　100=16
　011=8　010=4
　001=2　000=1

PIC16F1 family

2-6 ウォッチドッグタイマ (WDT)

PICマイコンのプログラムが正常に動作しているかを監視するための、ウォッチドッグタイマの使い方を説明します。

2-6-1 プログラム監視

ウォッチドッグはその名前の通り「番犬」のことで、コンピュータが正常かどうかを常に監視するためのタイマです。

このタイマの特徴は、タイマがタイムアップするとハードウェアリセットがかかるということです。リセットがかかると当然コンピュータは初期状態からのスタートになり、プログラムは0番地から再スタートすることになります。

ウォッチドッグタイマのプログラム監視動作を図で説明すると図2-6-1のようになります。

●図2-6-1 WDTのプログラム監視動作

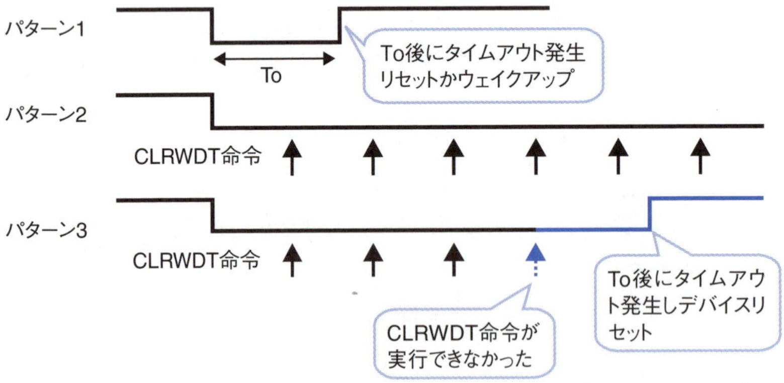

まずパターン1は単純にウォッチドッグタイマをスタートさせただけのときです。このときには指定した時間(To)が経つとウォッチドッグタイマがタイムアップしPICマイコンにリセット信号が出力され再スタートします。これをずっと繰り返すことになります。

実際にウォッチドッグタイマを使うときは、パターン2のようにします。ウォッチドッグタイマを最初スタートさせたら、あとは常に一定時間以内に(タイマがタイムアップする前に)タイマをCLRWDT命令でクリアしてタイマのカウントを再スタートさせます。これが続いている限りはタイマがタイムアップすることがないので、リセットがかかることはありません。

しかし、パターン3のように、万一プログラムが異常になって停止したり、どこかで永久ループしたりすると、このCLRWDT命令が実行できなくなるためウォッチドッグタイマがタイムアップします。そうするとPICマイコン自身にリセットがかかるため、PICマイコンは初期スタートから再開することになり、もとの状態に戻すことができます。

このように、ウォッチドッグタイマはコンピュータのプログラムの異常を常に監視しており、万一異常になったときには、初期スタートから再開させて元の状態に戻す働きをします。

この場合に注意することは、タイムアウト時間の精度で、温度によりタイムアウト時間が大幅に変化しますから、十分なマージンを取って時間設定をする必要があります。

2-6-2 間欠動作

ウォッチドッグタイマにはもう1つの使い方があります。

スリープ中もWDT動作を継続させた場合、スリープ中にWDTがタイムアップすると、デバイスリセットではなく、スリープからのウェイクアップ動作となり、スリープ命令の次の命令から実行を再開します。

これで、一定間隔でプログラムの実行とスリープを繰り返すことができるので、WDT周期の間欠動作となります。

この動作の場合は、スリープ中はWDTだけ動作しているだけなので、最も消費電流が少ないスリープとすることができます。

つまり間欠動作時の消費電流は、図2-6-2のように間欠的に動作電流が発生し、スリープ中は非常に少ない消費電流となります。さらに2速度スタートアップ機能を組み合わせればウェイクアップ時間を短縮できるので、無駄な電流をさらに減らせます。この場合の消費電流は、図中の式のようになり、待機中の消費電流は数μA程度と非常に少ないので、待機時間の割合が多ければ、平均の消費電流を大幅に削減することができます。

●図2-6-2 間欠動作時の消費電流

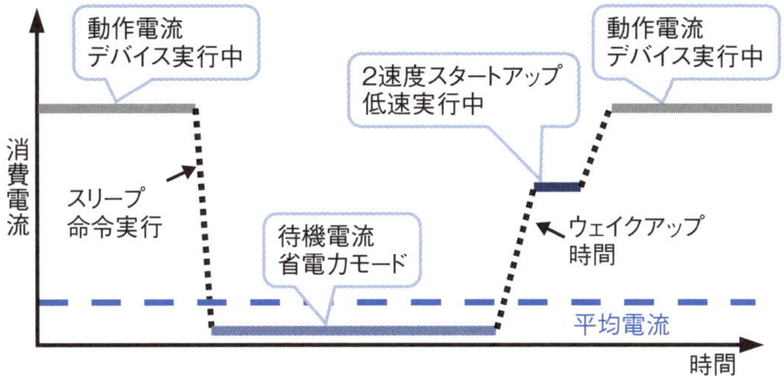

$$平均電流 = \frac{(動作電流 \times 動作時間) + (待機電流 \times 待機時間)}{全時間}$$

2-6-3 内部構成

F1ファミリのウォッチドッグタイマの内部構成は図2-6-3のようになっています。原発振は内蔵のLFINTOSCの31kHzで動作しています。LFINTOSCはスリープ中も動作しているため、スリープ中でもWDTは動作が可能です。

これに23ビットという大きなプリスケーラが付属しているので、最長で256秒までタイムアップまでの時間が設定できます。

WDTの動作設定は図中の表にあるように、コンフィギュレーション内のWDTE<1:0>ビットとWDTCONレジスタのSWDTENビットの設定で行います。

コンフィギュレーションでWDTを使う設定にすると、常時またはスリープ中以外は常にWDTの監視が有効となります。

コンフィギュレーションでWDTをソフト制御という設定(WDTE<1:0>=01)にした場合には、WDTCONレジスタのSWDTENビットによりWDTの動作を制御できるようになります。

コンフィギュレーションでWDTを使わない設定にした場合には、動作停止状態となります。

●図2-6-3 ウォッチドッグタイマの内部構成

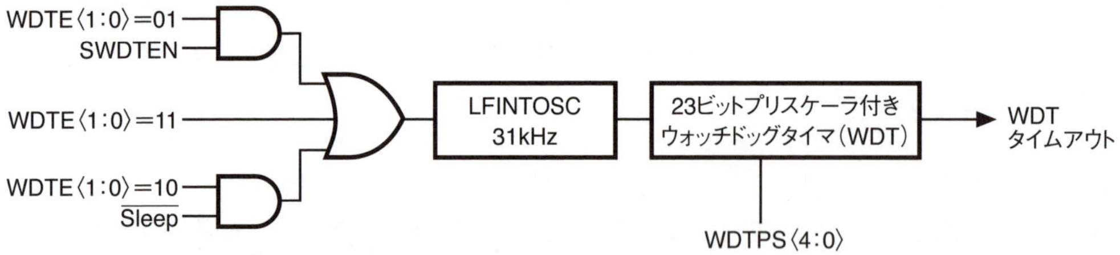

23ビットプリスケーラにより31kHz
(32μsec)が最大256secまで
WDTタイムアウト時間を長くできる

WDTE〈1:0〉	SWDTEN	動作モード	WDT機能
11	——	——	有効
10	——	動作中	有効
		スリープ中	無効
01	1	——	有効
	0		無効
00	——	——	無効

注)
WDTE〈1:0〉はコンフィギュレーションのビット
SWDTENはWDTCONレジスタのビット

プリスケーラの設定によるタイムアウト時間の設定とソフト制御の有効化は、WDTCONレジスタで行いますが、このレジスタの内部構成は図2-6-4のようになっています。

●図2-6-4　WDTCONレジスタの詳細

―――	―――	WDTPS〈4:0〉	SWDTEN

WDTPS〈4:0〉
分周比設定

00000=32(1ms)	00001=54(2ms)
00010=128(4ms)	00011=256(8ms)
00100=512(16ms)	00101=1k(32ms)
00110=2k(64ms)	00111=4k(128ms)
01000=8k(256ms)	01001=16k(512ms)
01010=32k(1s)	01011=64k(2s)
01100=128k(4s)	01101=256k(8s)
01110=512k(16s)	01111=1M(32s)
10000=2M(64s)	10001=4M(128s)
10010=8M(256s)	以降は未使用

SWDTEN:
ソフトウェアによるWDT有効化
1:有効　0:無効
WDTE〈1:0〉=01の場合のみ有効

タイムアウト時間の設定で注意することは、LFINTOSCの31kHzの発振周波数の温度変化が大きいということです。つまりタイムアウト時間の精度は良くないので、余裕を持った時間設定にする必要があります。

2-7 低消費電力化

PICマイコンはもともと消費電流が少ないのですが、さらに最少の電流で動作させる使い方の説明をします。

2-7-1 PICマイコンの消費電流

PICマイコンの消費電流はクロック周波数、電源電圧、スリープモードなどにより影響されます。この影響度を説明します。

具体的な例で示すと、F1ファミリのPIC16F193xファミリのクロックと電源電圧、スリープによる消費電流の差異は表2-7-1のようになります。電流値はすべてTypの標準値です。

▼表2-7-1 消費電流の差異 （PIC16F193x、PIC16LF193xの場合）

動作モード	クロック	電源電圧	消費電流 (PIC16F)	消費電流 (PIC16LF)	備 考
スリープ	停止	5.0V	52 μA	—	含LPWDT
		3.0V	51 μA	0.88 μA	
		1.8V	44 μA	0.56 μA	
LP	32kHz	5.0V	40 μA	—	
		3.0V	37 μA	9.0 μA	
		1.8V	29 μA	7.0 μA	
XT	1MHz	5.0V	390 μA	—	
		3.0V	280 μA	250 μA	
		1.8V	160 μA	140 μA	
MFINTOSC	500kHz	5.0V	270 μA	—	
		3.0V	210 μA	140 μA	
		1.8V	150 μA	110 μA	
HFINTOSC	8MHz	5.0V	2.0 mA	—	
		3.0V	1.8 mA	1.8 mA	
		1.8V	1.0 mA	1.0 mA	
HFINTOSC	16MHz	5.0V	3.1 mA	—	
		3.0V	2.9 mA	2.8 mA	
		1.8V	1.7 mA	1.5 mA	

動作モード	クロック	電源電圧	消費電流 (PIC16F)	消費電流 (PIC16LF)	備　考
HFINTOSC ＋PLL	32MHz	5.0V	5.0 mA	—	32MHz動作はV_{DD}が2.5V以上
		3.0V	4.8 mA	4.8mA	
		1.8V	—	—	
HS ＋PLL	32MHz	5.0V	5.2 mA	—	
		3.0V	5.0 mA	5.0 mA	
		1.8V	—	—	

この表からわかるように、低消費電流とするためには、まずデバイスの選択が必要で、PIC16LFという型番の低電圧タイプを使う必要があります。

さらに、消費電流はクロック周波数に比例して増加しますし、電源電圧にも比例して増加します。スリープ中はクロックが停止するので、極端に消費電流が少なくなります。

2-7-2 低消費電力化のノウハウ

これらの条件から、消費電流を極少ない状態とするためには、次のような条件で動かせばよいことになります。

❶クロック周波数を低くする

クロック周波数が高くなるほど消費電力が大きくなります。したがって、できる限り低い周波数のクロックを使うようにします。

❷電源電圧は低くする

電源電圧が高いほど消費電流が大きくなります。したがって、規格範囲内でできる限り電圧を低くします。

❸入力ピンはLowかHighに固定する

入力モードのピンで何も接続されていない状態は避け、抵抗でプルアップかプルダウンして固定するか、出力モードにします。

これは入力ピンの内部回路のCMOS構造により、無接続状態にするとトランジスタの貫通電流がわずかに流れる状態になることがあり、余計な電流を流すことになってしまうためです。

❹使わない周辺モジュールはOFFとしておく

使用していない周辺モジュールはOFFとすることで、消費電流を減らすことができます。

❺ スリープを多用する

最も効果的に消費電流を減らすにはスリープ状態にすることです。したがって、間欠動作として、できるだけスリープの時間が長くなるようにすれば平均の消費電流を少なくできます。

❻入出力ピンに流れる電流をなくす

スリープ中でも入出力ピンは状態が保持されるので、スリープに入ったとき、入出力ピンに電流が流れるような状態のままだと、低消費電力ではなくなってしまいます。これを防ぐために、入出力ピンから電流を供給しなければならない回路を避けることと、スリープ命令を実行する前に、入出力ピンを入力モードにして、余分な電流が流れるのを防止します。

2-7-3 スリープとウェイクアップ

スリープモードにするには、単にアセンブラのsleep命令かC言語ではSLEEP()関数を実行するだけです。スリープ命令が実行されるとクロック発振が停止します。

スリープモードの目的は消費電力を抑制することにありますが、スリープ機能を低消費電力のために使うときには、いくつか注意することがあります。

スリープモードでクロックが停止すれば、大部分の内蔵モジュールは動作を停止しますが、スリープモードのときにでもシステムクロックで動作していないものは動作を続けます。そのようなスリープ中でも動作を継続するものには、表2-7-2に示すようなものがあります。

▼表2-7-2　スリープ中も動作継続するもの

項　目	動作概要	備　考
ウォッチドッグタイマ	専用のRC発振回路を持っているので、スリープモードでも動作を継続する	周期的にウェイクアップさせて実行させたいときにこの機能を使う
A/Dコンバータ	専用RCクロックモードにしておけば、この専用クロックで動作を継続する	一定周期で計測をするような場合にA/Dコンバータの変換終了割り込みでウェイクアップさせて実行させることができる
タイマ1	外部クロックモードで非同期の動作モードにしておけばカウント動作を継続する	リアルタイムクロックなどや、一定周期での実行が必要なときにこの機能を使う
出力ピン	スリープモード直前の状態を保持	出力ポートから外への電流はそのまま継続する
SPIスレーブ	マスタからのクロックで動作するのでスリープ中も動作を継続する	外部からのデータ受信で動作を開始するような場合に使う
外部割り込み	INT割り込みはクロックを必要としない	イベント発生で動作を開始させるような場合に使う
状態変化割り込み	状態変化検出にはクロックを必要としない	同上

スリープモードを終了させて通常実行状態にするには、ウェイクアップ機能を使います。このウェイクアップ機能は、基本的にシステムクロックに依存しないで動作しているモジュールの割り込みかリセットによります。

多くの使い方では、スリープ中も動作するウォッチドッグタイマか、専用発振回路で動作するタイマ1で間欠動作をさせて使います。

消費電流の例

消費電流を実際の例で説明します。

例えば、PIC16LFファミリを使って電源電圧を3Vとすれば、スリープ中は1μA程度で、1MHzで実行中は250μA程度になります。

これを図2-7-1のように1秒間隔で50msecだけ実行させたとすれば、平均電流は、1μA×0.95＋250μA×0.05≒13.5μAとなります。これに周辺回路の消費電流が加わりますが、入出力ピンから電流を常時流すようなものがなければ、20μA程度で納まります。

これでCR2032などのボタン電池で動作させれば、200mAHの電池容量ですから、1万時間の動作が可能ということになり、連続動作で約1年ということになります。

●図2-7-1　間欠動作の平均電流

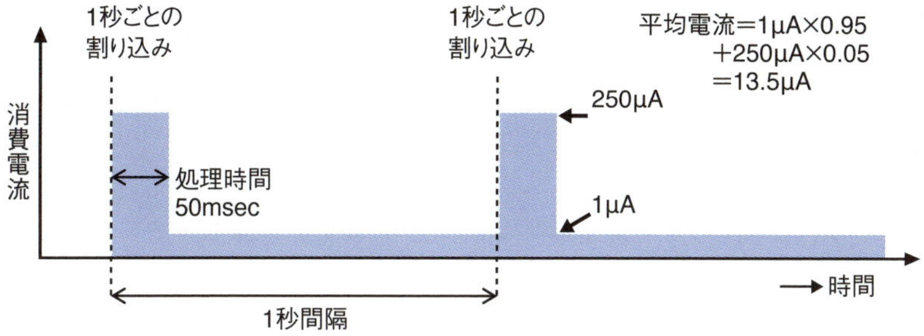

PIC16F1 family

2-8 入出力ピンのハードウェア

PICマイコンは入出力に関する回路を内蔵しており、PICマイコンの外にでているピンは直接入出力が可能なピンとなっています。しかも、1ピンごとに入力か出力かプログラムで自由に設定できるため、非常に便利に使えます。

ここではそれらの入出力ピンの内部回路構成など、ハードウェアを中心に説明します。

2-8-1 入出力ピンとSFRレジスタの関係

PICマイコンは、プログラムで入出力が自由に設定できる入出力ピンをもっています。そしてこれらの入出力ピンをレジスタに割り振って制御するため、8ピンごとにまとめて「入出力ポート」と呼んでいます。

例えばPIC16F1937の場合、図2-8-1のようなピン配置となっていますが、この図の中のRA0とかRE0とかRで始まる記号が入出力ピンの名称となり、RAx、RBxのようにAとかBとかが入出力ポートのまとまりになります。図で示したように、このPICマイコンはポートAからポートEまであることになります。

●図2-8-1　入出力ピンの配置例

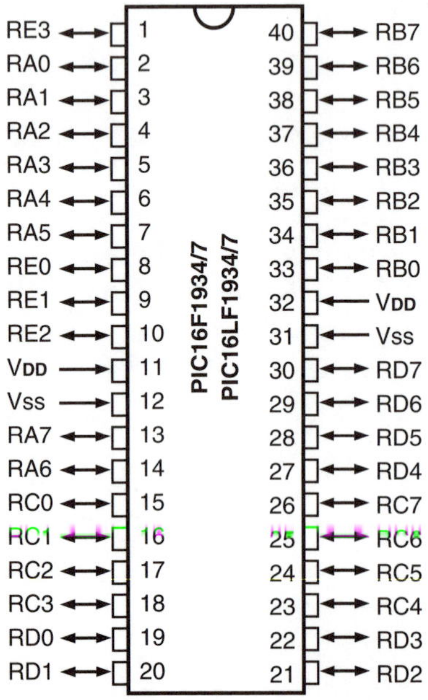

《入出力ポート》

・RA0~RA5　：ポートA
・RB0~RB7　：ポートB
・RC0~RC7　：ポートC
・RD0~RD7　：ポートD
・RE0~RE3　：ポートE

この入出力ポートの制御に関係する基本のレジスタには下記の3種類があります。レジスタ名のxは入出力ポートごとにA、B、C、・・・ となります。

- TRISxレジスタ ：入出力モードを設定する
- LATxレジスタ ：出力動作を行う
- PORTxレジスタ：入出力動作を行う

これら3種のレジスタの関係は図2-8-2のようになっています。

TRISxレジスタがピンごとの入出力モードを設定するレジスタで、0と設定されたビットに対応するピンは出力モードになり、1と設定されたビットに対応するピンは入力モードになります。

実際にピンに入出力するレジスタがデータレジスタで、LATxレジスタまたはPORTxレジスタとして読み書きします。

書き込みはどちらで行っても全く同じ動作をしますが、レジスタ読み込みは全く異なる結果となります。

●図2-8-2 入出力ピンとSFRレジスタの関係

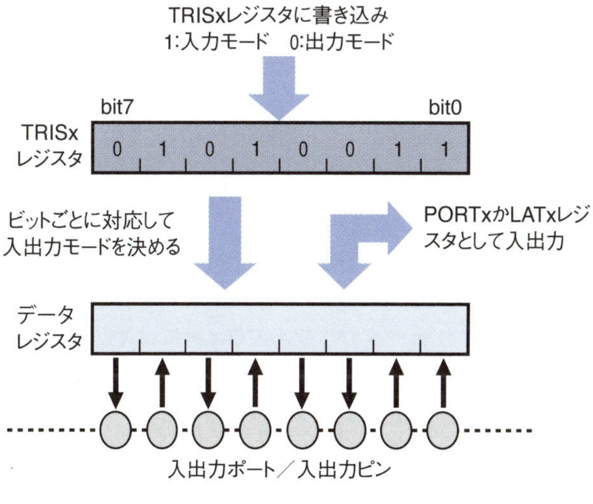

どうしてこのような動作になるかは、これら入出力ピンの1ピン当たりの標準的な回路構成である図2-8-3で説明します。

●図2-8-3　標準の入出力ピン回路構成

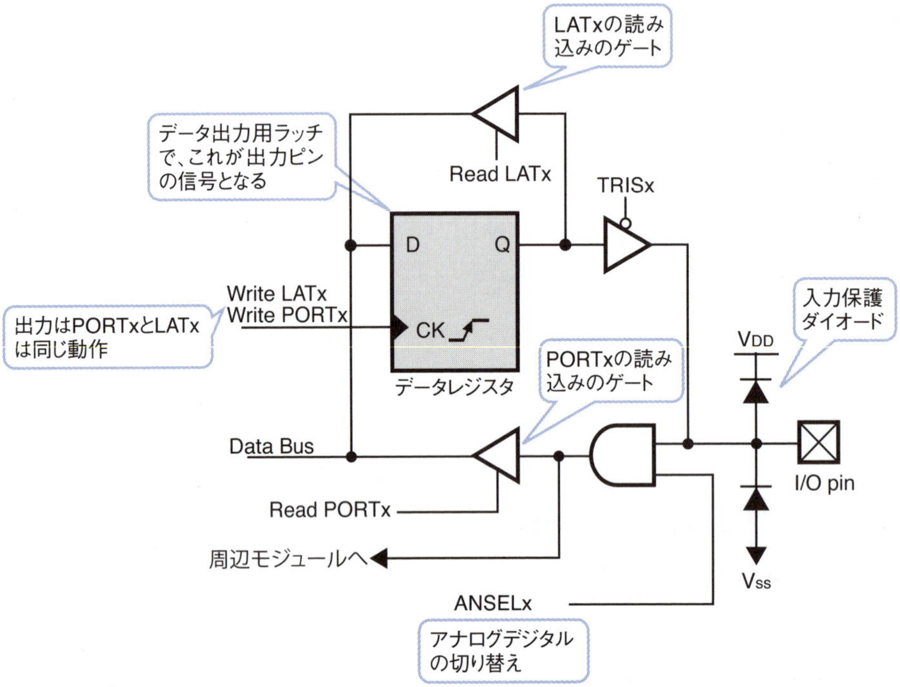

図2-8-3のTRISx信号が入出力のモードを決めるTRISxレジスタからの信号で、これで出力ドライバのオンオフをしています。

出力モードのときには、出力ドライバが有効となり、LATxかPORTxレジスタにデータを書き込むと、そのデータがData Busに出力され、Write LATxかWrite PORTxの信号のタイミングでデータレジスタに保持されます。これによりデータが1ならI/O pinにはV_{DD}電圧が出力され負荷に電流を供給します。データが0ならI/O pinにはV_{SS}電圧が出力され、負荷から電流を引き込みます。したがってLATxレジスタでもPORTxレジスタでも同じ動作となります。

入力モードのときには、TRISxの信号で出力ドライバの出力がオフとなって出力回路は無関係となります。

このときPORTxレジスタを読み出すと、ゲートバッファを通ってI/O pinの電圧に応じたデータがRead PORTx信号のタイミングでData Busに乗せられてPORTxレジスタの値として読み出されます。

しかしLATxレジスタを読み出した場合には、データレジスタに保持されているデータがRead LATx信号のタイミングでData Busに乗せられてLATxレジスタとして読み出されるので、I/O pinには全く関係がなくなってしまいます。

このように入力動作が異なるので、慣習的に、入力はPORTxレジスタで、出力はLATxレジスタで行うようにしています。

図のANSELx信号は、同じピンをアナログ入力ピンとしても使っている場合に、デジタルかアナログかを切り替えるレジスタであるANSELxレジスタからの信号です。

またI/O pinの直後にある2個のダイオードは、過電圧や負電圧から入出力回路を保護するための保護ダイオードです。

2-8-2 実際の使い方と電気的特性

入出力ピンの使い方を具体的な例で説明していきます。例えばスイッチのオン／オフの状態を読み込みたいというときには、図2-8-4のように接続します。そして入力モードに設定されるとTTLゲート側を通ってスイッチの状態が読み込まれます。

スイッチがオフのときは、入出力ピンは抵抗経由でV_{DD}電圧になるため読み込むと「1」となり、スイッチがオンのときにはV_{SS}電圧になるので、読み込むと「0」となります。これでスイッチのオン／オフが0／1で区別がつくことになります。この抵抗のことを電源電圧に引っ張るように動作するので「プルアップ抵抗」と呼んでいます。

●図2-8-4 スイッチの入力

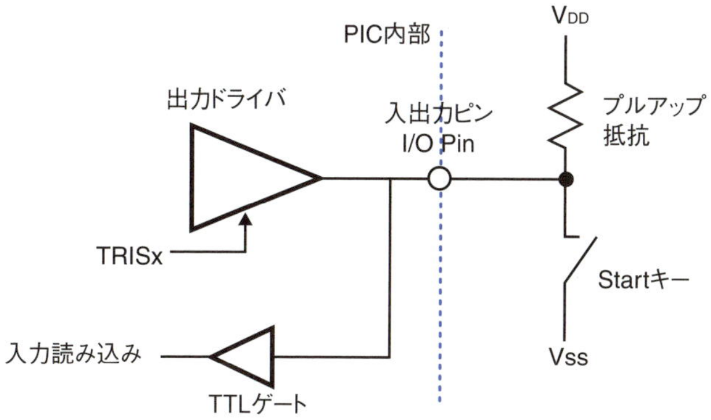

PICマイコンで発光ダイオードの点灯を制御する場合には、図2-8-5のように接続します。

出力データが「1」のときには、出力ドライバの出力で入出力ピンはV_{DD}電圧になりますが、出力回路もV_{DD}に接続されていて、同電位になるので電流は流れず、発光ダイオードは消灯となります。

出力データが「0」の場合には、出力ドライバの出力がV_{SS}になって、電流をV_{SS}に引き込むので、V_{DD}から外部の発光ダイオードを通って電流が流れ込んで発光ダイオードが点灯します。このようにして発光ダイオードの電流のオン／オフを行うことになるので、発光ダイオードが点灯／消灯することになります。

●図2-8-5　入出力ピンの出力動作

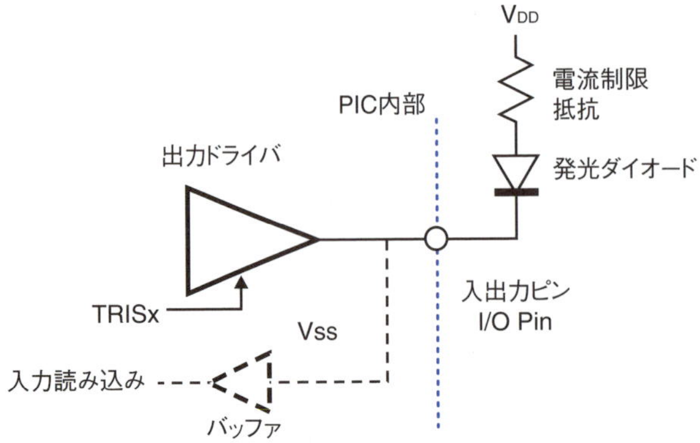

入出力ピンの電気的特性

この入出力ピンの電気的特性は表2-8-1のようになっています。入力／出力いずれの場合にもスレッショルドとなる電圧は、電源電圧であるV_{DD}によって値が変わるので、異なる電源で動作させるときには注意が必要です。

▼表2-8-1　入出力ピンのDC特性

L/H	項　目	最小値	最大値
入力特性			
Low	I/O Ports　TTLバッファ（4.5V＜V_{DD}＜5.5Vのとき）	—	$0.15V_{DD}$
			0.8V
	I/O Ports　Schmitt Trigger		$0.2V_{DD}$
	MCLR、OSC1（RCモード）		$0.2V_{DD}$
	OSC1（HSモード）		$0.3V_{DD}$
High	I/O Ports　TTLバッファ（4.5V＜V_{DD}＜5.5Vのとき）	$0.25V_{DD}+0.8$	V_{DD}
		2.0V	
	I/O Ports　Schmitt Trigger	$0.8V_{DD}$	
	MCLR	$0.8V_{DD}$	
	OSC1（XT,LPモード）	1.6V	
	OSC1（RCモード）	$0.9V_{DD}$	
	OSC1（HSモード）	$0.7V_{DD}$	
他	Week Pullup電流（V_{DD}=3.3V）	25μA	200μA
	Weak Pullup電流（V_{DD}=5.0V）	25μA	300μA

L/H	項　目	最小値	最大値
出力特性			
Low	I/O ports	—	0.6V
High	I/O ports	$V_{DD}-0/7V$	—

表中で、入力がシュミットトリガタイプになっている入出力ピンは、入力のスレッショルド電圧に0.1V程度のヒステリシス特性があり、電圧がゆっくりと変動する入力信号に対しても安定にHigh/Lowを検出できるようになっています。

特にタイマでカウント動作をさせるような場合には、外部の入力信号の立ち上がり、立ち下がりが遅いような信号でも正しくカウントさせることができます。

2-8-3 入出力ピンを使うときの注意

入出力ピンを使う際にはいくつかの注意事項があります。

電源投入直後の問題

まず電源投入またはリセット直後に起こりうる問題です。

入出力ピンは電源投入またはリセット直後は、アナログ入力に割り当てられているピンはすべてアナログ入力に、それ以外は入力モードとなります。

このため出力ピンとして使う場合、リセットした直後から出力モード設定が行われるまでは出力がハイインピーダンス状態となります。したがって、接続されている相手がハイインピーダンス状態でも動作が不安定にならないようにしておく必要があります。

この対策としては、トランジスタの負荷のようなときには、図2-8-6のように、使うピンを外部でプルアップかプルダウンすることです。電源投入直後のハイインピーダンス状態を、この対策でHighかLowかどちらかに一意的に決めることができるので、誤動作を避けることができます。

接続相手がなんらかのICの場合も同じような問題があります。

●図2-8-6　電源投入時の誤動作対策

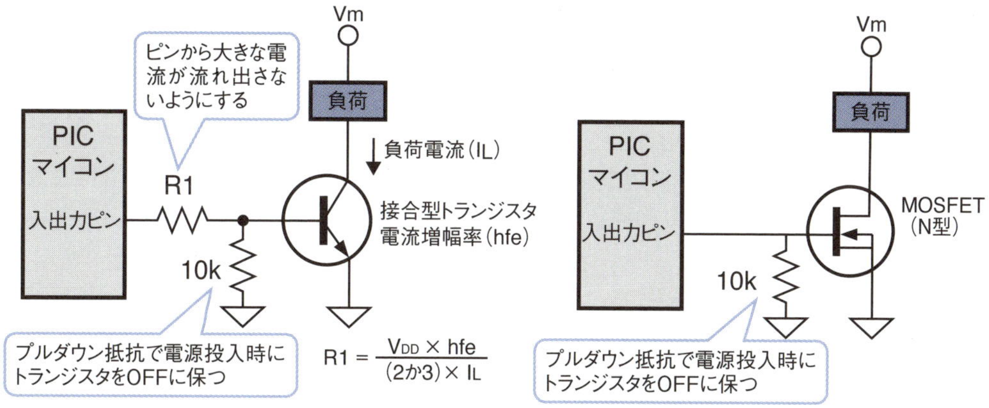

ドライブ能力の問題

もう1つは、ポートのドライブ能力の問題です。ここで入出力ピンのドライブ能力を確認しておきましょう。データシートでは入出力ピンのドライブ能力は表2-8-2のようになっています。

この表から、1ピン当たり最大25mAまでドライブできますが、同時にドライブできるのは、電源供給電流の制限から255mA／25mA≒10ピン以下ということがわかります。

さらに、PIC全体の消費電力からみると、5V電源だとすれば、800mW／5V＝160mAとなってさらに厳しい6ピンまでという条件になります。入出力ポート以外の消費電力も少しあるので、6ピンもちょっと厳しくなってしまいます。

このことも考え合わせた上で、入出力ピンの合計最大ドライブ電流を考慮する必要があります。

また、同時に多くの電流をオンオフするような場合には、しっかりとしたグランドパターンで、パスコン[†1]も十分に対策していないとPICマイコンそのものが誤動作することになってしまうので注意が必要です。

▼表2-8-2　入出力ピンのドライブ能力

項　目	ドライブ能力	備　考
最大消費電力	800mW	パッケージ当たり
最大電源供給電流	255mA	V_{DD}端子より供給
1ピン最大供給電流	25mA	Highの時
1ピン最大吸収電流	25mA	Lowの時
V_{SS}に流せる最大電流	340mA	外部からの流入も含む

2-8-4　ALTピン設定

PICマイコンでは、1つのピンに入出力ピンとしての機能だけではなく、内蔵周辺モジュールの機能ピンも多重化して割り付けられています。つまり、設定により入出力ピンとなったり、周辺モジュール用の機能ピンとなったりすることになります。

さらに、F1ファミリでは、周辺モジュールの機能ピンを変更することができるようになっているものがあります。つまり代替ピンとして2つのピンのいずれかを選択できるようになっています。

例えば、PIC16F1829の場合には、次の周辺モジュールの機能ピンが切り替え可能になっています。これらの切り替え内容はデバイスごとに異なっているので、間違えないように設定することが必要です。

・ USARTモジュール　：RX、TXピン

†1　**パスコン**　負荷に安定した電源を供給できるように、また高周波成分を吸収して他の負荷への影響を出さないようにするために、電源回路の途中に挿入するコンデンサのこと。バイパスコンデンサともいう。誤動作の防止に効果がある。

- Timer1のゲート入力：T1Gピン
- CCPの出力ピン　　：P1C、P1D、P2A、P2B、CCP1、CCP2ピン
- MSSPの入出力ピン　：SS1、SS2、SDO2ピン

この切り替え設定はAPFCON0とAPFCON1レジスタで行います。これらのレジスタの詳細は図2-8-7のようになっています。

プログラムの初期設定でこの代替を行う場合には、これらのレジスタ設定を行う必要があります。すべてデフォルトの設定で使う場合には省略することができます。

図2-8-7　代替ピンの設定例（PIC16F1829の場合）

(a) APFCON0レジスタの内容

RXDTSEL	SDOSEL	SSSEL	―――	T1GSEL	TXCKSEL	―――	―――

RXDTSEL：RXピン切り替え
0:RC5　1:RA1

SSSEL：SSピン選択
常に0:RC6

T1GSEL：T1Gピン切り替え
0:RA4　1:RA3

SDOSEL：SDOピン切り替え
常に0:RC7

TXCKSEL：TXピン切り替え
0:RB7　1:RC4

(b) APFCON1レジスタの内容

―――	―――	SDO2SEL	SS2SEL	P1DSEL	P1CSEL	P2BSEL	CCP2SEL

SDO2SEL：SDO2ピン切り替え
0:RC1　1:RA5

SS2SEL：SS2ピン切り替え
0:RC0　1:RA4

P1DSEL：P1Dピン選択
0:RC2　1:RC0

P1CSEL：P1Cピン選択
0:RC3　1:RC1

P2BSEL：P2Bピン切り替え
0:RA4　1:RA3

CCP2SEL：CCP2ピン切り替え
0:RC3　1:RA5

2-8-5 関連レジスタ詳細

前述の3種類のレジスタを含めて、入出力ピンに関連するすべてのレジスタは図2-8-8となっています。ポートごとのものと共通のものとがあります。図中のxはポートごとにA、B、C、…となります。

またすべての入出力ピンにこれらすべてのレジスタが関係しているわけではなく、ANSELxとWPUxレジスタは一部ないものもあるので、データシートで確認する必要があります。それぞれのレジスタの機能を説明します。

●図 2-8-8　入出力ピンの関連レジスタ

OPTION_REG レジスタ	$\overline{\text{WPUEN}}$	INTEDG	TMR0CS	TMR0SE	PSA	PS〈2:0〉		

$\overline{\text{WPUEN}}$：弱プルアップ有効化
1:無効　0:有効

その他：タイマ0設定用

INTEDG：外部割り込みエッジ指定
1:立ち上がり　0:立ち上がり

ANSELxレジスタ	ANSx7	ANSx6	ANSx5	ANSx4	ANSx3	ANSx2	ANSx1	ANSx0

アナログ、デジタル切り替え　1：アナログ　0：デジタル

TRISxレジスタ	TRISx7	TRISx6	ANSx5	TRISx4	TRISx3	TRISx2	TRISx1	TRISx0

入出力モード設定　1：入力　0：出力

LATxレジスタ	LATx7	LATx6	LATx5	LATx4	LATx3	LATx2	LATx1	LATx0
PORTAxレジスタ	PORTx7	PORTx6	PORTx5	PORTx4	PORTx3	PORTx2	PORTx1	PORTx0
WPUxレジスタ	WPUx7	WPUx6	WPUx5	WPUx4	WPUx3	WPUx2	WPUx1	WPUx0

弱プルアップ有効化　1：有効　0：無効

1 ANSELx レジスタ

このレジスタはアナログ入力ピンと共用となっているピンに関係するものです。PICマイコンは電源オン後やリセット後のデフォルト状態では、アナログ入力モードとなっています。したがって、デジタルピンとして使う場合には、このANSELxレジスタでピンに対応するビットを0にする必要があります。

2 WPUx レジスタ

PICマイコンの中には、PORTBとPORTCにプルアップ抵抗に相当する機能を内蔵しているものがあります。このWPUxレジスタのビットを1にセットすると、対応するピンの内蔵プルアップ抵抗を有効にします。

ただし、プルアップを有効にするには、OPTION_REGレジスタのWPUENビットを0にして全体を有効にする必要があります。また、出力モードに設定したピンは自動的にプルアップが無効となります。

このプルアップ抵抗を有効にすると、図2-8-4の外部に接続しているプルアップ抵抗が不要となります。しかし、内蔵プルアップ抵抗は約40kΩ相当の抵抗になり、25μAというわずかの電流しか流れないため、ノイズには余り強くありません。したがってスイッチのプルアップにするようなとき、スイッチとの距離が長くなったり、ノイズの多い環境で使ったりする場合には、外付けの低抵抗でプルアップする必要があります。

この他に入出力ピンには外部割り込み（INT）や状態変化割り込み機能がありますが、これらの機能の使い方は割り込みの節（4-2節）で説明します。

Peripheral Interface Controller

PIC16F1 family

第3章 開発環境とMPLAB X IDEの使い方

本章ではPICマイコンのプログラム開発に必要な開発環境と、その中心的役割を担う統合開発環境であるMPLAB X IDEの使い方を解説します。

プログラムはすべてC言語で開発するものとし、Cコンパイラの使い方も一緒に解説します。

PIC16F1 family

3-1 開発環境の概要

PICマイコンのプログラム開発を行うのに必要な開発環境について説明します。この開発環境は同じ構成で8ビットから32ビットまでのすべてのファミリのPICマイコンのプログラム開発ができます。しかも開発に必要なソフトウェアはすべて無料で使え、自由にダウンロードできるようになっています。

このPICマイコンの開発環境は、最近大幅なバージョンアップが行われ、プラットフォームの選択がWindows、Linux、MacOSのいずれでも可能となりましたが、本書ではWindowsベースで解説していきます。

3-1-1 基本の開発環境

PICマイコンのプログラム開発を行うのに必要な基本となる開発環境は、図3-1-1のようになります。PICマイコンの全ファミリに対して同じ開発環境なので、PICマイコンの異なるファミリの開発になっても、慣れた環境ですぐ開発を始めることができます。

●図3-1-1 開発環境

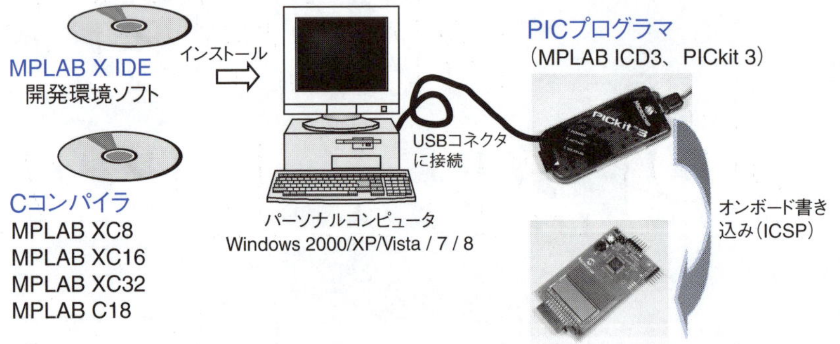

以下にそれぞれを簡単に説明します。

❶パソコン

Windowsベースでのプログラム作成を前提とするので、Windows 2000以降が動作するパソコンを前提とします。つまりWindows 2000/XP/Vista/7/8が動作しているパソコンです。

外部に「PICプログラマ」という書き込み用の道具を接続しますが、その接続がUSBとなっているので、USBコネクタがあるパソコンが必要です。

❷MPLAB X IDE

統合開発環境と呼ばれているソフトウェア環境で、マイクロチップ社からフリーで提供されています。どなたでも自由にダウンロードして使うことができますし、8ビットから32ビットまですべて共通で使える環境になっているので便利なものです。

❸Cコンパイラ

C言語のコンパイラで、8/16/32ビットファミリ用それぞれにコンパイラが別になっているので、必要に応じてマイクロチップ社のウェブサイトからダウンロードする必要があります。それぞれ無料のフリー版が用意されています。

❹PICプログラマ

パソコンとつないでプログラムをPICマイコンに直接書き込むための道具で、唯一購入が必要です。マイクロチップ社から数種類発売されていますが、本書では一番簡易で安価な「PICkit 3」を使うものとします。書き込みはオンボード書き込みといって、PICマイコンを基板に実装したままで書き込みます。

これで実機を使ったデバッグもできるようになっています。ただし、少ピンのF1ファミリはデバッグ用のピンが確保できないので、これらのツールでは直接実機デバッグはできません。実機デバッグをするためには、デバッグヘッダというオプションが必要となります。

3-1-2 MPLAB X IDEの概要

MPLAB X IDEはIDE（Integrated Development Environment　統合開発環境）と呼ばれています。文字どおりパソコンで動作するPICマイコン全ファミリ用の統合開発環境を提供するプログラムで、米国マイクロチップテクノロジー社が直接提供するフリーソフトウェアです。

従来のMPLAB IDE(Windowsベース)をバージョンアップするため新規に開発されたもので、NetBeansをベースにして開発されているので、Windows以外の、LinuxやMacOSでも問題なく使えます。従来のMPLAB IDEから機能やアドオンツールも大幅に拡張されたため、使い方も大きく変わりました。

このMPLAB X IDEは、図3-1-2のように多くのプログラム群の集合体となっています。

●図3-1-2　MPLAB X IDEの構成

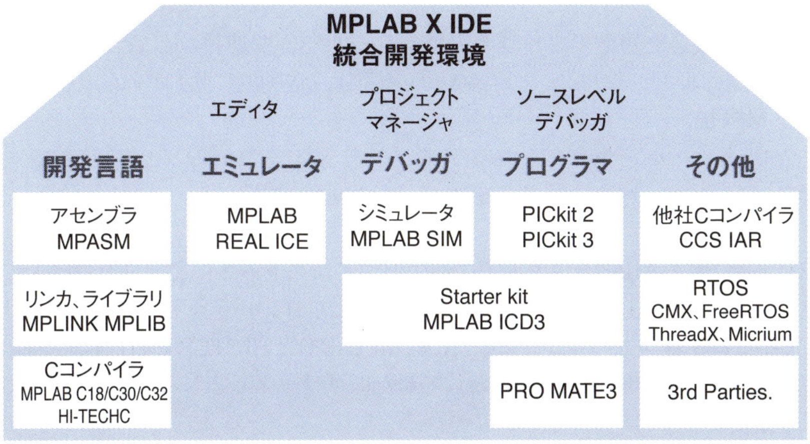

まず全体を統合管理するプロジェクトマネージャがあり、これにソースファイルを編集するためのエディタと、できたプログラムをデバッグするためのデバッガが基本で用意されています。

さらにこの基本構成の中に、アセンブラ、リンカ、ライブラリエディタ、デバッグ用のシミュレータが基本で内蔵されていて、これだけでアセンブラレベルの開発環境が整います。このアセンブラは8ビットから32ビットまでの全ファミリ用が含まれています。

これに加えて、純正Cコンパイラや他社のCコンパイラも、別にインストールしてから、MPLAB X IDE内に統合して扱います。

以下にそれぞれもう少し詳しく説明します。

❶プロジェクトマネージャ

開発環境を統合管理するモジュールで、ソース、リスト、オブジェクトなど各種の関連ファイルを一括して管理し、コンパイルの流れをコントロールします。この働きによりボタン1つをクリックするだけですべてのコンパイル作業が自動的に行われ、書き込みに使うオブジェクトファイルが生成されます。

❷エディタ

プログラムを書くためのエディタで、コメントに日本語を入力できます。またデバッグの際にもこのエディタを使うので、ソースレベルでのデバッグができます。

❸アセンブラ　MPASM

アセンブラ言語で書かれたソースプログラムをアセンブルして、オブジェクトファイルとアセンブルリストなどを生成します。

❹シミュレータ　MPLAB SIM

プログラムをデバッグするためのシミュレータで、パソコンでPICマイコンのプログラムをシミュレーションしてデバッグします。ブレークポイントやトレースなど、多くのデバッグ機能を含んでいます。さらにタイマや入出力ピンなどの内蔵モジュールのシミュレーション機能も内蔵していて、実機がなくても、パソコンだけでかなりのデバッグができます。

❺ リンカ　MPLINK

相対アドレスにより作成した複数のプログラムモジュールを、関連付けしてつなぎ、1つの実行プログラムを生成します。プロジェクトマネージャにより自動的に起動され動作します。

❻ライブラリアン　MPLIB

作成済みの部品モジュールを集めて1つのライブラリとするためのプログラムです。MPLINKで必要なモジュールだけをリンクして使えるようにします。

❼Cコンパイラ

C言語用のコンパイラです。MPLAB X IDEとは別に追加インストールが必要で、MPLAB X IDEに統合して使います。MPLAB X IDEのリリースとともにCコンパイラも大幅に更新されました。これまでマイクロチップ社のCコンパイラにはMPLAB CとHI-TECH Cの2系統があったのですが、これを統合してMPLAB XC Suiteとして新たにリリースしました。この統合は図3-1-2のようになっています。

●図3-1-3　Cコンパイラの統合

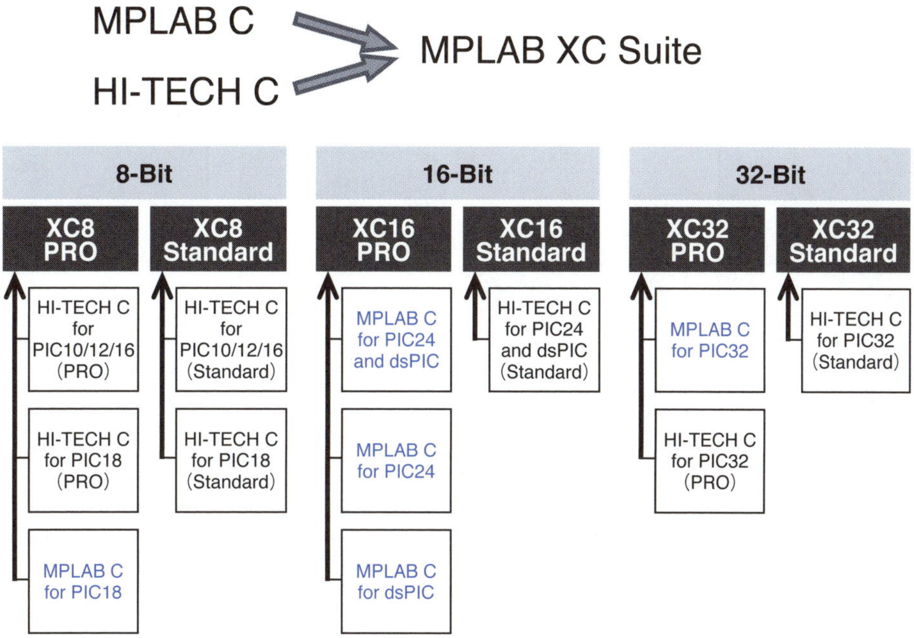

さらにMPLAB XC Suiteには、最適化のレベルによりXC8、XC16、XC32とも図3-1-4のような4種類に分かれています。この中でEvaluation版とFree版は無償で使うことができますが、他は有償となります。

Evaluation版とFree版はいずれもマイクロチップ社のウェブサイトからダウンロードできます。Evaluation版は、インストール後60日間はPro版と同じですが、それを超えるとFree版と同じになります。Free版では最適化機能がなくなるため、生成されるプログラムのサイズが少し大きくなりますが、本書で使う範囲では問題ありません。

●図3-1-4　MPLAB XC Suiteの種類

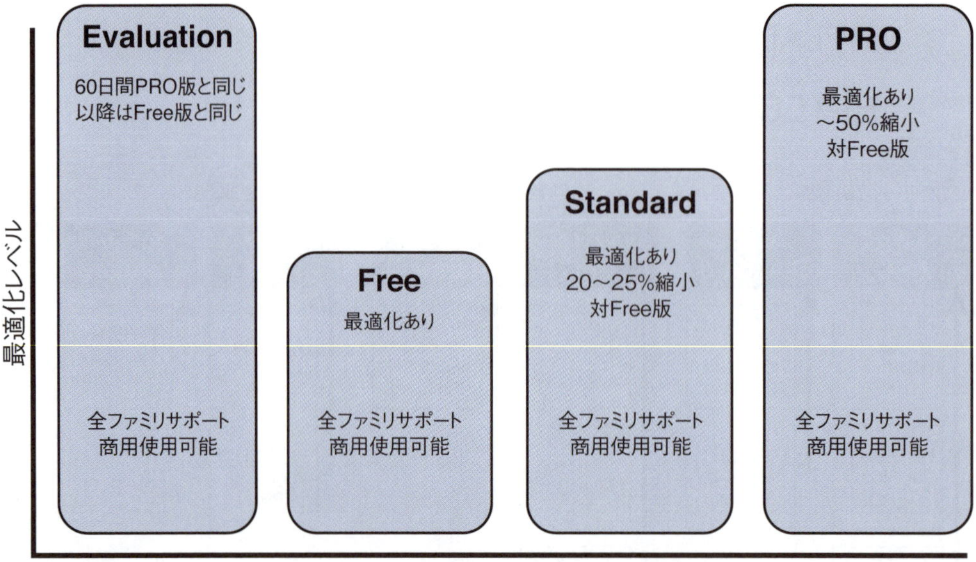

❽エミュレータ/デバッガ　REAL ICE、MPLAB ICD3

ICE（In Circuit Emulator）か、ICD（In Circuit Debugger）というハードウェアエミュレータの制御を行うモジュールで、エミュレーションにより実時間で実機でのデバッグを可能とします。

ICDは、ICEの廉価版といった感じのもので、プログラマ機能とデバッガ機能を一緒にしたものです。このICDでもターゲットボードを実時間で動作させながらデバッグできるので、タイミングなどシビアな条件でのデバッグが可能になりますが、トレースや条件付ブレークポイントなどの機能は使えません。

❾プログラマ　MPLAB ICD3、PICkit 3、PRO MATE3

プログラムをパソコンからPICマイコンにダウンロードして書き込むための道具です。PICkit 3がもっとも安価なツールで、PROMATEは生産用の書き込みツールです。

PICkit 3は簡易なデバッガの機能も持っていてICDと同じような機能が可能となっています。

❿その他ソフトウェア群

純正ソフトウェア、ハードウェアツール以外に、非常に多くのサードパーティからソフトウェアやハードウェアのツールが提供されています。

また、マイクロチップ社からもアプリケーションノートという形で多くの実使用例が説明書とソースファイルと一緒に提供されているので、実際のアプリケーションを開発する場合の参考になります。

PIC16F1 family

3-2 ツールの種類と使い方

作成を完了したプログラムをPICマイコンに書き込んで、動作確認をするにはツールが必要となります。ここではツールの種類とその使い方を説明します。

3-2-1 ツールの種類

マイクロチップ社が用意している標準的な開発ツールとしては次の3種類があります。それぞれの特徴と機能の差異は表3-2-1のようになっています。

- PICkit 3
- MPLAB ICD3
- MPLAB Real ICE

▼表3-2-1　ツール種類と機能差異

機能項目	PICkit 3	MPLAB ICD3	MPLAB Real ICE
USB通信速度	フルスピード（12Mbps）	フルスピードまたはハイスピード（480Mbps）	
USBドライバ	HID	マイクロチップ専用ドライバ	
シリアライズUSB	可能（複数ツールの同時接続が可能）		
ターゲットボードへの電源供給	可能（Max 30mA）	可能（Max 100mA）	不可
過電圧、過電流保護	ソフトウェア処理	ハードウェア処理	
ブレークポイント	単純ブレーク	複合ブレーク設定可能	
ブレークポイント個数	2または3	1000（ソフトウェアブレーク含む）	
トレース機能	不可		可能（注）
データキャプチャ	不可		可能（注）
ロジックプローブトリガ	不可		可能（注）
生産用プログラマ使用	不可	可能	

（注）トレースなどは、16/32ビットファミリのみ可能で、8ビットファミリは不可。

1 PICkit 3の概要

PICkit 3の外観は写真3-2-1のようになっていて、小型の赤いスケルトンタイプです。

PICkit 3の先端部のコネクタ部は写真3-2-2のような6ピンのメスのピンヘッダとなっています。

●写真3-2-1　PICkit 3の外観

●写真3-2-2　PICkit 3のコネクタ部

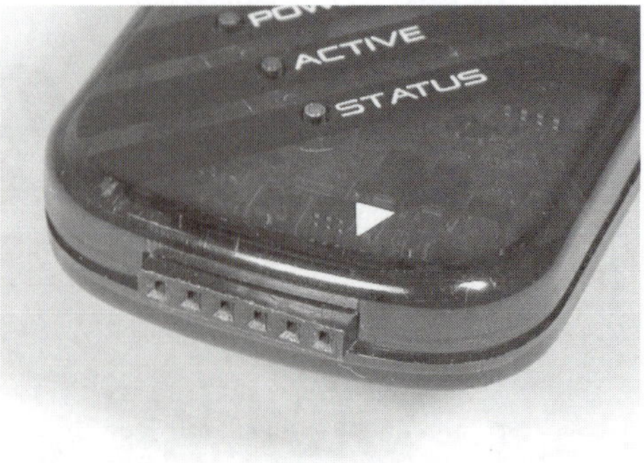

PICkit 3の場合のコネクタのピン配置は図3-2-1のようになっていて、図のような接続とします。この中の第6ピンは通常は使わないので無接続とします。

●図3-2-1　PICkit 3のコネクタのピン配置と接続

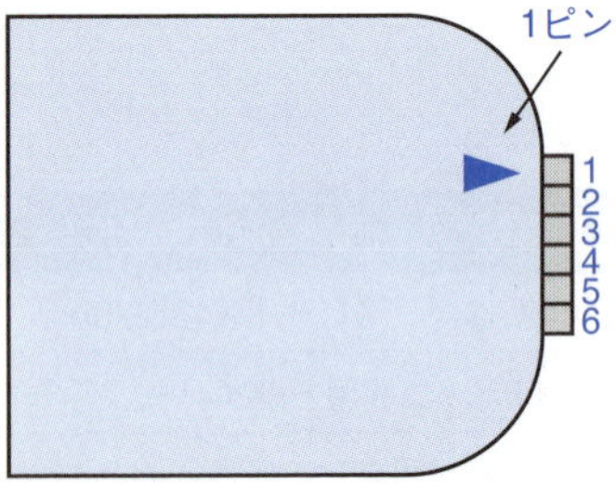

ピン機能	
1＝VPP/$\overline{\text{MCLR}}$	PICのMCLRピンに接続
2＝VDD Target	PICのVDDピンに接続
3＝Vss（ground）	PICのGNDピンに接続
4＝ICSPDAT/PGD	PICのPGDピンに接続
5＝ICSPCLK/PGC	PICのPGCピンに接続
6＝LVP	使わない。無接続

このように、このコネクタはピンヘッダに挿入するようになっているので、基板側には、0.1インチ(2.54mm)ピッチの6ピンのピンヘッダを使います。このピンヘッダには、写真3-2-3のような比較的太い角ピンのピンヘッダが合います。6ピンがない場合には多ピンのものを切断して使います。縦型と横型があるので、実装に合わせて適当な方を使います。

●写真3-2-3　PICkit 3に合うピンヘッダ

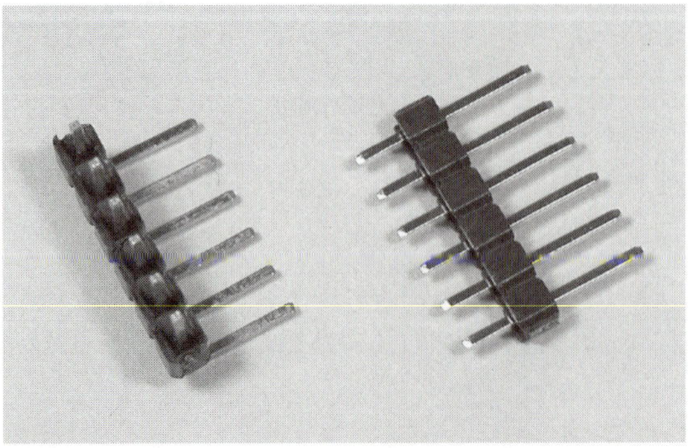

2 MPLAB ICD3の概要

MPLAB ICD3は写真3-2-4のような外観で、ターゲット機器との接続は6極6ピンのモジュラージャックとなっています。

●写真3-2-4　MPALB ICD3の外観

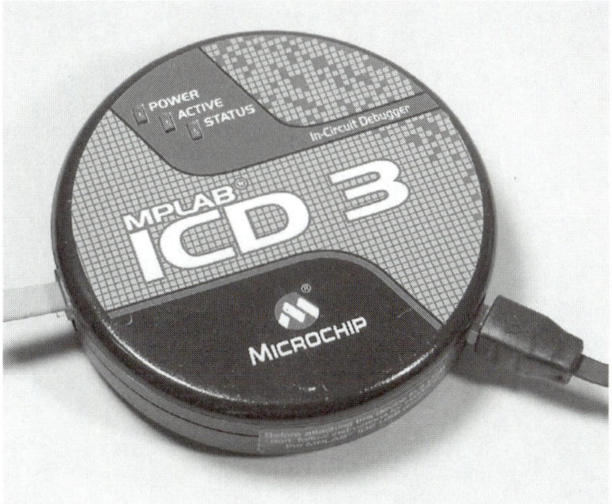

このモジュラージャックは図3-2-2のように接続すれば、問題なくICSPでプログラミングできます。ピン配置が紛らわしいので注意してください。

●図3-2-2　モジュラージャックの接続

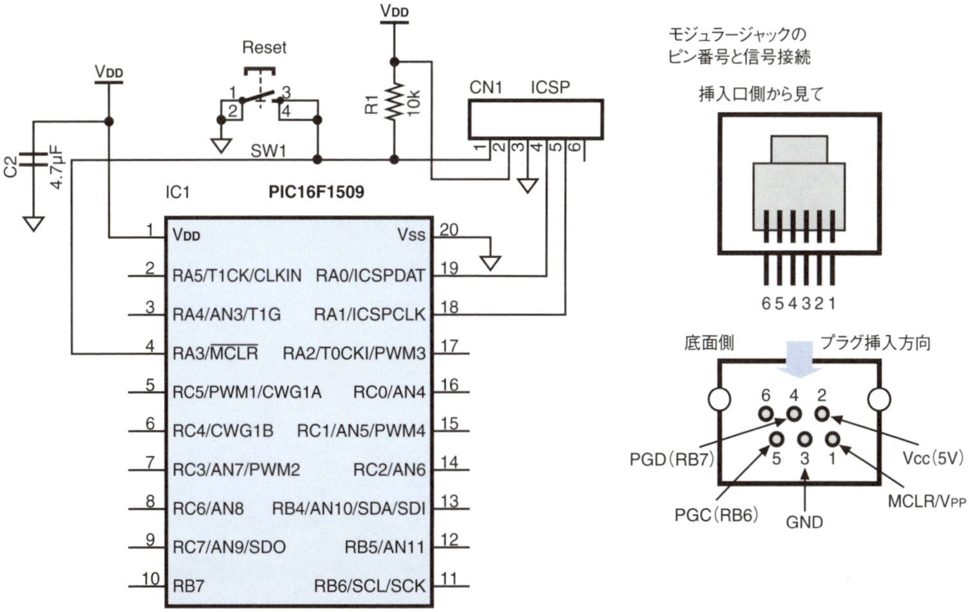

なお、MPLAB ICD3でPICkit 3と同じヘッダピン接続とするためには、写真3-2-5のようなアダプタ(AC164110　RJ-11 to ICSP Adapter)を追加して、モジュラージャックからシリアルピンヘッダへ変換する必要があります。このアダプタもマイクロチップ社のウェブサイトから購入できます。

●写真3-2-5　アダプタ

3 MPLAB Real ICE

MPLAB Real ICEはエミュレータと呼ばれる実機デバッグ用のツールで、外観は写真3-2-6のようになっています。プログラムの書き込みもできます。

こちらはトレースや条件付ブレークポイントなど、本格的な実機デバッグをするためのツールです。ただし、これが可能なのは16/32ビットのPICマイコンで、8ビットPICマイコンではできません。

また通常のICSPでプログラミングする場合には、15cm以下のケーブルで接続しなければなりませんが、MPLAB Real ICEにはオプションでこのケーブルを数mまで延長できるものが用意されています。

●写真3-2-6　MPLAB Real　ICEの外観

3-2-2 ICSP

PICマイコンへの書き込みはICSP方式となっています。このICSPとは、In Circuit Serial Programmingの略で、PICマイコンを基板等に実装したままの状態で、内蔵メモリにシリアル通信でプログラムを書き込む方法のことをいいます。

つまり、ICSP方式でPICマイコンのプログラミングを行えば、いちいちPICマイコンをソケットからはずしてプログラマのソケットに差し換える手間も無くなりますし、フラットパッケージの場合のように、基板にはんだ付けしてしまったPICのプログラム書き込みも、そのままの状態で可能になります。

ICSPを正常に動作させるためには、PICマイコン側の回路設計で、図3-2-3のような注意を守る必要があります。

●図3-2-3　ICSP回路の注意

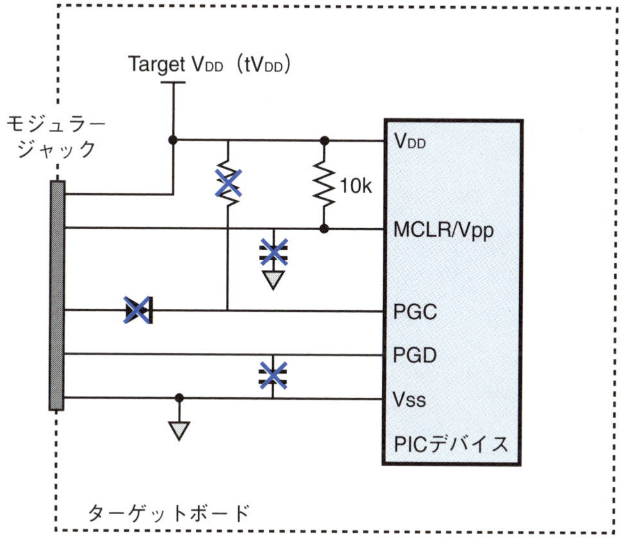

❶PGC、PGDラインにはプルアップ抵抗をつけない

これはプログラマ側で4.7kΩの抵抗でプルダウンしているため、分圧されて電圧が下がり、正常な動作をしなくなってしまうからです。

❷PGC、PGDラインにはコンデンサをつけない

高速なパルス信号でデータ伝送が行われるので、コンデンサにより遅れると正常なデータ伝送ができなくなるためです。

❸MCLRラインにもコンデンサはつけない

これも同じように高速パルスが遅れてしまって書き込みモードが判定できなくなるためです。

❹PGC、PGDラインにはダイオードを挿入しない

このラインは双方向通信をしているので、それができなくなってしまうためです。

さらにPICマイコンの回路設計で注意が必要なことがあります。というのも、入出力ピンが、汎用入出力用と書き込み用の兼用のピンになっているためです。この注意内容をまとめたものが、図3-2-4となります。

●図3-2-4　ICSP用回路設計の注意

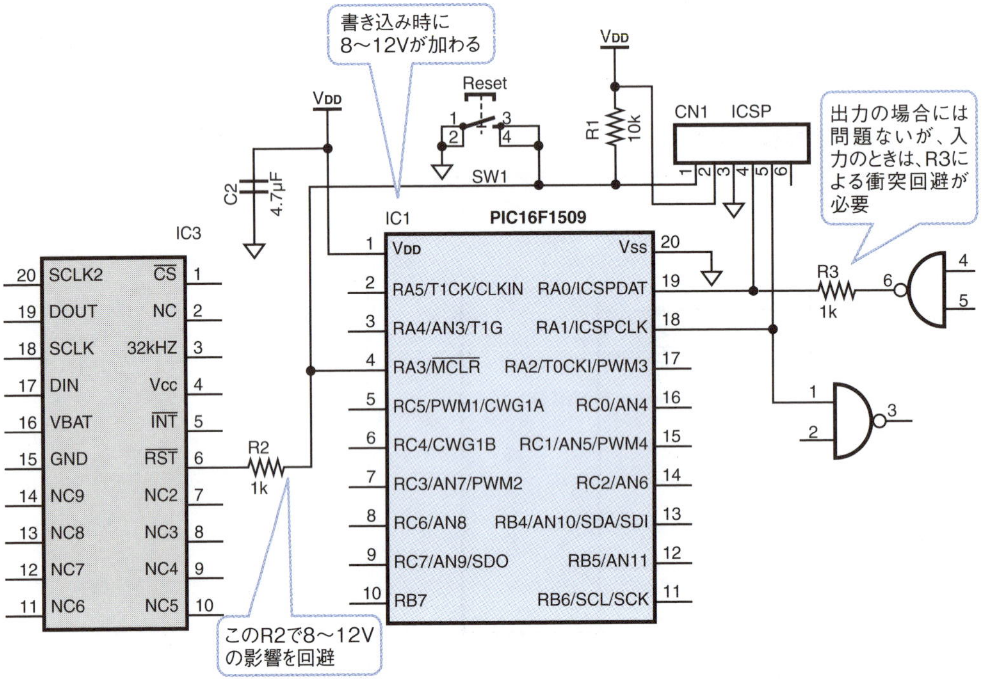

まず必須のものは、MCLRの保護用の回路です。MCLRピンには、書き込むときにV_{PP}として8Vから12Vが加わるので、MCLRに接続されている他の回路に悪影響を与えないようにする必要があります。そのためには、図3-2-4のような回路構成として、1kΩ程度の抵抗R2で他のICなどにV_{PP}の影響がないようにします。

次は、ICSP用のピンを汎用の入出力ピンと兼用する場合の問題です。外部へ出力する場合には、書き込み用の信号が入っても、その先で動作上問題なければ直接接続しても構いません。しかし、入力の場合には、ICSPからも出力信号が接続されて出力同士がぶつかることになるので、対策が必要です。通常は、数kΩの抵抗R3を周辺の回路側に直列に挿入しておけば問題ありません。ICSP側に抵抗を入れてはだめです。

これらの対策をすれば、ICSPで何ら問題なく書き込むことができます。

PIC16F1 family

3-3 MPLAB X IDEの入手とインストール

MPLAB X IDEは、マイクロチップ社のウェブサイトからいつでも最新版が自由にダウンロードできます。

またCコンパイラも、Evaluation版とFree版が同じページからダウンロードできるようになっています。

ここではまず、このMPLAB X IDEとCコンパイラの入手方法とインストール方法について説明します。

3-3-1 ソフトウェアの入手

MPLAB X IDEの入手には、まずマイクロチップ社のウェブサイト（http://www.microchip.com）開き、図3-3-1のトップページの右側にある［Development Tools］の中の［MPLAB X IDE］をクリックします。

●図3-3-1 マイクロチップ社のウェブサイト

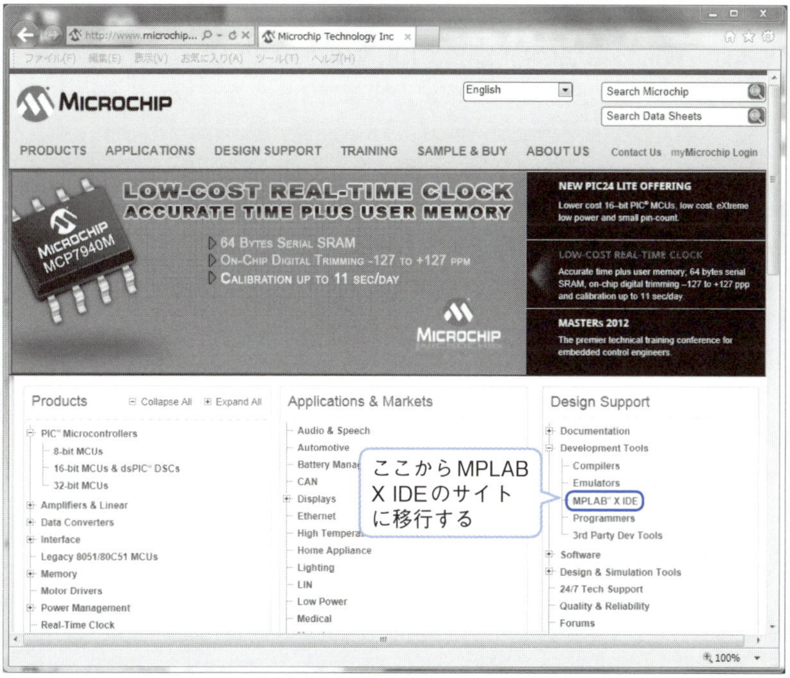

これでMPLAB X IDEのダウンロードページに移行するので、ここでページ左側にある[MPLAB X FREE DOWNLOAD]のボタンをクリックすれば、図3-3-2のようなダウンロードの選択ページとなります。

●図3-3-2　マイクロチップ社のウェブサイト

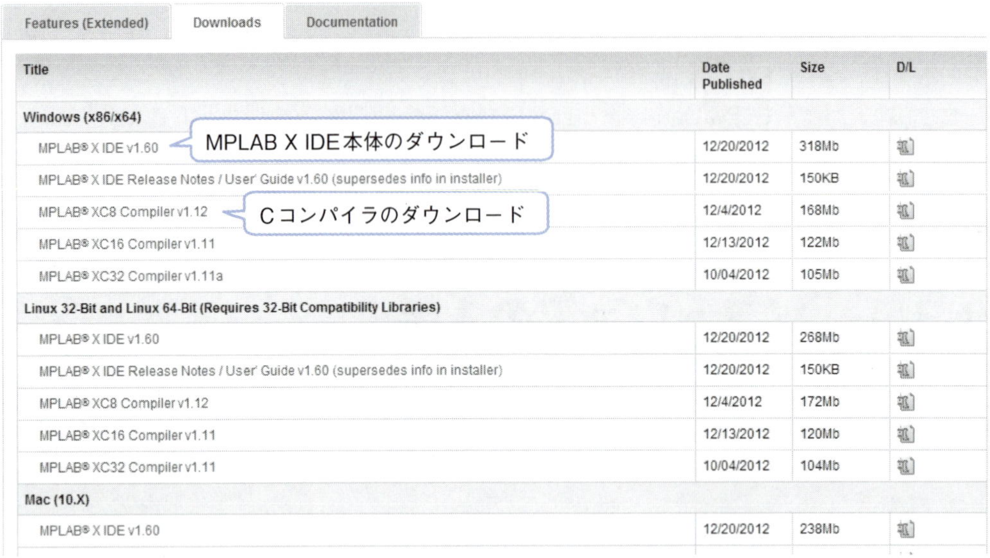

Title	Date Published	Size	D/L
Windows (x86/x64)			
MPLAB® X IDE v1.60	12/20/2012	318Mb	
MPLAB® X IDE Release Notes / User' Guide v1.60 (supersedes info in installer)	12/20/2012	150KB	
MPLAB® XC8 Compiler v1.12	12/4/2012	168Mb	
MPLAB® XC16 Compiler v1.11	12/13/2012	122Mb	
MPLAB® XC32 Compiler v1.11a	10/04/2012	105Mb	
Linux 32-Bit and Linux 64-Bit (Requires 32-Bit Compatibility Libraries)			
MPLAB® X IDE v1.60	12/20/2012	268Mb	
MPLAB® X IDE Release Notes / User' Guide v1.60 (supersedes info in installer)	12/20/2012	150KB	
MPLAB® XC8 Compiler v1.12	12/4/2012	172Mb	
MPLAB® XC16 Compiler v1.11	12/13/2012	120Mb	
MPLAB® XC32 Compiler v1.11	10/04/2012	104Mb	
Mac (10.X)			
MPLAB® X IDE v1.60	12/20/2012	238Mb	

本書で必要なファイルは、Windows版のMPLAB X IDE本体と、MPLAB XC8 Cコンパイラの2つです。これらをダウンロードしてディスク内に適当なフォルダを作成してその中に保存します。

さらに、MPLAB X IDEはNetBeansのJava環境で開発されているので、Javaのランタイム環境(JRE v6　(1.6.x))を必要とします。したがって、お使いのパソコンにJava環境がインストールされていない場合は、Java環境もダウンロードする必要があります。

これには、http://www.oracle.com/technetwork/java/javase/downloads/index.html　のサイトを開きます。これで図3-3-3のページになるので、下の方にあるJava SE6のJREのダウンロードボタンをクリックします。

●図3-3-3 Java環境のダウンロードページ

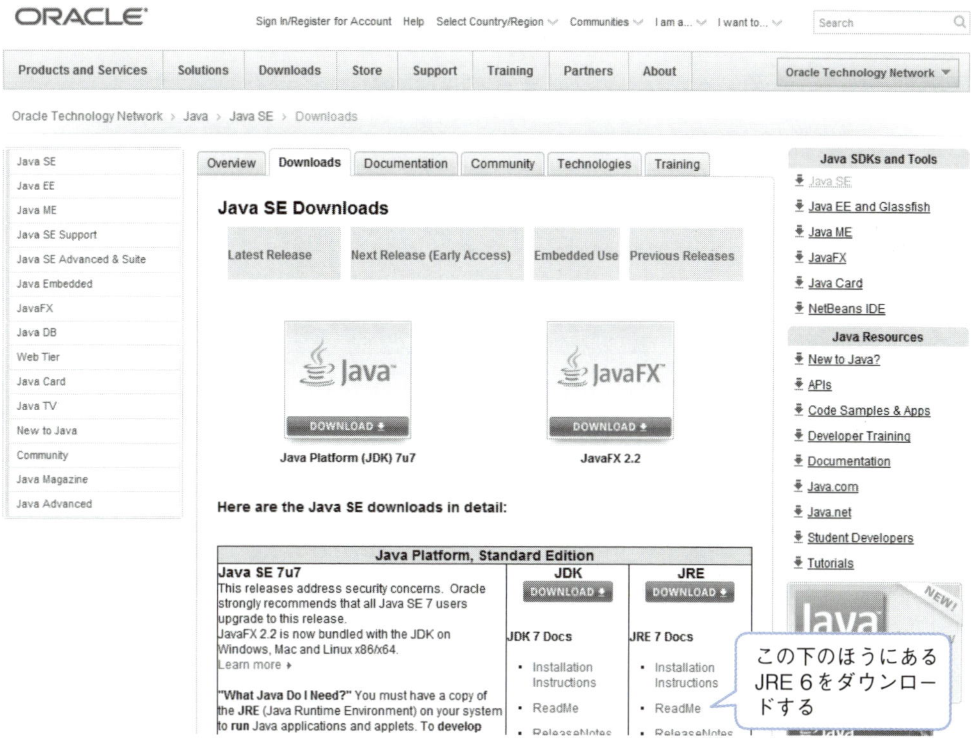

これで図3-3-4のダウンロードファイルの選択ページになるので、図のようにAccept License Agreementにチェックを入れてから、Windows x86 Offline版（32ビットWindowsの場合）か、Windows x64（64ビットWindowsの場合）を選択してダウンロードします。

●図3-3-4　ダウンロードファイル選択ページ

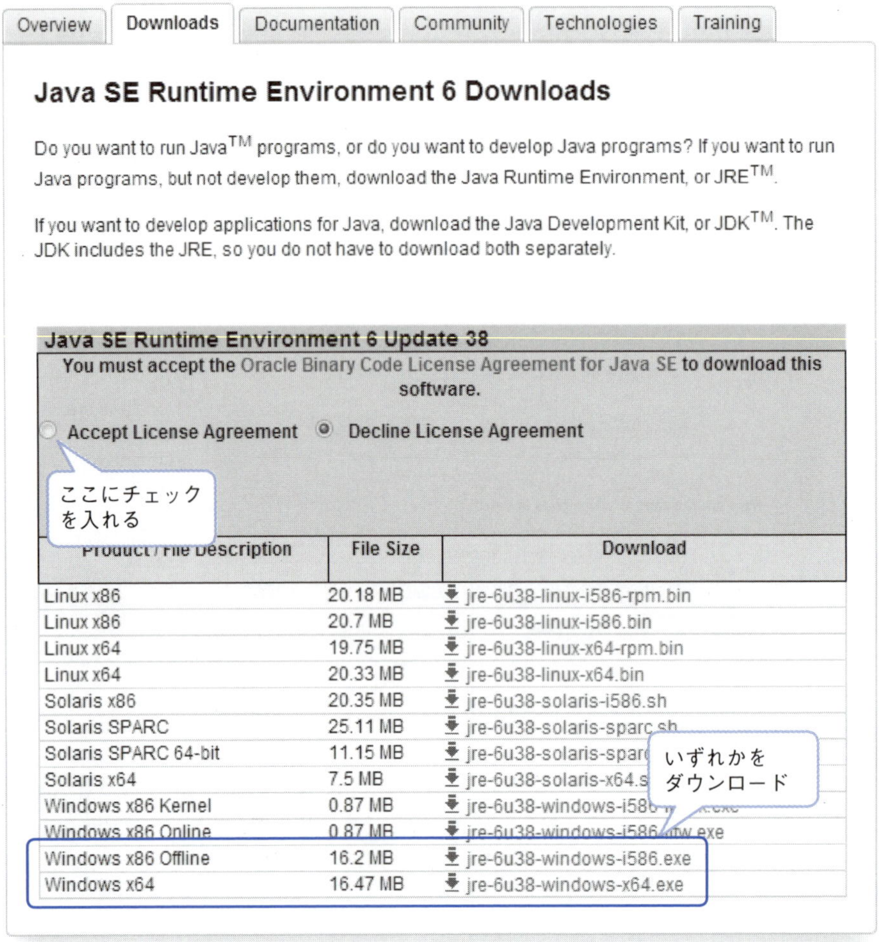

これで必要なファイルをすべてダウンロード完了したので、いよいよインストールを開始します。

3-3-2　インストール

MPLAB X IDEのインストールは下記の順番で行います。

- JRE 6のインストール
- MPLAB X IDEのインストール
- MPLAB XC8のインストール

1 Java環境のインストール

ダウンロードしたファイル「jre-6u35-windows-i586.exe」または「jre-6u35-windows-x64.exe」をダブルクリックして実行します。

6uxxのxx部はバージョン番号なので、異なるかもしれませんが、最新版をお使いください。

プログラムを実行するとまず図3-3-5の開始ダイアログが表示されるので、ここでフォルダは変更せずに［インストール］ボタンをクリックします。

●図3-3-5　Java 6 インストール開始ダイアログ

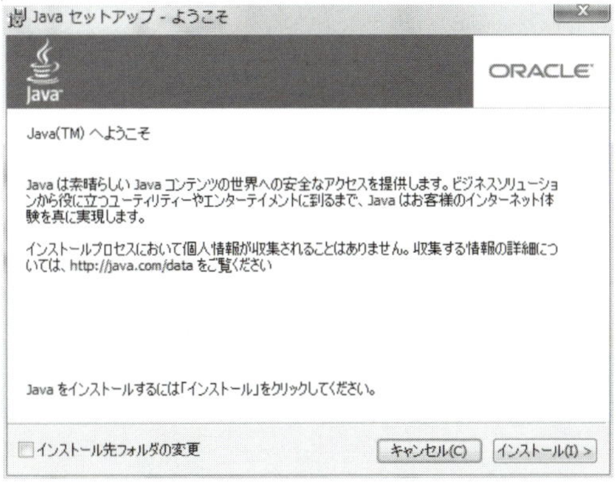

これでインストールが開始され、図3-3-6のように途中経過をダイアログで表示し、しばらくすると完了ダイアログとなります。

●図3-3-6　JRE 6のインストール中で完了ダイアログ

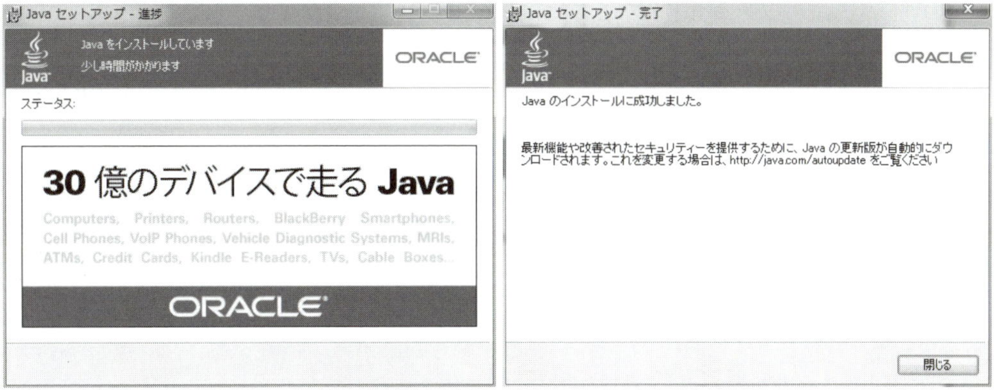

完了ダイアログで［閉じる］ボタンをクリックすれば完了です。

2 MPLAB X IDEのインストール

次にMPLAB X IDEのインストールです。ダウンロードしたファイル「mplabx-ide-v1.60-windows-installer.exe」をダブルクリックして実行を開始します。v以下の数値はバージョン番号なので最新版を使います。

実行を開始すると図3-3-7のダイアログが表示されるので、最初はそのまま[Next]とします。次にライセンス確認ダイアログが表示されるので、ここでは[I accept]にチェックを入れてから[Next]とします。ここでひとつ注意することがあります。Windowsのユーザー名に日本語を使っていると、インストールは完了しても正常に起動できなくなるため、ユーザー名は半角英文字とする必要があります。

●図3-3-7　MPLAB X IDEのインストール No1

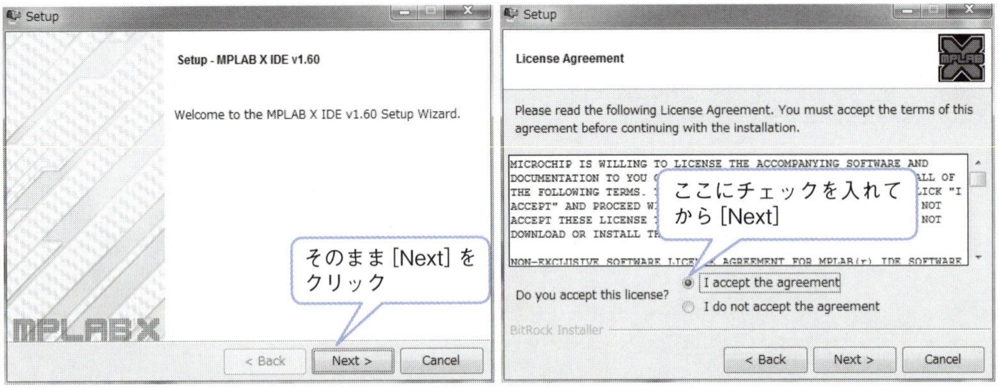

次に図3-3-8のダイアログでディレクトリの指定になります。ここでは、32ビット版Windowsの場合は、そのままで[Next]とします。64ビット版Windowsの場合は、「C: ¥Program Files (x86) ¥Micorchip ¥MPLABX」となってしまうので、この中のスペースと(x86)を削除して、32ビット版と同じディレクトリとします。このディレクトリが異なると、MPLAB X IDEの中のデフォルトのフォルダと異なることになり、Cコンパイラが見つからなくなって、デフォルトではコンパイルができなくなってしまいます。

また、MPLAB X IDEを使う場合には、常にフォルダ名やファイル名には日本語が使えないので注意してください。

●図3-3-8　MPLAB X IDEのインストール No2

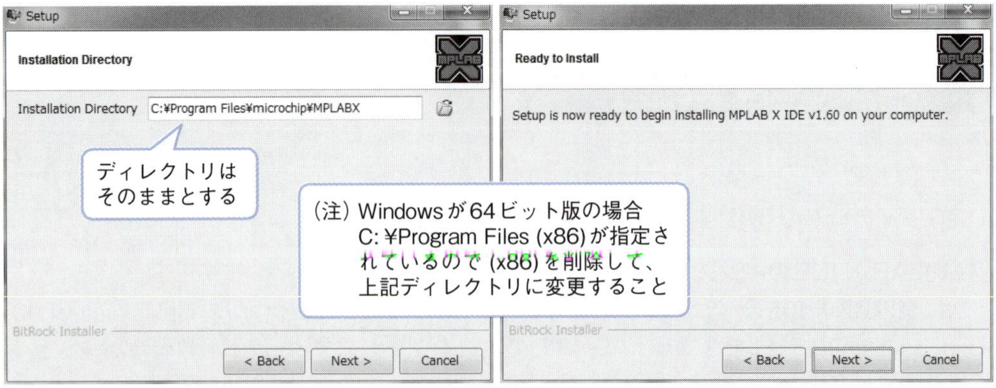

これで[Next]とするとインストール準備完了ダイアログになるので、さらに[Next]とすればインストールが開始されます。

インストール実行にはしばらくかかりますが、この間図3-3-9のダイアログで進捗状況を表示しています。しばらくするとインストールが完了して[完了]ダイアログになりますから、ここで[Finish]をクリックすれば完了です。

これで、デスクトップに図のような3個のアイコンが追加されます。これらのアイコンは次のようなソフトウェアの起動アイコンとなります。

- MPLAB X IDEv1.60
  MPLAB X IDEそのもの。
- MPLAB driver switcher
  ツールのUSBドライバの切り替えツールで、従来のMPLAB IDE V8.xxとMPLAB X IDEを同じパソコンにインストールしている場合に使います。
- MPLAB IPE
  Integrated Production Environmentと呼ばれるツールで、フラッシュメモリを含む各種デバイスの書き込みを行う工場生産用の専用ツールとなっています。

●図3-3-9 MPLAB X IDEのインストール No3

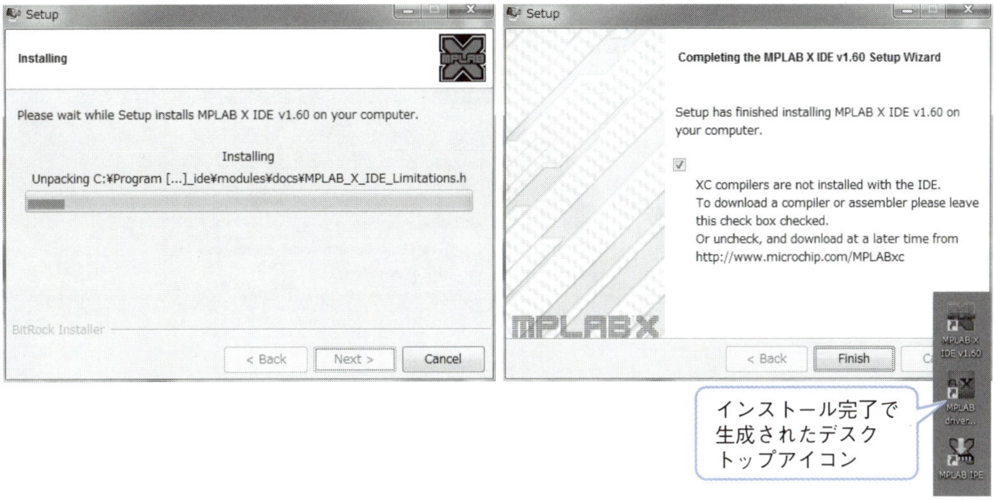

3 Cコンパイラのインストール

次にMPLAB XC8 Cコンパイラをインストールします。

ダウンロードしたファイル「xc8-v1_12-windows.exe」をダブルクリックして実行を開始します。v1_12の部分はバージョン番号なので、最新版をインストールします。

最初に図3-3-10のSetup開始ダイアログになるので、ここはそのまま[Next]とします。これでライセンス確認ダイアログになるので、[I accept]にチェックを入れてから[Next]とします。

●図3-3-10　MPLAB XC8のインストール No1

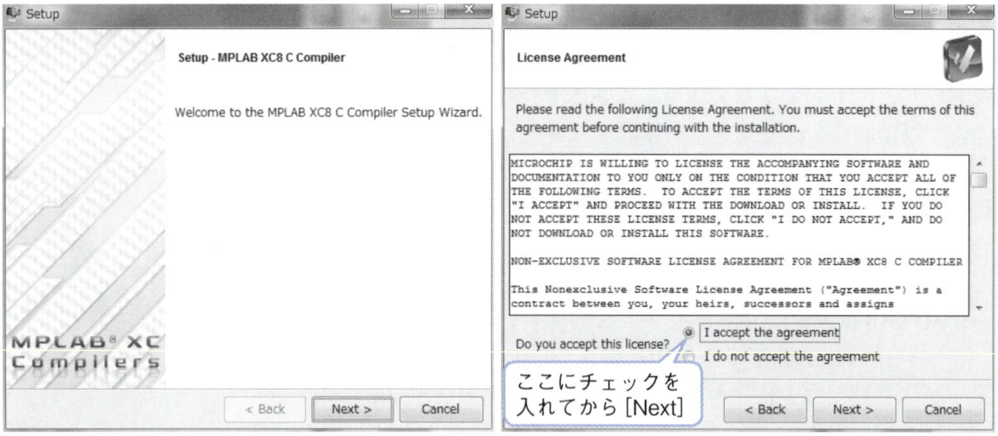

次に図3-3-11のインストール方法の選択ダイアログになるので、[Install Compiler]のチェックのまま[Next]とします。次にインストールするものがこのコンピュータかネットワーククライアントかを選択するダイアログになるので、このコンピュータ側を選択したまま[Next]とします。

●図3-3-11　MPLAB XC8のインストール No2

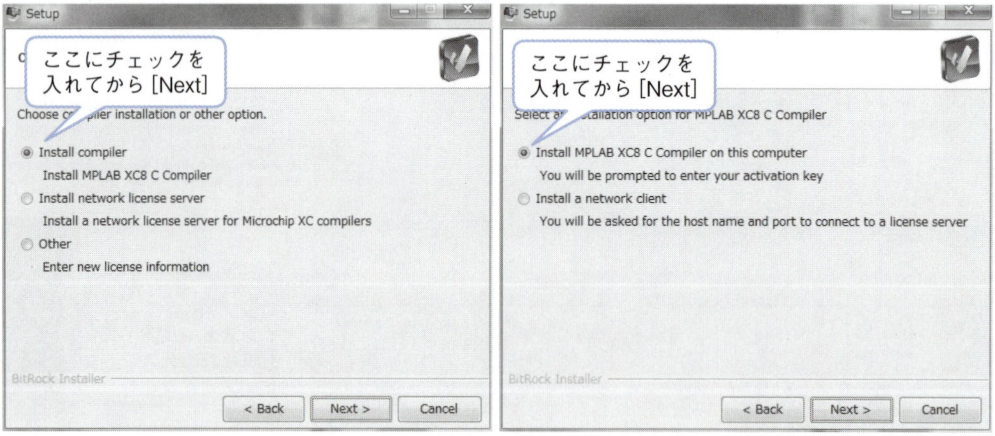

次にライセンス版を購入した場合の認証キーの入力ダイアログになりますが、ここは何も入力しないで[Next]とします。そうすると確認ダイアログが開いてフリー版か評価版のインストールになることを確認されるので、[はい]をクリックして先に進みます。

●図3-3-12 MPLAB XC8のインストール No3

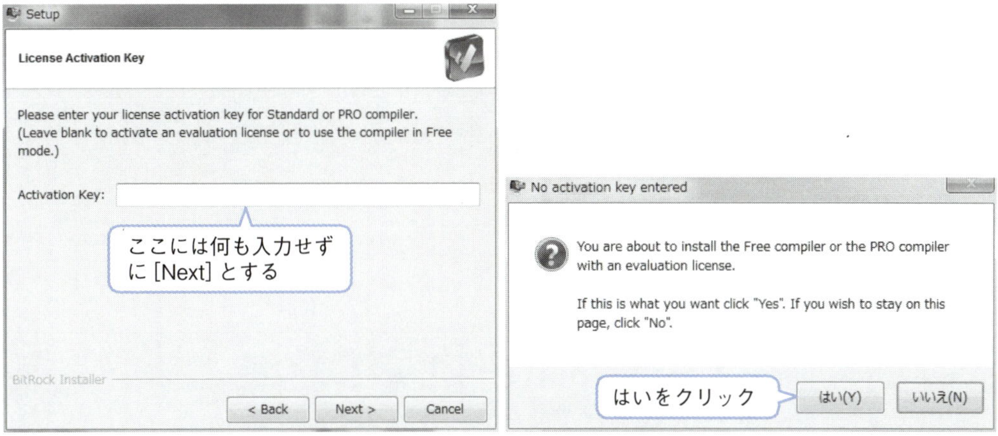

次にフリー版か評価版の選択になります。本書ではフリー版としてインストールするので、チェックはそのままで[Next]とします。

次がインストールするディレクトリの指定になります。32ビット版Windowsの場合はそのままで[Next]としますが、64ビット版Windowsの場合は、自動で指定されるディレクトリが、「C:¥Program Files (x86)¥Microchip¥xc8¥v1.12」となるので、この中のスペースと(x86)を削除して32ビット版と同じディレクトリとしてから[Next]とします。

●図3-3-13 MPLAB XC8のインストール No4

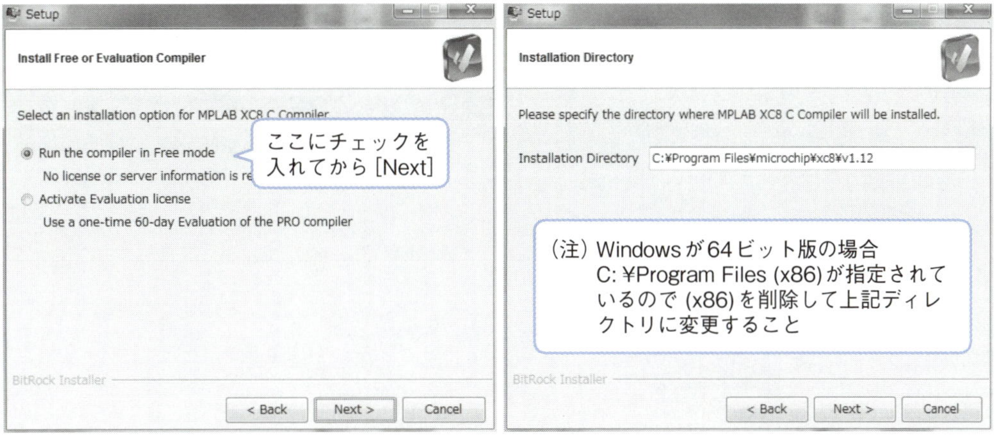

次に図3-3-14の設定ダイアログで、パスの登録やMPLAB C18コンパイラとの共通化などの設定になるので、ここは全部にチェックを入れてから[Next]とします。

●図3-3-14　MPLAB XC8のインストール No5

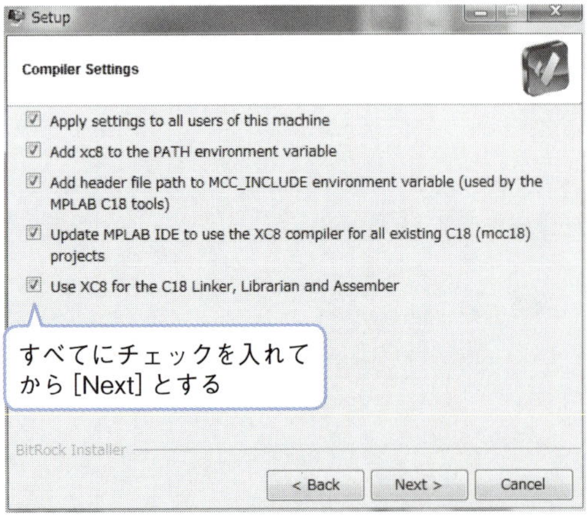

以上で図3-3-15のインストール準備完了ダイアログとなります。ここで[Next]とすればインストールが開始され、進捗状況表示ダイアログが表示されます。

インストール終了で完了ダイアログが表示されるので、[Finish]をクリックすればReadmeファイルが表示されて終了します。

●図3-3-15　MPLAB XC8のインストール No6

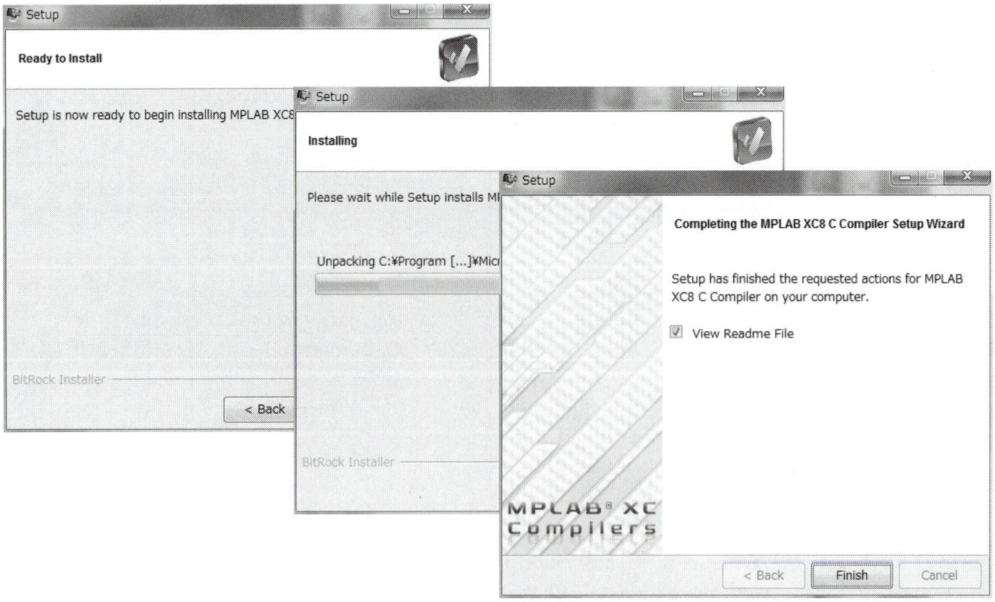

Readmeファイルの表示を確認し閉じれば、インストール作業がすべて完了です。これでMPLAB X IDEを使ってC言語でのプログラム開発が開始できます。

PIC16F1 family

3-4 MPLAB X IDEの使い方

インストールが完了したMPLAB X IDEを実際に使ってみましょう。

まず起動はデスクトップに生成されたXアイコンをダブルクリックすればMPLAB X IDEが起動します。

3-4-1 作成するプログラムの概要

ここで例題として作成するプログラムは次のような機能を持っているものとします。プログラムはC言語を使って作成するものとしますが、C言語プログラムの詳細は第4章で解説しているので、本章では説明は省略します。

- 対象ハードウェア：F1評価ボード（PIC16LF1937）
- 機能：スイッチS1がオフの間は、D2（RE2）、D3（RE1）、D4（RE0）の3個のLEDを0.2秒間隔で点滅させる
  スイッチS1がオンの間はD2、D3、D4の3個のLEDを20msec間隔で点滅させる

プログラムを作成する準備としてプログラムを格納するフォルダを作成します。本書では、フォルダを「D: ¥F1Book ¥LEDFlash」としています。

そして、プログラムのソースファイル名を「LEDFlash.c」とすることにします。

3-4-2 MPLAB X IDEの起動

MPLAB X IDEのアイコンをダブルクリックしてMPLAB X IDEを起動すると、まず図3-4-1のようなスタートアップ画面が表示されます。このスタートアップ画面には、MPLAB X IDEの使い方のガイダンスや、フォーラムへのリンクなどがあります。さらに上側にあるタブで画面を切り替えると、これまでに作成したプロジェクトや、マイクロチップ関連の最新情報へのリンクがあり、関連情報源へのナビゲータとなっています。ただしインターネットに接続されているパソコンであることが前提となっています。

この画面を使ってプログラム開発を行います。まずプロジェクトの作成からです。

●図3-4-1　MPLAB X IDEのスタートページ

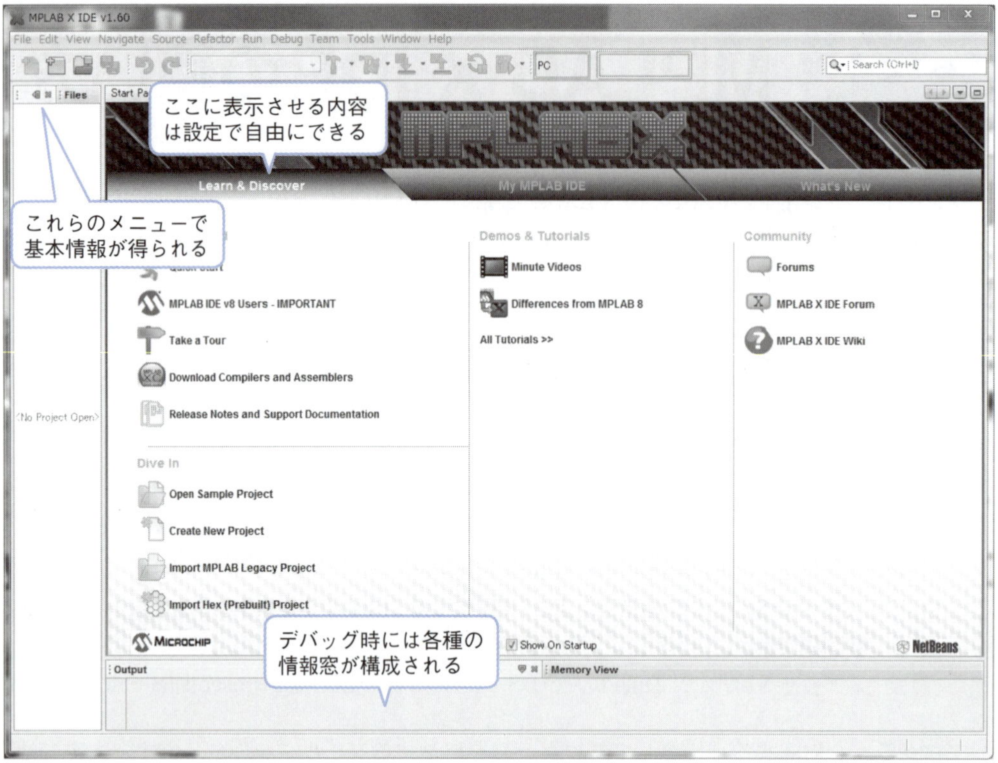

3-4-3 プロジェクトの作成

PICマイコンでプログラム開発を行う場合には、まずプロジェクトを作成する必要があります。手順を順に説明します。

1 ステップ1　作成するプロジェクト種別の選択

MPLAB X IDEのメインメニューから、[File]→[New Project]とすると図3-4-2のダイアログが開きます。ここからプロジェクト作成を開始します。

このダイアログではデフォルトの設定のまま[Next]とします。これで、PICマイコン用の標準プロジェクトの作成を指定したことになります。

●図3-4-2 プロジェクト作成開始ダイアログ

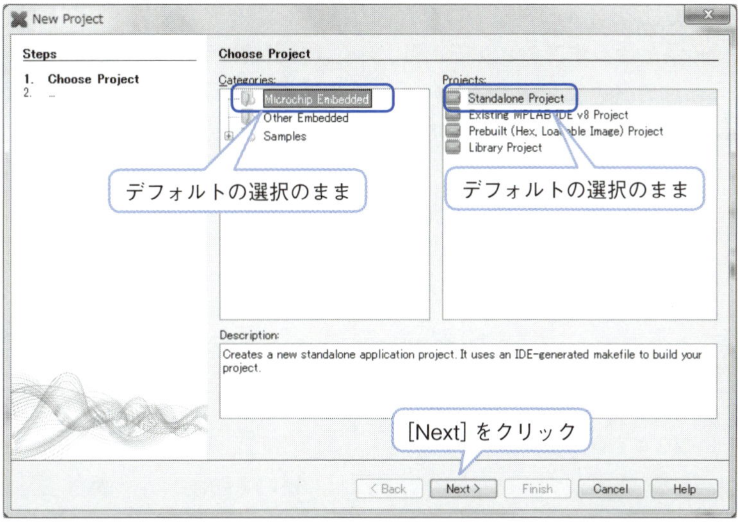

2 ステップ2 デバイスの選択

これで図3-4-3のダイアログが表示されます。ここではプロジェクトに使用するPICマイコンのデバイス名を選択します。F1評価ボードではPIC16LF1937が使われているので、まず上の欄で[Mid-Range 8-bit MCUs]を選択し、下の欄で[PIC16LF1937]を選択して[Next]とします。あるいは下の欄に直接キーボードから型番を入力することもできます。

この時点で、ダイアログの左側の欄に今後の作成ステップが表示されます。全部で7ステップであることがわかります。

●図3-4-3 デバイスの選択ダイアログ

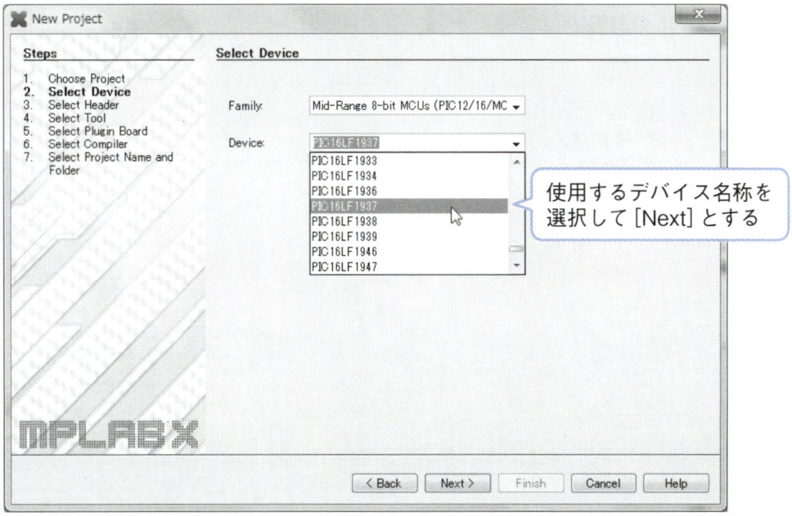

3 ステップ3　デバッグヘッダの選択

次はデバッグヘッダの選択で、図3-4-4のダイアログとなります。このデバッグヘッダとは、実機でデバッグする場合に必要となるオプションで、PICマイコン自身にデバッグ機能が実装されていない場合の、エミュレータチップが実装されている小型ボードです。PIC16LF1937はデバッグヘッダは不要なので、[None]のまま[Next]とします。

●図3-4-4　ヘッダの選択

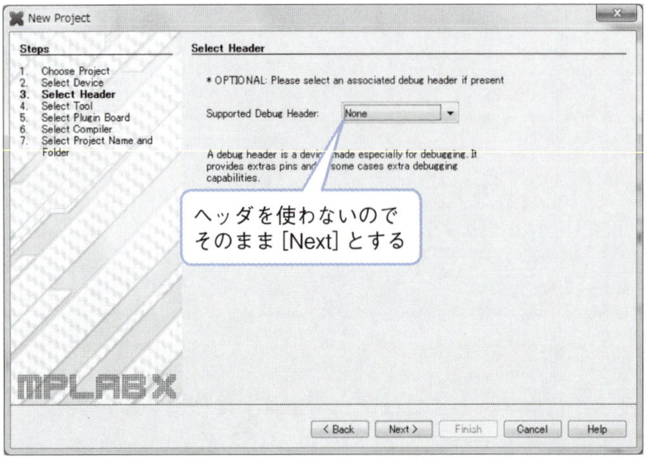

4 ステップ4　ツールの選択

次のステップは書き込みに使うツールの選択ダイアログで、図3-4-5となります。本書ではすべてPICkit 3を使います。PICkit 3がすでにパソコンに接続されている場合には、PICkit 3の下にシリアル番号が表示されているはずなので、このシリアル番号を選択してから[Next]とします。未接続の場合は、[PICkit 3]の項目を選択して[Next]とします。

●図3-4-5　プログラミングツールの選択

5 ステップ5 プラグインボードの選択

ステップ4でMPLAB REAL ICEを選択したときだけ出現します。本書ではPICkit 3を使ったので、次のステップ6に飛びます。

6 ステップ6 コンパイラの選択

次のダイアログは図3-4-6で、コンパイラつまり言語の選択です。本書ではすべてXC8コンパイラを使ってC言語で作成するので、図のようにXC8 Compilerを選択してから[Next]とします。

ここでコンパイラの前にある丸いボタンが緑色であることを確認してください。このボタンは緑色の場合は正常に使用可能、黄色は暫定版として使用可能、赤色は使用不可、ボタン無しの場合はインストールされていないことを示しています。前章の手順でCコンパイラをインストールしていれば、緑色で表示されたXC8の行があるはずです。

●図3-4-6 コンパイラの選択

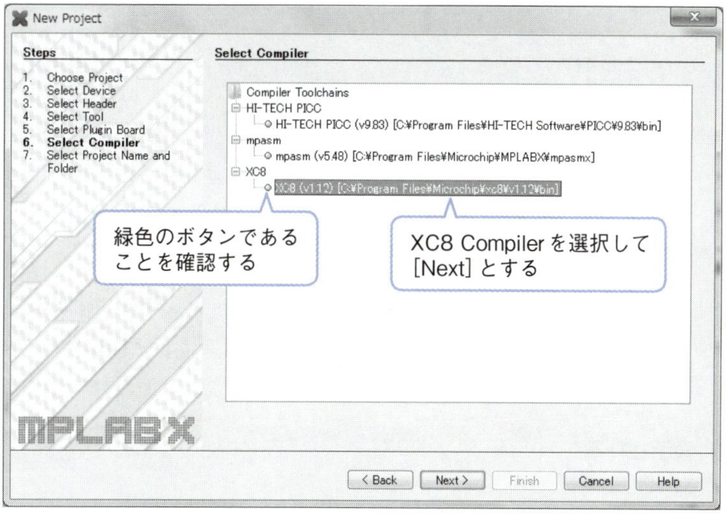

7 ステップ7 プロジェクト名とフォルダの指定

次のダイアログは図3-4-7で、ここでプロジェクトの名前と格納するフォルダを指定します。まずプロジェクト名を入力します。任意の名前にできますが、日本語は使えないので英文字とする必要があります。ここでは、フォルダ名と同じ「LEDFlash」というプロジェクト名としています。

次にフォルダを指定します。すでにあるフォルダの場合は[Browse]ボタンをクリックしてそのフォルダを指定します。フォルダが未作成の場合は、直接入力すれば自動的にフォルダを作成し、その中にプロジェクトを生成します。ここではあらかじめフォルダを作成しておいたので、そのフォルダを指定しています。

次に[Set as main project]にチェックを入れて、作成プロジェクトがメインプロジェクトであることを指定します。

最後に文字のエンコードを指定し、日本語のコメントが使えるように、[ISO-2022-JP] を選択してから [Finish] ボタンをクリックして終了です。

●図3-4-7　プロジェクト名とフォルダの指定

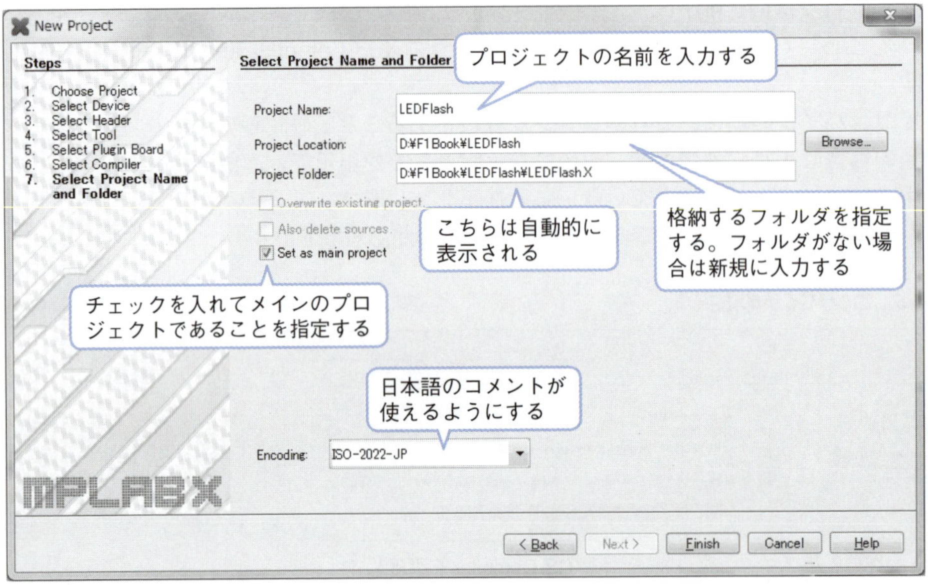

これでプロジェクトが生成され、図3-4-8のように画面の左端に [Project Window] が表示されるのでプロジェクトが生成されたことがわかります。ただし、ここで生成されたプロジェクトは空のプロジェクトで名前とフォルダだけのプロジェクトです。

●図3-4-8　プロジェクト窓に表示される

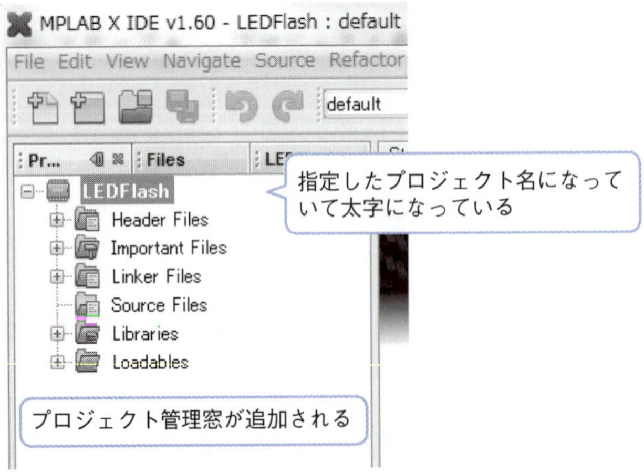

3-4-4 ソースファイルの作成

プロジェクトが生成できたので、次にプログラムのソースファイルを作成します。ソースファイルの作成にはエディタを使います。

1 ソース作成の開始

MPLAB X IDEのメインメニューから、[File]→[New File]とすると図3-4-9のダイアログが開きます。

ここでソースの種類とタイプとを指定します。C言語のソースファイルの場合は、図のように[Categories]では[C]を選択し、[File Types]では[C Main File]を指定して[Next]とします。

●図3-4-9 ソースファイルの新規作成

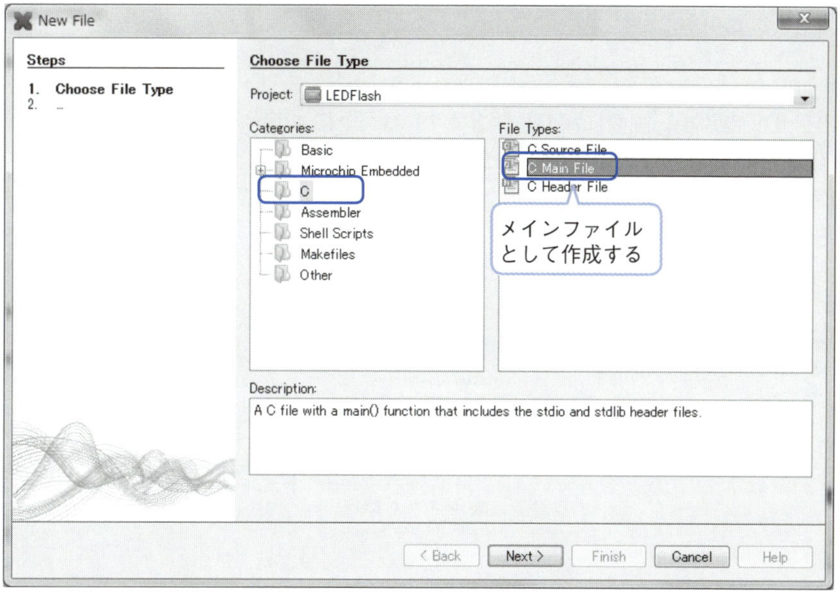

次に表示される図3-4-10のダイアログでファイルの名称と格納フォルダを指定しますが、拡張子とフォルダは自動的に表示されるので、ファイル名だけ入力すればOKです。図ではプロジェクト名と同じファイル名「LEDFlash」としています。これで[Finish]とします。

●図3-4-10　ファイル名とフォルダの指定

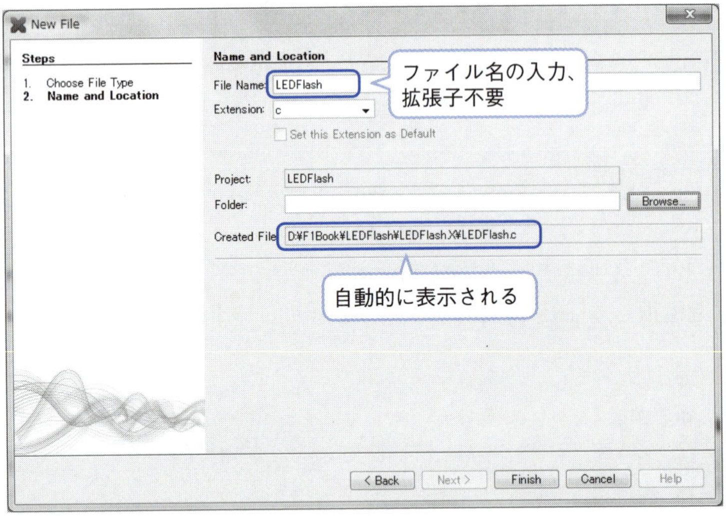

これでMPLAB X IDEのメイン画面に戻り、図3-4-11のようにエディタが開きます。エディタには自動的に生成された雛形が表示されています。

プロジェクト窓にはとりあえず独立のファイルとして生成されるので、後ほど作成したファイルを［Source File］の位置に移動させます。

●図3-4-11　エディタ画面

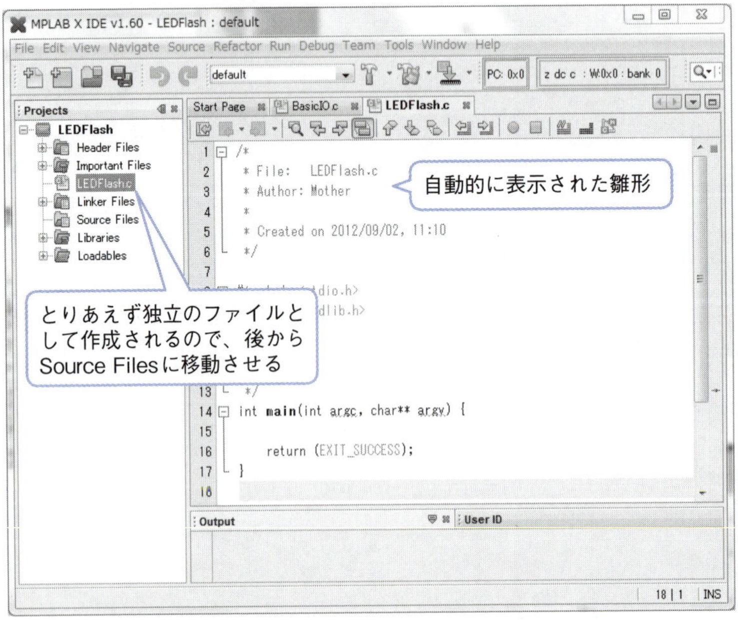

ここまででプログラムの入力準備ができたので、プログラムを入力していきます。プログラム内容の詳しい説明は第4章でするので、ここでは省略しますが、入力すべきプログラムソースリストはリスト3-4-1とします（巻末掲載のWebサイトから入手できます）。

こうして入力完了したソースファイルを［Source Files］として登録します。手順はプロジェクト管理窓でソースファイルを選択して［Source Files］の位置にドラッグすれば移動し登録されます。

リスト 3-4-1 入力するソースファイルリスト

```
/****************************************
   * MPLAB X IDEの使い方の説明用
   * F1 Evaluation Platformを使用
   * 0.2秒間隔でLEDを点滅   LEDFLash.c
****************************************/
#include    <htc.h>
/***** コンフィギュレーションの設定 *********/
__CONFIG(FOSC_INTOSC & WDTE_OFF & PWRTE_ON & MCLRE_ON & CP_OFF
        & CPD_OFF & BOREN_ON & CLKOUTEN_OFF & IESO_OFF & FCMEN_OFF);
__CONFIG(WRT_OFF & PLLEN_OFF & STVREN_OFF & LVP_OFF);
/* 定数の定義 */
#define  _XTAL_FREQ     500000  // クロック周波数500kHz
/******** メイン関数  ************/
void main(void)
{
    /* 入出力ポートの設定 */
    ANSELD = 0x00;              // すべてデジタルピン
    ANSELE = 0x00;              // すべてデジタルピン
    TRISD = 0x04;               // RD2のみ入力
    TRISE  = 0x00;              // すべて出力
    /**** メインループ ********/
    while(1) {
        if(RD2 == 1){           // S1がオフの場合
            PORTE = 0x07;       // D2,3,4点灯
            __delay_ms(200);    // 0.2秒待ち
            PORTE = 0x00;       // D2,3,4消灯
            __delay_ms(200);    // 0.2秒待ち
        }
        else {          // S1がオンの場合
            PORTE = 0x07;       // D2,3,4点灯
            __delay_ms(20);     // 20m秒待ち
            PORTE = 0x00;       // D2,3,4消灯
            __delay_ms(20);     // 20m秒待ち
        }
    }
}
```

2 既存ソースファイルの登録

既存のソースファイルを登録する場合には、［Source Files］で右クリックして表示される図3-4-12のポップアップメニューで、［Add Existing Items］を選択します。

これで表示されるファイルダイアログで既存ソースファイルを選択すれば、図のようにプロジェクトの［Source Files］欄に追加されます。

●図3-4-12　既存ソースファイルの登録

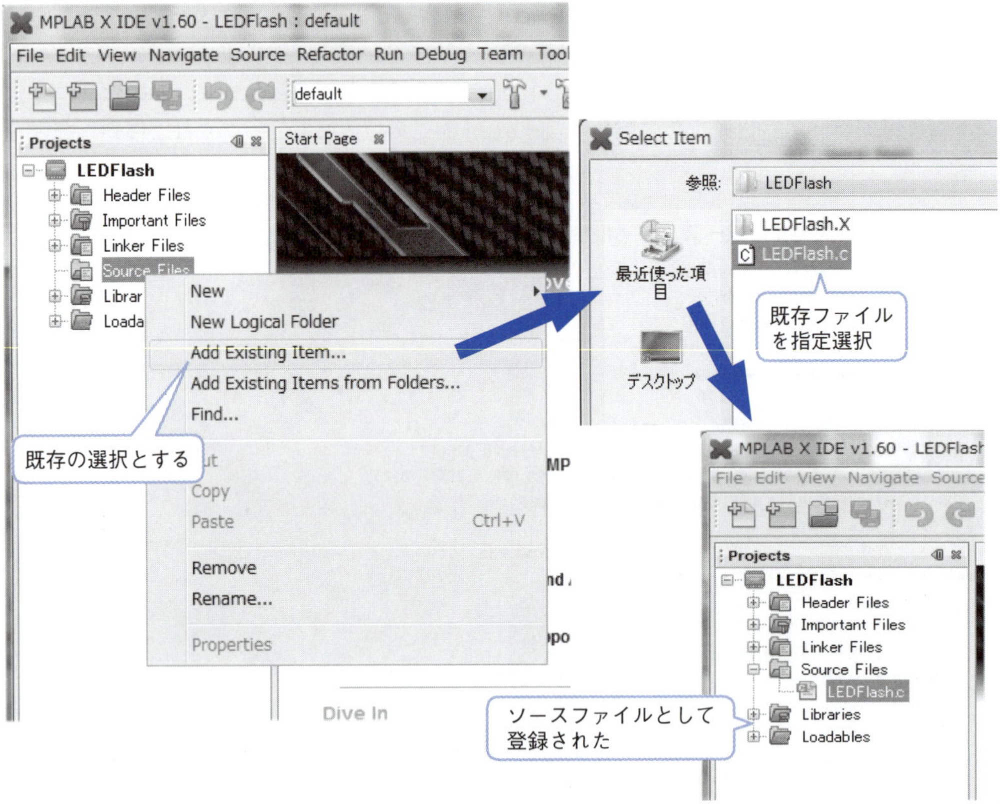

登録したファイルをエディタ画面で開くには、プロジェクト管理窓でファイル名をダブルクリックすれば開きます。

以上のような手順で必要なファイルをプロジェクトに登録すれば、プロジェクトの作成が完了します。

3-4-5 コンパイル

ソースファイルの入力作業が完了したらコンパイル作業ができます。

コンパイルはMPLAB X IDEのメインメニューのアイコンで実行させることができます。このアイコンは図3-4-13のようになっています。

コンパイルだけ実行するアイコンと、コンパイル後書き込みまで行うアイコンがあります。それ以外にアップロードでデバイスから読み込むためのアイコンと、書き込み後すぐ実行しないようにするリセット保持アイコンも用意されています。

コンパイル後書き込みのアイコンを実行するには、書き込みツールが接続済みであることが必要です。

●図3-4-13 コンパイル実行制御アイコン

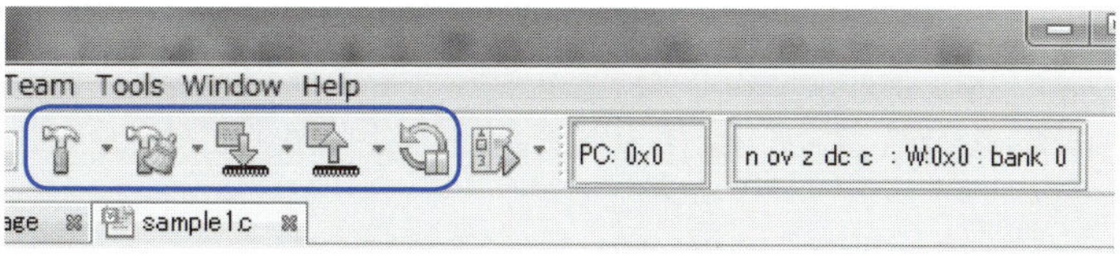

Build Main Project
指定ファイルのコンパイル実行

Clean and Build Main Project
全オブジェクト消去後、全ファイルのコンパイル実行

Make and Program Device Main Project
オブジェクト消去後　コンパイル実行し、続けてデバイス書き込みを実行する

Read Device Memory Main Project
PICのプログラムメモリ読み出し

Hold in Reset
デバイスリセット状態を維持し、書き込み後すぐ実行しないようにする

コンパイルを実行すると、コンパイル状況と結果がMPLAB X IDEのOutput窓に表示されます。図3-4-14のように「BUILD SUCCESSFUL」というメッセージが表示されれば正常にコンパイルができたことになり、オブジェクトファイルが生成されています。この場合には、メモリの使用量がメッセージ表示されます。

●図3-4-14 コンパイル正常完了の場合のメッセージ

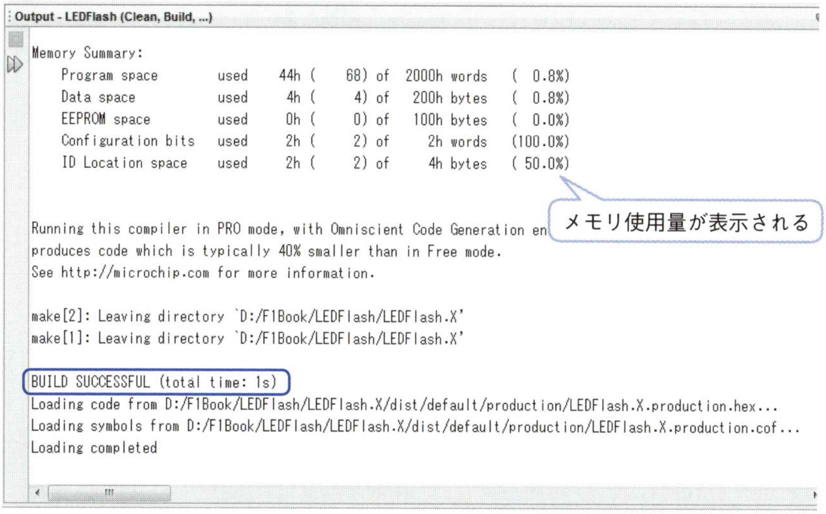

```
Output - LEDFlash (Clean, Build, ...)

Memory Summary:
    Program space        used    44h (    68) of  2000h words    (  0.8%)
    Data space           used     4h (     4) of   200h bytes    (  0.8%)
    EEPROM space         used     0h (     0) of   100h bytes    (  0.0%)
    Configuration bits   used     2h (     2) of     2h words    (100.0%)
    ID Location space    used     2h (     2) of     4h bytes    ( 50.0%)


Running this compiler in PRO mode, with Omniscient Code Generation en
produces code which is typically 40% smaller than in Free mode.
See http://microchip.com for more information.

make[2]: Leaving directory `D:/F1Book/LEDFlash/LEDFlash.X'
make[1]: Leaving directory `D:/F1Book/LEDFlash/LEDFlash.X'

BUILD SUCCESSFUL (total time: 1s)
Loading code from D:/F1Book/LEDFlash/LEDFlash.X/dist/default/production/LEDFlash.X.production.hex...
Loading symbols from D:/F1Book/LEDFlash/LEDFlash.X/dist/default/production/LEDFlash.X.production.cof...
Loading completed
```

コンパイルエラーがある場合には、図3-4-15のように、赤字で「BUILD FAILED」と表示され、そのエラー原因は上のほうに青字で表示されます。この青字のErrorの行をダブルクリックすれば、エラー発見行付近に自動的にカーソルがジャンプします。

また、ソースファイルにはエラーが検出された行番号に赤丸印が付くので、こちらでもエラー個所がわかるようになっています。

コンパイルが正常に完了しない限り、オブジェクトファイルは生成されません。

●図3-4-15　コンパイル失敗の場合の表示例

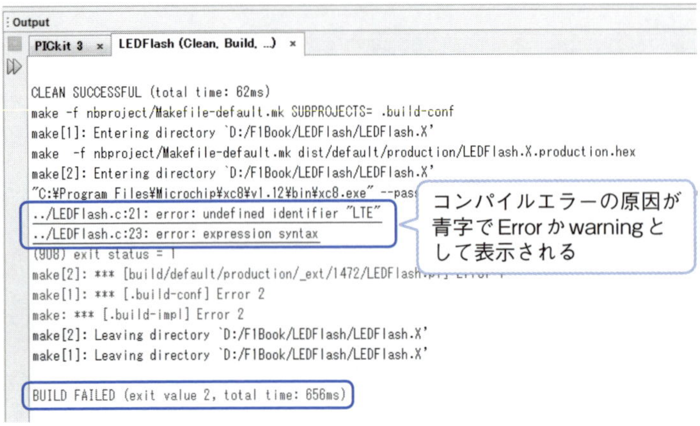

Output
PICkit 3
LEDFlash (Clean, Build, ...)
CLEAN SUCCESSFUL (total time: 62ms)
make -f nbproject/Makefile-default.mk SUBPROJECTS= .build-conf
make[1]: Entering directory `D:/F1Book/LEDFlash/LEDFlash.X'
make -f nbproject/Makefile-default.mk dist/default/production/LEDFlash.X.production.hex
make[2]: Entering directory `D:/F1Book/LEDFlash/LEDFlash.X'
"C:¥Program Files¥Microchip¥xc8¥v1.12¥bin¥xc8.exe" --pas
../LEDFlash.c:21: error: undefined identifier "LTE"
../LEDFlash.c:23: error: expression syntax
(908) exit status = 1
make[2]: *** [build/default/production/_ext/1472/LEDFlash
make[1]: *** [.build-conf] Error 2
make: *** [.build-impl] Error 2
make[2]: Leaving directory `D:/F1Book/LEDFlash/LEDFlash.X'
make[1]: Leaving directory `D:/F1Book/LEDFlash/LEDFlash.X'
BUILD FAILED (exit value 2, total time: 656ms)
コンパイルエラーの原因が青字でErrorかwarningとして表示される

コンパイルが正常に完了すると、プロジェクトの属性を一覧で確認できます。

メインメニューから、[Window]→[Dashboard]とすると図3-4-16のような窓が開き、この窓で、使用デバイス、使用ツール、使用コンパイラ、メモリ使用量など、プロジェクトの属性を一覧で表示することができます。

これらの窓を表示する位置は、窓の上側のヘッダ欄をドラッグして移動すれば自由に変更できます。

こうしてコンパイルが正常に完了したら、シミュレーションデバッグか書き込みができます。デバッグをしてから書き込むのが通常の手順ですが、本書では書き込みの方法から説明します。

●図3-4-16　ダッシュボードによるプロジェクト属性一覧

LEDFlash - Dashboard
LEDFlash
Device
PIC16LF1937
Checksum: 0x452D
Compiler Toolchain
XC8 (v1.12) [C:¥Program Files¥Microchip¥xc8¥v1.12¥bin]
Memory
RAM 512 (0x200) bytes
0%
RAM Used: 2 (0x2) Free: 510 (0x1FE)
RAM Reserved: Production Image
Flash 8192 (0x2000) words
1%
Flash Used: 74 (0x4A) Free: 8118 (0x1FB6)
Flash Reserved: Production Image
Resources
Program BP Used: 1 Free: 0
Data BP: No Support
Data Capture BP: No Support
SW BP: No Support
Debug Tool
PICkit3
デバイス、コンパイラ、メモリ使用量などプロジェクトの属性が表示される

3-4-6 書き込み

コンパイルが正常にSuccessとなったら、PICマイコンに書き込んで実機で実行します。この書き込みの手順は次のようにします。

1 ツールを選択する

書き込みツールが未接続の場合は、ここでパソコンに接続します。本書ではPICkit 3を使います。

接続後、MPLAB X IDEのメインメニューから[File]→[Project Properties]で開く図3-4-17のダイアログで、図のように[Hardware Tool]欄で接続しているツールのシリアル番号を選択してから[Apply]ボタンをクリックします。これで図の左側の[Categories]欄にPICkit 3が表示されるようになります。

●図3-4-17 ツールの指定

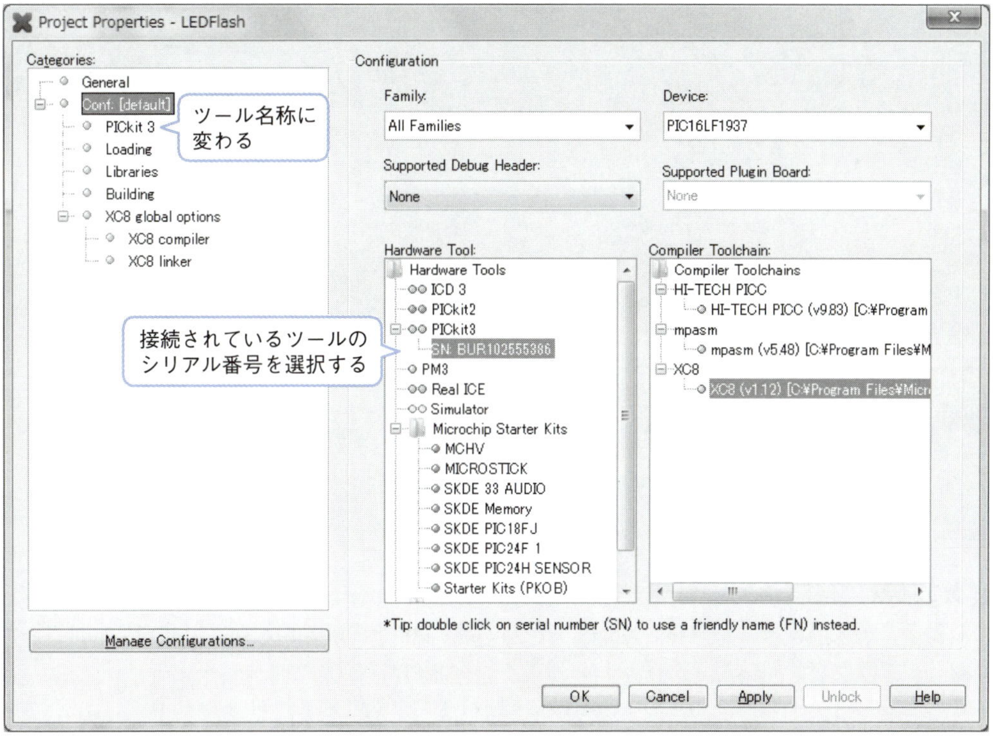

2 電源の供給

ターゲットボードに電源が供給できない場合、PICkit 3(最大30mAまで)またはMPLAB ICD3(最大100mAまで)からであれば電源を供給しながら書き込むことができます。ただし、供給電源容量には制限があるため注意してください。

電源供給するためには、ツール側の設定が必要です。PICkit 3の場合には次のようにします。

まず、メインメニューから［File］→［Project Properties］で図3-4-18のダイアログを開きます。ここで図の順番の手順で設定をします。

①［Categories］欄でPICkit 3を選択する
②これで表示される右側の［Option categories］欄で［Power］を選択する
③下側に表示される欄で［Power target circuit…］にチェックを入れ、下側で電圧を選択する
④Apply後OKとする

これで、PICkit 3からターゲットボードに電源が供給されます。

●図3-4-18　PICkit 3から電源供給する場合の設定

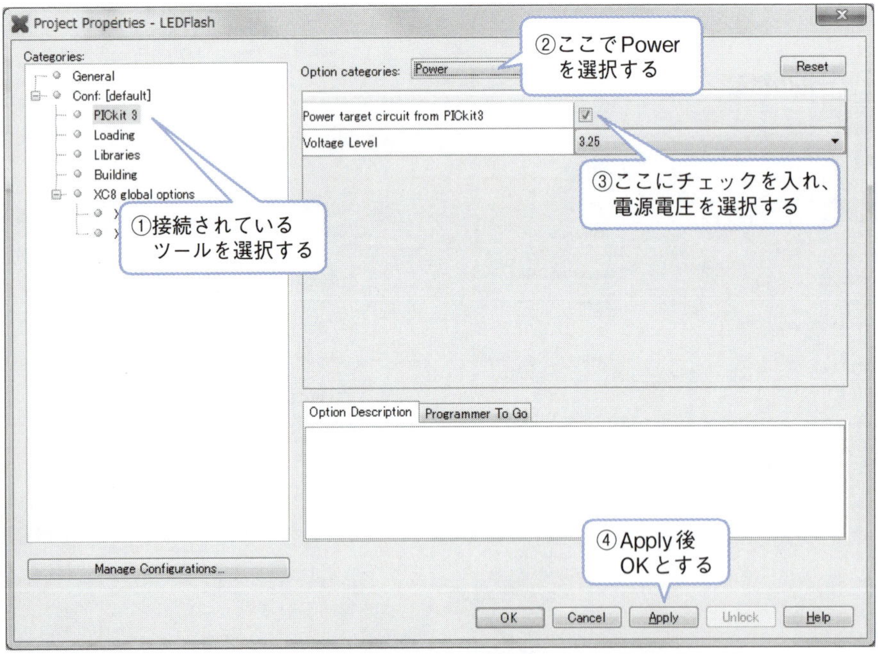

3 書き込み

このあと、実際の書き込みは、図3-4-13の［Make and Program Device Main Project］のアイコンをクリックすればコンパイルし、書き込みを実行します。

このときV_{DD}が3.6V系と5V系があるので図3-4-19の確認ダイアログが表示されます。電源を確認しOKとします。

これで書き込みが開始されます。書き込みの状況と結果がやはりOutput窓に表示されます。

正常に書き込みが完了した場合には、図3-4-20のように「Complete」と表示され、すぐ実行が開始されます。

●図3-4-19　電源電圧の確認ダイアログ

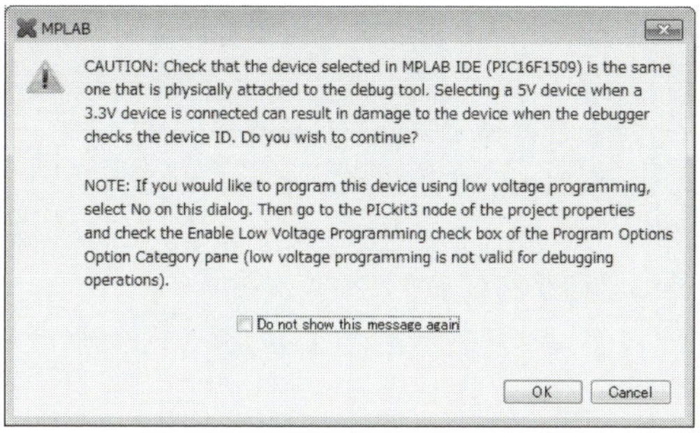
MPLAB
CAUTION: Check that the device selected in MPLAB IDE (PIC16F1509) is the same one that is physically attached to the debug tool. Selecting a 5V device when a 3.3V device is connected can result in damage to the device when the debugger checks the device ID. Do you wish to continue?
NOTE: If you would like to program this device using low voltage programming, select No on this dialog. Then go to the PICkit3 node of the project properties and check the Enable Low Voltage Programming check box of the Program Options Option Category pane (low voltage programming is not valid for debugging operations).
Do not show this message again
OK
Cancel

●図3-4-20　正常に書き込みが完了した場合

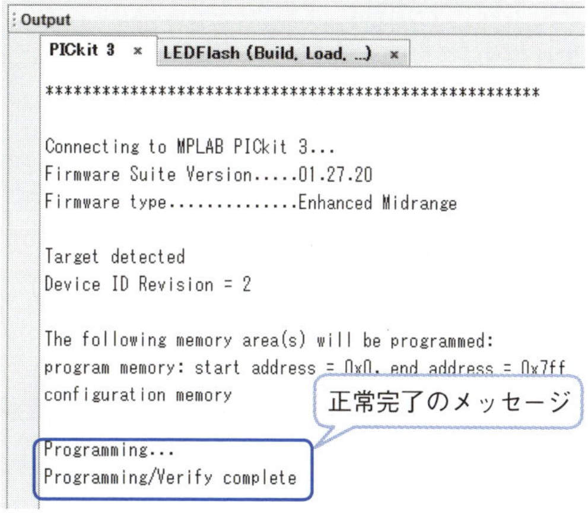
Output
PICkit 3
LEDFlash (Build, Load, ...)
****
Connecting to MPLAB PICkit 3...
Firmware Suite Version.....01.27.20
Firmware type..............Enhanced Midrange
Target detected
Device ID Revision = 2
The following memory area(s) will be programmed:
program memory: start address = 0x0, end address = 0x7ff
configuration memory
Programming...
Programming/Verify complete
正常完了のメッセージ

書き込みが失敗した場合、例えばターゲットボードとPICkit 3が接続されていなかったような場合には図3-4-21のように警告メッセージが表示され、[OK] として続けると書き込み失敗となります。

●図3-4-21　書き込みを失敗した場合

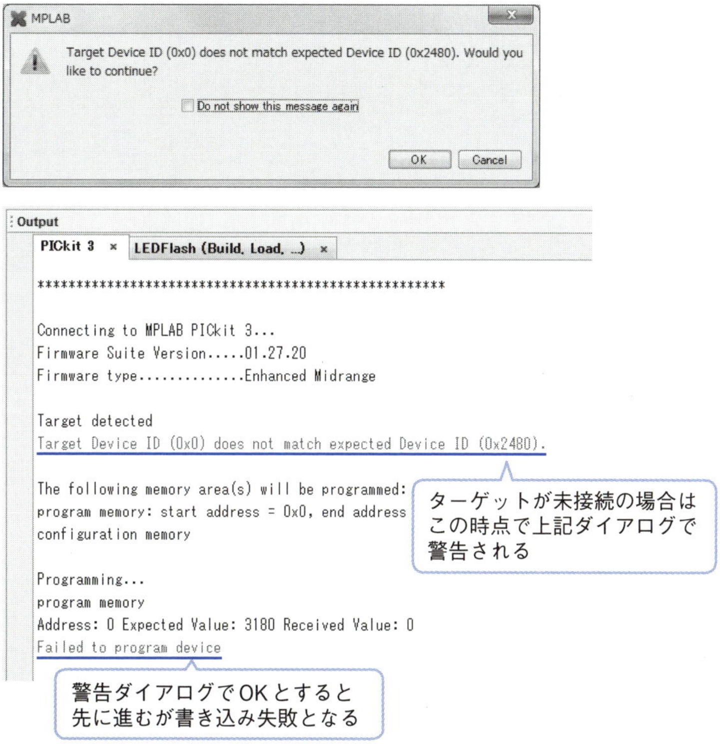
MPLAB
Target Device ID (0x0) does not match expected Device ID (0x2480). Would you like to continue?
Do not show this message again
OK
Cancel
Output
PICkit 3
LEDFlash (Build, Load, ...)
****
Connecting to MPLAB PICkit 3...
Firmware Suite Version.....01.27.20
Firmware type..............Enhanced Midrange
Target detected
Target Device ID (0x0) does not match expected Device ID (0x2480).
The following memory area(s) will be programmed:
program memory: start address = 0x0, end address
configuration memory
Programming...
program memory
Address: 0 Expected Value: 3180 Received Value: 0
Failed to program device
ターゲットが未接続の場合はこの時点で上記ダイアログで警告される
警告ダイアログでOKとすると先に進むが書き込み失敗となる

ここで、PICkit 3などのツールを最初に使う場合、あるいは前回使用時と異なるPICファミリに書き込む場合には、ツール本体のファームウェアをダウンロードして書き換える必要があります。

この操作はMPLAB X IDEで書き込み操作を行ったとき自動で実行されますが、ダウンロードに少し時間がかかります。この間図3-4-22のようにOutput窓にメッセージが表示され、同時に書き換え中は最下部のステータスに緑色のバーチャートが点滅しています。この点滅が終了し、メッセージで終了が通知されるまで待つ必要があります。

書き換えが完了すると、自動的に図3-4-22のダイアログが表示され通常の書き込み動作が開始されます。

●図3-4-22　PICkit 3のファームウェアの書き換え

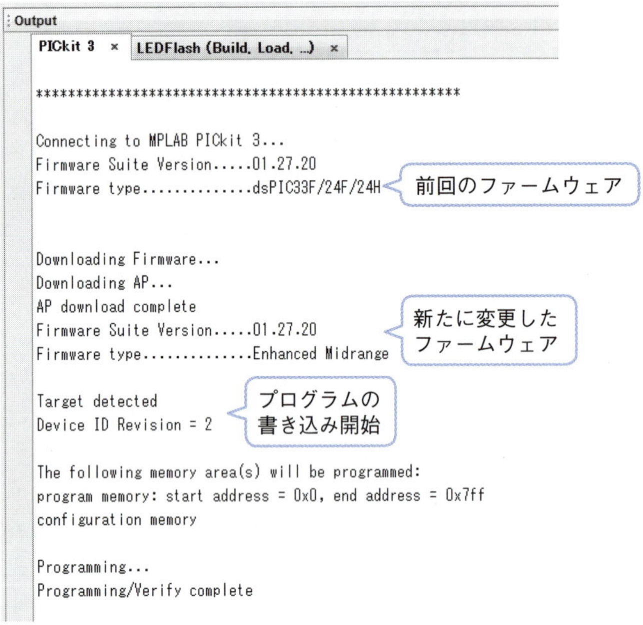
Output
PICkit 3 ×
LEDFlash (Build, Load, ...) ×
****
Connecting to MPLAB PICkit 3...
Firmware Suite Version.....01.27.20
Firmware type.............dsPIC33F/24F/24H
前回のファームウェア
Downloading Firmware...
Downloading AP...
AP download complete
Firmware Suite Version.....01.27.20
Firmware type.............Enhanced Midrange
新たに変更したファームウェア
Target detected
Device ID Revision = 2
プログラムの書き込み開始
The following memory area(s) will be programmed:
program memory: start address = 0x0, end address = 0x7ff
configuration memory
Programming...
Programming/Verify complete

以上で、最も基本的なプロジェクト作成から書き込み実行までの流れとなります。

PIC16F1 family

3-5 エディタの使い方

MPLAB X IDEでは、従来のMPLAB IDEに比べエディタが大幅に強化されています。ここではこのエディタの使い方の説明をします。

3-5-1 エディタの特徴とツールバー

MPLAB X IDEのエディタの特徴は次のようになっていて、コード入力の支援をする機能がたくさん用意されています。

- エディタ専用アイコンによる簡単操作
- 入力中のエラー表示と選択肢の表示
- コード自動補完
- 括弧の対応表示

MPLAB X IDEのエディタ窓の外観は図3-5-1のようになっています。窓の上側にファイルごとのタブが開き、その下にファイルごとのエディタ専用ツールバーが用意されています。左端には行番号やエラーマーク、ブレークポイントなどを表示するグリフと呼ばれる欄があり、右端には、エラーを色のストライプで表示するエラーストライプ欄があります。

基本は英語ですが、コメントには日本語が入力できるので、日本語変換機能が使えます。

●図3-5-1　エディタの外観

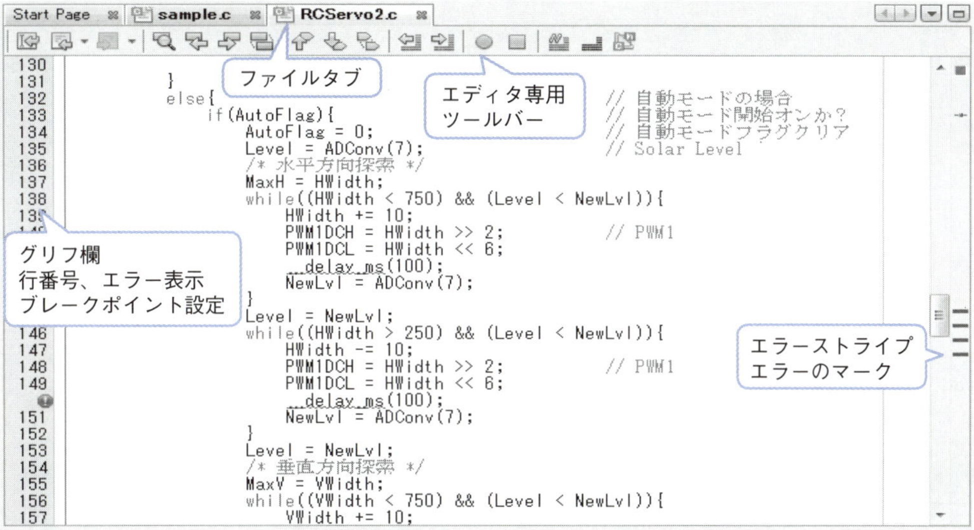

エディタ窓の上部に用意されている専用ツールバーの機能は、図3-5-2のようになっています。

検索、ブックマーク、行の左右移動、マクロ記録、コメント追加削除などがアイコンクリックだけでできるようになっています。

●図3-5-2　エディタ専用ツールバー

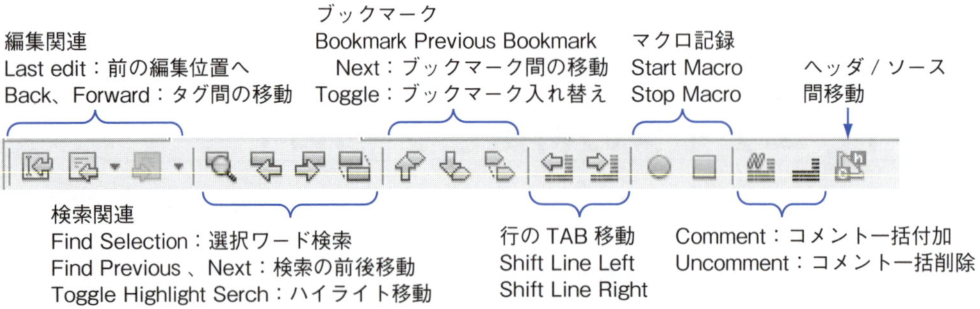

これらの中でも、コメントの追加削除はデバッグの際には便利に使えます。

使い方は、コメントアウトしたい複数行をまとめて行選択してから、Commentのアイコンをクリックすれば、選択したすべての行頭に「//」が追加されてすべてコメント行となります。元に戻したい場合は、同じように対象の行をまとめて選択してから、Uncommentのアイコンをクリックすれば、「//」が削除されて本来の実行文に戻ります。

3-5-2 エディタのプロパティ設定

このエディタ属性を設定するために専用のダイアログが用意されています。 MPLAB X IDEのメインメニューから、[Tools]→[Options]とすると図3-5-3のダイアログが開きます。

1 フォントと色の設定

最上段にあるアイコンで[Fonts & Colors]をクリックすれば、エディタ画面に表示される文字のフォントとサイズ、カラーが設定できます。

設定手順は図の番号順で行います。②でDefaultを選択すると全体の設定になります。②で特定のシンタックスを選択すれば、そのシンタックスだけの設定となります。例えば、②でCommentを選択し、⑥で色を選択すれば、コメント部のみの色を変えることになります。

●図3-5-3 エディタ用ツール フォントの設定

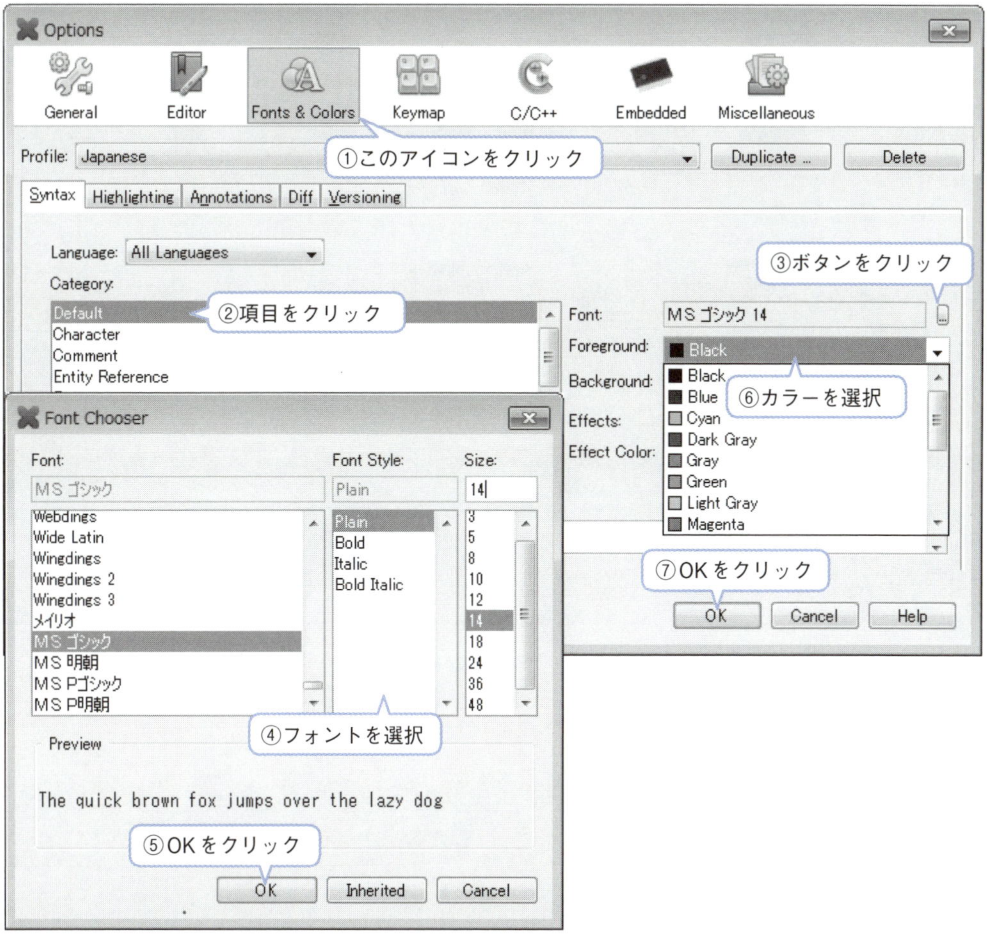

2 エディタの基本設定

最上段のアイコンで[Editor]をクリックすると、図3-5-4のダイアログが開きます。タグで画面内容が変わり設定内容も変わります。

- [Formatting]タブ
  エディタの書式が設定でき、タブサイズや1行の文字数などが設定できます。
- [General]タブ
  畳み込みなどの設定ができます。
- [Code Templates]タブ
  入力時の省略の設定ができます。ここに登録しておけば、省略形式で入力しても自動的に正しい単語に補正するようになります。

●図3-5-4　エディタの書式の設定

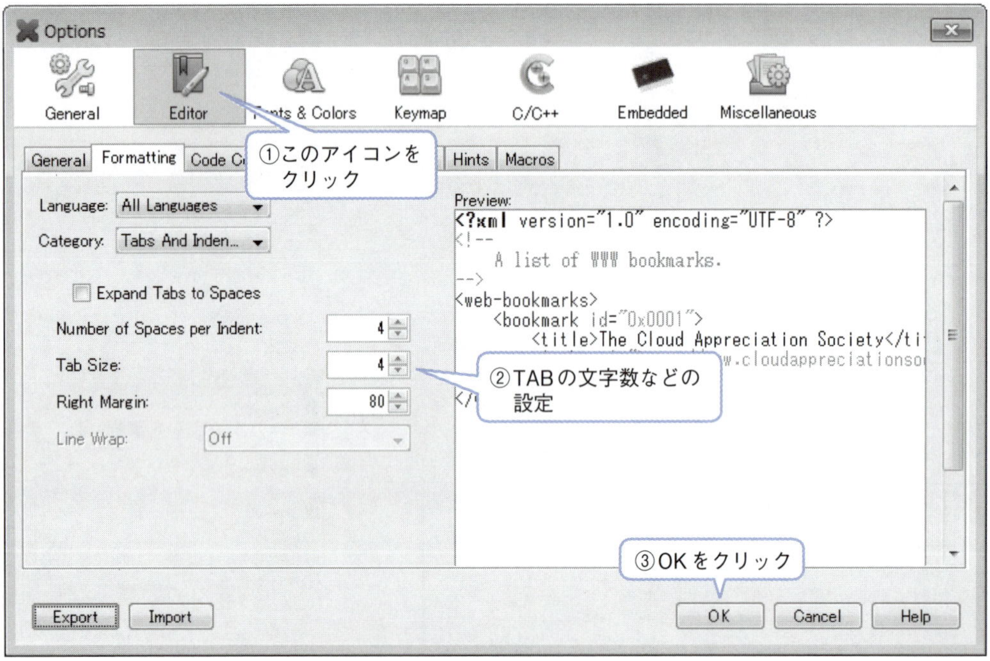

3 コンパイラの追加、削除

最上段のアイコンで［Embedded］アイコンをクリックすると、図3-5-5のダイアログが開きます。ここではコンパイラなどのソフトウェアツールの追加と削除ができます。

例えば、コンパイラをアンインストールしても、プロジェクト作成時の言語の選択ダイアログには残ったままとなってしまいます。これを削除する場合には、図3-5-5のダイアログを使います。

まず①で対象とするコンパイラを選択します。次に②で［Remove］ボタンをクリックすればプロジェクト作成時の選択対象には現れなくなります。

逆に、コンパイラをインストールしてもプロジェクトの選択肢に含まれない場合には、図3-5-5の手順③で追加したいツールをインストールしたディレクトリを指定してから、④の［Add］ボタンをクリックします。

これで［OK］とすれば選択対象に含まれるようになります。

●図3-5-5　コンパイラツールの追加削除

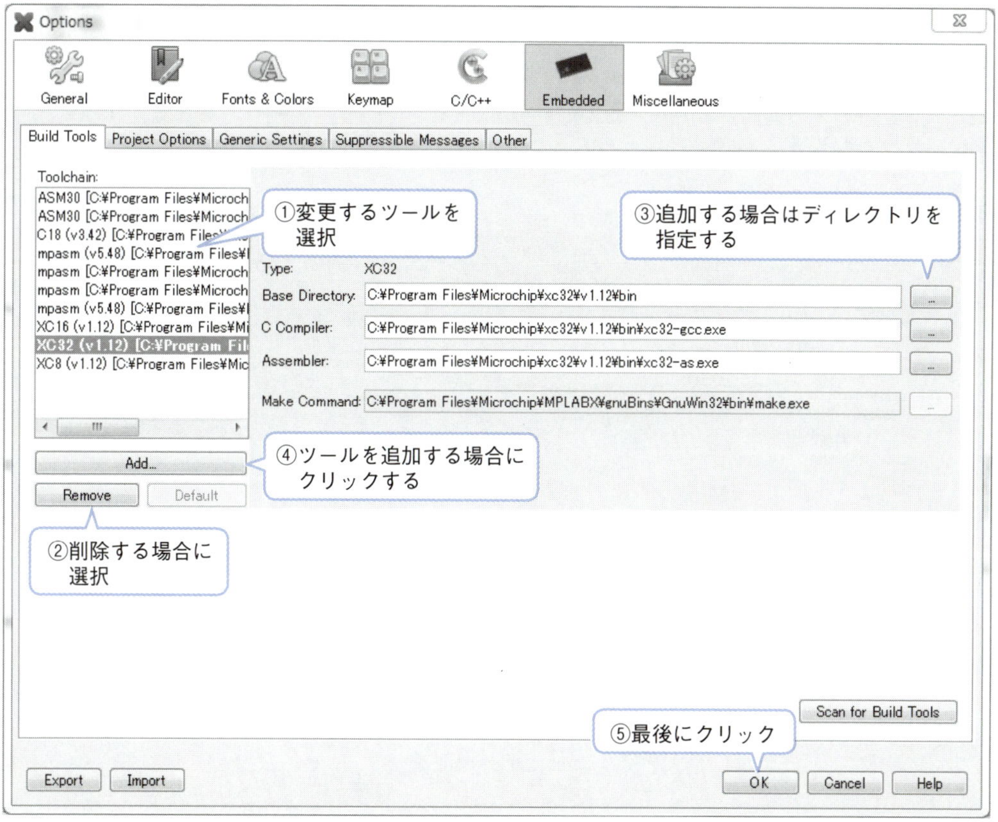

以上がエディタの属性の設定です。

PIC16F1 family

3-6 シミュレータの使い方

MPLAB X IDEには強力なシミュレータも実装されています。このシミュレータを使えば、実機ハードウェアがなくてもかなりのデバッグを行うことができます。このシミュレータでデバッグする方法を説明します。

前節と同じプロジェクト「LEDFlash」をデバッグすることにします。

3-6-1 シミュレータの起動

まずシミュレータを使えるようにする必要があります。これには、デバッグするプロジェクトを開いた状態で、[File]→[Project Properties]としてプロジェクトのプロパティ設定ダイアログを開きます。

ここで図3-6-1のように、[Hardware Tool]欄で[Simulator]を選択してから[Apply]ボタンをクリックします。これで左側の欄にSimulatorが表示されます。

●図3-6-1　シミュレータの起動

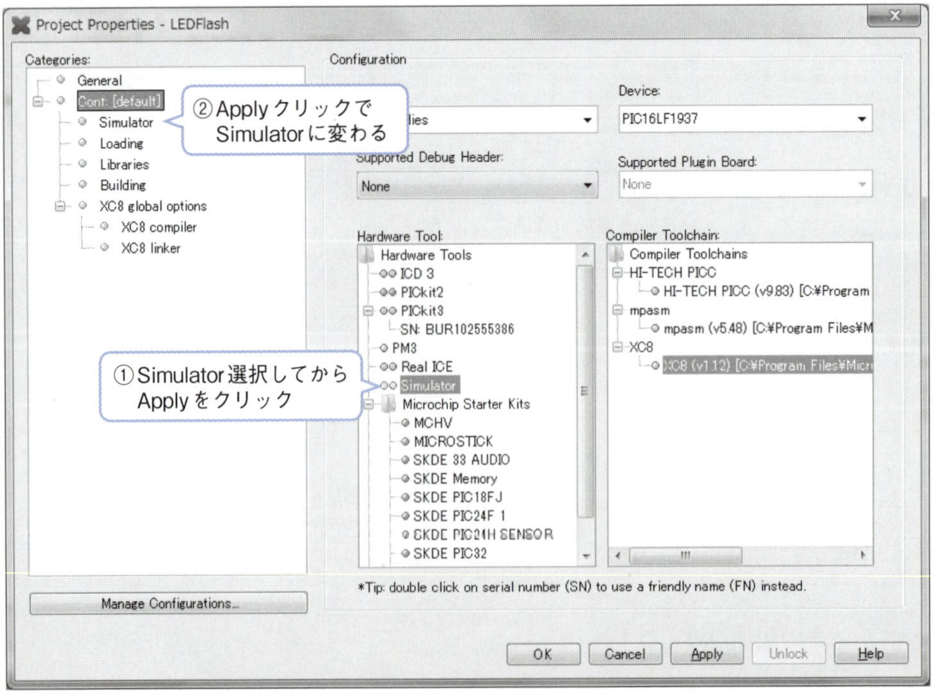

続いて、この［Categories］欄の［Simulator］をクリックすると、図3-6-2のようなダイアログになるので、ここでシステムサイクルの周波数の設定を、実機のハードウェアの周波数と同じにします。つまりシステムクロックの1/4の周波数を入力します。この設定でシミュレータ動作の時間が実機と同じになることになります。

●図3-6-2　クロック周波数の設定

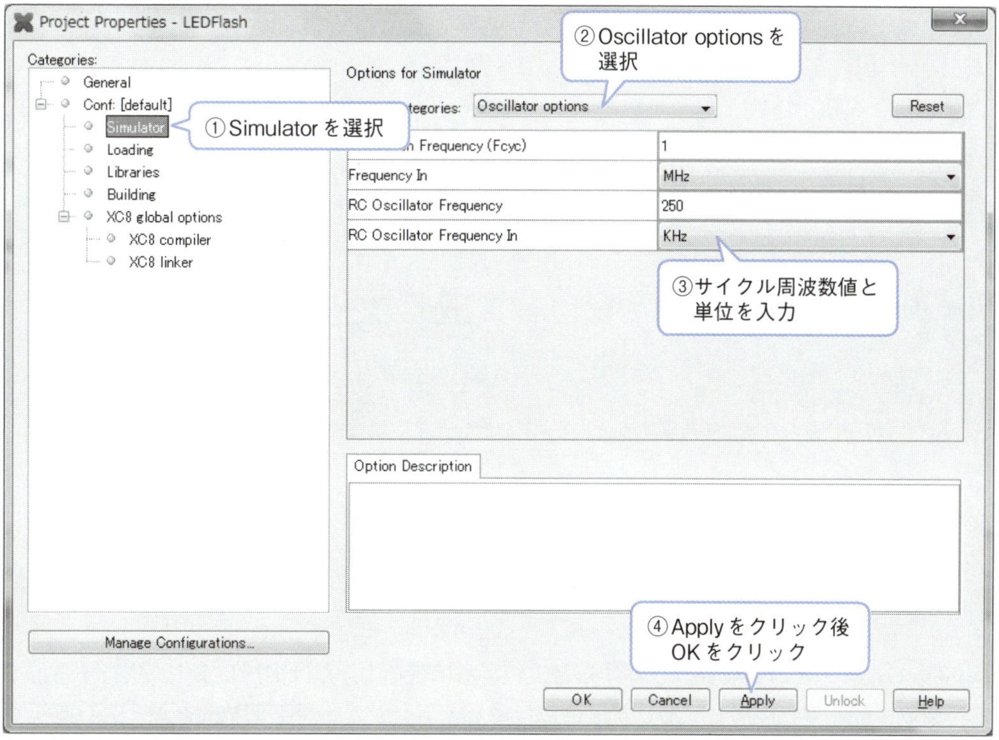

これで［OK］ボタンをクリックすればシミュレータが起動したことになります。

3-6-2 シミュレータの実行制御

プロジェクト画面に戻ったところで、画面上部にある［Debug Main Project］のアイコンをクリックします。これにより、デバッグモードで再コンパイルが行われ、メニューに図3-6-3のような実行制御アイコンが追加表示されます。ただし、コンパイルが終了すると、通常はいきなり実行した状態となるので、［Pause］アイコンをクリックしていったん停止させます。これで図3-6-3の表示状態となります。左端のアイコンが［Debug Main Project］アイコンです。

●図3-6-3　デバッグ用コンパイルと実行制御アイコン

Debug Main Project
デバッグモードでコンパイルし実行制御アイコンを表示する
Finish Debugger Session
デバッグモードを終了し実行制御アイコンを消去する
Pause
実行を一時中断する
Reset
リセットし初期化する
Continue
現在位置から実行を再開する
Step Over
サブ関数内に入らないで1行ずつ実行する
Step Into
サブ関数内も含めて1行ずつ実行する
Run to Cursor
マウスで指定した位置まで実行する
Set PC at Cursor
マウスで指定した位置を次の実行開始位置とする
Focus Cursor at PC
現在位置をカーソル位置とする

それぞれのアイコンは次のような機能を持っています。

[Reset] アイコンをクリックすれば、初期化され、最初の実行文で実行待ちとなります。

[Continue] アイコンをクリックすると実行待ちの行から実行を開始し永久に実行を繰り返します。停止させるには再度 [Pause] アイコンをクリックします。

[Step Over] アイコンをクリックすると実行待ちの行を1行だけ実行します。実行する行でサブ関数を呼んでいる場合でも、サブ関数にはジャンプせず、サブ関数を高速で実行してすぐ次の行に進みます。サブ関数で多くの繰り返しループがあってもステップ実行は必要ないので、効率良くステップによるデバッグができます。

逆に [Step Into] アイコンを使うと、サブ関数も含めて1行ずつ実行します。したがって、何らかの関数を呼ぶとそこにジャンプして順番に実行します。

マウスで任意の実行文をクリックすると、その行に「カーソル」を置いたことになります。そして [Run to Cursor] アイコンをクリックすると、現在実行待ちの行からそのカーソルを設定した行まで連続的に実行して、いったん停止します。

[Set PC at Cursor] アイコンは、マウスで指定した行を実行待ちの行とするので、次の実行では、その行から実行を開始することになります。

[Focus Cursor at PC] アイコンをクリックすると、現在の実行待ちの行をカーソル行として設定します。

3-6-3　ブレークポイントとWatch窓

デバッグをする場合には、適当な位置でいったん停止させる必要があります。このための機能がブレークポイントで、任意の実行文の行の行番号をクリックすると図3-6-4のように行の背景が赤くなりブレークポイントを設定したことになります。

つまり、図の状態で［Continue］アイコンをクリックするとプログラムは、緑色の背景の行から実行を再開し、赤色の背景色の行で実行をいったん停止します。このあと、Step Overアイコンなどで実行の流れを確認すれば、if文などの条件文の判定や流れの確認ができることになります。

●図3-6-4　ブレークポイントのセット

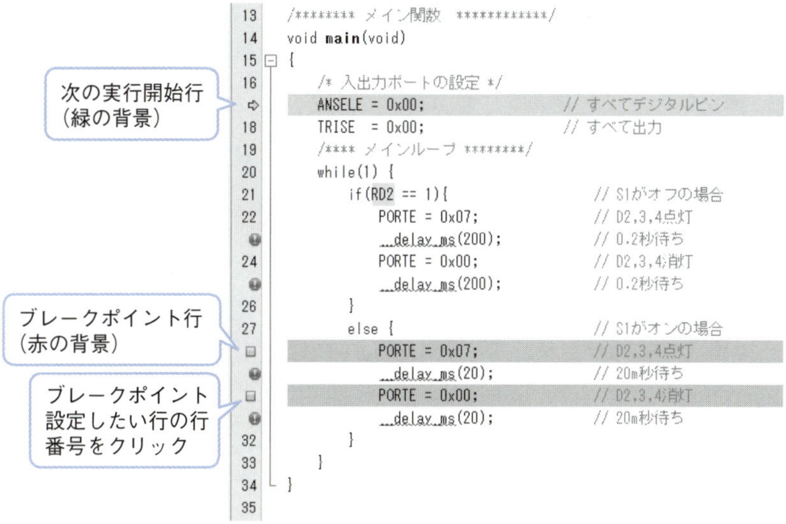
次の実行開始行
（緑の背景）
ブレークポイント行
（赤の背景）
ブレークポイント
設定したい行の行
番号をクリック
/******** メイン関数 ************/
void main(void)
{
/* 入出力ポートの設定 */
ANSELE = 0x00; // すべてデジタルピン
TRISE = 0x00; // すべて出力
/**** メインループ ********/
while(1) {
if(RD2 == 1){ // S1がオフの場合
PORTE = 0x07; // D2,3,4点灯
__delay_ms(200); // 0.2秒待ち
PORTE = 0x00; // D2,3,4消灯
__delay_ms(200); // 0.2秒待ち
}
else { // S1がオンの場合
PORTE = 0x07; // D2,3,4点灯
__delay_ms(20); // 20m秒待ち
PORTE = 0x00; // D2,3,4消灯
__delay_ms(20); // 20m秒待ち
}
}
}

ブレークポイントはいくつでも作成できますが、あまり多くするとデバッグがかえってわかりにくくなってしまうので、数個で進めるのがよいと思います。

このブレークポイントで停止させながら流れは追いかけられますが、デバッグするには変数やレジスタの値をチェックする必要があります。このような目的のためにいくつかのデバッグ用のオプションが用意されています。

メインメニューから図3-6-5のように［Window］→［Debugging］とするとここにデバッグ用オプションがたくさん用意されています。

●図3-6-5　デバッグ用オプションメニュー

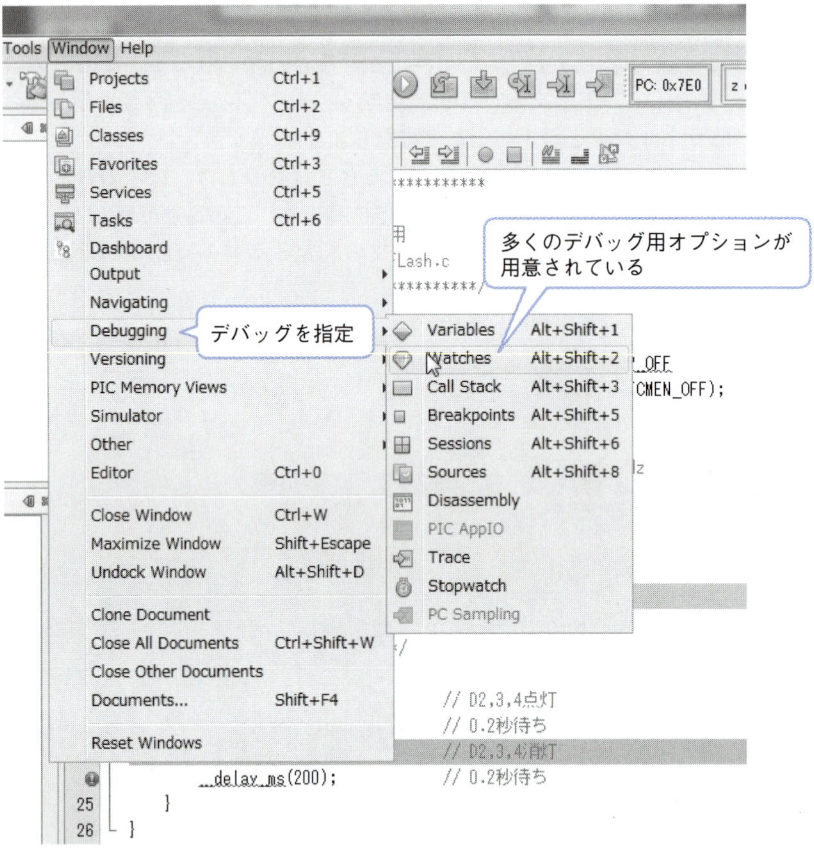

この中から［Watches］を選択すると図3-6-6のようなダイアログが表示されます。

この窓の<Enter new watch>と書かれた行をダブルクリックすると入力モードになるので、ここに変数名やレジスタ名をキーボードから入力するか、プログラムからドラッグドロップすると、その変数あるいはレジスタの現在値を表示します。

表示は前回停止時と同じ値であれば黒字で、前回と異なった値の場合は赤字で表示されます。
また、表示メニュー欄で右クリックすると、図の右側のメニューダイアログが表示されます。ここでチェックを入れればその形式の表示欄が追加され、チェックを外せば表示欄が削除されます。
さらに配列データのような場合には自動的に要素ごとに分けて表示されます。
また、変数のValueの欄をダブルクリックすると入力モードになり、ここでキーボードから値を変更することができます。これで変更した値でプログラム動作を確認することができます。

●図3-6-6　Watch窓の表示内容

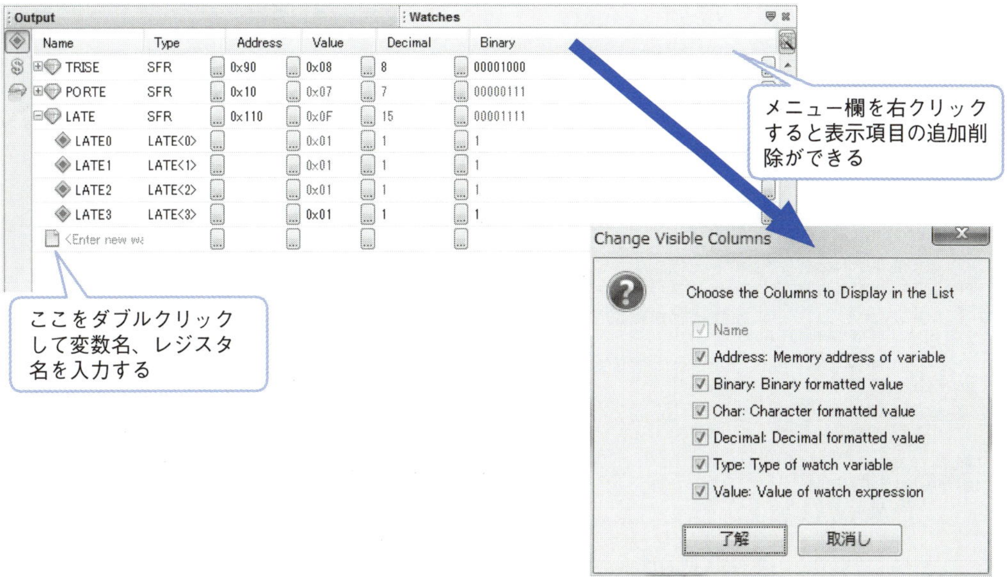

3-6-4 逆アセンブルリスト

図3-6-5のメニューで[Disassembly]を選択すると、図3-6-7のようなリストが表示されます。

このリストはC言語の行ごとにアセンブラに展開した結果を表示するもので、コンパイラがどのように変換したかを確認することができます。

さらにデバッグ実行をこのリストで行うこともできるので、アセンブラレベルでステップ実行をすることもできます。

●図3-6-7　逆アセンブルリスト

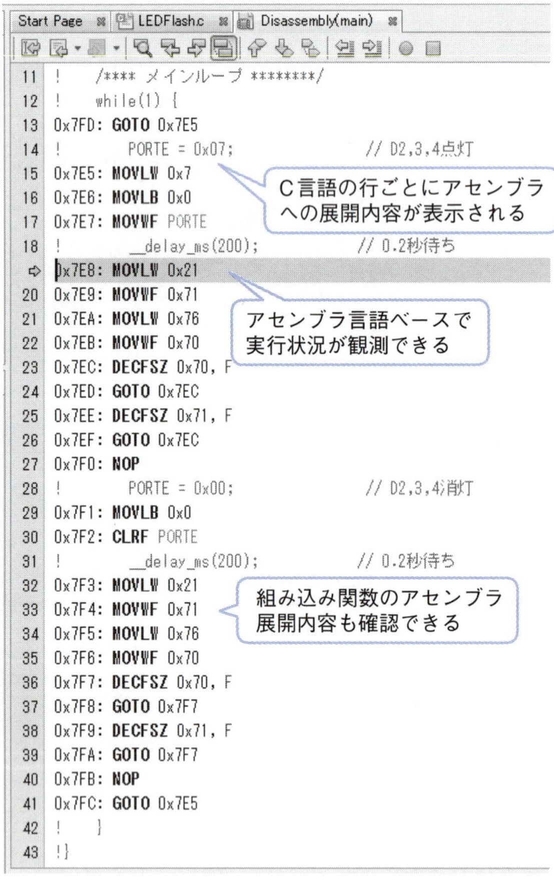
Start Page
LEDFlash.c
Disassembly(main)
!   /**** メインループ ********/
!   while(1) {
0x7FD: GOTO 0x7E5
!   PORTE = 0x07;   // D2,3,4点灯
0x7E5: MOVLW 0x7
0x7E6: MOVLB 0x0
0x7E7: MOVWF PORTE
!   __delay_ms(200);   // 0.2秒待ち
0x7E8: MOVLW 0x21
0x7E9: MOVWF 0x71
0x7EA: MOVLW 0x76
0x7EB: MOVWF 0x70
0x7EC: DECFSZ 0x70, F
0x7ED: GOTO 0x7EC
0x7EE: DECFSZ 0x71, F
0x7EF: GOTO 0x7EC
0x7F0: NOP
!   PORTE = 0x00;   // D2,3,4消灯
0x7F1: MOVLB 0x0
0x7F2: CLRF PORTE
!   __delay_ms(200);   // 0.2秒待ち
0x7F3: MOVLW 0x21
0x7F4: MOVWF 0x71
0x7F5: MOVLW 0x76
0x7F6: MOVWF 0x70
0x7F7: DECFSZ 0x70, F
0x7F8: GOTO 0x7F7
0x7F9: DECFSZ 0x71, F
0x7FA: GOTO 0x7F7
0x7FB: NOP
0x7FC: GOTO 0x7E5
!   }
!}
C言語の行ごとにアセンブラへの展開内容が表示される
アセンブラ言語ベースで実行状況が観測できる
組み込み関数のアセンブラ展開内容も確認できる

3-6-5 メモリ内容の表示、変更

メインメニューから［Window］→［PIC Memory Views］とすると図3-6-8のような選択メニューが表示され、ここからPIC内部の全メモリの表示を選択することができます。

●図3-6-8　メモリ表示のメニュー

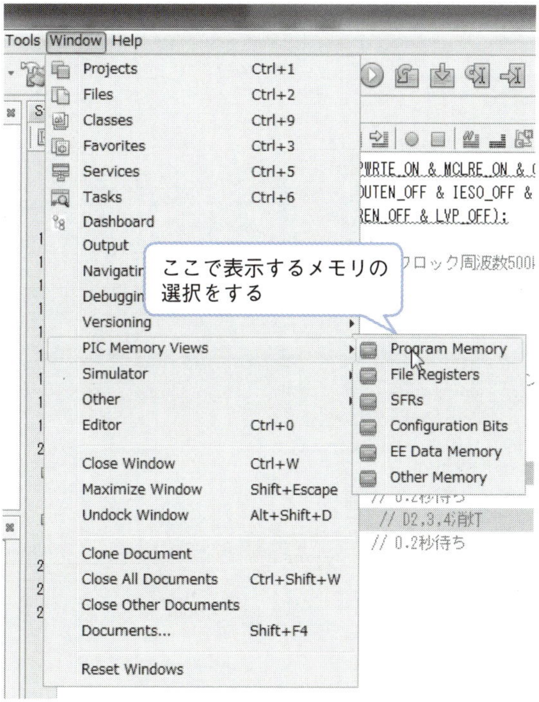

例えば［File Registers］を選択すると、図3-6-9のようなデータメモリの一覧表示窓が追加されます。

1つの表示データ部をダブルクリックすると入力モードになり、キーボードからデータを入力するとその値に変更されます。

最下段にある［Format］でHexかSymbolかを選択できるようになっていて、表示形式を図のような16進数形式か、ラベル付き形式に変えることができます。

●図3-6-9　File Registerの一覧表示

3-6-6 実行時間の測定

シミュレータでは、プログラムの実行に要する時間を測定することができます。図3-6-5で［Stopwatch］を選択すると図3-6-10のような窓が追加され、ここに図のように前回停止時から今回停止時までに要した実行サイクル数と時間を表示します。この時間は図3-6-2で設定したサイクル周波数を元に換算するので、実機のサイクル周波数と設定値が合っていれば正確な実行時間となります。

使い方は計測したい部分の最初と最後にブレークポイントを設定し、Continueアイコンをクリックすれば停止した都度、そこまでの実行時間を表示します。

図では2箇所にブレークポイントを設定していますから、ちょうどdelay文の時間を計測していることになります。

●図3-6-10 Stopwatchによる実行時間の測定

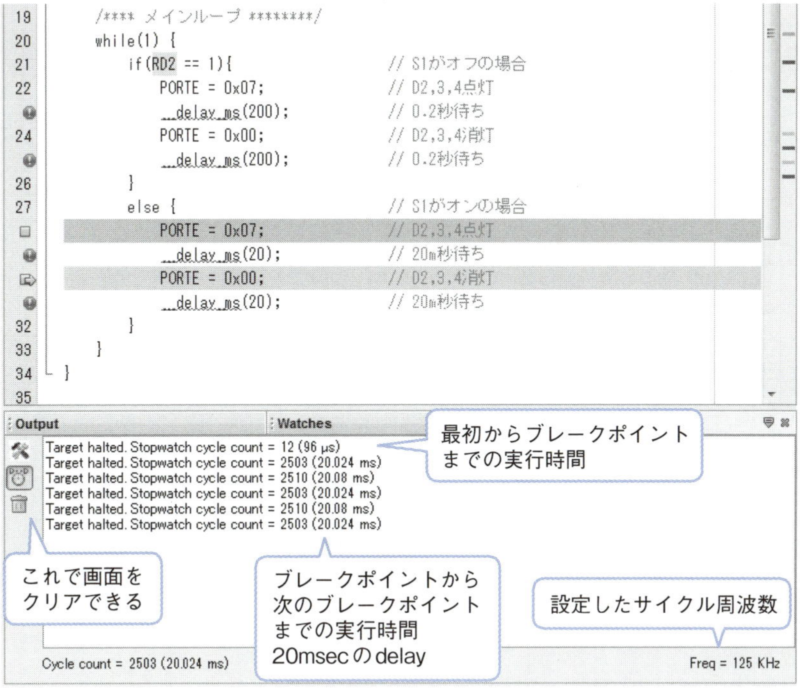
/**** メインループ ********/
while(1) {
if(RD2 == 1){ // S1がオフの場合
PORTE = 0x07; // D2,3,4点灯
__delay_ms(200); // 0.2秒待ち
PORTE = 0x00; // D2,3,4消灯
__delay_ms(200); // 0.2秒待ち
else { // S1がオンの場合
PORTE = 0x07; // D2,3,4点灯
__delay_ms(20); // 20m秒待ち
PORTE = 0x00; // D2,3,4消灯
__delay_ms(20); // 20m秒待ち
Output
Watches
Target halted. Stopwatch cycle count = 12 (96 μs)
Target halted. Stopwatch cycle count = 2503 (20.024 ms)
Target halted. Stopwatch cycle count = 2510 (20.08 ms)
Target halted. Stopwatch cycle count = 2503 (20.024 ms)
Target halted. Stopwatch cycle count = 2510 (20.08 ms)
Target halted. Stopwatch cycle count = 2503 (20.024 ms)
Cycle count = 2503 (20.024 ms)
Freq = 125 KHz
最初からブレークポイントまでの実行時間
これで画面をクリアできる
ブレークポイントから次のブレークポイントまでの実行時間 20msecのdelay
設定したサイクル周波数

3-6-7 入力ピンへの擬似入力

入力ピンに対し、シミュレーションで擬似的な信号を入力し、プログラム動作を確認することができます。これには、[Stimulus]という窓を使います。

メインメニューから、[Window] → [Simulator] → [Stimulus]とすると、エディタ下に図3-6-11のようなStimulusの窓が開きます。

この窓には多くのタブがあって多種の擬似動作を設定することができますが、ここでは一番基本の[Asynchronous]タブを使います。

この窓では図の①から⑥の順番で入力ピンの指定と、High/Lowなどの入力動作を指定します。左端にあるアイコンで行の追加、削除ができます。

● 図3-6-11　Stimulusによる入力シミュレーション

```
19          /**** メインループ ********/
20          while(1) {
21              if(RD2 == 1){                // S1がオフの場合
                    PORTE = 0x07;            // D2,3,4点灯
                    __delay_ms(200);         // 0.2秒待ち
                    PORTE = 0x00;            // D2,3,4消灯
                    __delay_ms(200);         // 0.2秒待ち
                }
27              else {                       // S1がオンの場合
                    PORTE = 0x07;            // D2,3,4点灯
                    __delay_ms(20);          // 20m秒待ち
30                  PORTE = 0x00;            // D2,3,4消灯
                    __delay_ms(20);          // 20m秒待ち
32              }
33          }
34      }
35
```

④ブレークポイントを設定

①Async動作を指定

③擬似入力を選択する

⑤これで擬似動作を実行

②入力ピンを指定する

⑥行の追加、削除

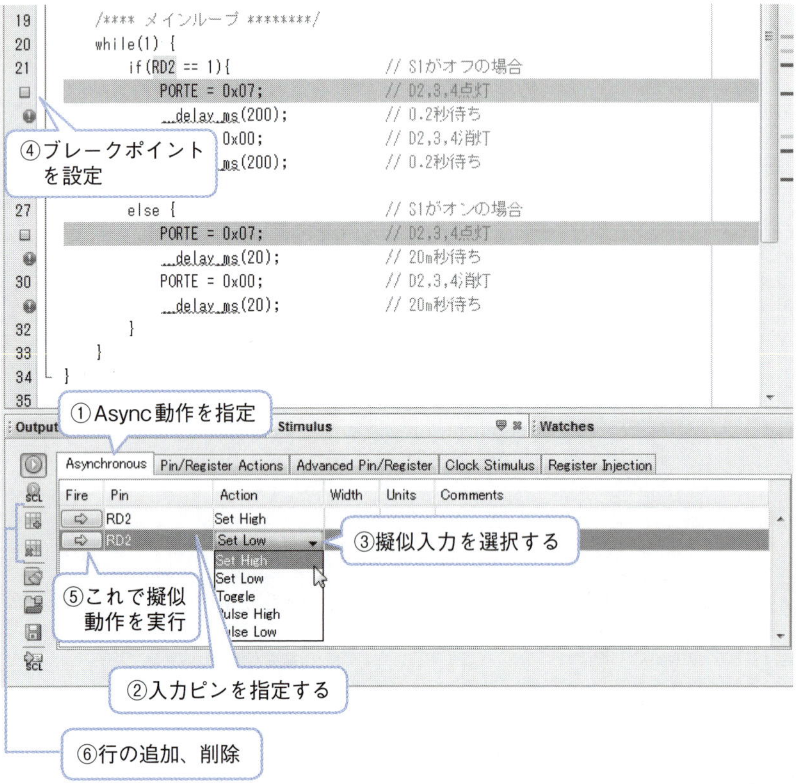

　次に、プログラムの適切な場所にブレークポイントを設定して、擬似入力による動作が確認できるようにします。図では、if文の中とelse文の中にブレークポイントを設定して区別が付くようにしました。
　つまり、この例題ではRD2ピンにスイッチS1が接続されていて、スイッチのオン、オフでRD2ピンの入力が0か1になるので、それをif文で判定して流れを分けています。
　このあと、入力する動作の行のFire欄の矢印アイコンをクリックすれば、その行の擬似動作が実行されます。
　これでプログラムをContinueアイコンで実行させればRD2のHighかLowで停止するブレークポイントが異なって、入力条件により流れが変わることを確認できます。
　こうしてシミュレーションでかなりのデバッグができることになります。

3-6-8　ロジックアナライザの使い方

シミュレータでは、出力ピンに出力される信号をモニタして、ロジックアナライザと同じように波形で表示させることができます。この機能が「Logic Analyzer」です。

これを使うときには、いったん実行制御アイコンで［Finish Debugger Session］アイコンをクリックしてシミュレータを終了させます。

続いて、［Window］→［Simulator］→［Analyzer］とします。これで、図3-6-12のような窓が追加表示されます。この窓の左端にあるICのアイコンをクリックすると図のようにモニタするピンの選択ダイアログが表示されるので、ここで監視するピンを指定します。ここでは3個のLEDの接続されているピンを指定しています。

次に④のようにSettingのアイコンをクリックして開くダイアログで、記録レコード数を100000に設定してOKをクリックします。

●図3-6-12　Logic Analyzerの窓追加

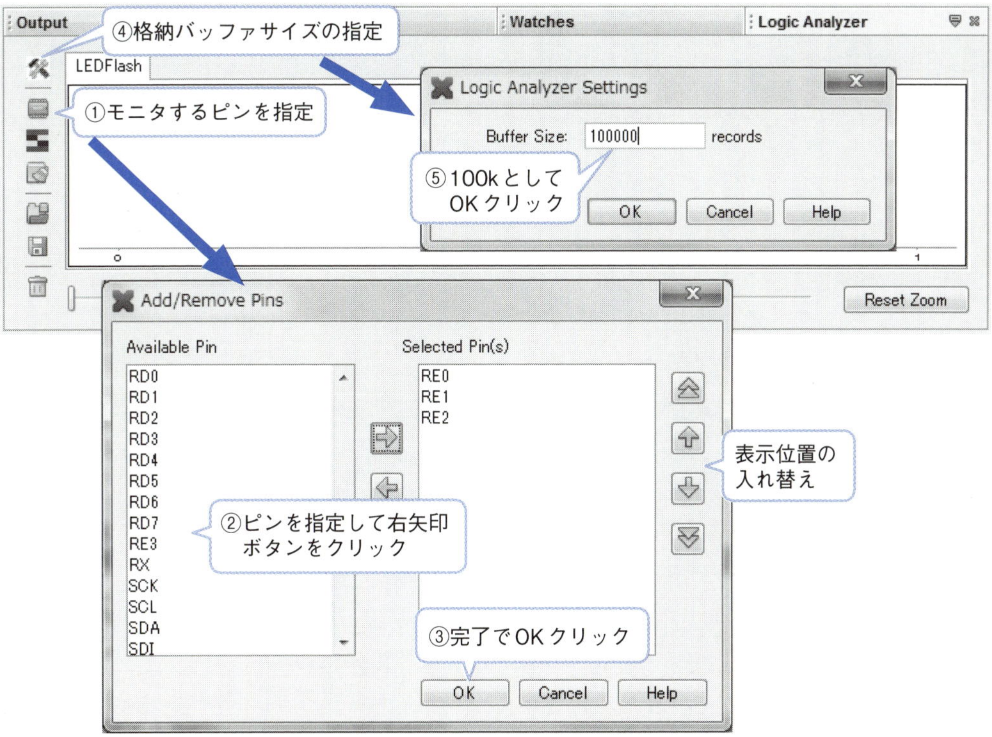

3 開発環境とMPLAB X IDEの使い方

さらに、[File]→[Project Properties]としてプロパティダイアログを開きます。ここで、図3-6-13の番号順に設定してトレースの設定を有効にします。

①Simulatorを選択

②右側の[Option Categories]で[Trace]を選択

　これで下側の窓が変わり、図のような内容となります。

③[Data Collection Selection]で[Instruction Trace]を選択

④[Data Buffer Maximum Size]で1000000と入力。1Mバイトのバッファサイズとする

⑤[Reset Data File on Run]でチェックを入れてから[Apply]後[OK]をクリック

●図3-6-13　トレースの有効化

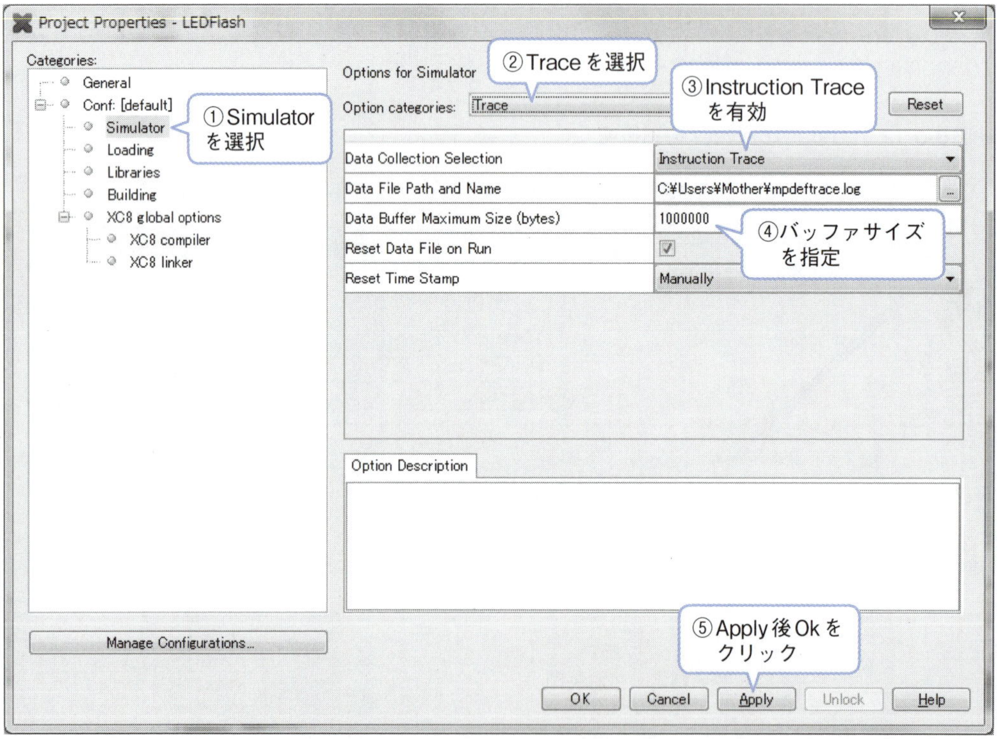

以上で準備ができたので、[Debug Main Project]アイコンをクリックして再度シミュレータを起動します。いったん停止したら、ブレークポイントをすべて外します。

その後[Reset]アイコンでいったんリセットし、[Continue]アイコンで実行を開始したら、すぐ[Pause]アイコンをクリックして停止させます。

この後、[Logic Analyzer]タブをクリックすれば、図3-6-14のように、波形が表示されます。

●図3-6-14 Logic Analyzerの表示例

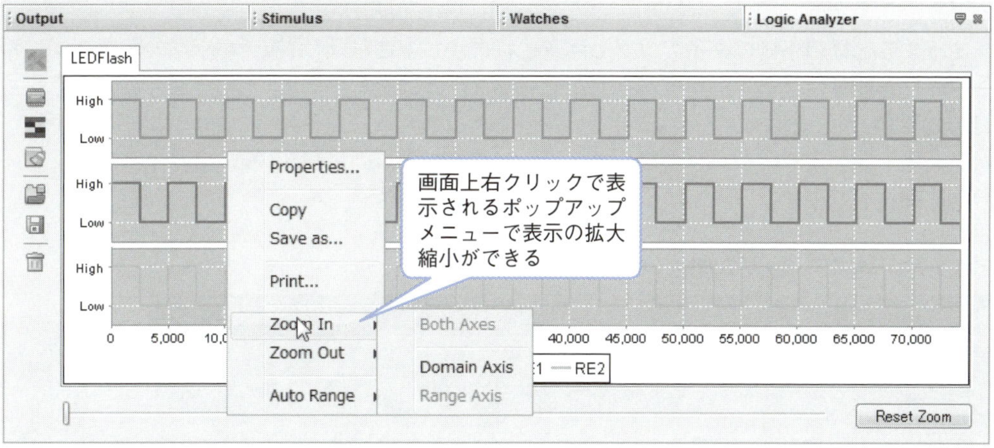

波形表示の画面で右クリックすればポップアップメニューが表示され、ここで画面の拡大、縮小ができます。

また、波形の一部を選択すればその部分が拡大表示されます。最下部にある[Reset Zoom]ボタンをクリックすれば拡大が元に戻ります。

こうしてオシロスコープやロジックスコープがなくても、実際にピンに出力されている波形を確認できるので、PWM出力など高速パルスの確認などには非常に便利に使えます。

PIC16F1 family

3-7 PICkit 3による実機デバッグ

PICkit 3やMPLAB ICD3はプログラマとしての書き込み機能だけではなく、実機を実行させながらデバッグすることもできます。

そのデバッグの手順を説明します。

3-7-1 デバッグの開始

PICkit 3をデバッガとして使って動作させるためには、書き込みの際と同じ方法でターゲットボードのICSPコネクタにPICkit 3を接続したままとします。

デバッグ中はPGDとPGCの書き込みに使う2本のピンを占有するので、このピンは、デバッグ中は汎用ピンとしては使えなくなります。

この状態で図3-7-1に示したように、メインメニューの［Debug Main Project］アイコンをクリックします。

こうすると図の下側のダイアログで注意されますが、これは「実機デバッグの間はパワーオンタイマを無効にしますが、デバッグが終わったら元に戻しますよ」ということなので、ここは素直に［Yes］とします。

これで、図のようにデバッグ用のアイコンが開くので、いったん［Pause］アイコンをクリックして停止させます。

●図3-7-1　実機デバッグの開始

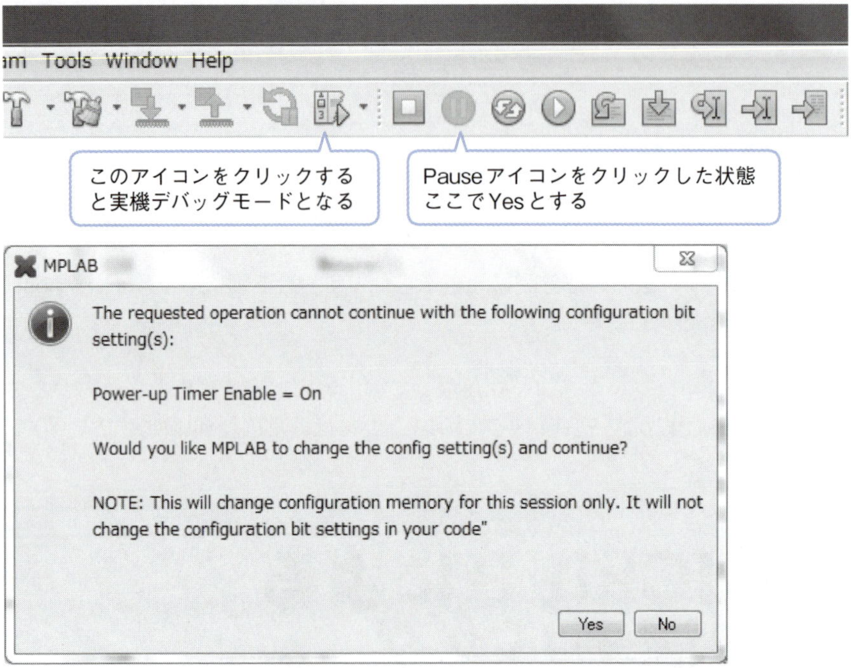

am Tools Window Help
このアイコンをクリックすると実機デバッグモードとなる
Pauseアイコンをクリックした状態ここでYesとする
MPLAB
The requested operation cannot continue with the following configuration bit setting(s):
Power-up Timer Enable = On
Would you like MPLAB to change the config setting(s) and continue?
NOTE: This will change configuration memory for this session only. It will not change the configuration bit settings in your code"
Yes
No

このあとは、シミュレーションの場合と全く同じように、ブレークポイントを設定してから実行させればいったん停止します。

停止したとき、Watch窓などでメモリ内容やI/Oの確認をしながらデバッグできます。もちろんステップ実行もできます。

実機デバッグのシミュレーションデバッグに対するメリットは、例えばA/Dコンバータの変換結果を実際のレジスタで確認できますから、シミュレータではできないデバッグも可能となります。

ただし、ブレークポイント箇所の個数は、2箇所までという制限があります。

Peripheral Interface Controller

PIC16F1 family

第4章 C言語プログラミング概要

本章では、C言語を使ったプログラミングの仕方について、最低限知っておかなければならないことと、本書で使用するCコンパイラ独自の規格について説明しています。
また、マイコンを使う上でもっとも重要な「割り込み」の使い方とプログラミング方法について説明しています。
C言語プログラミングの文法等については詳しくは解説していませんので、それらについては、別途C言語プログラミングの基礎について書かれた書籍等を参照してください。

4-1 C言語プログラミングの基本

PIC16F1 family

C言語を使ってプログラムを作成する方法について、マイクロチップ社のMPLAB XC8コンパイラを使う前提で説明していきます。

本書ではC言語プログラミングの文法などの詳細については解説していません。これらについては、C言語プログラミングの基本を解説した書籍などを参照してください。

4-1-1 C言語プログラムの基本構成

C言語はフリーフォーマットということになっていて、自由に記述することができますが、全体の構成には決まりがあります。以下ではC言語のプログラムの基本的な構成を説明していきます。

C言語のプログラムは、「関数」の集合体でできています。関数といっても数学で使うような因果関係を表す関数ではなく、ある機能を果たす処理のまとまりを関数と呼んでいます。全体の機能を分解して、どのような処理のまとまりを関数にするかということが、「プログラムを設計する」という作業そのものになります。

このようなC言語のプログラム全体の基本構成は、図4-1-1のようになっています。まず、大きく宣言部、main関数部、その他の関数部の3部分で構成します。

●図4-1-1 Cプログラムの基本構成

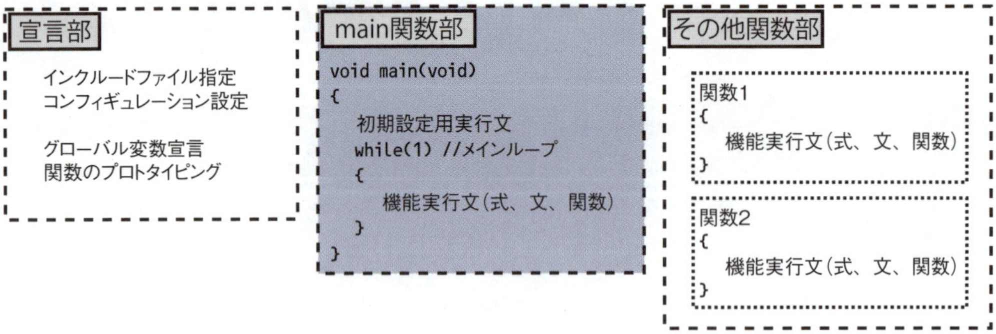

宣言部
インクルードファイル指定
コンフィギュレーション設定
グローバル変数宣言
関数のプロトタイピング
main関数部
void main(void)
{
初期設定用実行文
while(1) //メインループ
{
機能実行文(式、文、関数)
}
}
その他関数部
関数1
{
機能実行文(式、文、関数)
}
関数2
{
機能実行文(式、文、関数)
}

1 宣言部

使用する外部ファイル指定や、全体で共用して使う変数などの宣言をする部分です。

インクルードファイル指定では、取り込む外部のファイル名を指定します。インクルードとは取り込むという意味で、あらかじめPICマイコン内部のレジスタやパラメータなどの名称を定義したファイルや、あらかじめ用意されている基本の関数を組み込んだライブラリの関数を定義したファイルをインクルードします。これで、ライブラリに含まれている関数を自由に使うことができるようになります。

次にPICマイコンの動作モードを決めるコンフィギュレーションの設定を行うようにします。ここで記述するコンフィギュレーションのために特別なマクロ関数が用意されています。あらかじめコンフィギュレーションを記述しておけば、プログラムを書き込むときに一緒にコンフィギュレーションも書き込んでくれます。

グローバル変数宣言部では、全体で共通に使う変数のラベルとデータ型を宣言します。この宣言部で定義する変数は「グローバル変数」と呼ばれ、プログラム全体から参照することが可能になります。

関数のプロトタイピングというのは、その他関数部で記述される関数の型式をあらかじめ宣言しておくもので、こうすることで関数自身が呼び出す関数より後の方に記述されていても、呼び出し方などの使い方が正しいかどうかをコンパイラがチェックすることが可能になり、間違いを検出することができるようになります。

2 main関数部

mainという関数は特別なもので、必ず全体で1個だけ存在し、PICマイコンがリセットされたり、電源が投入されたりしたときには、必ずこのmain関数から実行が始まるようになっています。そしてすべての関数がこのmain関数から直接呼び出されるか、別の関数経由で呼び出されるかして実行されることになります。

main関数の中は初期設定をする部分と、while(1)文で永久に繰り返されるメインループ部分で構成されます。

3 その他の関数部

C言語のプログラムでは、関数は簡単にいえばサブルーチンです。C言語のプログラムは、全体がこの関数の集合体でできています。全体の機能を分解して関数へ割り振るという設計作業を上手に行えば、「モジュール構造」とすることができ、後で読みやすいプログラムとなって、後々の修正変更の作業がぐっと楽になります。

4-1-2 実際の記述形式

図4-1-1の全体構成に合わせて実際に記述するときの必要最小限の書式はリスト4-1-1のようになります。これだけの記述さえしておけば、正常にコンパイルが実行され、プログラムとしてPICに書き込むためのデータを生成してくれます。あとはメイン関数やその他の関数群の中に実際の実行プログラムを追加するだけです。

リスト 4-1-1 MPLAB XC8 C言語プログラムの基本書式

宣言部

```
/**************************************************
*  基本のC言語のプログラム記述例
*  MPLAB XC8 Cを使用     sample.c
**************************************************/
#include  <htc.h>

/* コンフィギュレーションの設定 */
__CONFIG(FOSC_INTOSC & WDTE_OFF & PWRTE_ON & MCLRE_ON & CP_OFF
                   & BOREN_ON & CLKOUTEN_OFF & IESO_OFF & FCMEN_OFF);
__CONFIG(WRT_OFF & STVREN_OFF & LVP_OFF);
/* グローバル変数定義  */
int Counter;
/* 関数プロトタイピング */
void FuncName(char a, unsigned int b);
```

コメント行 /*から*/の間はすべてコメントと見なされる

関数群で記述する関数の型部分のみ記述

メイン関数部

```
/******** メイン関数  ************/
void main(void)
{
    /* 初期設定などの記述 */

    /***** メインループ ***/
    while(1)
    {

    /* 関数機能の記述 */

    }
}
```

この間に初期設定関連の実行文を記述する。スタート時1回だけ実行される

以下の{}内を永久に繰り返す指定

この間に実際のプログラムの実行文を記述する。永久に繰り返される

その他関数部

```
/****************************************
* その他関数群
****************************************/
void FuncName(char a, unsigned int b)
{

    /* 関数機能の記述 */

}
```

複数の関数があれば順番に並べて記述する。記述順序は問わない

この記述例のように、「/* と */」で挟まれた部分は、複数行であってもすべてコメントと見なされます。これでプログラムの見出しや、関数の使い方などの説明をプログラム中に自由に記述することができます。

また行の途中に「//」があると、そこから行末の改行まではやはりコメントと見なされるので、各行ごとにメモとしてコメントを記述することができます。いずれのコメント部にも日本語が使えるので、あとでわかりやすくすることができます。

宣言部に相当する部分には、ヘッダファイル(htc.hまたはxc.h)のインクルードと、コンフィギュレーションの設定、グローバル変数定義、関数プロトタイピングを記述します。

htc.hまたはxc.hのヘッダファイルをインクルードすれば、自動的にプロジェクトで指定された特定デバイス用のヘッダファイルをインクルードするようになっています。したがって

インクルードの記述は、同じ記述をコピーするだけです。

コンフィギュレーションの記述も、デバイスが同じ場合には、ほとんどそのままコピーすれば使えます。

関数プロトタイピングには、その他関数群の部分で記述する関数の型宣言の部分のみをコピーして記述します。これで関数の書式をコンパイラに知らしめることで、関数の使い方が正しいかどうかをコンパイラがチェックできるようにします。

メイン関数のvoid main(void)という記述のvoidというのは、main()関数には戻り値がなく、引数となるパラメータもないという意味になります。

メイン関数の内部では、起動時に1回だけ実行する初期設定関連のプログラムを記述する部分と、永久に繰り返す部分があります。

繰り返す部分はメインループと呼ばれ、while(1)文のブロックの中に記述します。このwhile(1)という文は、「( )内の条件式が真(1)のあいだ直下の{　}内のブロックの実行を繰り返せ」という文なので、この条件式が1という定数つまり常に真ということですから、永久に繰り返せということになります。

4-1-3 関数の書式

C言語のプログラムでは、関数は基本の構成要素となっています。この関数の基本書式はリスト4-1-2のようになっていて、中括弧{　}で囲まれた「ブロック」と呼ばれる中にその実体を記述します。

そしてブロックの中に、実体として記述できるのは、データ定義と実行文です。もちろんコメント文は自由に挿入できます。

実際に命令として実行されるものとして記述するのが「実行文」で、これには、「式」と「文」と「関数」の区分があります。実際の例で説明しましょう。リスト4-1-3が実際の記述例です。

リスト 4-1-2　関数の構造

```
/* 関数の基本書式 */
データ型 関数名(仮引数)
{
    データ定義;  ┐
    実行文;      │ ブロック
    実行文;      ┘
}
```

リスト 4-1-3　実際の記述例

```
《データ定義の例》
#define  MAX  100

《式・文の例》
y = x + 2 ;
x = x + 1 ;              //count up
data = (x * y) / 16 ;
value = calc(3, 5) ;

《関数、ブロックの例》
int calc(int a, int b)
{
    int c;
    c = a + b ;
    return c ;
}
```

1 データ定義

データには「定数」と「変数」があります。定数とは、プログラムの実行前から値が決まっており、プログラムの実行後も変わらない値のことをいいます。これに対して、変数はデータの入れ物であって、中身の値はプログラムの実行にともなって変化します。

定数は数値などを直接指定しても構わないのですが、プログラム中で何回も使う場合や、変更が有り得る場合には、リスト4-1-3のMAXのように定数100に名前を付けて、この名前で扱うことができます。こうしておけば、値を変更する場合1箇所だけ修正すれば後はすべて自動的に変更されます。

2 式

式というのは、数学でいう式と似ていて書式も似通っています。しかし、根本的に異なるのは、例のように、式で使われる「=」は、数学では「等しい」という意味ですが、C言語では、左辺へ右辺の結果を「代入する」という機能を果たすということです。そのため、例のような、「x = x+1」という数学ではあり得ない記述も、代入として見れば成立することになります。

3 文

最後がセミコロン「；」で終了している式を「文」と呼びます。文は1つ以上の式で構成されています。また複数の文の集まりを「ブロック」と呼び、中括弧　{　}で囲みます。

4 関数

文のブロックが大きくなり全体の流れが読みにくくなるときには、文のまとまりを外出しにして別ブロックとします。そしてそのブロックに名前をつけて関数とします。書式はやはりリスト4-1-2のようにします。

そしてその関数を使う時には、　関数名(実引数)；　という書式で呼び出すことができます。例題では「value = calc(3, 5);」がこれに相当します。

4-1-4 変数のデータ型と書式

変数は必ず名前を定義して使いますが、一定のルールに従えば、プログラマが自由な名前を定義することができます。しかし、後からの読みやすさを考え、名前だけで内容の意味が推定できるような名前付けをする必要があり、あまり短い短縮形の変数名を使うのは避けるべきです。リスト4-1-3の例では、xとかyが変数に相当します。

変数には「データ型」と呼ばれる、変数の中身の形と大きさを決める定義があり、すべての変数はいずれかの型を定義して使います。

MPLAB XC8 Cコンパイラの場合は、データ型として表4-1-1のような種類が用意されています。

▼表4-1-1　データ型一覧

種　別	データ型	内　容
整数型	bit	1ビット数値
	int	16ビット整数値
	short	
	short long	24ビット整数値
	long	32ビット整数値
文字型	char	8ビット文字データ　または　整数型
実数型	float	24ビット浮動小数点数　符号付き
	double	32または24ビット浮動小数、符号付き (ProjectのBuild Optionsで設定)
型なし	void	

また、それぞれの型に対し表4-1-2のような修飾が追加できます。

▼表4-1-2　修飾子の種類

修飾子	意味内容
auto	実行中の関数内でのみ存在するローカル変数とする
const	変更されない定数であることを指定し、ROM領域に配置する
volatile	変更され値は保たれないことを指定する
persistent	初期スタートで変更されないように指定する
near	バンク0に配置しバンク切り替えを不要とする。8ビット限定
signed	符号付き変数であることを指定
unsigned	符号なし変数であることを指定
static	固定的に領域を確保しオーバーレイ使用を禁止する

変数の定義の実際の例はリスト4-1-4のようになります。

リスト 4-1-4　変数の定義例

```
unsigned char State, Gain, Result[5];
unsigned long Value;
const unsigned char Vhead1[] = "High Range <2.0V";
unsigned char DataMsg[] = "+xx.xxx";
```

整数型にはsignedが付いた符号付きの場合と、unsignedが付いた符号なしの場合があります。どちらも付いていない場合には符号付きということになっています。ただし、実数(float、double)の場合には常に符号付きとなっています。

符号付きの場合には、最上位ビットが符号ビットとなるため、扱える数値の絶対値は、unsignedの符号なしの場合の半分となります。例えば、int型では下記のような範囲が扱える数値の範囲となります。

- signed intでは　　－32768 ～＋32767の範囲
- unsigned intでは　　　　0 ～　65535の範囲

constを付加すると、変更することがない定数として扱われるので、プログラム中にリテラル定数として組み込まれます。また、定数の配列にconstを付加すると、テーブルとして生成するようにコンパイラが自動的に処理します。

typedefを使うと新しい型名を新たに定義することができます。しかし、使える型そのものは、表4-1-1で定義した範囲だけになります。

《例》
```
typedef unsigned char byte;        // byte型をunsigned char型として定義
typedef short bit;                 // bit型をshort型として定義
```

この型が異なる変数同士で演算、代入を行うと、自動的にいずれかの型に合わせて演算されるので注意が必要です。これを自動型変換といい、コンパイラが持っている機能です。

例えば1バイトの型の変数に256以上の数値を代入しようとしたり、整数の型に実数の1.5などという数値を代入しようとしたりすると、結果は期待したとおりにはならないので注意が必要です。

4-1-5 定数の書式と文字定数

定数の場合には数値を直接記述する必要があります。この数値の記述方法は表4-1-3のように決められています。

▼表4-1-3　定数の記述方法

書　式	意味内容	例
789	10進数	123　255　134.5　0.5　18.0 実数の場合には小数点以下も可能
0256	8進数	0117　03777
0xa2f	16進数	0x12fd　0XAF xは大文字でも小文字でもよいが通常小文字
0b0010	2進数	0b11100100　0B01 ビット数は任意だがデータ型以上にはできない。bは大文字、小文字いずれでもよい

文字コードをプログラム内に記述するときの書式には、表4-1-4のような書式が使用可能となっています。

▼表4-1-4 文字データの書式

書　式	意味内容	例
'x'	文字データ	'a'　'A' 半角カタカナは使用できない
'¥030'	8進数文字コード	'¥101'　'¥061' ¥0が必要　'で囲む（あまり使わない）
'¥xA5'	16進数文字コード	'¥x30'　'¥xC0' カタカナや制御コードはこの記述
'¥c'	エスケープ文字	'¥a'　'¥b'
"abcdggg"	文字列	文字列として確保 最後にNULLが追加される
"abc"空白文字"xyz"	連続文字列	間の空白はないものとみなされる "abcxyz"と同じ意味になる

C言語で扱う文字コードはASCIIコードとなっていて、表4-1-5で表される範囲の1バイトコードとなります。

▼表4-1-5 ASCIIコード表

	0	1	2	3	4	5	6	7	8	9	A	B	C	D	E	F
0	NU	DL	SP	0	@	P	`	p				ー	タ	ミ		
1	SH	D1	!	1	A	Q	a	q			。	ア	チ	ム		
2	SX	D2	”	2	B	R	b	r			「	イ	ツ	メ		
3	EX	D3	#	3	C	S	c	s			」	ウ	テ	モ		
4	ET	D4	$	4	D	T	d	t			、	エ	ト	ヤ		
5	EQ	NK	%	5	E	U	e	u			・	オ	ナ	ユ		
6	AK	SY	&	6	F	V	f	v			ヲ	カ	ニ	ヨ		
7	BL	EB	’	7	G	W	g	w			ァ	キ	ヌ	ラ		
8	BS	CN	(	8	H	X	h	x			ィ	ク	ネ	リ		
9	HT	EM	)	9	I	Y	i	y			ゥ	ケ	ノ	ル		
A	LF	SB	*	:	J	Z	j	z			ェ	コ	ハ	レ		
B	VT	EC	+	;	K	[	k	{			ォ	サ	ヒ	ロ		
C	FF	FS	,	<	L	¥	l	|			ャ	シ	フ	ワ		
D	CR	GS	−	=	M	]	m	}			ュ	ス	ヘ	ン		
E	SO	RS	.	>	N	^	n	‾			ョ	セ	ホ	゛		
F	SI	US	/	?	O	_	o	DL			ッ	ソ	マ	゜		

C言語では文字と文字列は明確に区別されていて、文字コードは基本データの1つですが、文字列は基本データには含まれていませんし、文字列に対する演算子もありません。単に文字の並びの定数として記述できるだけになっています。

しかしこれでは不便なので、文字列を扱う演算については、別に標準関数として用意されていて、関数で文字列を扱うようになっています。

文字列の記述書式は表4-1-4のように二重引用符で囲むだけです。この文字列データの実際の中身は、記述された文字コードの並びと、最後にNULL (0x00) コードが追加されたものとなっています。終わりがNULLで判定できるので文字列の字数の制限はありません。また長い文字列の場合、複数行に分けて記述するとわかりやすくなります。このような場合には、表4-1-4の最後の書式のように、分けた文字列の間を、改行を含む空白文字だけにすることで、連続した文字列として扱うことができるようになっています。

文字または文字列の一文字として表4-1-5に示すエスケープ文字も扱うことができます。このエスケープ文字とは、プリンタなどの機械的動作を文字でコントロールするために用意されたもので、「¥」記号のあとに1文字続けて記述し、この2文字を1文字として扱います。

▼表4-1-6　エスケープ文字

記号	意味	記号	意味
¥a	ベル鳴動	¥¥	バックスラッシュ
¥b	バックスペース	¥?	?
¥f	フォームフィード	¥'	'
¥n	改行	¥"	"
¥r	復帰	¥0xx	8進数（ゼロ、数値、数値）
¥t	水平タブ（TAB）	¥xH	16進数
¥v	垂直タブ（TAB）		

4-1-6 フロー制御

プログラムの流れを制御する関数を使う前に、すっきりとしたわかりやすいプログラムを作成するためには、次のような3種類の基本構文を守ることが必要です。

この3種類の基本構文とは、図4-1-3のような「直線型」、「分岐型」、「繰り返し型」という3つの構文のことをいいます。つまり、この3つの型の組合せだけでプログラム全体を構成するようにします。

こうすると、1個の入り口と1個の出口だけの流れにできるので、プログラムの流れを明確にでき、余計な流れがないのでテストする時もきっちりと確認することができます。当然、間違いも少なくなり、品質の良いプログラムとすることができます。

プログラムを分岐させるときにgoto文を使うと、goto文は何処にでもジャンプできるため、複数入り口、複数出口のばらばらなプログラムになることが多くなってしまい、わかりにくいプログラムとなってしまいます。

そこで、3種類の基本構文に忠実なプログラムが記述できるように、C言語にはフロー制御関数という関数が用意されています。

●図4-1-3 3種類の基本構文

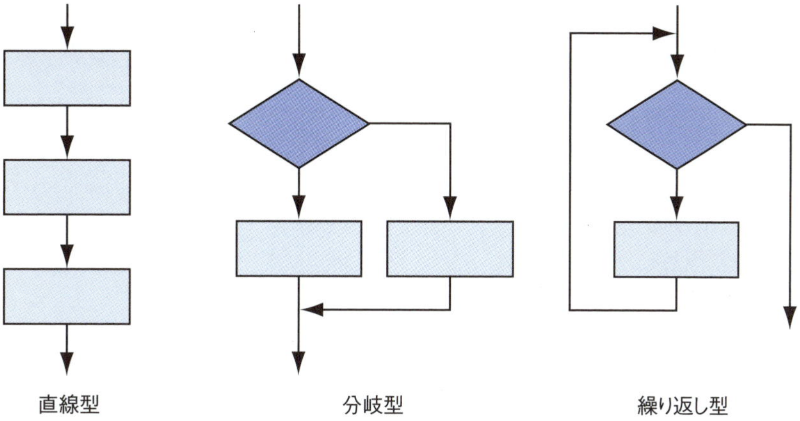

MPLAB XC8のコンパイラで用意されているフロー制御関数は、一般のC言語と同じで表4-1-7となっています。

▼表4-1-7 フロー制御関数一覧

No	関数名	書 式	機能と記述例

1	while文	while (式)
		{
		    実行文;
		}
			式の条件が真の間ブロック内の実行文を繰り返し実行する
			while (getc( ) != 0x0A)
			    putc('n');

2	do while文	do
		{
		    実行文;
		} while (式);
			式の条件が真の間ブロック内を繰り返し実行。条件判定より先に必ず1回ブロック内を実行する
			do{
			    putc(c = getc( ));
			} while (c != 0x0A);

3	for文	for (式1; 式2; 式3)
		{
		    実行文;
		}
			指定条件回数だけ繰り返し実行する
			for (i=1; i<=10; ++i)
			    putc('*');

4	if文	if (式)
		{ 実行文; }
		else
		{ 実行文; }
			式の真偽により分岐し実行内容を変える
			if (y == 25)
			    x = 1;
			else
			    x = x + 1;

5	switch文	switch (式)
		{
		    case定数: 実行文;
		    case定数: 実行文;
		    ……
		    ……
		    default: 実行文;
		}
			式の値により多分岐し実行内容を変える
			switch (cmd){
			    case 0: putc('A');
			        break;
			    case 1: putc('B');
			        break;
			    default: putc('?');
			        break;
			}

6	break文	break ;	繰り返しブロックから強制的に抜け出す

4-1-7 ヘッダファイルの役割とレジスタ処理の書式

MPLAB XC8 Cコンパイラでは、最初にインクルードされるヘッダファイルhtc.h（またはxc.h）から自動的にインクルードされるデバイスごとのヘッダファイル内で、次のような内容が定義されています。

- SFRの名称とアドレスの対応定義
- SFRのビットごとの名称とビット位置定義
- 組み込み関数やマクロ命令の定義

例えばPIC16F1936の場合、「pic16f1937.h」というヘッダファイルで、SFRはリスト4-1-5のような形式で定義されています。

前半はXCファミリ以前のマイクロチップ社純正のMPLAB Cコンパイラの記述をサポートする定義で、後半は従来のHI-TECH Cコンパイラの記述をサポートする定義となっています。したがってXC8コンパイラでは、MPLAB Cコンパイラと HI-TECH Cコンパイラのどちらの記述形式も可能となっています。

XC8コンパイラ以前には、PIC16用のコンパイラとしてはHI-TECH Cしかなかったのですが、PIC18用にMPLAB C18があったため、8ビットを統合するということで両方の記述形式を包含させたものです。

リスト 4-1-5 ヘッダファイルの内容例（PIC16F1937.h）

```
// Register: PORTB
extern volatile unsigned char   PORTB           @ 0x00D;
#ifndef _LIB_BUILD
asm("PORTB equ 0Dh");
#endif
// bitfield definitions
typedef union {
    struct {
        unsigned RB0            :1;
        unsigned RB1            :1;
        unsigned RB2            :1;
        unsigned RB3            :1;
        unsigned RB4            :1;
        unsigned RB5            :1;
        unsigned RB6            :1;
        unsigned RB7            :1;
    };
} PORTBbits_t;
extern volatile PORTBbits_t PORTBbits @ 0x00D;

(一部省略)
extern volatile __bit           RB0             @ (((unsigned) &PORTB)*8) + 0;
#define                         RB0_bit         BANKMASK(PORTB), 0
extern volatile __bit           RB1             @ (((unsigned) &PORTB)*8) + 1;
#define                         RB1_bit         BANKMASK(PORTB), 1
extern volatile __bit           RB2             @ (((unsigned) &PORTB)*8) + 2;
```

PORTBのアドレスが定義されている

ビットごとの名称がビットフィールドの要素として定義されている

ここで構造体の名称が定義されている

ビットごとに単独でアドレスが定義されている

```
#define                  RB2_bit     BANKMASK(PORTB), 2
extern volatile __bit    RB3         @ (((unsigned) &PORTB)*8) + 3;
#define                  RB3_bit     BANKMASK(PORTB), 3
extern volatile __bit    RB4         @ (((unsigned) &PORTB)*8) + 4;
#define                  RB4_bit     BANKMASK(PORTB), 4
extern volatile __bit    RB5         @ (((unsigned) &PORTB)*8) + 5;
#define                  RB5_bit     BANKMASK(PORTB), 5
extern volatile __bit    RB6         @ (((unsigned) &PORTB)*8) + 6;
#define                  RB6_bit     BANKMASK(PORTB), 6
extern volatile __bit    RB7         @ (((unsigned) &PORTB)*8) + 7;
#define                  RB7_bit     BANKMASK(PORTB), 7
```

このように定義されているので、MPLAB XC8 Cコンパイラを使った場合のSFRレジスタを扱う記述は次のようにします。

1 レジスタ全体の設定

例えばタイマ1の下位8ビットにデータを設定するような場合には、次のように記述します。つまり、レジスタ名を変数として直接代入することができます。

```
T1CON = 0x86;
ADCON0 = 0x06;
```

2 1ビットだけの設定

例えばPORTBのビット5だけHighの出力にしたい場合には次のように二通りの記述ができます。これはリスト4-1-5でPORTBのビット名称が二通りで定義されているからです。

```
PORTBbits.RB5 = 1;      // 従来のMPLAB Cコンパイラの記述形式
RB5 = 1;                // 従来のHI-TECH Cコンパイラの記述形式
```

上側の記述はヘッダファイルでビットフィールド定義がなされ、その構造体[†1]の名称はPORTBbitsとなっているので、その中の要素RB5をドット演算子で指定しています。

下側の記述は、ヘッダファイルでRB5のビットアドレスがPORTBレジスタのアドレス×8＋5のビット型の変数とし定義されているからです。これで直接RB5という名称に代入することができるようになります。

3 レジスタの読み出し

例えばA/D変換結果の10ビットのデータは次のようにして読み出すことができます。つまりSFRを直接8ビットのデータとして扱うことができます。

```
Value = ADRESH * 256 + ADRESL;
```

4 レジスタの1ビットだけチェックする

例えばRA4に接続されたスイッチの入力がHighかLowかを判定するときには、次のようにやはり二通りで記述できます。

```
if(PORTAbits.RA4 == 0)
if(RA4 == 0)
```

---

†1 **構造体** 各種の基本データ型を組み合わせて、1つのデータ型として扱うしくみ。組み合わせたそれぞれの要素をメンバという。

4-1-8 入出力ピンの使い方

入出力ピンもレジスタと同じ扱いとなっているので、前項のように8ビットまとめて扱ったり、1ビットごとに扱ったりできます。

このレジスタの1ビットが1ピンに対応しているので、8ピンをまとめて入出力したり、1ピンごとに入出力したりできます。実際の使い方は次のようにします。

1 入出力モードの初期設定

プログラムの初期設定部で、入出力ピンの入出力モードをTRISxレジスタで設定します。実際の記述は次のようにします。

```
TRISA = 0xF0;               // 上位4ビット入力、下位4ビット出力
TRISB = 0x3A;               // RB1,3,4,5が入力　他は出力
TRISCbits.TRISC2 = 1;       // RC2は入力
```

2 プルアップの設定

必要な場合のみプルアップを設定します。ここで、OPTION_REGレジスタがタイマ0の設定と混在しているので、両者で異なる設定とならないように注意する必要があります。

```
WPUBbits.WPUB3 = 1          // ポートBのビット3をプルアップ
WPUB2 = 1;                  // ポートBのビット2をプルアップ
OPTION_REGbits.nWPUEN = 0;  // プルアップ全体有効化
nWPUEN = 0;                 // 同上
```

3 入力

ポートの状態を一括で入力する場合と、1ピンごとに入力する場合とがあります。それぞれの記述は次のようになります。出力ピンを入力すると、現在出力値と同じ値が入力されます。

```
Value = PORTB;              // ポートBを一括入力
if(PORTBbits.RB3)           // ポートBのビット3のみ入力チェック
if(RB3)                     // 同上
```

4 出力

出力の場合も、ポートに一括で出力する場合と、1ピンごとに出力する場合とがあります。それぞれの記述は次のようになります。入力モードのピンに出力しても何も反映されず無視されます。

```
LATC = 0xAA;                // ポートCに8ビットまとめて出力
LATBbits.LATB2 = 1;         // ポートBのビット2に1を出力
LATB2 = 1;                  // 同上
```

4-1-9 コンフィギュレーション設定の自動生成

コンフィギュレーションをプログラム中にあらかじめ記述するために用意された特別なマクロ関数があります。マクロ関数の記述方法は以下のようにします。

《書式》

```
__CONFIG (parameter & parameter & parameter,・・・);
```

(注) 最初のアンダーバーは2個連続

この記述は、MPLAB X IDEで自動生成する機能が提供されています。その使い方を説明します。作成中のプロジェクトを開いた状態で作業します。

❶コンフィギュレーションダイアログを開く

MPLAB X IDEのメインメニューから[Window]→[PIC Memory Views]→[Configuration Bits]手順でコンフィギュレーション設定ダイアログを開きます。

❷必要な設定を行う

図4-1-4のコンフィギュレーション設定ダイアログで、項目ごとにドロップダウンリストで選択肢が表示されるので、その中から目的のものを選択します。

●図4-1-4　コンフィギュレーション設定ダイアログ

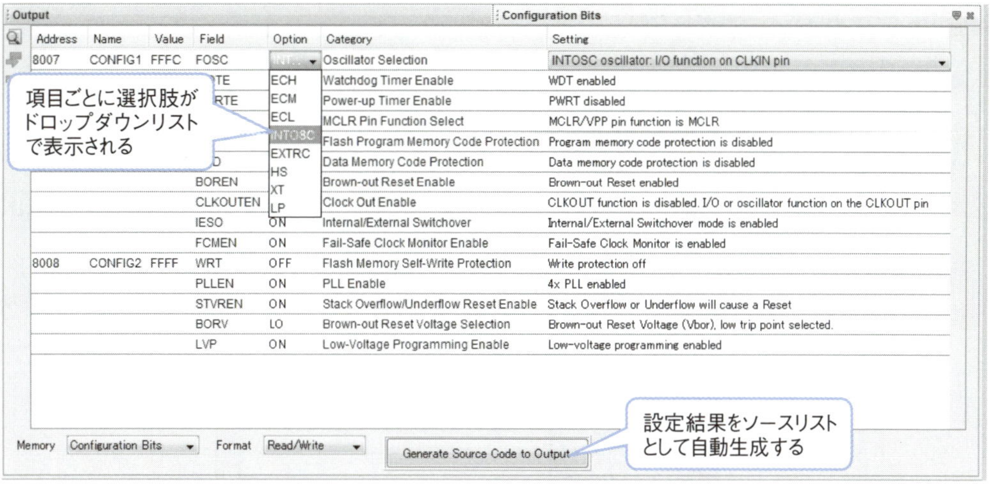

❸ソースリストの出力

ダイアログの最下部にある[Generate Source Code to Output]のボタンをクリックすれば、Outputの窓に図4-1-5のようなソースリストが自動的に生成されます。

●図4-1-5　生成されたソースリスト

```
// PIC16LF1937 Configuration Bit Settings

#include <xc.h>

__CONFIG(FOSC_INTOSC & WDTE_OFF & PWRTE_ON & MCLRE_ON & CP_OFF & CPD_OFF & BOREN_ON & CLKOUTEN_OFF & IESO_OFF & FCMEN_OFF);
__CONFIG(WRT_OFF & PLLEN_OFF & STVREN_OFF & BORV_LO & LVP_OFF);
```

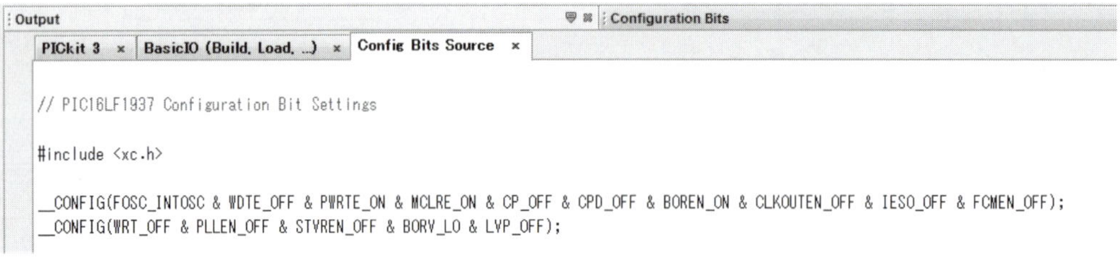

❹ソースコードをコピーしてプログラムのソースファイルに貼り付ける

これでコンパイルすれば、設定したコンフィギュレーションの内容が反映されたプログラムができることになります。

[注] MPLAB X IDEのバージョンにより出力される記述フォーマットが異なるときがありますが、同じようにコピーすることができます。

4-1-10 入出力ピン制御のプログラム例

実際の入出力ピンの制御プログラムをF1評価ボードで作成してみましょう。コンフィギュレーション設定も一緒に加えます。例題のプログラム機能は、図4-1-6に示すようにS1のオン、オフで4個のLEDの点灯状態を切り替えるというものです。

●図4-1-6　入力ピンのプログラム例

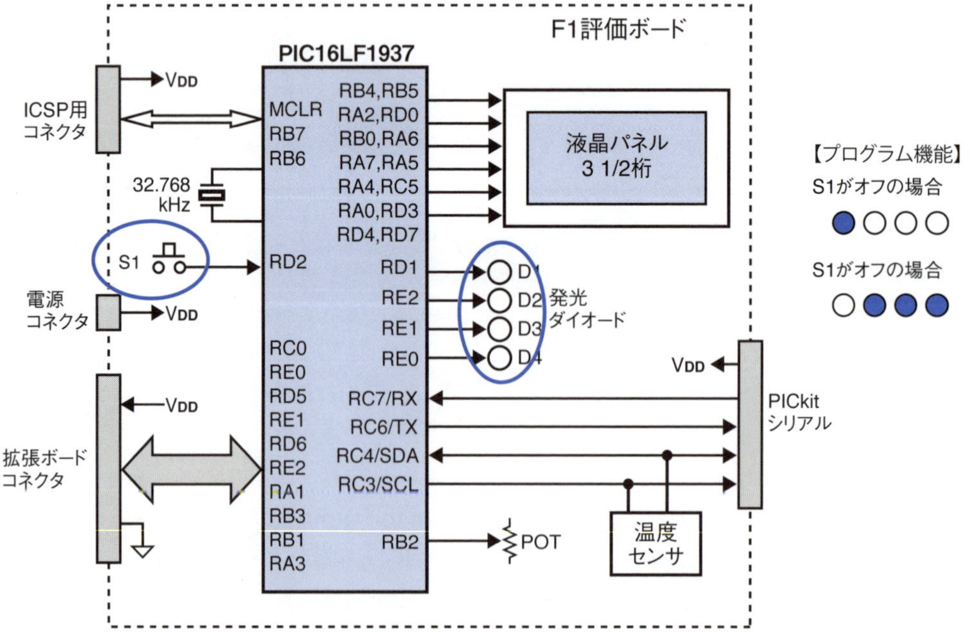

プログラムはリスト4-1-8のようになります。

1 ヘッダファイルのインクルード

宣言部の最初でヘッダファイルを読み込みますが、<htc.h>または<xc.h>と指定すれば、MPLAB X IDEが自動的に指定デバイスのヘッダファイルを探して読み込むようになっています。

2 コンフィギュレーション設定

次がコンフィギュレーションの指定で、次のような設定となっています。

クロック発振	：内蔵クロック
ウォッチドッグタイマ	：無効
パワーアップタイマ	：有効
MCLRピンリセット	：有効
コードプロテクト	：無効
ブラウンアウトリセット	：有効
クロック出力	：なし
2速度スタートアップ	：無効
クロック監視	：無効
メモリ書き込み保護	：無効
スタックオーバーフローリセット	：無効
低電圧プログラミング	：無効

3 メイン関数初期化部

メイン関数の初期化部では、クロック周波数をOSCCONレジスタで設定してから、入出力ピンの設定で、すべてデジタルピンとし、TRISレジスタで入出力モードを設定しています。スイッチのプルアップ抵抗は外付けとなっているので、内蔵プルアップは必要ありません。

4 メイン関数メインループ部

このあとメインループでは、スイッチS1の状態をチェックし、if文でオンとオフの場合に分けています。それぞれの中では4個のLEDのオン、オフを制御しています。1個のLEDだけポートDで、残りの3個はポートEとなっているので、1ピンだけの出力と、8ビット並列の出力方法との両方を使っています。

リスト 4-1-8 基本の入出力のプログラム例

```
/*****************************************
  * 基本の入出力ピンの使い方例
  * F1 Evaluation Platformを使用
  * スイッチによるLEDの点滅変更
  * ファイル名：BasicIO.c
*****************************************/
#include    <htc.h>

/***** コンフィギュレーションの設定 *********/
__CONFIG(FOSC_INTOSC & WDTE_OFF & PWRTE_OFF & MCLRE_ON & CP_OFF
        & CPD_OFF & BOREN_ON & CLKOUTEN_OFF & IESO_OFF & FCMEN_OFF);
__CONFIG(WRT_OFF & PLLEN_OFF & STVREN_OFF & LVP_OFF);

/******** メイン関数  ************/
void main(void) {
    /* クロック周波数の設定 */
    OSCCON = 0x72;                      // 8MHz PLL Off
    /* 入出力ポートの設定 */
    ANSELD = 0x00;                      // すべてデジタルピン
    ANSELE = 0x00;
    TRISD  = 0x04;                      // RD2以外出力
    TRISE  = 0x00;                      // すべて出力

    /**** メインループ ********/
    while(1){
        if(PORTDbits.RD2 == 0){         // S1オンの場合
            PORTDbits.RD1 = 0;          // D1消灯
            PORTE = 0x07;               // D2,3,4点灯
        }
        else{                           // S1オフの場合
            PORTDbits.RD1 = 1;          // D1点灯
            PORTE = 0x00;               // D2,3,4消灯
        }
    }
}
```

ヘッダファイルのインクルード

コンフィギュレーションの指定

クロック周波数の設定

デジタル指定後入出力モードの設定

スイッチの入力とLEDのドライブ

LEDのドライブ

PIC16F1 family

4-2 割り込みの使い方と書式

「割り込み」はマイコンでは非常に重要な働きをする機能です。

割り込みとは一体どういうことなのでしょうか。ことばから想像できるのは、「たくさんの人が並んでいる列に横から割り込む」といった状況です。

プログラムの世界での割り込みも全く同じ意味で使われています。つまり、あるプログラムを実行中に、ほかのプログラムを実行させたい。これが割り込みという概念が生まれたきっかけです。

4-2-1 割り込みのメリットと処理の流れ

割り込みは次のような場合に便利に活用でき、プログラムの構成を単純でわかりやすいものにしてくれます。

❶常時実行機能を実行しながら同時に別のこともしたい

例えば、常時実行しなければならない機能があり、さらに一定時間間隔でしなければならないことがある場合、一定間隔の機能に対して割り込みを使って処理すれば、あたかも同時に両方の処理を実行しているようにできます。

❷イベントが発生したときすぐ応答しなければならないとき

常時実行しなければならないことがあり、さらにイベントの発生にすぐ応答処理をしなければならない場合、常時実行プログラム中でイベント発生をチェックしていては、チェック周期でしか応答できません。ここに割り込みを使うと、常時実行機能を処理中でも割り込みですぐ応答処理を実行することができます。

❸デバイスの実行が遅いときの応答待ち時間を有効活用したいような場合

デバイスの実行完了に割り込みを使えば、デバイス処理実行待ち中に他の機能を実行できます。

単純な割り込み

割り込みによってプログラムがどのように実行されるかをタイムチャート図で表現すると、例えば最も簡単なインターバル割り込みのような場合には図4-2-1のような流れで表すことができます。

常時実行機能Aの処理中に、インターバルタイマの一定間隔の割り込みが入ると、それに対応するBという割り込み処理に実行を移します。このBの処理が完了したら、Aの続きの処理に戻るという流れを繰り返します。

処理Aと処理Bには全くつながりはなく、独立のプログラムとなります。

処理Aは､割り込みのことは全く気にせず連続的に機能を実行すればよく､割り込みの発生で、ハードウェアで割り込み処理Bの方にいったん処理が移りますが、割り込み処理Bが完了したら処理Aの続きの場所に自動的に戻ってきます。この間、処理Aはいったん中断することになりますが、自動的に元に戻るので、プログラムとしては特に処理Bのことを意識する必要はありません。ただし、処理Aの全体の処理時間は、処理Bを実行した分だけ余分にかかることになります。

このように、割り込み処理プログラムは、他のプログラムと独立したプログラムとして構成できます。

図4-2-1　イベントタイマの割り込み処理例

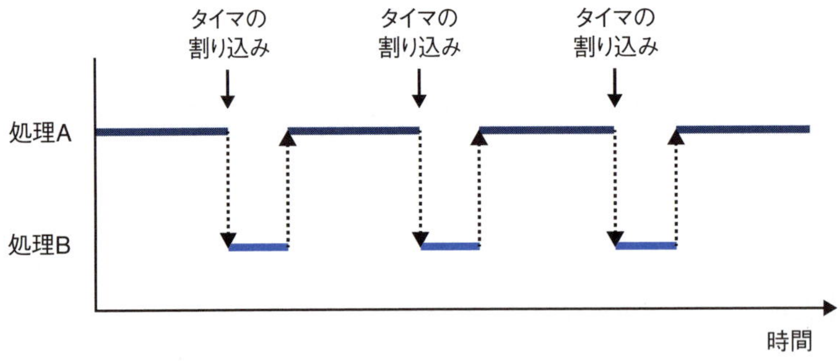

複雑な割り込み

もう少し複雑な場合を考えましょう。図4-2-2のような場合を考えます。

まず割り込み1はインターバルタイマの一定周期の割り込みの場合で、図4-2-1と同じ流れになります。

割り込み2は、何らかの周辺モジュールに出力をし、その動作終了を待っているような場合です。周辺モジュールに出力をしたあと、その動作完了を待つ必要がある場合、この待ち時間の間何もしないで待っているのは無駄ですから、この間にメイン処理Aを継続して実行します。周辺モジュールの動作完了で割り込み2が発生するようにすれば、ここでその周辺モジュールの割り込み処理に移り、次の出力をするなどの動作を実行し、またメイン処理Aに戻ります。

ここでこの割り込み2の処理中に割り込み3が発生した場合はどうなるでしょうか。F1ファミリの場合には、いったん割り込み信号が受け付けられると自動的に全割り込みが禁止状態となります。これは割り込みハードウェアで行われるので瞬時です。そして割り込み処理が終了し、メイン処理Aに戻った直後に割り込みが再度許可されます。したがって、割り込み3は割り込み2の処理が終了するまで待たされることになり、割り込み処理2が終了してメイン処理Aに戻った直後に割り込みとして受け付けられ割り込み処理3に移行します。

●図4-2-2　複雑な割り込み処理の流れ

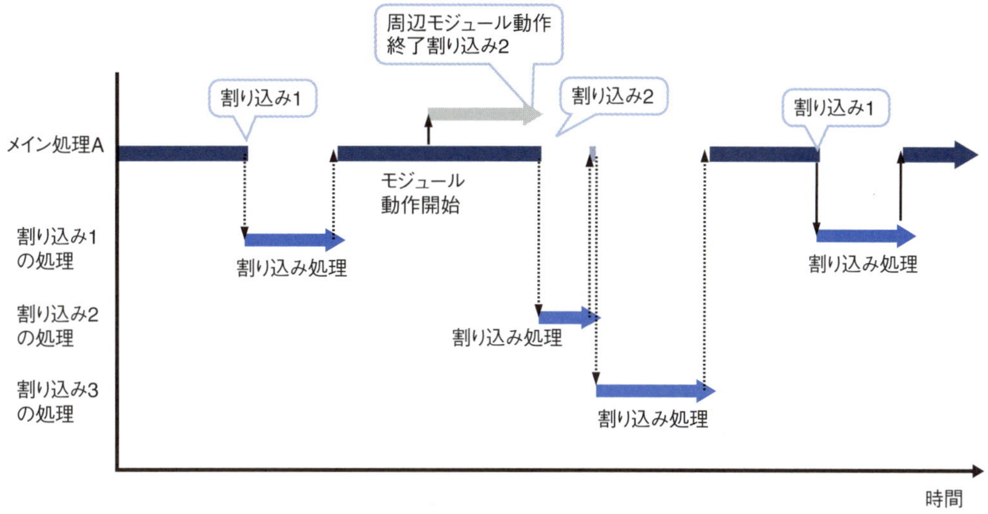

4-2-2　割り込みの要因と割り込み許可

PICマイコンには色々な周辺モジュールが内蔵されていますが、大部分の周辺モジュールが割り込み要因を持っており、動作の完了や状態の変化などを割り込みでプログラムに通知できるようになっています。

すべての割り込み要因はリセットで割り込み禁止となり、割り込み許可しないと割り込みは発生しないようになっています。

割り込み要因

代表的な割り込み要因には次のようなものがあります。

❶外部割り込み（INT：External Interrupt）

特定のピンのHigh/Lowに変化があると割り込み要因を発生します。立ち上がりか立ち下がりか、どちらを割り込み要因とするかを指定することができます。

❷入力ピンの状態変化割り込み（IOC：Interrupt-On-Change）

入力ピンに入力されている信号が変化したとき、割り込み要因を生成する機能です。HighからLow、LowからHighどちらの変化も検出します。検出するしないをピンごとに指定できます。

❸タイマ割り込み（TMR0、TMR1、TMR2　：Timer）

タイマのカウンタがフルカウントからロールオーバして0に戻るとき、または周期レジスタとタイマのカウンタが一致したとき割り込み要因を発生します。一定の時間後、あるいは、一定周期の割り込みを得ることができます。

❹アナログコンパレータの変化割り込み（Cx：Comparator）

コンパレータの出力が変化したとき割り込み要因を発生します。誤動作を避けるため極短時間の変化は無視するようなフィルタが挿入されています。

❺A/D変換の終了（AD：Analog Digital Convertor）

内蔵A/D変換の変換終了で割り込み要因が発生します。

❻USARTモジュールの割り込み（RC、TX：Serial Communication）

データの送信や受信の完了時に割り込みを生成します。

❼EEPROM書き込み完了割り込み（EE：EEPROM）

データEEPROMへの書き込み完了で割り込み要因を生成します。書き込みには時間を要するため、完了の間他の処理を実行できます。

割り込み許可

これらの周辺モジュールの割り込みにはすべて、割り込み要因発生を示す割り込みフラグビット（xxIF）と、個別に割り込みを許可、禁止するビット（xxIE）とが用意されています。それらの論理関係は図4-2-3のような回路ブロックとなっています。

周辺モジュールで割り込み要因が発生すると、対応するxxIFビットが「1」にセットされます。このとき、図4-2-3の右端のANDゲートの出力が「1」になると割り込みが発生します。

したがって割り込みが入るようにするためには、下記の手順で割り込みを許可して、最後のAND出力が「1」になるようにすることが必要です。

①対応する周辺モジュールのxxIEビットを「1」にして、xxIFとのAND条件が成立するようにし、そのモジュールの割り込みを許可します。xx記号は周辺モジュールごとに決まっています。
②図中、左側にある拡張周辺モジュールの場合には、PEIEビットも「1」にして途中にあるANDゲートのAND条件も成立するようにします。
③最終段のGIEビットを「1」にして全体のAND条件が成立するようにして全体割り込みを許可します。

これで指定したモジュールの割り込み要因が発生して、許可されたxxIFの割り込みフラグが「1」になると、最後の割り込み出力が「1」となって割り込みが発生します。

●図4-2-3 割り込みの回路ブロック構成

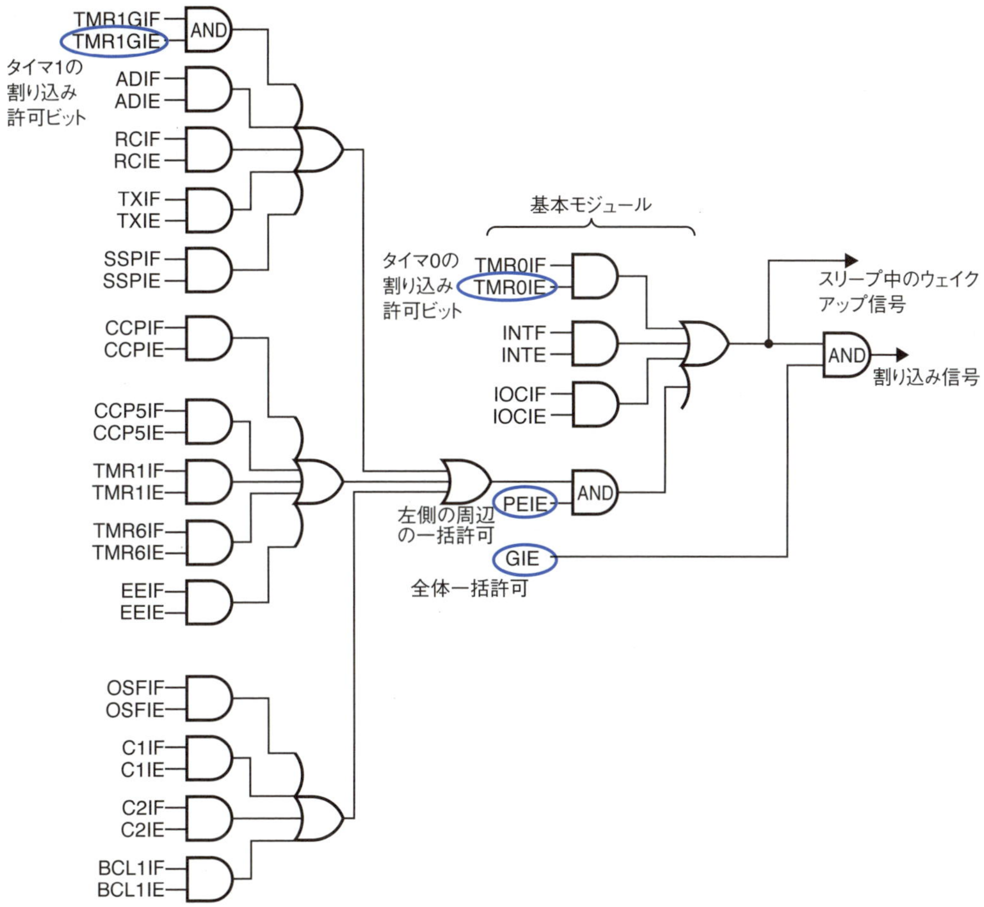

割り込み制御ビット

以上の割り込み制御ビットはINTCONレジスタとPIRx、PIExレジスタに集約されています。

例えばPIC16F1527では図4-2-4のようになっています。実際のデバイスに実装されている内容はデバイスごとに異なっているので、データシートで確認が必要です。個々のビットの詳細は対応する周辺モジュールの項で説明しているので、そちらを参照して下さい。

●図4-2-4　割り込み関連レジスタ

INTCONレジスタ	GIE	PEIE	TMR0IE	INTE	IOCIE	TMR0IF	INTF	IOCIF

GIE：全割り込み制御
　1：許可　0：禁止

PEIE：周辺割り込み制御
　1：許可　0：禁止

TMR0IE　：タイマ0割り込み制御
INTE　　：外部割り込み制御
IOCIE　　：ポートB状態変化割り込み制御
　1：許可　0：禁止

TMR0IF　：タイマ0割り込みフラグ
INTF　　：外部割り込みフラグ
IOCIF　　：ポートB状態変化割り込みフラグ
　1：割り込み発生　0：割り込みなし

PIR1レジスタ	TMR1GIF	ADIF	RC1IF	TX1IF	SSP1IF	CCP1IF	TMR2IF	TMR1IF
PIR2レジスタ	OSFIF	TMR5GIF	TMR3GIF	---	BCLIF	TMR10IF	TMR8IF	CCP2IF
PIR3レジスタ	CCP6IF	CCP5IF	CCP4IF	CCP3IF	TMR6IF	TMR5IF	TMR4IF	TMR3IF
PIR4レジスタ	CCP10IF	CCP9IF	RC2IF	TX2IF	CCP8IF	CCP7IF	BCL2IF	SSP2IF

各モジュールごとの割り込みフラグ
　1：割り込み中　0：割り込みなし

PIE1レジスタ	TMR1GIE	ADIE	RC1IE	TX1IE	SSP1IE	CCP1IE	TMR2IE	TMR1IE
PIE2レジスタ	OSFIE	TMR5GIE	TMR3GIE	---	BCLIE	TMR10IE	TMR8IE	CCP2IE
PIE3レジスタ	CCP6IE	CCP5IE	CCP4IE	CCP3IE	TMR6IE	TMR5IE	TMR4IE	TMR3IE
PIE4レジスタ	CCP10IE	CCP9IE	RC2IE	TX2IE	CCP8IE	CCP7IE	BCL2IE	SSP2IE

各モジュールごとの割り込み許可ビット
　1：割り込み許可　0：割り込み禁止

（注）周辺モジュールと略称の対応は下記による

TMRx：タイマx0	INT　：外部割込み	IOC：状態変化割り込み	TMRxG：タイマxゲート
AD　：ADコンバータ	RCn　：USARTn受信	TXn：USARTn送信	LCD　：液晶表示ドライバ
SSPn：シリアル通信	CCPx：CCPxモジュール	OSF：発振モニタ	
Cx　：コンパレータ	EE　：データEEPROM	BCL：バス衝突	

4-2-3　割り込み発生後の動作詳細

割り込み発生時の内部の動作をもう少し詳しく見てみます。

ある周辺モジュールの割り込みの要因が発生すると、割り込みフラグxxIFビットが「1」にセットされ、対応する周辺モジュールの割り込み許可ビットxxIEとPEIEビット、GIEビットが「1」にセットされていれば割り込み信号が発生します。このあとの動作は図4-2-5のようなステップとなります。

●図4-2-5 割り込み発生時の動作詳細

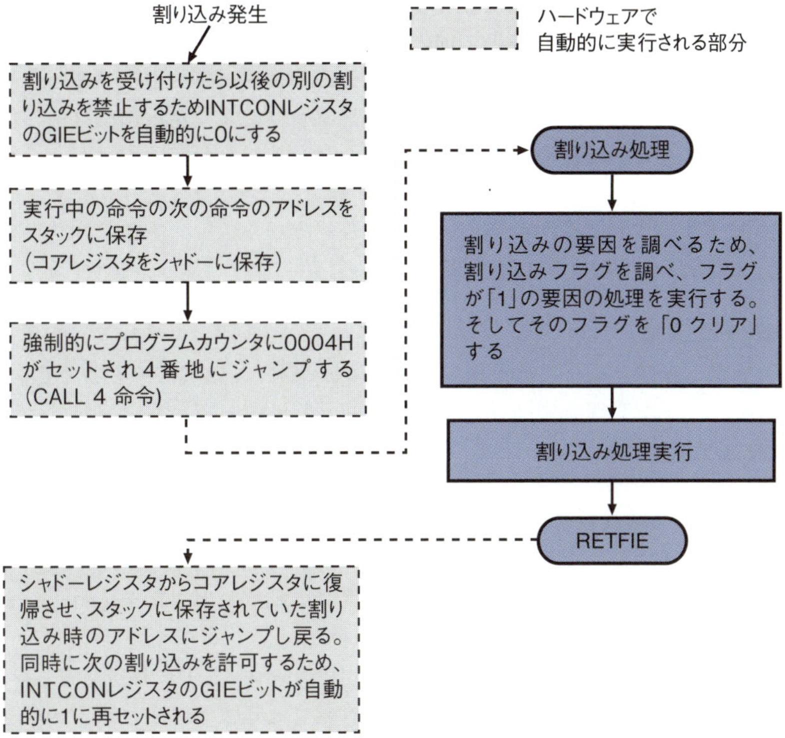
割り込み発生
ハードウェアで
自動的に実行される部分
割り込みを受け付けたら以後の別の割り込みを禁止するためINTCONレジスタのGIEビットを自動的に0にする
実行中の命令の次の命令のアドレスをスタックに保存
(コアレジスタをシャドーに保存)
強制的にプログラムカウンタに0004Hがセットされ4番地にジャンプする
(CALL 4 命令)
割り込み処理
割り込みの要因を調べるため、割り込みフラグを調べ、フラグが「1」の要因の処理を実行する。そしてそのフラグを「0クリア」する
割り込み処理実行
RETFIE
シャドーレジスタからコアレジスタに復帰させ、スタックに保存されていた割り込み時のアドレスにジャンプし戻る。同時に次の割り込みを許可するため、INTCONレジスタのGIEビットが自動的に1に再セットされる

割り込み信号がハードウェアで受け付けられると、全体割り込み許可ビット(GIEビット)を0にしていったん全割り込みを禁止します。そしてそのときのプログラムカウンタの値をスタックメモリに保存し、さらにコアレジスタをシャドーレジスタにコピーして保存します。その後4番地にジャンプします。このジャンプはハードウェアで強制的に行われるので、プログラムは知らないことになります。

割り込みフラグビット

割り込みでは、割り込みフラグビット(xxIF)が重要な働きをしています。

F1ファミリでは割り込み信号は1つで、割り込み用のジャンプ先も4番地の1つだけしかありません。しかし割り込み要因は全モジュールごとにありますから、どの割り込みが発生してもすべて4番地にジャンプします。では、これをどう区別すればよいのでしょうか。

それは、割り込み処理の最初で許可した周辺モジュールの割り込みフラグxxIFビットをチェックして、どの割り込みフラグが「1」になっているかを確認することで、どの割り込みが発生したかを区別します。したがってこの割り込みフラグビットを見る順番が割り込みの優先順位ということになります。

さらに割り込みフラグビットは、命令でクリアしなければ「1」のまま残るので、割り込み処理の中で、処理した割り込みフラグビットだけをクリアします。こうすれば、同時に複数の割り込みが発生した場合や、割り込み処理中に他の割り込みが発生した場合でも、現在処理中の割り込み処理が完了して割り込み位置に戻り、割り込みが再許可されるまで新たな割り込みは待たされ、再許可された時点で残っている割り込みフラグにより新たな割り込み信号が発生することになります。これで割り込みが無視されたり、抜けたりすることがなくなります。

逆に割り込みフラグビットのクリアを忘れると、同じ割り込みが永久に発生し、同じプログラムを繰り返し実行する永久ループとなってしまうので、注意しなければなりません。

コアレジスタの保存と復帰

このような割り込み処理で課題となるのは、割り込み処理からメイン処理に戻るときです。

PICマイコンの状態を、メイン処理を中断させたときと同じ状態にして戻らなければ、メイン処理は正常に継続処理ができません。では、PICマイコンの状態を元に戻すにはどうするのでしょうか。

PICマイコンはすべてレジスタ操作で動作が制御されています。ここで一般のレジスタ（SFR）はプログラマが意識して変更するので制御できますが、ワーキングレジスタ（WREG）やステータスレジスタ（STATUS）などのコアレジスタは、演算の結果で自動的に書き換えられたりするので、プログラマが制御するのは困難です。

したがって、このコアレジスタを割り込みが入った時点ですぐデータメモリに保存しておき、割り込み処理から戻る直前にデータメモリからレジスタに復帰させるようにすれば、メイン処理を元の状態と同じにして戻ることができます。

このコアレジスタの保存と復帰のために、F1ファミリには特別な機能が組み込まれており、シャドーレジスタに一瞬で保存され、戻る際にも同じように一瞬で戻されるようになっています。したがってプログラマとして何かする必要はなく、すべて自動的に行われます。またその分だけ、割り込み処理が早くなることになります。

4-2-4 割り込み処理の記述の仕方

XC8コンパイラを使って割り込み処理を記述する方法を説明します。

割り込みを使う場合に必要となる記述は、割り込みの許可と割り込み処理関数の作成の2つとなります。

1 割り込みの許可

メイン関数の初期化部で、周辺モジュールの初期化とともに割り込みを許可します。この割り込みの許可には次の3つの記述が必要です。

❶周辺モジュールの割り込み許可

`INTCONbits.TMR0IE = 1;` または

`PIEybits.xxxIE = 1;`

yは周辺モジュールにより1、2、3のいずれかで、xxxは周辺モジュールごとに決められている略号です。図4-2-4を参照。

❷周辺一括割り込み許可

`INTCONbits.PEIE = 1;`

❸全体一括割り込み許可

`INTCONbits.GIE = 1;`

2 割り込み処理関数の作成

最も基本的な割り込み処理関数の書式はリスト4-2-1のようになります。関数名は自由に付けられます。その関数に「interrupt」という修飾子を付けて記述すれば、割り込み処理関数となります。

リスト 4-2-1 割り込み処理関数の書式

```
void interrupt ISR(void) {
    if(PIRybits.xxxIF == 1){
        PIRybits.xxxIF = 0;          // 割り込みフラグのクリア
        ------------------
        (割り込み処理記述)           // 実行文
        ------------------
    }
    else if(PIRybits.zzzIF == 1){
        PIRybits.zzzIF = 0;          // 割り込みフラグのクリア
        ------------------
        (割り込み処理記述)           // 実行文
        ------------------
    }
}
```

4-2-5 割り込みのプログラム例

実際の割り込みを使ったプログラムを作ってみましょう。作成する例題は図4-2-6のような機能とします。

F1評価ボードを使い、タイマ1とタイマ2の2つのタイマの割り込みで、発光ダイオードのD1とD2から4を異なる周期で点滅させます。さらにスイッチS1のオンとオフでD1の点滅周期を変えることにします。

●図4-2-6　割り込みのプログラム例の構成

【プログラム機能】
タイマ1とタイマ2のインターバル割り込みでLEDを点滅

●S1がオフの場合
D1は0.1秒周期
他は0.5秒周期で点滅させる

●●○○

●S1がオンの場合
D1、D2-4とも0.5秒周期で点滅

○●●●

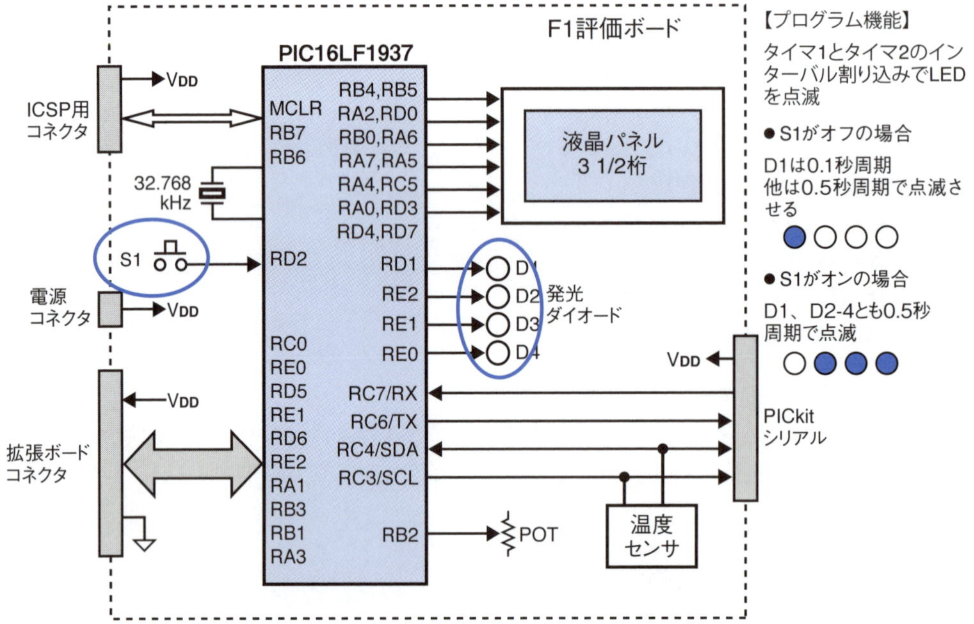

このプログラムはリスト4-2-2となります。最後の方に割り込み処理関数があります。

この例ではタイマ1とタイマ2の2種類の割り込みを使っています。メイン関数の初期化部で入出力ピンの入出力モードを設定したあと、タイマ2を0.1秒周期に、タイマ1を0.5秒周期に初期設定しています。このあと、タイマ1とタイマ2の割り込みを許可してからメインループに入ります。

メインループではスイッチのオンオフチェックをし、それぞれの状態でタイマ2の時間設定を0.5秒と0.1秒で変更しています。

割り込み処理関数では、まずタイマ1の割り込み判定をし、タイマ1の割り込みの場合には、発光ダイオードのD2、D3、D4の点滅をしています。

続いてタイマ2の割り込みかを判定し、タイマ2の割り込みの場合には、D1を点滅させています。

割り込み処理関数の割り込みチェックの部分で、リスト4-2-1の「else if」を使っています。else ifの場合は、2つの割り込みが重なると、いずれかの割り込みを処理したあと、再度割り込みが入ってもう片方の割り込みを処理します。

ここをifだけとすると、同時割り込みの場合には、両方の割り込み処理をいずれも実行してからリターンします。このように一緒に処理する場合には、互いに相手を待ってデッドロック[2]したり、2重で処理したりすることがないよう、重なっても問題ないように考慮して作成する必要があります。特別に高速化したりする必要がない場合には、リスト4-2-1のelse ifで作成した方が無難です。

なお、割り込み処理関数内から別の関数を呼び出すことはできるだけ避けた方が、割り込み処理の実行時間が短くなります。また、メイン関数と割り込み処理関数から同じ関数を呼び出すと、再帰呼び出し[3]になって誤動作の元になるので避けるべきで、別の名前の関数として分けて作成します。

リスト 4-2-2 割り込み処理関数の実例

```
/****************************************
 * タイマと割り込みの基本の使い方例
 * F1 Evaluation Platformを使用
 * ・タイマ1とタイマ2の一定周期でLED点滅
 * ・スイッチによるLEDの点滅周期変更
 * ファイル名   : Interrupt.c
 ****************************************/
#include     <htc.h>
/***** コンフィギュレーションの設定 *********/
__CONFIG(FOSC_INTOSC & WDTE_OFF & PWRTE_ON & MCLRE_ON & CP_OFF
       & CPD_OFF & BOREN_ON & CLKOUTEN_OFF & IESO_OFF & FCMEN_OFF);
__CONFIG(WRT_OFF & PLLEN_OFF & STVREN_OFF & LVP_OFF);
/******** メイン関数  ***********/
void main(void) {
    /* クロック周波数の設定 */
    OSCCON = 0x60;              // 2MHz PLL Off
    /* 入出力ポートの設定 */
    ANSELD = 0x00;              // すべてデジタルピン
    ANSELE = 0x00;
    TRISD  = 0x04;              // RD2以外出力
    TRISE  = 0x00;              // すべて出力
    /* タイマ2の初期設定   100msec周期 */
    T2CON = 0x7F;               // Pre = 1/64  Post=16
    PR2 = 48;                   // 2us×64×16×49 = 100.3msec
    /* タイマ1の設定  0.5sec周期 */
    T1CON = 0x31;               // Fosc/4、1/8  On Async
    TMR1H = 0x85;               // 2us×8×31250 =0.5s
    TMR1L = 0xED;
```

- コンフィギュレーション設定
- クロックと入出力モードの設定
- タイマ2の初期設定
- タイマ1の初期設定

---

[2] **デッドロック**　複数の処理が共通の資源を排他的に利用する場合に、お互いに相手の処理が占有している資源が解放されるのを待っている状態をいう。複数の処理が両方とも待ち状態になるため処理が停止してしまう。

[3] **再帰呼び出し**　リカーシブコールともいう。ある関数から自分自身を呼び出すこと。再帰呼び出しができる関数を記述するのは慣れないと難しいので使用しないほうがよい。

タイマ1と2の割り込み許可

タイマ2の時間変更

タイマ1の場合

D2,3,4の点滅

タイマ2の場合

D1の点滅

```
    /* 割り込み許可 */
    PIE1bits.TMR1IE = 1;            // タイマ1割り込み許可
    PIE1bits.TMR2IE = 1;            // タイマ2割り込み許可
    INTCONbits.PEIE = 1;            // 周辺一括割り込み許可
    INTCONbits.GIE = 1;             // 全体一括割り込み許可

    /**** メインループ ********/
    while(1){
        if(PORTDbits.RD2 == 0){     // S1オンの場合
            PR2 = 244;              // 0.5秒周期
        }
        else{                       // S1オフの場合
            PR2 = 48;               // 0.1秒周期
        }
    }
}
/************************************
* 割り込み処理関数
*  タイマ1 0.5秒
*  タイマ2  0.1秒または0.5秒
************************************/
void interrupt isr(void){
    if(PIR1bits.TMR1IF){            // タイマ1割り込みか？
        PIR1bits.TMR1IF = 0;        // 割り込みフラグクリア
        TMR1H = 0x85;               // 2us×8×31250 =0.5s
        TMR1L = 0xED;
        LATE ^= 0x07;               // D2,3,4点滅
    }
    else if(PIR1bits.TMR2IF){
        PIR1bits.TMR2IF = 0;
        LATDbits.LATD1 ^= 1;        // D1点滅
    }
}
```

4-2-6 外部割り込み(INT割り込み)

入出力ピンの中で、特別に割り込みを生成するピンが用意されています。「INTピン」と呼ばれているピンで、F1ファミリでは、14ピン以下のデバイスではRA2ピンが、18ピン以上のデバイスではRB0ピンが対応しています。(一部異なるデバイスもあるのでデータシートで確認してください)

この外部割り込みを許可すると、INTピンの入力信号の立ち上がりか立ち下がりで割り込みが発生します。これらの設定は、図4-2-7のレジスタで次の手順で行います。

①OPTION_REGレジスタのINTEDGビットで、割り込み検出エッジを立ち上がりか立ち下がりかで指定する
②TRISxレジスタでINTピンを入力モードにする
③INTCONレジスタのINTEビットを「1」にセットして割り込みを許可する
④割り込み処理関数を用意し、この中でINTCONレジスタのINTFビットをクリアする
⑤INTCONレジスタのPEIE、GIEビットを1にして割り込み許可する

以上の設定でINTピンの信号のいずれかのエッジで割り込みが発生しますが、この割り込みは非常に敏感なので、信号にはノイズがのらないように注意する必要があります。

●図4-2-7 入出力ピン関連割り込み制御レジスタ

INTCONレジスタ							
GIE	PEIE	TMR0IE	INTE	IOCIE	TMR0IF	INTF	IOCIF

GIE：全割り込み制御
1：許可 0：禁止

PEIE：周辺割り込み制御
1：許可 0：禁止

INTE ：外部割り込み制御
IOCIE ：状態変化割り込み制御
1：許可 0：禁止

INTF ：外部割り込み制御
IOCIF ：状態変化割り込みフラグ
1：割り込み発生 0：割り込みなし

OPTION_REGレジスタ					
$\overline{\text{WPUEN}}$	INTEDG	TMR0CS	TMR0SE	PSA	PS〈2:0〉

$\overline{\text{WPUEN}}$：弱プルアップ有効化
1：無効 0：有効

INTEDG：外部割り込みエッジ指定
1：立ち上がり 0：立ち下がり

その他：タイマ0設定用

IOCxPレジスタ							
IOCxP7	IOCxP6	IOCxP5	IOCxP4	IOCxP3	IOCxP2	IOCxP1	IOCxP0

状態変化立ち上がり検出有効化 1：有効 0：無効

IOCxNレジスタ							
IOCxN7	IOCxN6	IOCxN5	IOCxN4	IOCxN3	IOCxN2	IOCxN1	IOCxN0

状態変化立ち下がり検出有効化 1：有効 0：無効

IOCxFレジスタ							
IOCxF7	IOCxF6	IOCxF5	IOCxF4	IOCxF3	IOCxF2	IOCxF1	IOCxF0

状態変化検出フラグ 1：変化あり 0：変化なし
(xは、A、B、Cのいずれか)

4-2-7 状態変化割り込み (IOC：Interrupt-on-Change)

入出力ピンにはもう1つの割り込み生成機能があり、状態変化割り込みと呼ばれています。

F1ファミリでは、ポートA、B、Cに割り当てられていますが、デバイスごとにAだけ、AとB、AとBとCというように異なっているので、必ずデバイスのデータシートを参照してください。

この状態変換割り込みを使えるようにすると、設定したピンのHigh/Lowが変化するエッジで割り込みを発生します。これらの設定は次の手順で行います。関連レジスタはやはり図4-2-7となります。

❶対応するピンをTRISxレジスタで入力モードにする

❷IOCxPとIOCxNレジスタで立ち上がりか立ち下がりの検出エッジを指定する

IOCxPレジスタに「1」をセットすると、対応するピンの立ち上がり検出で割り込みを生成します。IOCxNレジスタに「1」をセットすると対応するピンの立ち下がり検出で割り込みを生成します。「0」にすると検出を無効にします。

❸IOCxFレジスタをクリア

過去の割り込み発生をリセットしてクリアします。

❹INTCONレジスタのIOCIEビットを「1」にして割り込みを許可

❺割り込み処理関数を作成

この中でINTCONレジスタのIOCIFビットをクリアします。

さらにIOCxFレジスタをチェックしてどのピンの変化割り込みかをチェックします。そして処理したIOCxFyビットをクリアします。

❻INTCONレジスタのPEIE、GIEビットを「1」にして割り込み許可

これで入力ピンに変化があると割り込みが発生します。この割り込みも敏感なので、入力ピンにはノイズがのらないように注意する必要があります。

状態変化割り込みのプログラム例

F1評価ボードで状態変化割り込みのプログラム例を作ります。例題は図4-2-8のような構成と機能とするものとします。

PIC16LF1937では、状態変化機能がポートBに割り付けられているので、図のように拡張ボードコネクタJ3でRB1かRB3をGNDにジャンパ接続することで入力機能とします。

さらに、RB1とRB3は内蔵プルアップ抵抗でプルアップしておきます。

●図4-2-8 状態変化割り込みのプログラム例の構成

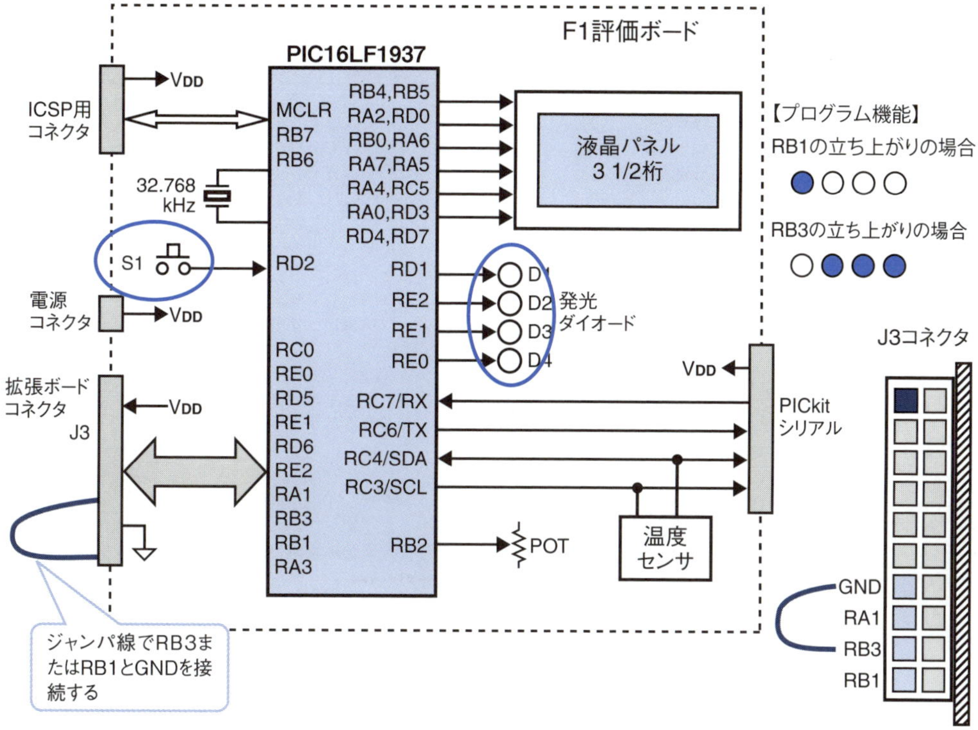

この例のプログラムがリスト4-2-3となります。

メイン関数の初期化部で、クロック周波数と入出力ピンのモード設定後、RB1とRB3のプルアップ抵抗を有効にしています。その後、状態変化割り込みのエッジの指定と割り込み許可を行ってからメインループになりますが、メインループでは何もしていません。

状態変化割り込み処理では、状態変化割り込みであることを確認してから、ビットをチェックします。RB1の場合には割り込みフラグIOCBF1ビットをクリア後、D1を点灯し、D2から4を消灯しています。RB3の場合には同じくIOCBF3をクリア後、D1を消灯、D2、D3、D4を点灯しています。最後に状態変化割り込みフラグIOCIFビットをクリアしています。

リスト 4-2-3 状態変化割り込みのプログラム例

コンフィギュレーション設定

```
/*****************************************
    * 状態変化割り込みの使い方
    * F1 Evaluation Platform を使用
    * ・RB1とRB3のIOC割り込みでLED点滅
    * ファイル名：IOC_INT.c
*****************************************/
#include    <htc.h>
/***** コンフィギュレーションの設定 *********/
__CONFIG(FOSC_INTOSC & WDTE_OFF & PWRTE_ON & MCLRE_ON & CP_OFF
    & CPD_OFF & BOREN_ON & CLKOUTEN_OFF & IESO_OFF & FCMEN_OFF);
```

クロック設定と入出力ピンの設定
RB1とRB3をプルアップ
IOCのエッジを指定
IOCの割り込みを許可
メインループでは何もせず
IOC割り込みの確認
RB1の場合
D1のみ点灯
RB3の場合
D2,3,4のみ点灯
IOC割り込みフラグのクリア

```
__CONFIG(WRT_OFF & PLLEN_OFF & STVREN_OFF & LVP_OFF);
/******** メイン関数  ************/
void main(void) {
    /* クロック周波数の設定 */
    OSCCON = 0x60;                  // 2MHz PLL Off
    /* 入出力ポートの設定 */
    ANSELB = 0x00;                  // すべてデジタルピン
    ANSELD = 0x00;                  // すべてデジタルピン
    ANSELE = 0x00;                  // すべてデジタルピン
    TRISB  = 0x0F;                  // RB0,1,2,3入力
    TRISD  = 0x04;                  // RD2以外出力
    TRISE  = 0x00;                  // すべて出力
     /** プルアップイネーブル **/
    WPUB = 0x0A;                    // RB1,3 プルアップ
    OPTION_REGbits.nWPUEN = 0;      // プルアップ有効化
    /* IOC許可  RB1,RB3 */
    IOCBP = 0x0A;                   // RB1,3立ち上がりエッジ指定
    IOCBN = 0;                      // 立ち下がり指定なし
    IOCBF = 0;                      // フラグ全クリア
    INTCONbits.IOCIF = 0;           // 割り込みフラグクリア
    /* 割り込み許可 */
    INTCONbits.IOCIE = 1;           // IOC割り込み許可
    INTCONbits.PEIE = 1;            // 周辺一括割り込み許可
    INTCONbits.GIE = 1;             // 全体一括割り込み許可
    /************ メインループ  **********/
    while (1) { }
}
/***********************************************
   * IOC割り込み処理関数
   * RB1とRB3の状態変化
   ***********************************************/
void interrupt ISR(void){
    if(INTCONbits.IOCIF){
        if(IOCBFbits.IOCBF1){       // RB1状態変化の場合
            IOCBFbits.IOCBF1 = 0;   // RB1状態変化フラグクリア
            LATDbits.LATD1 = 1;     // D1点灯
            LATE = 0;               // D2,3,4消灯
        }
        else if(IOCBFbits.IOCBF3){  // RB3の状態変化の場合
            IOCBFbits.IOCBF3 = 0;   // RB3状態変化フラグクリア
            LATDbits.LATD1 = 0;     // D1消灯
            LATE = 0x07;            // D2,3,4点灯
        }
        INTCONbits.IOCIF = 0;       // 割り込みフラグクリア
    }
}
```

Peripheral Interface Controller

PIC16F1 family

第5章 PIC16F15xx ファミリの使い方

本章ではF1ファミリの中でも特徴的な新モジュールを内蔵したPIC16F15xxファミリの使い方を説明します。

タイマやA/Dコンバータなどの基本モジュールの使い方を主に説明しています。製作例としては、新モジュールをRCサーボの制御に使った太陽電池雲台を説明しています。

5-1 PIC16F15xxファミリの構成と特徴

F1ファミリの中のPIC16F15xxファミリは、8ピンから64ピンまで幅広いピン数で、多チャネルのアナログ入力やPWM出力モジュールを内蔵しており、さらに次世代モジュールと呼ばれている新モジュールを内蔵していることが特徴です。

5-1-1 PIC16F15xxファミリのデバイス種類

このPIC16F15xxファミリには、本書執筆時点で表5-1-1のようなデバイスがリリースされています。

8ピンのデバイスのみ名称がPIC16ではなくPIC12となっていますが、内部の構成や命令など使い方は同じです。20ピン以下のデバイスには次世代モジュールとして、CLC、CWG、NCO、PWMが実装されています（詳細は5-5節参照）。

▼表5-1-1　PIC16F15xxファミリ一覧

デバイス名称	ピン数	プログラムメモリ（kW）	データメモリ（バイト）	A/Dコンバータチャネル数	コンパレータ	CCP	タイマ数／ビット数	EUSART	MSSPI2C/SPI	DAC 5bit	次世代モジュール
PIC12F(L)1501	8	1	64	4	1	－	2/8, 1/16	－	－	1	CWG, CLC, NCO, PWMx4
PIC16F(L)1503	14	2	128	8	2				MS/1		
PIC16(L)F1507	20	2	128	12	－				－	－	
PIC16(L)F1508		4	256		2			1	MS/1		
PIC16(L)F1509		8	512		2						
PIC16(L)F1512	28	2	128	17	－	2					
PIC16(L)F1513		4	256								
PIC16(L)F1516		8	512								
PIC16(L)F1518		16	1024								
PIC16(L)F1517	40	8	512	28							
PIC16(L)F1519		16	1024								
PIC16(L)F1526	64	8	768	30		10	6/8, 3/16	2	MS/2		
PIC16(L)F1527		16	1536								

また、64ピンデバイスは特別になっていて、30チャネルのアナログ入力が可能で、さらに10組のCCPモジュール（詳細は9-2節参照）が内蔵されているので、PWMが10チャネル出力可能となっています。また、CCPのタイムベースとなるタイマの数も、多数チャネルに合わせて多くなっています。

全デバイスにPIC16FとPIC16LFという2種類があり、PIC16LFは低消費電力版です。

5-1-2 内部構成

PIC16F15xxファミリの内部構成は、20ピン以下と28ピン以上のデバイスで内部構成が異なっています。20ピン以下のデバイスの内部構成は図5-1-1となっていて、次世代モジュールが内蔵されているのが特徴です。

また、クロックの回路が他のファミリとは大幅に異なっていて、PLL機能はありません。最高周波数が20MHzの外付発振子による発振回路を使うか、最高16MHzの内蔵発振器のいずれかとなります。また、内蔵発振器の精度が±10%となっていることにも注意が必要です。

●図5-1-1　20ピン以下のPIC16F15xxファミリ

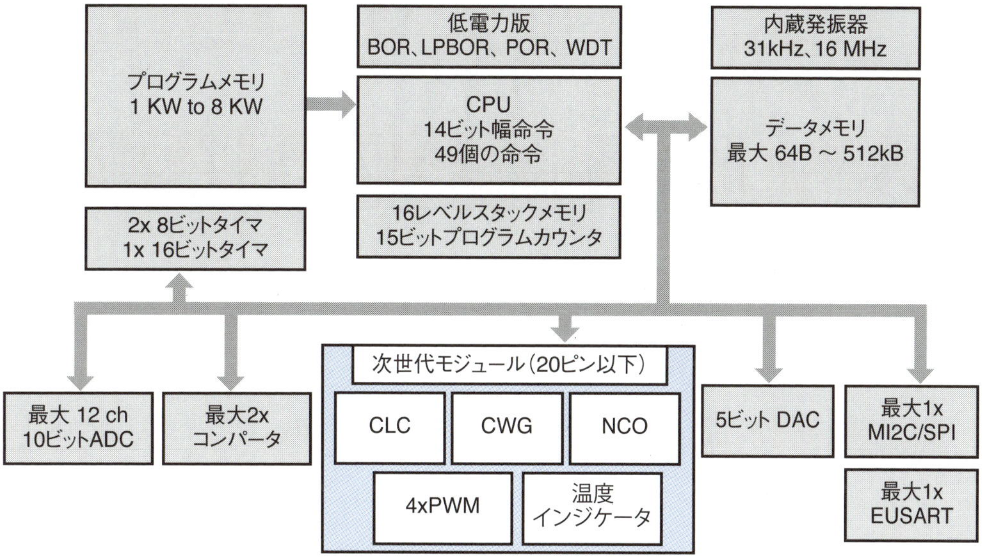

CLC：Configurable Logic Cell
CWG：Complementary Waveform Generator
NCO：Numerical Control Oscillator

28ピン以上のデバイスの内部構成は図5-1-2となっていて、次世代モジュールは内蔵されていません。28ピン、40ピンは基本の構成のみなので、安価なデバイスとなっています。64ピンは多チャネルが特徴となっていて、アナログ入力チャネルは最大30チャネル、CCPによるPWM出力が最大10チャネルと多くなっています。

多ピンのデバイスのクロック回路には発振子用の発振回路がありますが、PLL機能はありません。最大クロック周波数は20MHzとなっています。こちらの内蔵発振器も精度が±6.5%となっています。

●図5-1-2　28ピン以上のPIC16F15xxファミリの構成

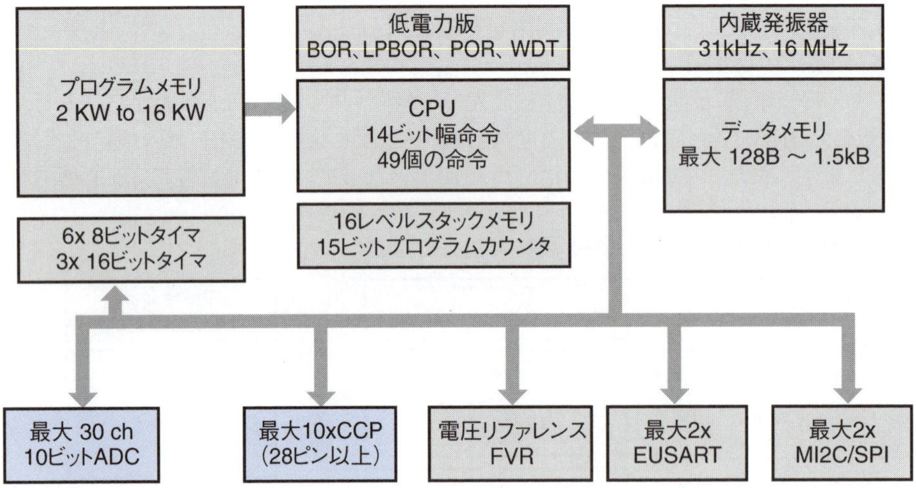

PIC16F1 family

5-2 タイマの使い方

F1ファミリに実装されているタイマの使い方を説明します。タイマの構成はF1ファミリでは共通になっていますが、実装されているタイマの数はデバイスにより異なっています。これらのタイマの種類は大きく分けると、次の3種類となっています。

・ タイマ0
・ タイマ1、タイマ3、タイマ5
・ タイマ2、タイマ4、タイマ6、タイマ8、タイマ10

以降でそれぞれの構成と使い方を説明します。

5-2-1 タイマ0

タイマ0は基本のタイマモジュールで、すべてのPICマイコンに実装されています。このタイマ0の内部構成は図5-2-1のようになっています。

●図5-2-1 タイマ0の構成

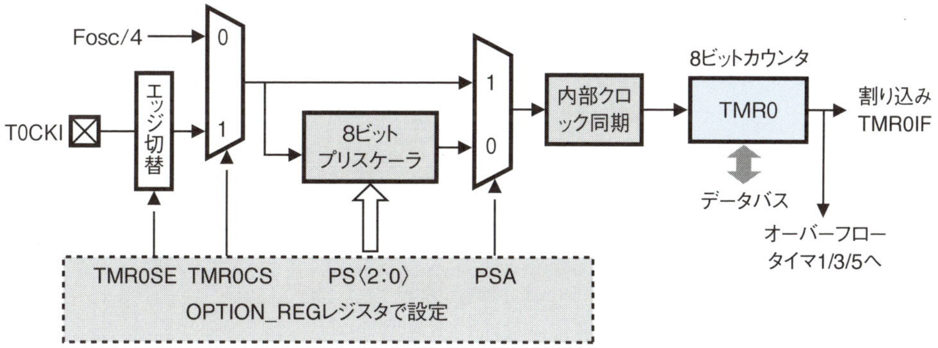

タイマ0の本体はTMR0という8ビットのレジスタで、これがアップカウンタとして動作します。フルカウントまで進むと次のパルス入力で0x00にロールオーバーして戻りますが、このとき割り込み要因としてTMR0IFビットを「1」にセットします。また、他のタイマ1/3/5にオーバーフロー信号を出力して、これでタイマ1/3/5のゲート機能を制御することもできます。

タイマ0の動作は、OPTION_REGレジスタで設定できるようになっています。まず、TMR0のカウンタの入力パルス源はTMR0CSビットで選択され、内部クロック（Fosc）の1/4つまり命令サイクルか、T0CKIピンに入力される外部パルスかになります。
内部クロックを選択した場合には、一定周波数のパルスですから、TMR0カウンタは一定周期でオーバーフローを発生します。これがインターバルタイマとしての動作になります。
しかし、内部クロックそのままでは早過ぎてインターバルタイマ周期が短くなり過ぎますから、プリスケーラで分周したクロックパルスとすることができます。このプリスケーラを使うかどうかはPSAビットで選択し、さらにプリスケーラの分周比をPS<2:0>の3ビットで8種類から選択指定できます。

外部パルスを選択した場合には、T0CKIに入力されるパルス数をカウントすることになりますから、何らかのイベントごとに1パルス発生するようにすればイベントの回数をカウントすることができます。
例えば、荷物が1つ通過するごとに1パルス発生するようにすれば、荷物のカウントをすることができます。
この外部パルスを使う場合には、TMR0SEビットにより立ち上がりでカウントするか、立ち下がりでカウントするかのエッジを指定することができます。

インターバルタイマ

ここでタイマ0をインターバルタイマとして使う場合の時間の設定方法を説明します。
例えば、PIC16F1509を8MHzのクロック周波数で使っていて、タイマ0で20msec周期のインターバルタイマを作成する場合は次のようにします。
8MHzクロックの場合、タイマ0のクロックはこの1/4の2MHzになります。つまり0.5μsec周期のパルスとなります。これで20msecをカウントするには、20msec÷0.5μsec＝40000カウントとなります。これだけのカウントは8ビットのカウンタではできないので、プリスケーラを最大の256分周とします。これで40000÷256＝156.25ですから、約156カウントとなります。タイマ0が156カウントしたときオーバーフローするようにすればよいですから、あらかじめTMR0に値をセットしカウントを始める値を0ではなく、0xFF－156＝99という値にします。TMR0もレジスタですから、単純に「TMR0 = 99;」として代入すれば99にセットされます。これで156パルスが入力されたらオーバーフローして割り込みを発生します。この時間は約20msecということになります。

ここで注意しなければならないことがあります。上記でオーバーフローして割り込みが発生したら、割り込み処理を実行しますが、次のタイマ0のインターバルを同じ20msecとするためには、この割り込み処理の中で再度、TMR0に99という値を再セットしてやる必要があることです。こうしないとTMR0が0からカウントをしてしまい、20msecより長い時間となってしまいます。

タイマ0の関連レジスタ

タイマ0に関連するレジスタの詳細は図5-2-2となっています。上記で説明したように、OPTION_REGレジスタでタイマの動作を設定します。

●図5-2-2　タイマ0関連レジスタの詳細

① OPTION_REG

$\overline{\text{WPUEN}}$	INTEDG	TMR0CS	TMR0SE	PSA	PS〈2:0〉

TMR0CS：パルス選択
　1：外部パルス
　0：内部クロック

TMR0SE：エッジ指定
　1：立ち下がり
　0：立ち上がり

PSA：プリスケーラ選択
　1：使わない
　0：使う

PS<2:0>：分周比選択

000:1/2	001:1/4
010:1/8	011:1/16
100:1/32	101:1/64
110:1/128	111:1/256

② INTCONレジスタ

GIE	PEIE	TMR0IE	INTE	IOCIE	TMR0IF	INTF	IOCIF

GIE：全割り込み制御
　1:許可　0:禁止

TMR0IE：タイマ0割り込み許可制御
　1:許可　0:禁止

PEIE：周辺割り込み制御
　1:許可　0:禁止

TMR0IF：タイマ0割り込みフラグ
　1:割り込み発生　0:割り込みなし

割り込みを使う場合には、OPTION_REGで通常と同じようにタイマ0の動作設定をします。その後、INTCONレジスタのTMR0IEビットを「1」にセットすれば、タイマ0の割り込みが許可され、オーバーフローで割り込みフラグTMR0IFが「1」にセットされると割り込みの要因となり、INTCONレジスタのGIEビットが「1」にセットされていれば割り込みが発生します。

5-2-2　タイマ1/3/5

タイマ1は、ちょっと高機能なタイマモジュールです。タイマ0と同様の機能を持っていますが、大きな違いはカウンタが16ビットカウンタとなっていること、専用の発振回路を内蔵していること、ゲート機能があることです。

また、タイマ1は単独で使うだけでなく、キャプチャ機能やコンペア機能と組み合わせることができます。これにより、時間測定や、パルス幅測定など、さらに高機能な使い方ができます。

タイマ1と同じ構成でタイマ3とタイマ5と3つのタイマモジュールを内蔵しているデバイスもありますが、発振回路を持っているのはタイマ1だけです。タイマ1の内部構成は図5-2-3のようになっています。

図のTMR1が16ビットカウンタの本体で、TMR1HレジスタとTMR1Lレジスタの2個のレジスタを接続して構成されています。カウントトリガとなるパルスは、図の左端にあるマルチプレクサで次の5種類から選択できます。

- LFINTOSC、31kHzという低い周波数の内蔵発振器
- システムクロック（Fosc）直接
- システムクロックの1/4（Fosc/4）のクロック
- T1CKIピンに入力される外部パルス
- 専用の発振回路で発振させたパルス

選択されたパルスは直接かプリスケーラで分周して使うことができます。プリスケーラの分周比は4種類しかありません。

●図5-2-3　タイマ1の内部構成

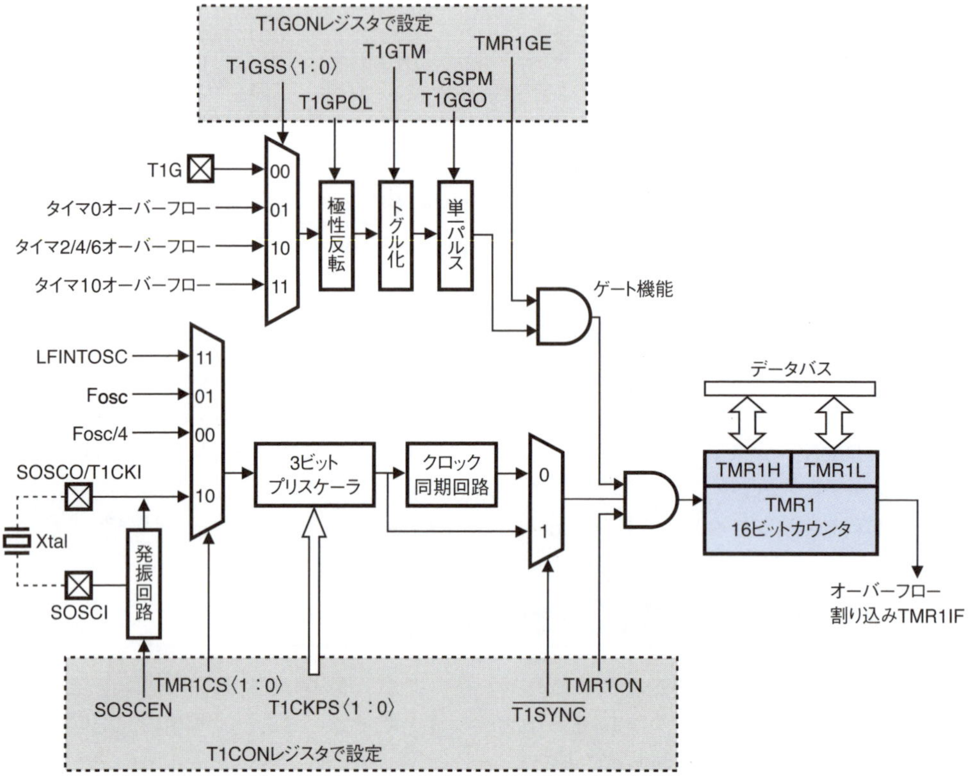

専用発振回路

専用発振回路は、32.768kHzのクリスタルを接続して使うことが前提になっていて、クリスタルをSOSCOピンとSOSCIピン間に接続し、SOSCENビットを「1」にセットすると発振するようになります。この発振パルスの周波数は2の15乗の周波数になっていますから、TMR1Hレジスタに表5-2-1のようにセットすれば、1秒とか0.5秒とかの時計ベースのインターバルタイマとすることができます。

この専用発振回路は独立になっているので、スリープ中も発振を継続します。したがって、タイマ1の割り込みでスリープからウェイクアップさせることができます。ただしこの場合はクロック同期を非同期とする必要があります。なぜなら、同期回路はシステムクロックで動作していてスリープ中は同期回路が停止してしまうためです。こうして間欠動作をする極低消費電力のシステムを構成することができます。

▼表5-2-1 タイマ1のインターバル（32.768kHzのとき）

TMR1Hの値	インターバル時間
0x00	2sec
0x80	1sec
0xC0	0.5sec
0xE0	0.25sec
0xF0	0.125sec

インターバルタイマ

タイマ1をインターバルタイマとして使う場合の時間設定は、タイマ0の場合と同じように、必要なカウント数となるよう、オーバーフローする度にカウント開始値をTMR1HとTMR1Lに代入して設定する必要があります。

この設定の場合には、2個のレジスタの設定の間もカウントを継続していますから、設定の間に下位側から桁上げが起きないように、上位側から設定し、間をおかないですぐ下位側も設定する必要があります。

ゲート機能

タイマ1はこの基本機能の他に、図5-2-3の上側にあるゲート機能が追加されています。ゲート機能を使うと、ゲートが有効な間だけカウント動作をさせることができます。このゲートのオンオフを次の4つの入力源から選択して行うことができます。

- T1Gピンからの外部パルス
- タイマ0のオーバーフローで切り替え
- タイマ2/4/6のオーバーフローで切り替え
- タイマ10のオーバーフローで切り替え

そしてこれらの入力源をそのままゲート信号とするか、単一パルスとしてゲート信号とするか、入力のエッジごとにトグルさせた信号をゲートとするかを指定できます。

実際のゲート動作をタイムチャートで示すと図5-2-4のようになります。

❶単純なゲート動作の場合

例えばT1Gピンをゲート信号とした場合には、T1Gピンの信号がHighの間だけカウントが行われます。このときのHigh、LowはT1GPOLビットで切り替えができ、T1GPOLを「0」にセットすると、図とは逆にT1Gピンの信号がLowの間だけカウントを行います。この動作ではT1Gピンの信号のパルス幅を測定することになります。

❷トグルモードの場合

この場合にはT1Gピンの信号の立ち上がりでゲートが有効となり、次の立ち上がりで無効になるということを繰り返します。したがってこの場合には、T1Gピンの信号の1周期間カウント、つまり周期を測定することになります。

❸1回だけパルス幅を測定する場合

　T1GGOビットをセットしたあと、T1GピンWの信号がHighの間だけカウントし、Lowになった時点でゲートがオフとなって以降のカウント動作はしなくなります。これで、パルス幅を測定する場合連続でカウントすると計測し難くなりますから、1回だけ計測するということが可能になります。

　トグルモードと単一パルスモードを一緒に設定すれば、同じように周期を1回だけ測定することができます。

●図5-2-4　タイマ1のゲート動作

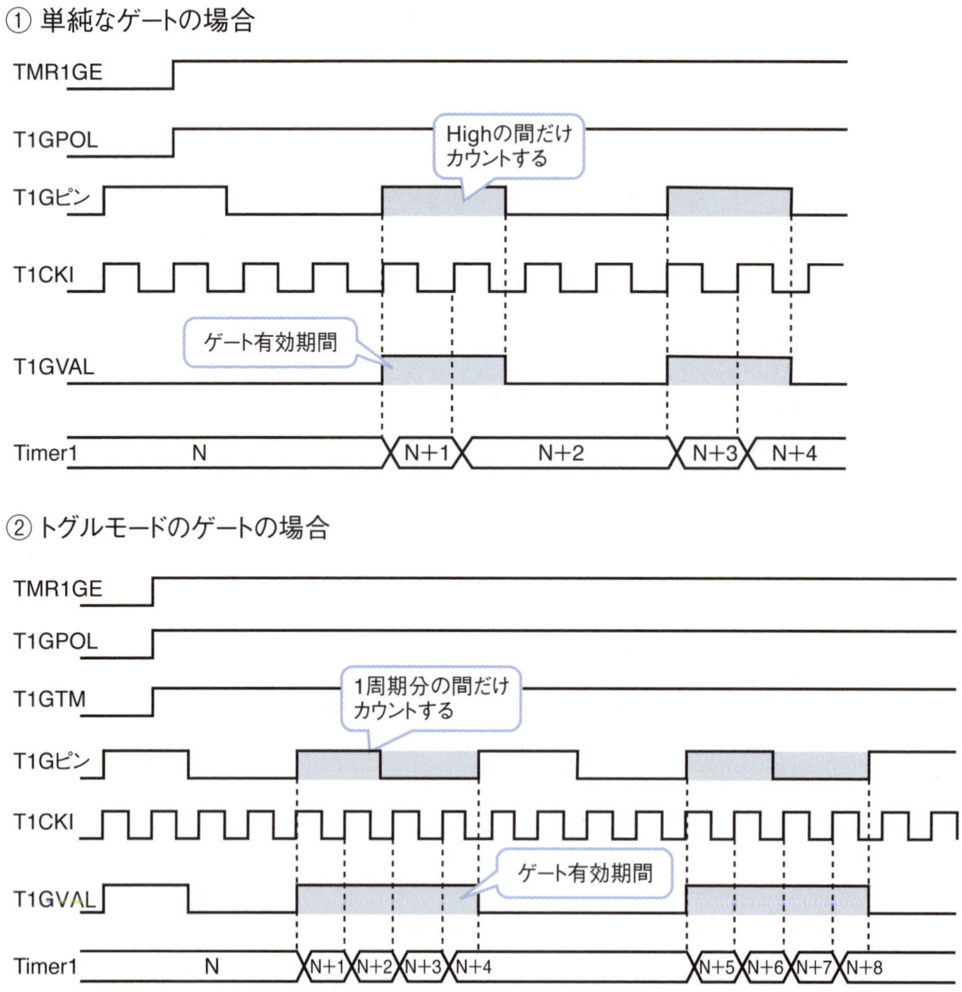

タイマ1の関連レジスタ

タイマ1の基本動作はT1CONレジスタで、ゲート機能はT1GCONレジスタで行うことができます。これらのレジスタの詳細は図5-2-5のようになっています。

タイマ1と同じ構成のタイマとして、タイマ3とタイマ5を内蔵しているデバイスもありますが、これらのタイマの設定用レジスタも同じ構成となっていて、名称はT3CON、T3GCONあるいは、T5CON、T5GCONとなっているので、図5-2-4では、TxCON、TxGCONとしてxが1か3か5となるものとしています。

●図5-2-5　タイマ1/3/5用関連レジスタの詳細

① TxCONレジスタ（xは1,3,5のいずれか）

TMRxCS〈1:0〉		TxCKPS〈1:0〉		SOCEN	TxSYNC	---	TMR1ON

TMRxCS〈1:0〉：パルス選択
　11：LFINTOSC
　10：外部パルスか発振回路
　01：Fosc
　00：Fosc/4

TxCKPS〈1:0〉：
　分周比選択
　11：1/8
　10：1/4
　01：1/2
　00：1/1

SOSCEN：発振回路有効化
　1：有効　0：無効
TxSYNC：クロック同期
　1：非同期　0：同期する
TMRxON：タイマx有効化
　1：有効　0：停止

② TxGCONレジスタ

TMRxGE	TxGPOL	TxGTM	TxGSPM	TxGGO	TxGVAL	TxGSS〈1:0〉	

TMRxGE：ゲート有効化
　1：有効　0：無効
TxPOL：ゲート極性切替
　1：Highで有効　0：Low
TxGTM：トグルモード
　1：有効　0：無効

TxGSPM：単一パルス制御
　1：有効　0：無効
TxGGO：単一パルス状態
　1：レディ中　0：停止中
TxGVAL：ゲート状態
　1：レディ中　0：停止中

TxGSS：ゲート源の選択
　11：タイマ10の周期一致
　10：タイマ2/4/6/8の周期一致
　01：タイマ0のオーバーフロー
　00：タイマxのゲートピン

タイマ1、3、5を割り込みで使う場合も、タイマ0と同じように、TMRxIEビット（xは1、3、5のいずれか）を「1」にセットして割り込みを許可し、INTCONレジスタのGIEビットとPEIEビットを「1」にセットすれば、タイマxのオーバーフローで割り込みが発生します。割り込み処理では、タイマxのカウント開始値を再セットし割り込みフラグTMRxIFをクリアする必要があります。

これらのTMRxIEビットとTMRxIFビットは、図5-2-6に示すように、PIEyレジスタとPIRyレジスタ（yは1、2、3のいずれか）に用意されているので、レジスタを間違えないように設定する必要があります。またデバイスごとにレジスタ内の構成が異なっているのでデータシートでの確認が必要です。しかし、ビット名称は同じになっているので、C言語で使う場合には気にしなくてもよいようになっています。

●図5-2-6　タイマ1/3/5の割り込み制御レジスタ（PIC16F1527の場合）

INTCONレジスタ	GIE	PEIE	TMR0IE	INTE	IOCIE	TMR0IF	INTF	IOCIF

GIE：全割り込み制御
　1：許可　0：禁止

PEIE：周辺割り込み制御
　1：許可　0：禁止

TMR0IE：タイマ0割り込み制御
INTE：外部割り込み制御
IOCIE：ポートB状態変化割り込み制御
　1：許可　0：禁止

TMR0IF：タイマ0割り込みフラグ
INTF：外部割り込みフラグ
IOCIF：ポートB状態変化割り込みフラグ
　1：割り込み発生　0：割り込みなし

PIR1レジスタ	TMR1GIF	ADIF	RC1IF	TX1IF	SSP1IF	CCP1IF	TMR2IF	TMR1IF
PIR2レジスタ	OSFIF	TMR5GIF	TMR3GIF	---	BCLIF	TMR10IF	TMR8IF	CCP2IF
PIR3レジスタ	CCP6IF	CCP5IF	CCP4IF	CCP3IF	TMR6IF	TMR5IF	TMR4IF	TMR3IF
PIR4レジスタ	CCP10IF	CCP9IF	RC2IF	TX2IF	CCP8IF	CCP7IF	BCL2IF	SSP2IF

各モジュールごとの割り込みフラグ
　1：割り込み中　0：割り込みなし

PIE1レジスタ	TMR1GIE	ADIE	RC1IE	TX1IE	SSP1IE	CCP1IE	TMR2IE	TMR1IE
PIE2レジスタ	OSFIE	TMR5GIE	TMR3GIE	---	BCLIE	TMR10IE	TMR8IE	CCP2IE
PIE3レジスタ	CCP6IE	CCP5IE	CCP4IE	CCP3IE	TMR6IE	TMR5IE	TMR4IE	TMR3IE
PIE4レジスタ	CCP10IE	CCP9IE	RC2IE	TX2IE	CCP8IE	CCP7IE	BCL2IE	SSP2IE

各モジュールごとの割り込み許可ビット
　1：割り込み許可　0：割り込み禁止

プログラム例

タイマ1の専用発振回路を使ったプログラム例がリスト5-2-1となります。

このプログラムはF1評価ボードで動作させます。タイマ1の32.768kHzの外部発振回路で1秒間隔の割り込みを生成し、その割り込みでD2からD4を3ビットのカウンタとしてカウントアップさせます。これで、1秒間隔でLEDがカウントアップすることになります。また、メインループでは何もせず、常時スリープ状態としていて、1秒割り込みごとにウェイクアップしてLEDを制御したらすぐまたスリープするということを繰り返します。

タイマ1の割り込み処理で、タイマ1のカウントの再設定をするためTMR1Hの再設定をしていますが、TMR1Lはセットしていません。これは、この設定までにすでにTMR1Lはカウントされているからです。ここで再セットすると余分にカウントしてしまい、時間が長くなって誤差がでてしまいます。

リスト 5-2-1　タイマ１の外部発振のプログラム例

```
/**********************************************
   * タイマ1の外部発振の使い方
   * F1評価ボードを使用
   * タイマ1の秒割り込みでLEDカウントアップ
   * ファイル名：Timer1.c
**********************************************/
#include    <htc.h>
/***** コンフィギュレーションの設定 *********/
__CONFIG(FOSC_INTOSC & WDTE_OFF & PWRTE_ON & MCLRE_ON & CP_OFF
    & CPD_OFF & BOREN_ON & CLKOUTEN_OFF & IESO_OFF & FCMEN_OFF);
__CONFIG(WRT_OFF & PLLEN_OFF & STVREN_OFF & LVP_OFF);
/******** メイン関数  ************/
void main(void) {
    /* クロック周波数の設定 */
    OSCCON = 0x60;              // 2MHz PLL Off
    /* 入出力ポートの設定 */
    ANSELD = 0x00;              // すべてデジタルピン
    ANSELE = 0x00;
    TRISD  = 0x04;              // RD2以外出力
    TRISE  = 0x00;              // すべて出力
    /* タイマ1の設定  外部発振1秒周期 */
    T1CON = 0x8D;               // T1OSC、1/1  Async
    TMR1H = 0x80;               // 1s
    TMR1L = 0;
    /* 割り込み許可 */
    PIE1bits.TMR1IE = 1;        // タイマ1割り込み許可
    INTCONbits.PEIE = 1;        // 周辺一括割り込み許可
    INTCONbits.GIE = 1;         // 全体一括割り込み許可

    /**** メインループ ********/
    while(1){
        SLEEP();                // スリープとする
        NOP();                  // ダミー
    }
}
/************************************
* 割り込み処理関数
*  タイマ1 1秒周期
************************************/
void interrupt isr(void){
    PIR1bits.TMR1IF = 0;        // 割り込みフラグクリア
    TMR1H = 0x80;               // 1s
    LATE++;                     // D2,3,4でカウンタ表示
}
```

タイマ１の初期設定で外部発振有効化
TMR1 を 0x8000 とする

メインループでは常時スリープ状態

タイマ１の再セット

LED をカウントアップ

5-2-3　タイマ2/4/6/8/10

　タイマ２タイプのタイマは2/4/6/8/10と最大５個のモジュールを内蔵しているデバイスがありますが、各タイマはすべて同じ構成となっているので以降はタイマ２として説明します。実際の内蔵タイマ数はデバイスごとに異なっているので、データシートで確認してください。

　タイマ２の特徴は他のタイマと異なり、周期コンパレータをもっていることです。これに

よりハードウェアで自動的に周期を生成するので、割り込み処理でのタイマ値の再セットは必要なくなり、正確な周期が得られます。また、タイマ2はCCPモジュールのタイムベースとしても使われます。

タイマ2の構成は図5-2-7のようになっています。タイマ2の本体は8ビットのカウンタTMR2で、他と同じように入力パルスによるアップカウンタです。他と異なるのはこのTMR2にコンパレータが接続されていて、常時周期レジスタPR2と比較されていることです。そしてこの両者が一致するとタイマ2一致出力として出力され、同時にTMR2が0にクリアされます。これで、図5-2-7の下側の図のようにTMR2は0からカウントを再開することになります。さらに再度PR2と同じ値までカウントするとまた0に戻されます。こうして一定間隔でタイマ2一致出力が出力されることになります。しかもこの間、ハードウェアだけで動作しているので、正確な一定間隔となります。

このタイマ2一致出力にはポストスケーラと呼ばれる分周器が接続されており、設定された回数の一致出力が出力されるとはじめて実際の割り込み要因となるTMR2IFビットがセットされます。

タイマ2のパルス入力源はシステムクロックのFosc/4だけで、これにプリスケーラが接続されていて、最大64分周まで分周することができます。

タイマ2一致出力はCCPのPWMの周期を決める信号としても使われますが、詳細はCCPの項で説明しています。

●図5-2-7　タイマ2の構成

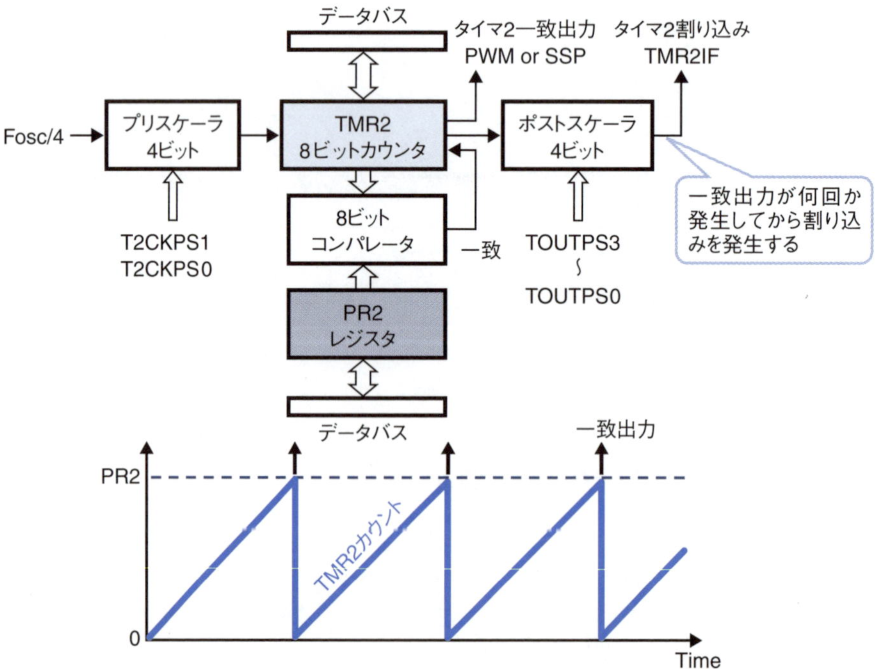

タイマ２の関連レジスタ

タイマ２の動作を決めるのはT2CONレジスタで、図5-2-8のようなビット構成となっています。図のようにこのレジスタはタイマ2/4/6/8/10に共通な構成となっています。プリスケーラの分周比が４種類しかないので注意が必要です。

●図5-2-8　タイマ2/4/6/8/10関連レジスタ

TxCONレジスタ（xは2,4,6,8,10のいずれか）

---	TxOUTPS〈3:0〉	TMRxON	TxCKPS〈1:0〉

TxOUTPS〈3:0〉：ポストスケーラ分周比設定
1111：1/16　1110：1/15　1101：1/14
1100：1/13　1011：1/12　1010：1/11
1001：1/10　1000：1/9　0111：1/8
0110：1/7　0101：1/6　0100：1/5
0011：1/4　0010：1/3　0001：1/2
0000：1/1

TMRxON：タイマx有効化
1：有効　0：無効

TxCKPS：プリスケーラ分周比
11：1/64　10：1/6
01：1/4　00：1/1

PIR1レジスタ	TMR1GIF	ADIF	RC1IF	TX1IF	SSP1IF	CCP1IF	TMR2IF	TMR1IF
PIR2レジスタ	OSFIF	TMR5GIF	TMR3GIF	---	BCLIF	TMR10IF	TMR8IF	CCP2IF
PIR3レジスタ	CCP6IF	CCP5IF	CCP4IF	CCP3IF	TMR6IF	TMR5IF	TMR4IF	TMR3IF
PIR4レジスタ	CCP10IF	CCP9IF	RC2IF	TX2IF	CCP8IF	CCP7IF	BCL2IF	SSP2IF

各モジュールごとの割り込みフラグ
1：割り込み中　0：割り込みなし

PIE1レジスタ	TMR1GIE	ADIE	RC1IE	TX1IE	SSP1IE	CCP1IE	TMR2IE	TMR1IE
PIE2レジスタ	OSFIE	TMR5GIE	TMR3GIE	---	BCLIE	TMR10IE	TMR8IE	CCP2IE
PIE3レジスタ	CCP6IE	CCP5IE	CCP4IE	CCP3IE	TMR6IE	TMR5IE	TMR4IE	TMR3IE
PIE4レジスタ	CCP10IE	CCP9IE	RC2IE	TX2IE	CCP8IE	CCP7IE	BCL2IE	SSP2IE

各モジュールごとの割り込み許可ビット
1：割り込み許可　0：割り込み禁止

インターバル時間

タイマ２で実際にインターバル時間を設定する方法は次のようにします。

例えばシステムクロックが32MHzの最高速度とした場合、10msecというインターバル時間とするためには、次のようにします。

まずタイマ2の入力パルスは32MHz÷4＝8MHz → 0.125μsecとなります。これで10msecとするには、ポストスケーラを1/10にしてタイマ２の周期を1msec周期とすることにします。これで1msec÷0.125μsec＝8000カウントとなります。プリスケーラを最大の64分周とすれば、8000÷64＝125となりますから、PR2に1を引いた124を設定すれば正確な10msec周期のインターバルが得られます。

これでタイマ2の割り込みを許可すれば、正確な10msec周期の割り込みが得られます。また割り込み処理の中では、割り込みフラグTMR2IFをクリアするだけで、TMR2の再設定は必要ありません。

タイマ2の割り込みを許可するには、他と同様に、TMR2IEビットを「1」にセットし、INTCONレジスタのPEIEビットとGIEビットを「1」にセットすれば、TMR2IFが「1」にセットされたときに割り込みを発生します。

5-2-4 タイマのプログラム例

実際にタイマを使ったプログラムの例です。F1評価ボードを使い、タイマのインターバル割り込みで4個のLEDを次のように点滅させます。

- タイマ0の50msec周期でD1を点滅
- タイマ2の100msec周期でD2を点滅
- タイマ4の200msec周期でD3を点滅
- タイマ1の500msec周期でD4を点滅

タイマ1以外のタイマの時間設定はぴったりにはならず、わずかですがインターバルが異なります。これはやむをえないとします。

このプログラムのリストがリスト5-2-2となります。初期設定部でタイマごとに時間設定してから、割り込みを許可しています。

割り込み処理では、どのタイマの割り込みかを判定してから割り込みフラグをクリアし、発光ダイオードの反転制御をしています。割り込み判定はすべてif文で行っているので、同時割り込みも一緒に処理します。

リスト 5-2-2 タイマのプログラム例

```
/****************************************
 * タイマの使い方例
 * F1 Evaluation Platformを使用
 * ・タイマ0,1,2,4の一定周期でLED点滅
 * ファイル名  ：Timer0124.c
****************************************/
#include    <htc.h>
/***** コンフィギュレーションの設定 *********/
__CONFIG(FOSC_INTOSC & WDTE_OFF & PWRTE_ON & MCLRE_ON & CP_OFF
    & CPD_OFF & BOREN_ON & CLKOUTEN_OFF & IESO_OFF & FCMEN_OFF);
__CONFIG(WRT_OFF & PLLEN_OFF & STVREN_OFF & LVP_OFF);
/******** メイン関数  ************/
void main(void) {
    /* クロック周波数の設定 */
    OSCCON = 0x60;              // 2MHz PLL Off
    /* 入出力ポートの設定 */
    ANSELD = 0x00;              // すべてデジタルピン
    ANSELE = 0x00;
```

クロックは2MHzとする

入出力モードの設定

タイマ0の初期設定

タイマ2の初期設定

タイマ4の初期設定

タイマ1の初期設定

各タイマの割り込み許可

タイマ0の割り込み処理

タイマ2の割り込み処理

タイマ4の割り込み処理

タイマ1の割り込み処理

```
    TRISD  = 0x04;              // RD2以外出力
    TRISE  = 0x00;              // すべて出力
    /* タイマ0の初期設定  50msec周期 */
    OPTION_REG = 0x07;          // Pre=1/256
    TMR0 = 0x9E;                // 2us×98×256 =50.2mse
    /* タイマ2の初期設定  100msec周期 */
    T2CON = 0x7F;               // Pre＝1/64  Post=16
    PR2 = 0x30;                 // 2us×64×16×49 = 100.3msec
    /* タイマ4の初期設定  200msec周期 */
    T4CON = 0x7F;               // Pre＝1/64  Post=16
    PR4 = 0x61;                 // 2us×64×16×98 = 200.7msec
    /* タイマ1の設定  500msec周期 */
    T1CON = 0x31;               // Fosc/4、1/8  On Async
    TMR1H = 0x85;               // 2us×8×31250 =0.5s
    TMR1L = 0xED;
    /* 割り込み許可 */
    INTCONbits.TMR0IE = 1;      // タイマ0割り込み許可
    PIE1bits.TMR1IE = 1;        // タイマ1割り込み許可
    PIE1bits.TMR2IE = 1;        // タイマ2割り込み許可
    PIE3bits.TMR4IE = 1;        // タイマ4割り込み許可
    INTCONbits.PEIE = 1;        // 周辺一括割り込み許可
    INTCONbits.GIE = 1;         // 全体一括割り込み許可
    /**** メインループ ********/
    while(1){      }
}
/*************************************
* タイマ割り込み処理関数
*************************************/
void interrupt isr(void){
    if(INTCONbits.TMR0IF){      // タイマ0割り込みか？
        INTCONbits.TMR0IF = 0;  // タイマ0割り込みフラグクリア
        TMR0 = 0x9E;            // タイマ0再設定
        LATDbits.LATD1 ^= 1;    // D1反転
    }
    if(PIR1bits.TMR2IF){        // タイマ2割り込みか？
        PIR1bits.TMR2IF = 0;    // タイマ2割り込みフラグクリア
        LATEbits.LATE2 ^= 1;    // D2点滅
    }
    if(PIR3bits.TMR4IF){        // タイマ4割り込みか？
        PIR3bits.TMR4IF = 0;    // タイマ4割り込みフラグクリア
        LATEbits.LATE1 ^= 1;    // D3点滅
    }
    if(PIR1bits.TMR1IF){        // タイマ1割り込みか？
        PIR1bits.TMR1IF = 0;    // 割り込みフラグクリア
        TMR1H = 0x85;           // タイマ1再セット
        TMR1L = 0xED;
        LATEbits.LATE0 ^= 1;    // D4点滅
    }
}
```

PIC16F1 family

5-3 10ビットA/Dコンバータモジュールの使い方

F1ファミリでは、すべてのデバイスにA/Dコンバータモジュールが内蔵されています。A/Dとは「Analog to Digital Converter」の略です。これは、特定のアナログ入力端子に信号を接続して、そのアナログ信号の電圧をデジタル数値に変換し、デジタルデータとして読み取ることができる機能です。

5-3-1 10ビットA/Dコンバータモジュールの構成と動作

F1ファミリのA/Dコンバータは、逐次比較型の変換器で高速な変換ができます。変化する信号を安定して変換できるようにするサンプルホールド回路も内蔵しています。図5-3-1がPIC16F193xの場合のA/Dコンバータモジュールの内部構成です。この内部構成はデバイスごとにチャネル数やリファレンス選択肢が異なっているところがあるので、デバイスのデータシートで確認してください。

A/DコンバータはADONビットを1にセットすることで動作有効となります。PICマイコンはアナログ入力端子を複数持っていますが、このうちのどれか1つだけが入力マルチプレクサで選択され、サンプルホールドへ入力されます。サンプルホールドキャパシタへの充電を待った後A/D変換を開始すると、逐次変換方式でA/D変換を行い、変換結果がADRESHレジスタとADRESLレジスタの2バイトに出力されます。

A/Dコンバータの入力チャネルは、外部ピン以外に、内蔵温度センサ、内蔵D/Aコンバータ、内蔵定電圧リファレンス（FVR）も選択できるようになっています。

さらに、変換する電圧範囲を決めるリファレンス（V_{REF}＋とV_{REF}－）として、電源とGND以外に外部から入力する電圧とすることもできますし、内蔵定電圧リファンレスを指定することもできます。

実際に測定可能な電圧範囲と変換精度はリファレンスV_{REF}＋とV_{REF}－で決定されます。測定値の最大値がV_{REF}＋で最小値がV_{REF}－となり、この間が1024等分されます。

●図5-3-1 A/Dコンバータ回路の内部構成

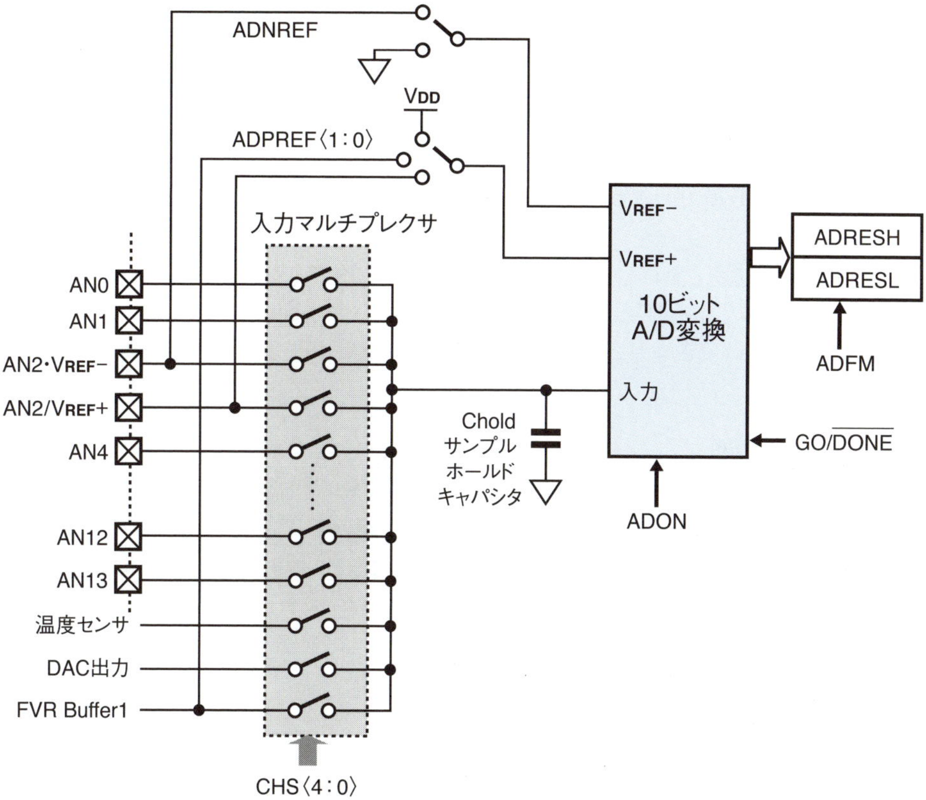

A/D変換の所要時間

A/Dコンバータが A/D変換をする時間は、図5-3-2で表されます。

●図5-3-2 A/D変換に必要な時間

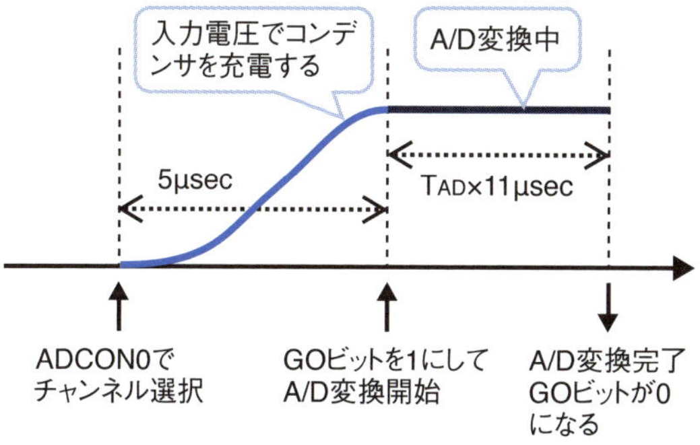

どれか1つのチャンネルが選択されると、そのアナログ信号で内部のサンプルホールドキャパシタを充電します。この充電のための時間（アクイジションタイム）が必要となります。A/D変換を正確に行うには、アクイジションタイムとして標準で5μsec以上を待ち、それから変換スタート指示をする必要があります。この時間を待たずにA/D変換のスタート指示を出すと、充電の途中の電圧で変換してしまうため、実際の値より小さめの値となってしまいます。

このあとの逐次変換に要する時間は、A/D変換用クロック（T_{AD}）の11倍となります。この変換用クロックは逐次変換用のクロックで、システムクロックを分周して生成します。F1ファミリではT_{AD}は1μsecから9μsecの間と決められています。結果的に、F1ファミリの場合のA/D変換速度は、最大速度で動作させても、アクイジションタイム（標準5μsec）＋変換時間（1μsec × 11 ＝ 11μsec）となるので、最小繰り返し周期は、16μsecとなります。これ以上の高速でのA/D変換動作はできません。つまり、1秒間に62.5kSPS以上の速さでは繰り返し動作はできません。

変換可能な電圧範囲

変換可能なアナログ電圧の範囲は、リファレンスの選択指令に従って、下側は0VかV_{REF}－ボルトから、上側はV_{REF}＋か電源電圧までとなります。

アナログ信号の電圧値をデジタル信号に変換するときには、どれぐらいの分解能で変換するのかということが問題になります。それを表現するのが、A/Dコンバータのビット数で、このA/Dコンバータモジュールは10ビットの分解能となっています。つまり、0～1023までの1024段階で電圧値を表現できるということになります。

5-3-2 A/Dコンバータ用制御レジスタ

A/Dコンバータを制御するためのレジスタは次のようにたくさんあります。以下順に説明します。

- ADCON0 ：AD有効化、チャネル選択、変換開始
- ADCON1 ：結果形式指定、クロック選択、リファレンス選択
- ADRESH ：変化結果上位バイト
- ADRESL ：変換結果下位バイト
- ANSELx ：ピンのアナログ、デジタル切り替え（xはA、B、C･･･）
- TRISx ：ピンの入出力モード設定（xはA、B、C･･･）
- PIE1 ：割り込み許可
- PIR1 ：割り込みフラグ

これらのレジスタの内容詳細は図5-3-3のようになっています。

●図5-3-3　A/Dコンバータ関連レジスタの詳細

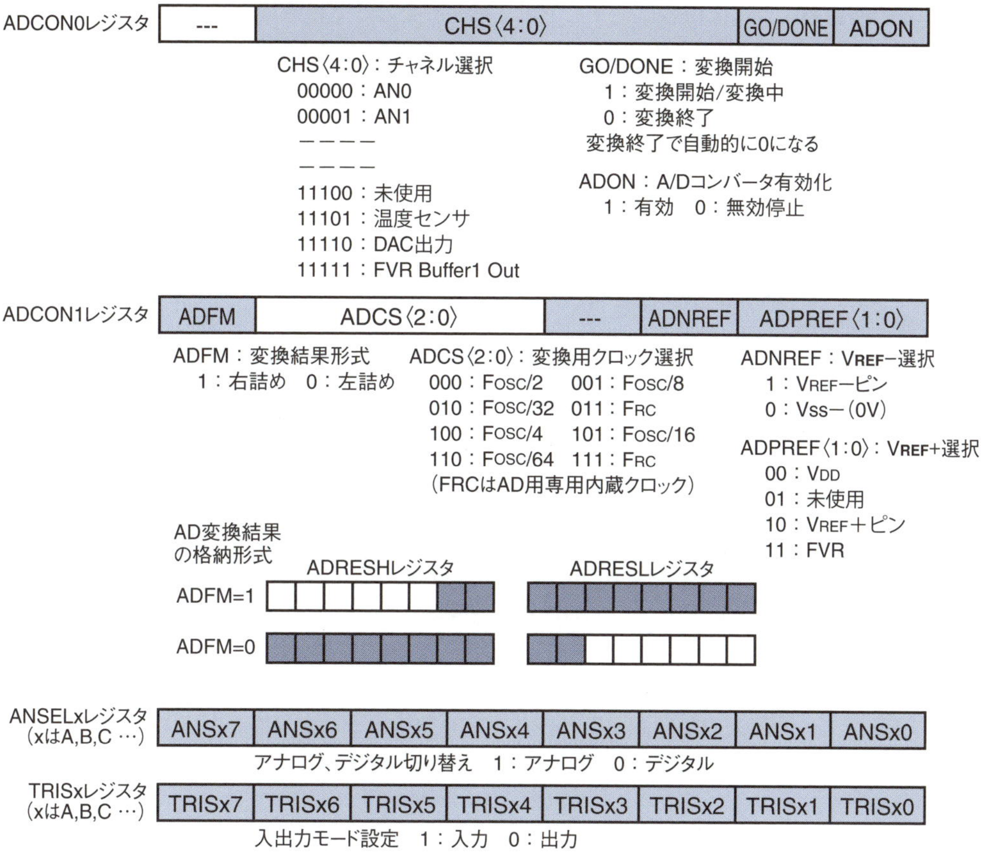

1 ADCON0 レジスタ

A/Dコンバータの有効化とチャネル選択、変換開始の設定を行います。ADONビットを1にするとA/Dコンバータにクロックが供給され、動作状態となります。このときA/Dコンバータが電力を消費しますが、300μA近くの電流を必要とするので、低消費電流で使いたい場合には、必要なときのみADONをセットする必要があります。

チャネル選択後アクイジション時間を待ってからGOビットを1にセットして変換を開始します。

2 ADCON1 レジスタ

ADFMビットで変換結果の格納形式を指定します。ADFMビットが1の場合は、図のようにADRESHレジスタとADRESLレジスタに右詰めで10ビットのデータが格納されます。10ビットのデータとして扱う場合は通常この右詰めで使います。

ADFMビットを0にセットした場合には左詰めとなり、10ビットのデータの上位8ビットがADRESHレジスタで取り出せます。このように8ビットだけでよい場合や、CCPのデューティ設定などの場合のように上位8ビットと下位2ビットを分けて扱う場合に使います。

ADCS<2:0>ビットでクロックの選択をしますが、基本はシステムクロックの分周になっているので、T_{AD}の規格範囲（1～9μsec）に入る値を選択します。これができない場合は、専用の内蔵クロックFrc（標準1.0～6.0μsec）を使います。

実際のシステムクロック周波数ごとに選択可能な値は、表5-3-1の白地の範囲で、灰地の範囲は規格外となります。

▼**表5-3-1　A/Dコンバータ用クロックの選択**

クロック選択		システムクロックごとのA/D変換クロック値（T_{AD}）					
選択肢	ADCS<2:0>	32MHz	20MHz	16MHz	8MHz	4MHz	1MHz
Fosc/2	000	62.5ns	100ns	125ns	250ns	500ns	2.0ns
Fosc/4	100	125ns	200ns	250ns	500ns	1.0μs	4.0μs
Fosc/8	001	0.5μs	400ns	0.5μs	1.0μs	2.0μs	8.0μs
Fosc/16	101	800ns	800ns	1.0μs	2.0μs	4.0μs	16.0μs
Fosc/32	010	1.0μs	1.6μs	2.0μs	4.0μs	8.0μs	32.0μs
Fosc/64	110	2.0μs	3.2μs	4.0μs	8.0μs	16.0μs	64.0μs
FRC	x11	1.0-6.0μs	1.0-6.0μs	1.0-6.0μs	1.0-6.0μs	1.0-6.0μs	1.0-6.0μs

ADNREFビットとADPREF<1:0>ビットでリファレンスのV_{REF}－とV_{REF}＋を選択します。

リファレンスは外部入力か電源電圧か内蔵電圧リファレンスから選択することができます。各々の場合の電圧は表5-3-2のようになります。

▼**表5-3-2　リファレンス電圧**

リファレンス設定	入力最大電圧	備　考
電源電圧（V_{DD}）	V_{DD}	精度はV_{DD}の精度に依存
外部リファレンス電圧差（V_{REF}＋ － V_{REF}－）	1.8V～V_{DD}	精度は外部リファレンスに依存
内蔵電圧リファレンス	（1.024V） 2.048V 4.096V	初期電圧誤差は±1%

ここで注意しなければならないことは、10ビット精度は、V_{REF}＋とV_{REF}－の電圧差が1.8V以上のときに保証されていて、それ以下の場合には保証外となっていることです。したがってV_{REF}＋に内蔵電圧リファレンスで1.024Vを指定した場合は精度が保証されません。

A/Dコンバータの入力条件には、もう1つ重要な条件があります。それは入力源となるアナログ回路の出力インピーダンスが10kΩ以下と規定されていることです。これが大きくなるとアクイジションタイムの時間がより長くなることと、あまり大きいと測定電圧に誤差が出るようになるので注意が必要です。

オペアンプなどを接続した場合は全く問題ありませんが、電圧を測定するような場合に抵抗で分圧して入力するとき、高抵抗で分圧すると測定誤差が出るので注意が必要です。

3 ANSELxレジスタとTRISxレジスタ

アナログピンとして使うピンは、ANSELxレジスタで1にセットしてアナログピン扱いとし、TRISxレジスタで1にセットして入力モードとする必要があります。

4 割り込み

A/Dコンバータモジュールは、A/Dコンバータ終了による割り込みを生成します。この割り込みの制御は、PIR1とPIE1レジスタで行います。レジスタの内容詳細は図5-3-4のようになっています。

●図5-3-4　割り込み制御レジスタの内容

INTCONレジスタ							
GIE	PEIE	TMR0IE	INTE	IOCIE	TMR0IF	INTF	IOCIF

GIE：全割り込み制御
1：許可　0：禁止

PEIE：周辺割り込み制御
1：許可　0：禁止

PIR1レジスタ							
TMR1GIF	ADIF	RC1IF	TX1IF	SSP1IF	---	TMR2IF	TMR1IF

各モジュールごとの割り込みフラグ
1：割り込み中　0：割り込みなし

PIE1レジスタ							
TMR1GIE	ADIE	RC1IE	TX1IE	SSP1IE	---	TMR2IE	TMR1IE

各モジュールごとの割り込み許可ビット
1：割り込み許可　0：割り込み禁止

A/Dコンバータモジュールの割り込みが入るようにするための手順は、まずPIE1レジスタのADIEビットを1にしてA/Dコンバータ割り込みを許可し、その次に、INTCONレジスタのPEIEとGIEの割り込み許可ビットを1にして全体の割り込みを許可します。これで、A/Dコンバータが終了した時点でADIFビットが1にセットされ割り込みが発生します。割り込み処理では他と同様にADIFビットをクリアする必要があります。

しかし、A/Dコンバータを使う場合、多くは割り込みを使わないでプログラムで変換終了をチェックして待つようにしています。これは変換終了までは数10μsecしかかかりませんし、割り込みを使うとかえって余分な時間が必要になってしまうためです。ステータスチェックで待つ方が効率良いのです。

5-3-3 A/Dコンバータのプログラミング

A/Dコンバータを使うためには、まずプログラムの最初の初期化部分でANSELxレジスタとTRISxレジスタで使用するアナログ入力ピンを指定しておく必要があります。同時にADCON1レジスタでクロックとリファレンスを指定しておきます。このあとADCON0レジスタでADONを指定し動作を開始します。あとは実際の変換実行部分で、図5-3-5のフローでプログラミングします。

A/Dコンバータは1組しかないので、一度に1チャンネルしか入力変換することができません。したがって、A/D変換をする都度、どのチャンネルに対して実行するかを指定する必要があります。

●図5-3-5　A/Dコンバータプログラミング手順

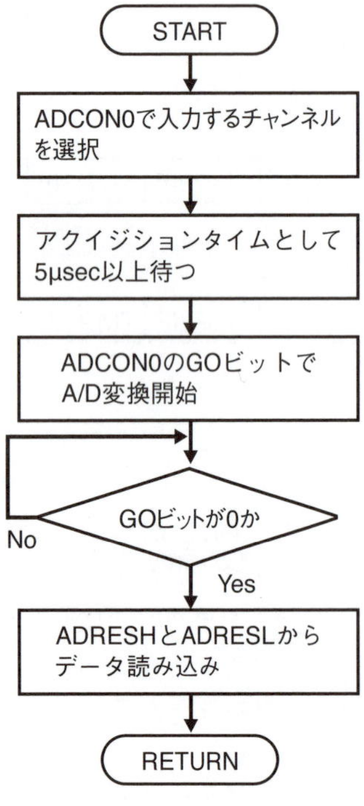

F1評価ボードを使った10ビットA/Dコンバータのプログラム例を作ります。まず例題の構成と機能は図5-3-6のようにするものとします。

つまりPOTの電圧に応じて、D1からD4のLEDの点灯数が変化するようにします。

● 図5-3-6 10ビットA/Dコンバータのプログラム例の構成と機能

【プログラム機能】
POTの電圧に応じてLEDの数を変更する

- V_DDの20%以下: ○○○○
- V_DDの20%以上: ○○○●
- V_DDの40%以上: ○○●●
- V_DDの60%以上: ○●●●
- V_DDの80%以上: ●●●●

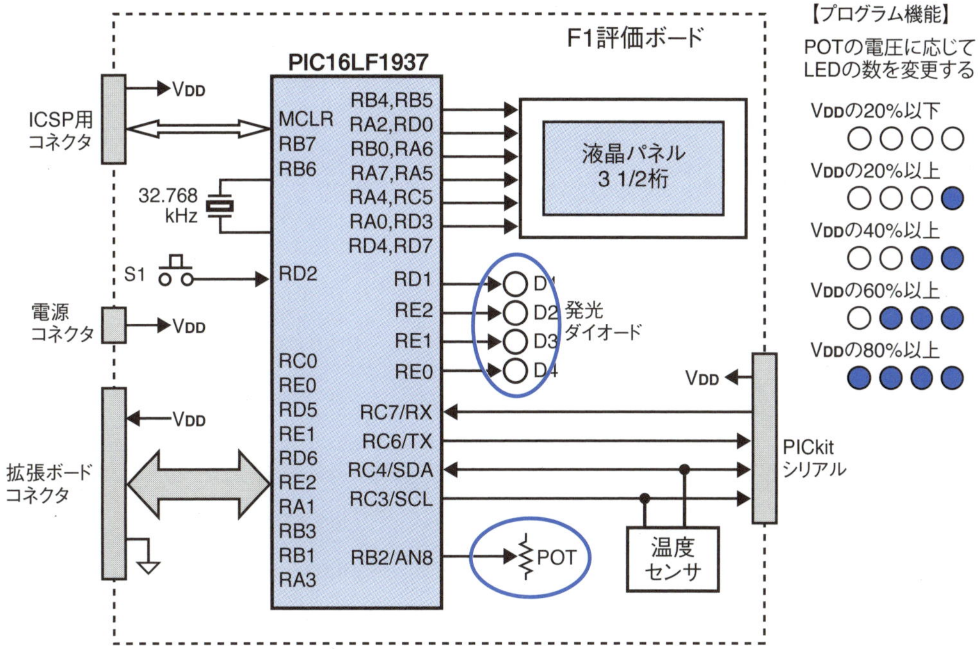

この例題のプログラムがリスト5-3-1となります。初期設定でクロックと入出力ピンの設定をしています。ここではアナログ入力ピンがありますから、RB2（AN8）ピンをアナログピンで入力モードとする必要があります。

その後A/Dコンバータの初期設定をしています。リファレンスをV_{SS}からV_{DD}とし、右詰めで変換結果を得るようにします。

メインループでは、POTの電圧をA/D変換しますが、アクイジションタイムはDealy関数を使って20μsec待つようにしています。変換結果を10ビットバイナリ値に変換してから、大きさを最大値1024の何%かで比較してLEDの点灯数を変えています。Valueはint型ですから、比較は本来実数ではなく整数で比較すべきですが、ここではコンパイラの自動型変換に頼っています。

リスト 5-3-1 10ビットA/Dコンバータのプログラム例

```
/***********************************************
 *   10ビットA/Dコンバータの使い方
 *   F1 Evaluation Platformを使用
 *   POTの電圧を測定し発光ダイオードを点灯
 *   20%ごとの5段階表示
 *   ファイル名：ADC10.c
 ***********************************************/
#include <htc.h>
/***** コンフィギュレーションの設定 *********/
__CONFIG(FOSC_INTOSC & WDTE_OFF & PWRTE_ON & MCLRE_ON & CP_OFF
```

（ヘッダファイルのインクルード）
（コンフィギュレーションの指定）

Delay関数用クロック定数の定義

クロック周波数の設定

入出力ピンの初期設定

A/Dコンバータの初期設定

POT電圧のA/D変換実行

10ビットバイナリ値に変換

V_{DD}の80%以上の場合

V_{DD}の60%以上の場合

V_{DD}の40%以上の場合

V_{DD}の20%以上の場合

V_{DD}の20%以下の場合

```
    & CPD_OFF & BOREN_ON & CLKOUTEN_OFF & IESO_OFF & FCMEN_OFF);
__CONFIG(WRT_OFF & PLLEN_OFF & STVREN_OFF & LVP_OFF);
#define  _XTAL_FREQ     2000000
/* グローバル変数定義 */
int Value;                                   // 計測データ
/***** メイン関数 **************/
void main(){
    /* クロック周波数の設定 */
    OSCCON = 0x60;                           // 2MHz PLL Off
    /* 入出力ポートの設定 */
    ANSELB = 0x04;                           // RB2のみアナログ入力
    ANSELD = 0x00;                           // すべてデジタルピン
    ANSELE = 0x00;                           // すべてデジタルピン
    TRISB  = 0x04;                           // RB2のみ入力
    TRISD  = 0x04;                           // RD2以外出力
    TRISE  = 0x00;                           // すべて出力
    /* ADCの初期設定 */
    ADCON0 = 0;                              // ADC無効化
    ADCON1 = 0x80;                           // 右詰め、Fosc/2 速度設定
    /****** 計測表示繰り返しループ ***********/
    while(1)                                 // 永久ループ
    {
        ADCON0 = 0x21;                       // AN8選択、ADC有効化
        __delay_us(20);                      // アクイジション待ち
        ADCON0bits.GO = 1;                   // AD変換開始
        while (ADCON0bits.GO);               // AD変換完了待ち
        Value = ADRESL+(ADRESH*256);         // 10bitの値に変換
        /* LED制御 */
        if(Value >= 1024*0.8){               // 80%以上の場合
            LATDbits.LATD1 = 1;              // D1点灯
            LATE = 0x07;                     // D2,3,4点灯
        }
        else if(Value >= 1024*0.6){          // 60%以上の場合
            LATDbits.LATD1 = 0;              // D1 消灯
            LATE = 0x07;                     // D2,3,4点灯
        }
        else if(Value >= 1024*0.4){          // 40%以上の場合
            LATDbits.LATD1 = 0;              // D1消灯
            LATE = 0x03;                     // D3,4のみ点灯
        }
        else if(Value >= 1024*0.2){          // 20%以上の場合
            LATDbits.LATD1 = 0;              // D1消灯
            LATE = 0x01;                     // D4のみ点灯
        }
        else{                                // 20%より小さい場合
            LATDbits.LATD1 = 0;              // D1消灯
            LATE = 0;                        // 全消灯
        }
    }
}
```

PIC16F1 family

5-4 アナログコンパレータ関連モジュール

F1ファミリのデバイスには大部分アナログコンパレータが組み込まれています。また、このコンパレータを使いやすくするため、定電圧リファレンスや、5ビットのD/Aコンバータも組み込まれています。これらの使い方を説明します。

5-4-1 アナログコンパレータ

アナログコンパレータは2つの入力の電圧差の正負により出力がHighかLowになります。PIC内蔵のアナログコンパレータは入力選択のマルチプレクサを含む図5-4-1のような構成となっています。

コンパレータが複数モジュール実装されているので、図中のxはモジュールに合わせて1、2、…となります。

正側入力と負側入力いずれも4種類から選択できるようになっています。正側が基準となる側で、外部ピン入力電圧以外に内蔵のD/Aコンバータ出力やFVR出力などが選択できます。負側入力は外部ピンに接続され、外部信号入力となります。入力信号を選択すればすぐ比較を開始し、出力が現れます。

ゆっくり変化するような信号を変換すると比較電圧付近で出力が発振状態になってしまうことがあります。これを避けるため、このコンパレータはヒステリシス機能を持っています。ヒステリシス電圧は標準で45mVとなっています。また比較速度も、低速と高速で選択ができるようになっています。

比較出力は、極性を選択したあと、割り込みを生成したり、内部の他のモジュールに出力したり、外部ピンに出力したりできます。その場合の極性も設定できます。

●図5-4-1　アナログコンパレータモジュールの構成

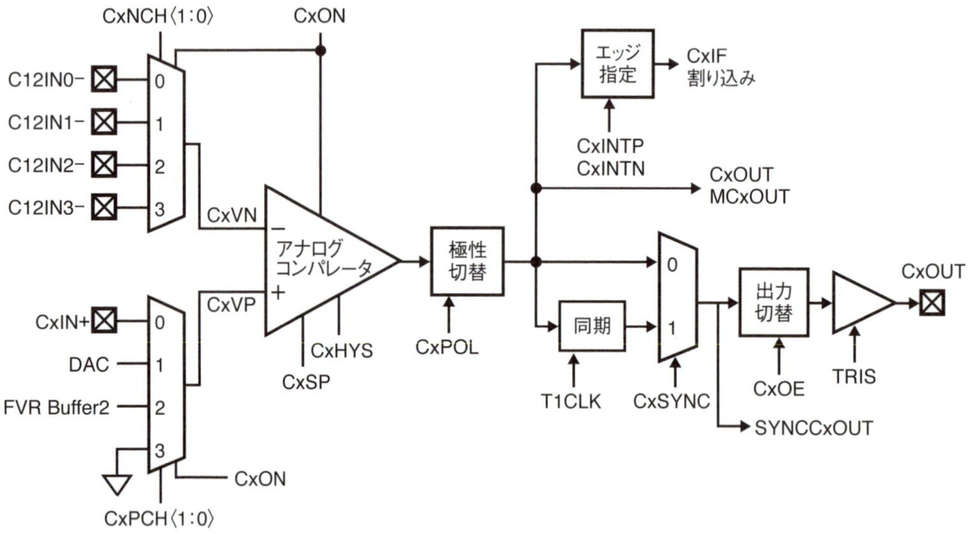

コンパレータの設定制御を行うレジスタは図5-4-2のようになっています。CMxCON0レジスタで基本動作を設定し、CMxCON1レジスタで入力信号の選択と割り込みの設定をします。CMOUTレジスタで出力状態を確認できます。

ここでもxはコンパレータモジュールに合わせて1、2、…となります。

●図5-4-2　Cxモジュール関連レジスタの詳細（xは1、2のいずれか）

CMxCON0レジスタ

CxON	CxOUT	CxOE	CxPOL	---	CxSP	CxHYS	CxSYNC

CxON：Cx有効化
　1：有効　0：無効
CxOUT：Cx出力状態
　1：High　0：Low
CxOE：Cx出力有効化
　1：有効　0：無効
CxPOL：Cx出力極性
　1：負論理　0：正論理
CxSP：比較速度選択
　1：高速　0：低速
CxHYS：ヒステリシス有効化
　1：有効　0：無効
CxSYNC：タイマ1との同期選択
　1：同期　0：非同期

CMxCON1レジスタ

CxINTP	CxINTN	CxPCH〈1:0〉		---	---	CxNCH〈1:0〉	

CxINTP：立ち上がりで
　割り込み有効化
　1：有効　0：無効
CxINTN：立ち下がりで
　割り込み有効化
　1：有効　0：無効
CxPCH〈1:0〉：正側入力選択
　00：CxIN+ピン　01：DAC出力
　10：FVR　00：VDD
CxNCH〈1:0〉：負側入力選択
　00：C12IN0-ピン
　01：C12IN1-ピン
　10：C12IN2-ピン
　00：C12IN3-ピン

CMOUTレジスタ

---	---	---	---	---	---	MC2OUT	MC1OUT

MC2OUT：C2OUTと同じ
　1：有効　0：無効
MC1OUT：C1OUTと同じ
　1：許可　0：禁止

5-4-2 定電圧リファレンス

F1ファミリのデバイスは、A/Dコンバータとアナログコンパレータ用に定電圧リファレンスモジュールを内蔵しています。これは電源電圧が多少変動しても安定な一定電圧を供給することができるモジュールで、アナログ計測やアナログ出力電圧の精度を保つために用意されたものです。

定電圧リファレンスモジュールの構成は図5-4-3のようになっています。まず元となる安定な定電圧を生成するブロックがあり、この電圧をアンプで1倍、2倍、4倍にして出力します。このアンプが2系統あり、A/Dコンバータ用とコンパレータ用に独立に用意されているので、異なる電圧として供給することもできます。

この定電圧リファレンスの精度は、最も高精度なPIC16F150xファミリの場合、次のようになっています。

・ 電圧精度　：±1%（PIC16F150xファミリの場合）
・ 温度特性　：－130ppm／℃
・ 電源変動　：0.27%／V

この精度はファミリにより大きく異なっているので、使う場合にはデータシートで確認してください。また、それぞれの電圧を出力するために必要な電源電圧は次のようになっています。

・ 1.024Vの場合　：V_{DD} > 2.5V
・ 2.048Vの場合　：V_{DD} > 2.5V
・ 4.096Vの場合　：V_{DD} > 4.75V

●図5-4-3　定電圧リファレンスモジュールの構成

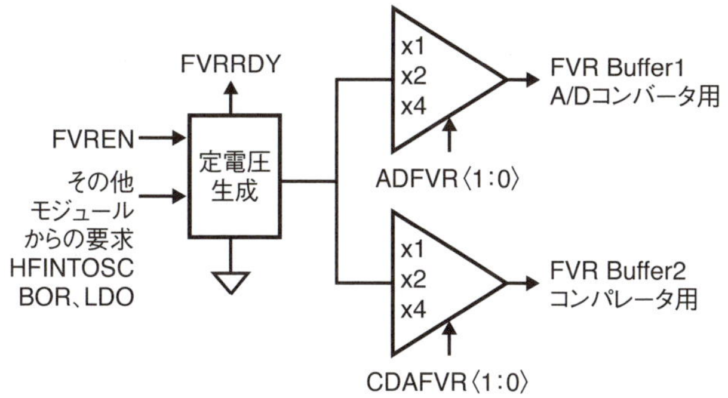

この定電圧ブロックは、FVRENビットで有効にすることができます。また、この定電圧を必要とする他のモジュールが有効化されると、自動的に有効になり定電圧を供給します。他のモジュールには次の3つが該当します。

❶HFINTOSC（高速内蔵クロック）

周波数精度の高い発振をさせるため定電圧を使っています。したがってHFINTOSCがクロックとして指定されスリープでない場合に、定電圧モジュールが有効化されます。

❷BOR（ブラウンアウトリセット）

BORが有効なときに定電圧モジュールが有効化されます。

❸LDO（低ドロップレギュレータ）

電源電圧が5Vの場合、I/Oピンを5Vで動作させ、内部をより低い電圧で動作させますから、このためのレギュレータが内蔵されています。このレギュレータが有効化されているときは定電圧リファレンスが有効化されます。

定電圧リファレンスモジュールの設定制御用レジスタの詳細は、図5-4-4となっています。出力電圧の設定と状態監視を行うことができます。

定電圧リファレンスモジュールは、有効化されてから出力が安定になるまで、わずかですが時間がかかります。この間の状態を示すため、FVRRDYビットが制御レジスタの中に用意されています。この制御レジスタは、後述する温度インジケータの設定にも使用します。

●図5-4-4　定電圧リファレンス制御レジスタの詳細

FVRCONレジスタ	FVREN	FVRRDY	TSEN	TSRNG	CDAFVR〈1:0〉	ADFVR〈1:0〉

FVREN：電圧リファレンス有効化
　1：有効　0：無効停止
FVRRDY：電圧リファレンス状態
　1：準備完了　0：準備中/停止
TSEN：温度インジケータ有効化
　1：有効　0：無効停止
TSRNG：温度インジケータレンジ選択
　1：High（4Vt）　0：Low（2Vt）

CDAFVR〈1:0〉：リファレンス電圧選択
　（コンパレータ用）
　11：4.096V　10：2.048V
　01：1.024V　00：オフ
ADFVR〈1:0〉：リファレンス電圧選択
　（A/Dコンパレータ用）
　11：4.096V　10：2.048V
　01：1.024V　00：オフ

5-4-3　5ビットD/Aコンバータ

F1ファミリのデバイスの多くが5ビットのD/Aコンバータを内蔵しています。このD/Aコンバータはアナログコンパレータ用の電圧リファレンスとして使うようになっていますが、外部に出力することもできます。

このD/Aコンバータの構成は図5-4-5のようになっています。フルスケール電圧としてV_{DD}かV_{REF}＋ピンの外部電圧かいずれかを選択すると、その電圧と0Vの間を32等分した電圧ステップで出力を設定できます。出力は内部のコンパレータ用電圧リファレンスとするか、A/Dコンバータの入力とすることができます。さらに出力を外部ピンに2系統まで出力できます。

外部ピンに出力する場合、D/Aコンバータの出力インピーダンスが高いので、わずかな電流しか出力できません。したがって図5-4-6のようにオペアンプでインピーダンスを低くする必要があります。

●図5-4-5　D/Aコンバータの構成

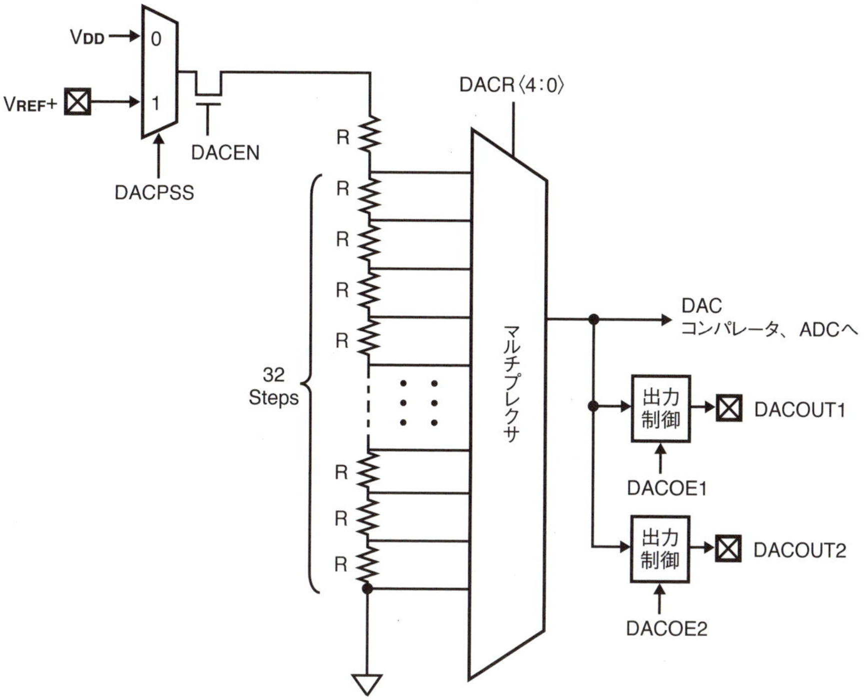

●図5-4-6　D/Aコンバータの外部出力回路

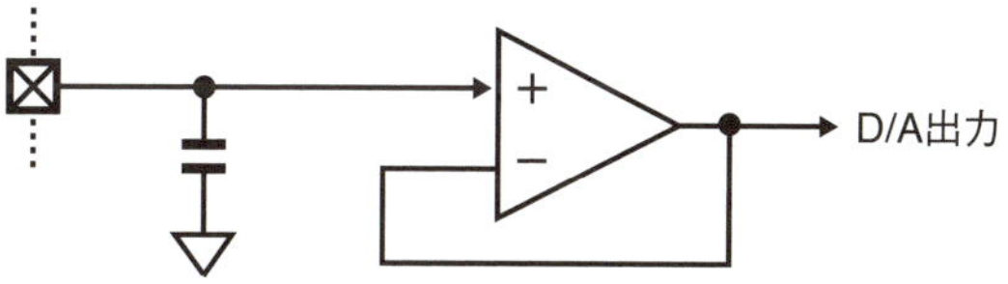

D/Aコンバータの設定制御をするためのレジスタは図5-4-7となっています。DACCON0レジスタで電圧源の選択、外部出力の設定を行ったあと、DACCON1レジスタで電圧を設定します。

●図5-4-7　D/Aコンバータ設定用レジスタの詳細

DACCON0レジスタ	DACEN	---	DACOE1	DACOE2	---	DACPSS	---	---

DACEN：D/Aコンバータ有効化
1：有効　0：無効・停止

DACOE1：D/A出力1有効化
1：有効　0：無効

DACOE2：D/A出力2有効化
1：有効　0：無効

DACPSS：D/A電源選択
1：VREF+
0：VDD

DACCON1レジスタ	---	---	---	DACR〈4:0〉

DACR〈4:0〉：D/A出力電圧選択

5-4-4 コンパレータの使用例

コンパレータを実際に使ったプログラムを作ってみましょう。機能は図5-4-8のようにするものとします。

電源電圧をリファレンスとしたD/Aコンバータの出力をコンパレータの基準電圧とし、D/Aコンバータの出力を100msecごとに0Vから電源電圧まで順番に可変することを繰り返します。さらにコンパレータの負側入力はRB1とし、ここをPOTの出力RB2をジャンパで接続します。接続の仕方は図のようにJ3コネクタの19ピンとPOTの中央のピンとを接続します。

これにより、POTをまわすと発光ダイオードD2からD4の点灯と消灯の割合が変化します。POTが右いっぱいの位置では消灯のままとなり、左いっぱいの位置では点灯のまま、中央の位置では点灯と消灯が半々となります。周期は100msec × 32で約3.2秒周期となります。

●図5-4-8　コンパレータのプログラム例の構成

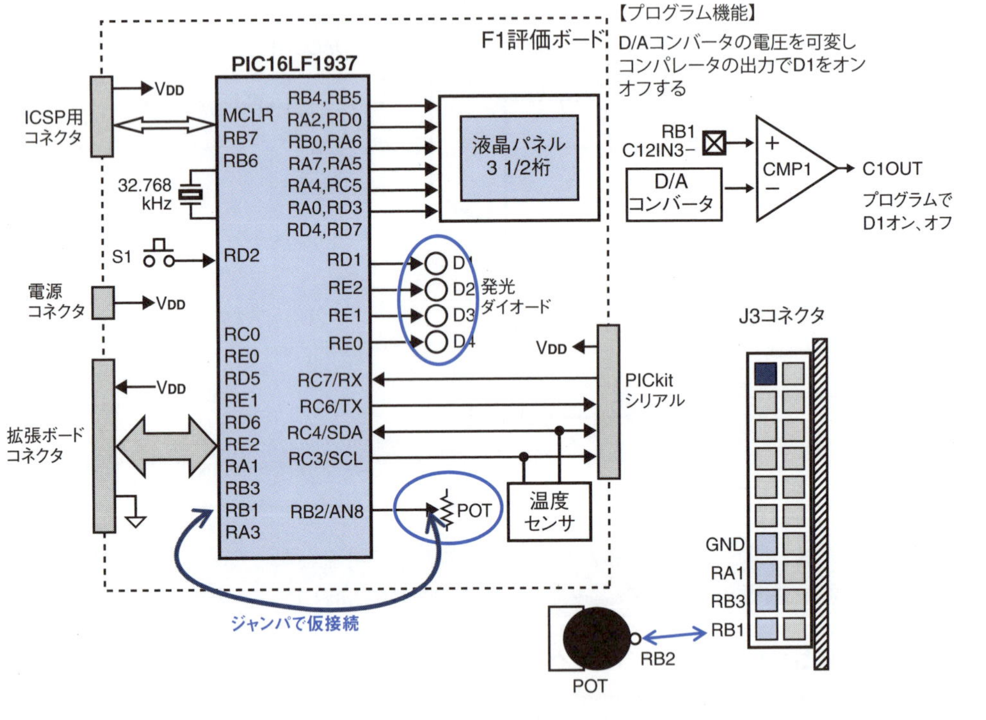

このプログラムのリストが、リスト5-4-1となります。入出力ピンではRB1をアナログ入力ピンとして追加しています。その後コンパレータ、D/Aコンバータの初期設定後、メインループになります。

メインループでは、コンパレータの出力でLEDのオン、オフを制御し、その後D/Aコンバータの出力をアップします。これで最大まで進んだら0に戻します。最後に100msecの待ちを入れて繰り返しています。これで、メインループは約3.2秒ごとにD/Aコンバータの出力電圧が0Vから電源電圧まで上昇することを繰り返すことになります。POTの電圧がこの間の電圧ですから、LEDの点灯と消灯の割合がPOTで変わることになります。

リスト 5-4-1　コンパレータのプログラム例

```
/***********************************************
  * コンパレータの使い方
  * F1 Evaluation Platformを使用
  * D/Aコンバータを周期的に値を変更
  * RB1ピンの電圧と比較しLEDを点灯、消灯
  * ファイル名：Comparator.c
***********************************************/
#include <htc.h>
/***** コンフィギュレーションの設定 *********/
__CONFIG(FOSC_INTOSC & WDTE_OFF & PWRTE_ON & MCLRE_ON & CP_OFF
    & CPD_OFF & BOREN_ON & CLKOUTEN_OFF & IESO_OFF & FCMEN_OFF);
__CONFIG(WRT_OFF & PLLEN_OFF & STVREN_OFF & LVP_OFF);
#define  _XTAL_FREQ    2000000
/***** メイン関数 **************/
void main()
{
    /* クロック周波数の設定 */
    OSCCON = 0x60;           // 2MHz PLL Off
    /* 入出力ポートの設定 */
    ANSELB = 0x14;                  // RB1,RB2のみアナログ入力
    ANSELE = 0x00;                  // すべてデジタルピン
    TRISB  = 0x06;                  // RB1,RB2のみ入力
    TRISE  = 0x00;                  // すべて出力
    /* コンパレータの設定 */
    CM1CON0 = 0x86;                 // CMP1 On 高速、ヒステリシス有効
    CM1CON1 = 0x13;                 // DAC入力、RB1(C12IN3-)接続
    /* D/Aコンバータ設定 */
    DACCON0 = 0x80;                 // DAC有効化、VDD使用
    DACCON1 = 0;                    // 初期電圧0V
    /* メインループ */
    while(1){
        if(CMOUTbits.MC1OUT)        // コンパレータの出力判定
            LATE = 0x07;            // LED点灯
        else
            LATE = 0;               // LED消灯
        DACCON1++;                  // DACの出力アップ
        if(DACCON1 > 0x1F)          // 最大値オーバーか？
            DACCON1 = 0;            // 0に戻す
        __delay_ms(100);            // 100msec待ち
    }
}
```

- コンフィギュレーションの指定
- ポートの初期設定
- コンパレータの初期設定
- D/Aコンバータの初期設定
- コンパレータの出力でLEDのオンオフ
- D/Aコンバータの出力電圧アップ
- 最大値までアップしたら0に戻す

PIC16F1 family

5-5 次世代モジュールと使い方

新たに搭載された次世代周辺モジュールである、CLCモジュール、CWGモジュール、NCOモジュール、PWMモジュール、温度センサについて、それぞれの機能と使い方について解説します。なお、略語のフルスペルは以下です。

CLC　：Configurable Logic Cell
CWG ：Complementary Waveform Generator
NCO　：Numerical Controlled Oscillator
PWM：Pulse Width Modulation

5-5-1 CLCモジュール (Configurable Logic Cell)

CLCモジュールは一言でいうと、簡単なCPLD[†1]をPICに実装したもので、CLC1からCLC4まで最大4モジュールが内蔵されているデバイスがあります。内部構成は図5-5-1のようになっています。

まず、入力源となる信号は全部で29種類あり、この信号源から表5-5-1のようにCLC1からCLC3のモジュールごとに16種の入力が指定されており、さらにCLC内部の4つの入力ブロックごとに8種類ずつの選択肢に分けられています。この中から任意の1つを内部ロジックへの入力とします。

したがって、CLCモジュールごとに入力できる信号源が異なることになるので、モジュールの使い分けが必要です。

内部ロジックは図5-5-1の上部に示した8種類の回路から1つを選択してロジック回路を構成し、出力は外部ピンに出力したり、割り込みを生成したり、他の内部モジュールへ接続したりすることができます。

ハードウェアロジックで回路を構成しているので、プログラムには無関係に、ハードウェアロジックの速度で高速に動作します。

†1　**CPLD**　Complex Programmable Logic Device。プログラミングできるロジックIC。TTLやCMOSなどの標準ロジックICを組み合わせた回路を実際に配線することなくプログラミングで実現できる。

●図5-5-1　CLCxモジュールの構成

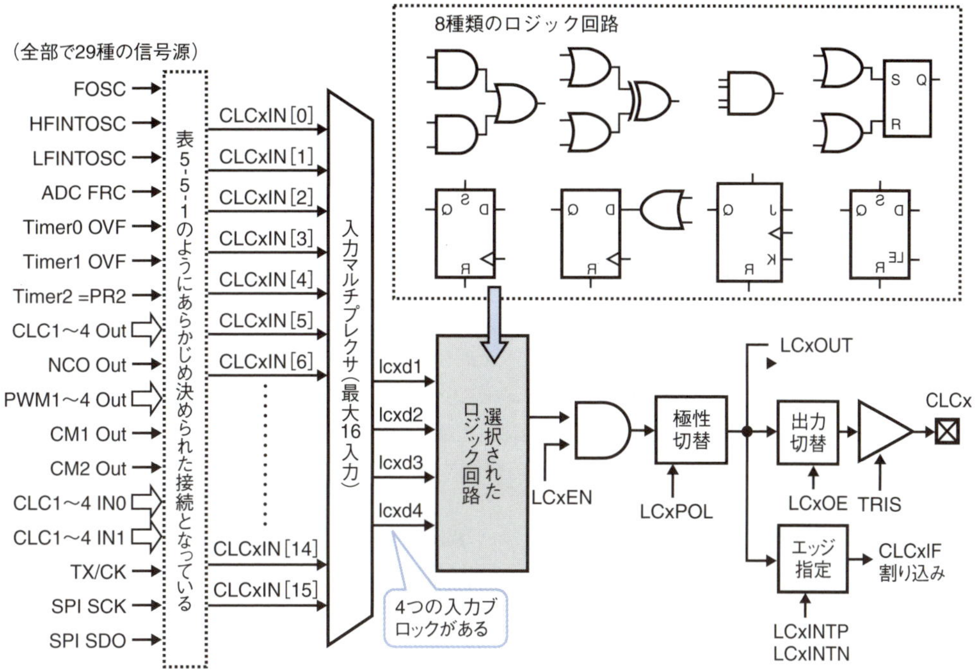

▼表5-5-1　CLCxモジュールの入力信号の選択肢

Data Input	lcxd1 D1S	lcxd2 D2S	lcxd3 D3S	lcxd4 D4S	CLC 1	CLC 2	CLC 3	CLC 4
CLCxIN [0]	000	—	—	100	CLC1IN0	CLC2IN0	CLC3IN0	CLC4IN0
CLCxIN [1]	001	—	—	101	CLC1IN1	CLC2IN1	CLC3IN1	CLC4IN1
CLCxIN [2]	010	—	—	110	SYNCC1OUT	SYNCC1OUT	SYNCC1OUT	SYNCC1OUT
CLCxIN [3]	011	—	—	111	SYNCC2OUT	SYNCC2OUT	SYNCC2OUT	SYNCC2OUT
CLCxIN [4]	100	000	—	—	F_{OSC}	F_{OSC}	F_{OSC}	F_{OSC}
CLCxIN [5]	101	001	—	—	TMR0IF	TMR0IF	TMR0IF	TMR0IF
CLCxIN [6]	110	010	—	—	TMR1IF	TMR1IF	TMR1IF	TMR1IF
CLCxIN [7]	111	011	—	—	TMR2＝PR2	TMR2＝PR2	TMR2＝PR2	TMR2＝PR2
CLCxIN [8]	—	100	000	—	lc1_out	lc1_out	lc1_out	lc1_out
CLCxIN [9]	—	101	001	—	lc2_out	lc2_out	lc2_out	lc2_out
CLCxIN [10]	—	110	010	—	lc3_out	lc3_out	lc3_out	lc3_out
CLCxIN [11]	—	111	011	—	lc4_out	lc4_out	lc4_out	lc4_out
CLCxIN [12]	—	—	100	000	NCO1OUT	LFINTOSC	TX (EUSART)	SCK (MSSP)
CLCxIN [13]	—	—	101	001	HFINTOSC	ADFRC	LFINTOSC	SDO (MSSP)
CLCxIN [14]	—	—	110	010	PWM3OUT	PWM1OUT	PWM2OUT	PWM1OUT
CLCxIN [15]	—	—	111	011	PWM4OUT	PWM2OUT	PWM3OUT	PWM4OUT

4つの入力ブロックごとに8種類の選択肢となる

CLC用コンフィギュレーションツール

これらの設定はすべてレジスタ設定で行います。レジスタなので、電源オフで内容は消えるため、電源オン時には再設定する必要があります。

設定レジスタは非常にたくさんあり設定が複雑なので、これらの設定値を自動的に求めることができるパソコン用ツールとして「CLC Configuration Tool」が用意されています。

このツールの画面は図5-5-2のようになっており、1つのCLCモジュール全体がグラフィック形式で表示されています。

グラフィック上でPICデバイスとCLCモジュールを設定してから、入力、ロジック、出力の3要素を決めれば、レジスタ設定値が自動的にC言語またはアセンブラ言語用のソースファイルとして出力されます。

入力信号の選択では、4入力ブロックごとに選択肢が8種類ずつ決まっているので、必要な入力信号を選択します。その後、どのゲートと入力を接続するかをGATEnの直前にある×マークをクリックして選択します。未接続、接続、反転接続の3種類が選択できます。未接続とした場合のゲート入力はLowの扱いとなっています。

ロジック選択は最上段のメニューで行い、出力は右下のチェックボックスで行います。最後にFileメニューをクリックして[Save C Code]とすれば、指定したディレクトリにレジスタ設定のC言語ファイルが「xxxx.inc」の拡張子で生成されます。この内容をCのソースファイルにコピーして使います。

●図5-5-2　CLC用コンフィギュレーションツールの画面例

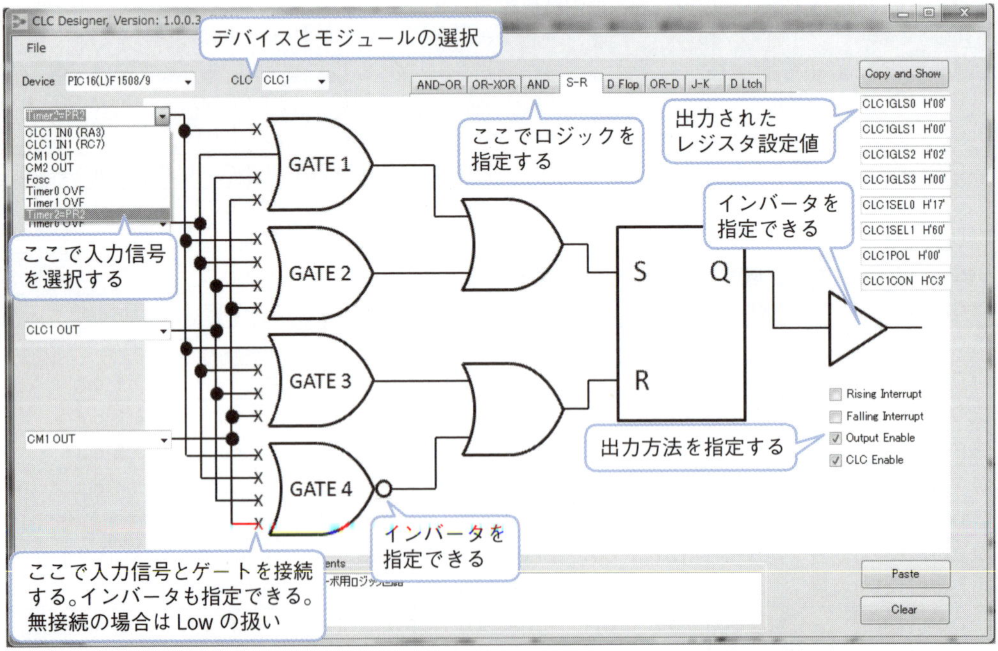

CLCモジュールの使用例

簡単な例題を作ってCLCモジュールの実力をみてみます。作成した回路は図5-5-3のような構成です。

CLC2でAND回路を構成し、8MHzのシステムクロックF_{OSC}をCLC2ピン（RC0）に出力しています。その同じCLC2Out出力をCLC1で構成したJKフリップフロップ回路のクロックに入力しています。CLC1のJKフリップフロップはJ、KともHighにし、RはLowにしているので、CLC1ピン（RA2）にはF_{OSC}の1/2の周波数が出力されます。これで、CLCのハードウェアとしての動作速度などの実力が見られます。

●図5-5-3　CLCモジュールの例題

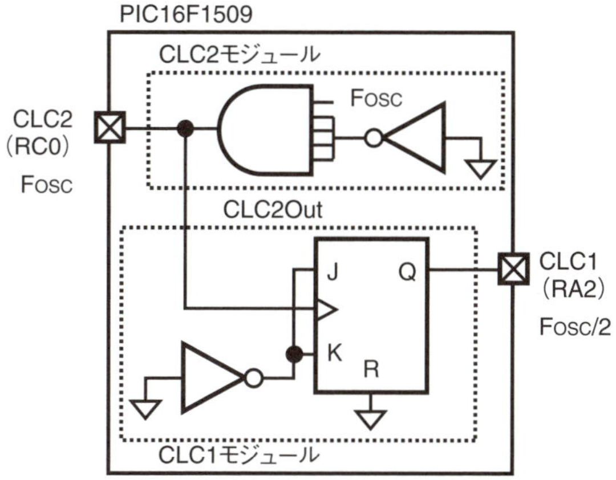

これを実行できるハードウェアとして第5-6章で製作する太陽電池雲台制御ボードを使いますが、本テストに関係する部分は図5-5-4となります。

●図5-5-4　テストボードの構成

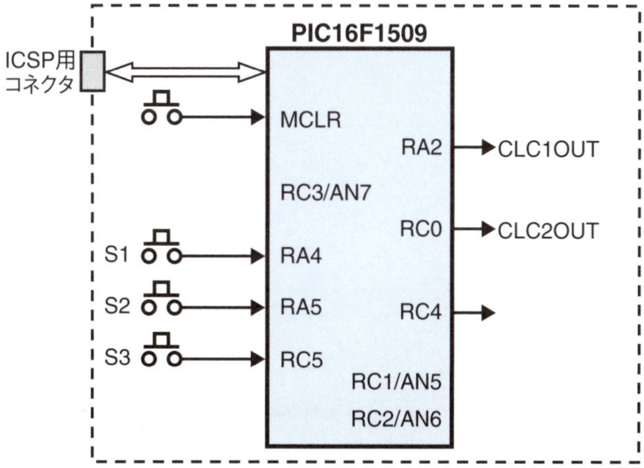

これを実現するプログラムがリスト5-5-1となります。初期設定でクロックと入出力ピンの初期設定を行い、その後に自動生成されたCLCモジュールのレジスタ設定をコピーしているだけとなっています。これでCLCモジュールは動作を開始します。ハードウェアだけで動作するので、メインループではプログラムは何もしていません。

リスト 5-5-1 CLCの使用例

```
/***********************************************
  * CLCの使用例 PIC16F1509
  * 太陽電池雲台の基板で実行
  * JKフリップフロップで1/2周波数を出力
  * ファイル名：CLCTest.c
***********************************************/
#include    <htc.h>
/***** コンフィギュレーションの設定 *********/
__CONFIG(FOSC_INTOSC & WDTE_OFF & PWRTE_ON & MCLRE_ON & CP_OFF
    & BOREN_ON & CLKOUTEN_ON & IESO_OFF & FCMEN_OFF);
__CONFIG(WRT_OFF & STVREN_OFF & LVP_OFF);
/******** メイン関数  ************/
void main(void) {
    /** クロック設定 **/
    OSCCON = 0x70;              // 内蔵8MHz
    /** 入出力ポートの設定 ***/
    ANSELA = 0x00;              // デジタル
    ANSELB = 0x00;              // デジタル
    TRISAbits.TRISA2 = 0;       // RA2のみ出力
    TRISCbits.TRISC0 = 0;       // RC0のみ出力
    /* CLC1の設定 */
    CLC1GLS0 = 0x08;
    CLC1GLS1 = 0x00;
    CLC1GLS2 = 0x00;            // JKフリップフロップ
    CLC1GLS3 = 0x00;
    CLC1SEL0 = 0x50;
    CLC1SEL1 = 0x00;
    CLC1POL  = 0x0A;
    CLC1CON  = 0xC6;
    /* CLC1の設定 */
    CLC2GLS0 = 0x02;
    CLC2GLS1 = 0x00;
    CLC2GLS2 = 0x00;            // AND  Fosc出力
    CLC2GLS3 = 0x00;
    CLC2SEL0 = 0x04;
    CLC2SEL1 = 0x00;
    CLC2POL  = 0x0E;
    CLC2CON  = 0xC2;
    /************ メインループ  **********/
    while (1) {
    }
}
```

動作結果のRC0ピンとRA2ピンの信号が写真5-5-1のようになります。写真は、上側がRC0ピンのF_{OSC}の出力で、下側がRA2ピンのフリップフロップの出力です。いずれもパルスの立ち上がりは結構高速で数nsecとなっていますが、立ち下がりは約20nsec程度となっています。

写真の上側の8MHzクロックでは何とか矩形波の形状を保っていますが、デューティは50%ではなくなっています。これが16MHzになると矩形波の形状は維持できない結果となりました。

以上から、CLCロジックの動作速度は、汎用CMOSロジックの動作速度と同じ程度で、10MHz以下が使用周波数の限界となっています。

●写真5-5-1 CLCの動作例

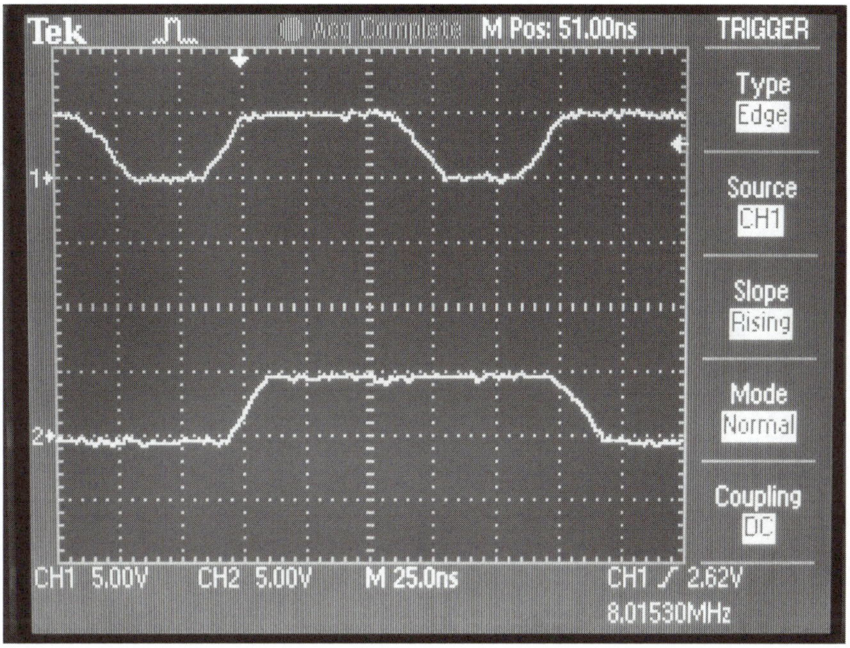

5-5-2 CWGモジュール（Complementary Waveform Generator）

CWGの機能は単純で、1つのパルス信号を入力とし、そのパルス幅を元にして相補パルスを出力します。さらにパルスの切り替わり時にはデッドバンドが追加され、外部または内部からのフォルト信号によるフォルト制御機能も内蔵されています。

CWGモジュールの内部構成は、図5-5-5のようになっています。図の下側のパルス出力をすることが基本の機能ですが、デッドバンド幅制御や、出力制御、さらにフォルト制御の設定のための条件がたくさん用意されています。

図5-5-5　CWGモジュールの構成

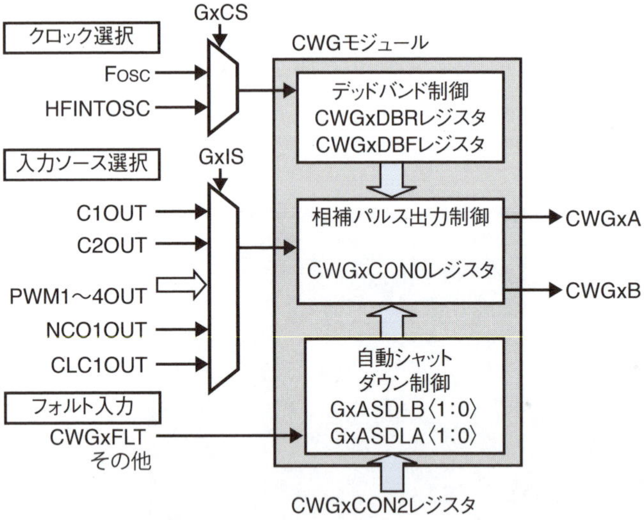

【生成されるパルスの構成】

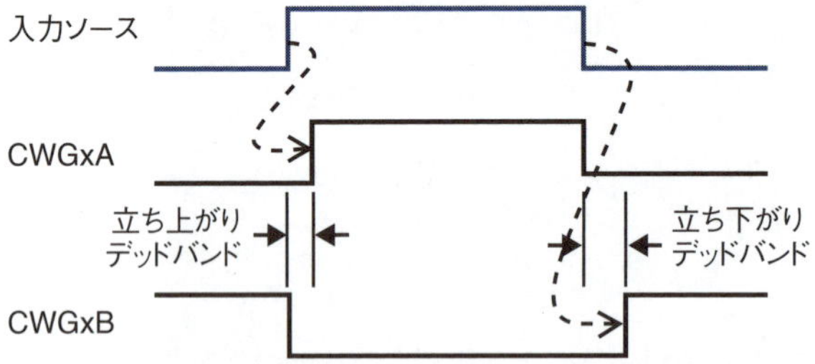

図5-5-5のようにこのモジュールは、PWM、NCO、CLC、コンパレータから1つを選択して入力ソースとし、それをハイサイドとローサイドの相補のパルスに変換します。さらに切り替わり時に両方をOffとする時間、つまりデッドバンドを挿入します。

このデッドバンドの幅はプログラム設定により立ち上がり側、立ち下がり側独立に可変することができるので、負荷に接続するトランジスタなどのスイッチング特性に合わせて最適な値とすることができます。

デッドバンド幅の設定は、クロック選択で指定されたクロック単位で0クロックから64クロックまで可変できます。16MHzクロックの場合、625nsec単位で最大40μsecまで指定できます。

また、実際の出力の極性はいずれも独立に設定変更できるので、負荷に合わせた極性として出力することができます。

内部や外部からフォルト信号を入力するか、ソフトウェア命令によりフォルト制御することも可能で、この信号により、出力を自動的にシャットダウン停止させることができます。

停止時の出力レベルは任意に選択することができるので、出力負荷が安全な状態に合わせて出力を決めることができます。この機能により、負荷にダメージを与えずに出力を停止させることができます。

フォルト制御はフォルト入力が継続している間か、ソフトウェアで解除するまで継続します。フォルト信号がなくなったら自動的に出力を再開します。

CPUがスリープ中にもCWGモジュールの動作を継続させたい場合には、CWGモジュール用クロックにHFINTOSCを選択すれば、スリープ中も継続動作します。

CWGモジュールの制御用レジスタは図5-5-6のようになっています。CWGxCON0、CWGxCON1、CWGxCON2のレジスタで基本的な動作とシャットダウン時の動作を設定します。そしてデッドバンド幅については立ち上がり側と立ち下がり側それぞれ独立のレジスタで設定します。この幅はCWGx用クロックとして選択したクロックの何倍かで指定します。

●図5-5-6　CWGxモジュール関連レジスタの詳細

CWGxCON0レジスタ

GxEN	GxOEB	GxOEA	GxPOLB	GxPOLA	---	---	GxCS0

GxEN：CWGx有効化
　1：有効　0：無効
GxOENB：CWGxB出力有効化
　1：有効　0：無効
GxOENA：CWGxA出力有効化
　1：有効　0：無効
GxPOLB：CWGxB出力極性
　1：逆相　0：正相
GxPOLA：CWGxB出力有効化
　1：逆相　0：正相
GxCS0：クロック選択
　1：HFINTosc
　0：Fosc

CWGxCON1レジスタ

GxASDLB〈1:0〉	GxASDLA〈1:0〉	---	GxIS〈2:0〉

GxASDLB：CWGxBシャットダウン設定
　11：常に1とする　10：常に0とする
　01：トライステート
　00：通常の非アクティブ状態とする
GxASDLA：CWGxAシャットダウン設定
　11：常に1とする　10：常に0とする
　01：トライステート
　00：通常の非アクティブ状態とする
GxIS〈2:0〉：入力源選択
　111：LC1OUT　110：NCO1OUT
　101：PWM4OUT　100：PWM3OUT
　011：PWM2OUT　010：PWM1OUT
　001：C1OUT　000：C2OUT

CWGxCON2レジスタ

GxASE	GxARSEN	---	---	GxASDC2	GxASDC1	GxASDFLT	GxASDCLC2

GxASE：シャットダウン状態
　1：シャットダウン中
　0：シャットダウン中でない
GxARSEN：オートリスタート有効化
　1：有効　0：無効
GxASDC2：コンパレータ2によるシャットダウン有効化
　1：Highで有効　0：無効
GxASDC1：コンパレータ1によるシャットダウン有効化
　1：Highで有効　0：無効
GxASDFLT：FLTピンによるシャットダウン有効化
　1：Lowで有効　0：無効
GxASDCLC2：CLC2OUTによるシャットダウン有効化
　1：Highで有効　0：無効

CWGxDBRレジスタ

---	---	CWGxDBR〈5:0〉

CWGxDBFレジスタ

---	---	CWGxDBF〈5:0〉

GWGxDBR：立ち上がり側デッドバンド幅
GWGxDBF：立ち下がり側デッドバンド幅
　111111　：63-64カウント幅デッドバンド
　————————
　000000：0カウント幅デッドバンド

このCWGモジュールの用途としては、簡易スイッチング電源、LED照明制御、バッテリ充電器、モータ制御、力率制御、Dクラスアンプなどが考えられます。
最も簡単な例題は図5-5-7 (a) のようなDCモータ制御の例で、PWMモジュールと接続してハーフブリッジを構成し、モータの可変速、可逆制御を実現できます。
別の例としてLED用の昇圧電源に応用した場合には、図5-5-7(b)のような構成が可能です。この例ではコンパレータを使って、サイクルバイサイクルでPWMデューティを制御して定電流制御を実現しています。このような構成とすれば、ソフトウェアには無関係にすべての電源制御が実行されるので、ソフトウェアの負荷を大幅に減らすことができます。

図5-5-7　CWGモジュールの使用例

(a) モータ制御への使用例

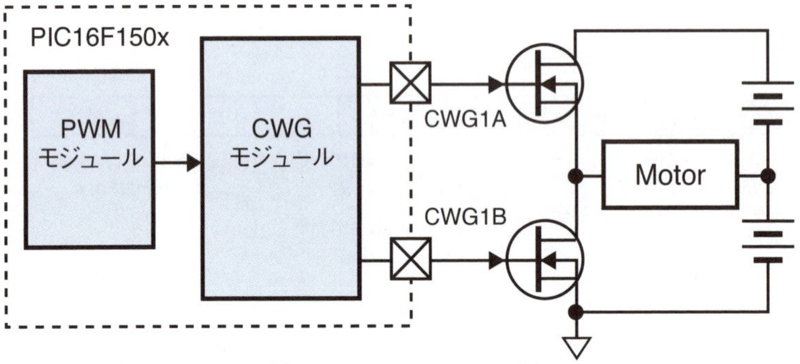

(b) LED電源への使用例

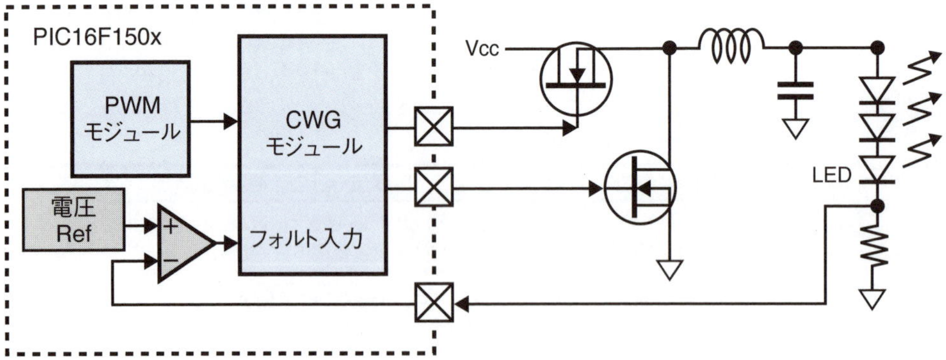

5-5-3 NCOモジュール（Numerically Controlled Oscillator）

NCOモジュールの機能はユニークで、これまでにはなかった機能を持っています。20ビット分解能で周期を設定できるパルスを生成します。

NCOの内部構成と出力パルスは図5-5-8のようになっています。

●図5-5-8　NCOモジュールの構成

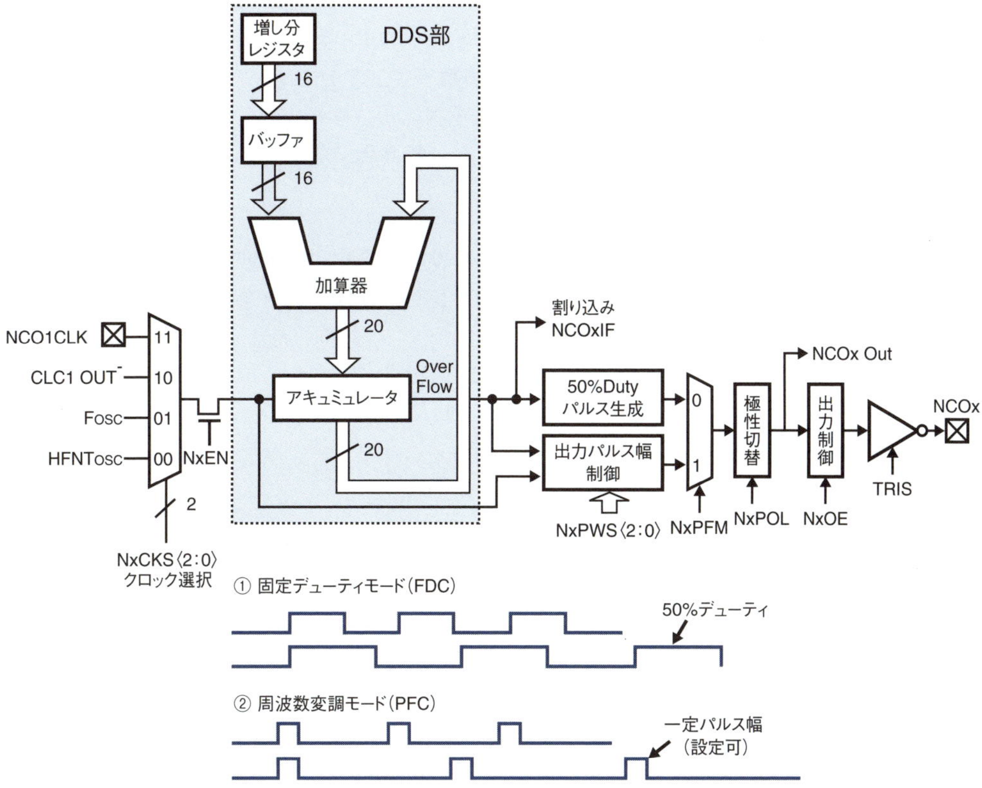

NCOが一定周期のパルスを生成する部分は、図中央のDDS（Direct Digital Synthesizer）で構成されています。このDDS部の動作を説明します。加算器では、20ビットのアキュムレータに16ビットの増し分レジスタのデータをNCOクロックとして設定した速度で繰り返し加算します。そしてアキュムレータがオーバーフローしたとき、外部に出力が出ます。したがって、16ビット増し分レジスタの値が小さければなかなかオーバーフローは起きないので周期の長いパルス列を生成し、値が大きければすぐオーバーフローが発生するので周期の短いパルス列を生成します。このようにして、増し分レジスタの値で出力信号の周期を可変することができます。

加算周期を決めるNCOクロックは、図の左端のマルチプレクサで外部パルス、内蔵クロック、CLC出力などから選択でき、これが出力周波数のクロックベースとなります。

DDS部から出力されるオーバーフロー信号は、割り込み、他の内蔵モジュールへの入力、外部パルス出力のいずれかとして使われます。

外部パルス出力の出し方は2種類あり、NxPFMビットにより図5-5-8の下側のような2種類のパルス列になります。①は常にデューティ 50%のパルスで、②はオーバーフローの周期ごとに一定パルス幅の出力を出すようにしたものです。このパルス幅はプログラム設定で指定します。

周波数設定ステップは、2回オーバーフローで1サイクル出力なので、

クロック周波数÷2の20乗÷2＝クロック周波数÷2,097,152で、一定となります。

このNCOの出力パルスの実力は、例えばクロックにF_{OSC}を指定し、クロックが16MHzの場合には、増し分レジスタに0xFFFFを設定したとき最高周波数で500kHzとなり、周波数設定ステップは7.63Hzとなります。

このNCOの動作モードは図5-5-9のレジスタで設定します。NCOxCONレジスタで出力パルスモードと出力指定をします。そしてNCOxCLKレジスタでクロックの選択とパルス幅の設定をします。

20ビットのアキュミュレータにも初期値として値を設定することができますが、この設定はNCOxが停止、つまりNxENが0の間しかできません。

あとは増し分レジスタの値で周波数を設定します。

●図5-5-9　NCOxモジュール関連レジスタの詳細

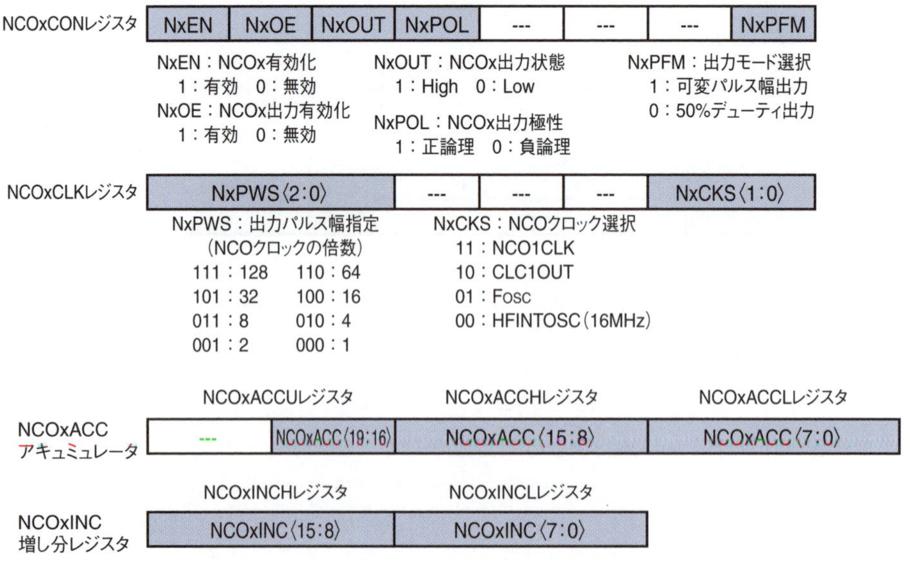
NCOxCONレジスタ
NxEN
NxOE
NxOUT
NxPOL

NxPFM
NxEN：NCOx有効化
1：有効　0：無効
NxOE：NCOx出力有効化
1：有効　0：無効
NxOUT：NCOx出力状態
1：High　0：Low
NxPOL：NCOx出力極性
1：正論理　0：負論理
NxPFM：出力モード選択
1：可変パルス幅出力
0：50%デューティ出力
NCOxCLKレジスタ
NxPWS〈2:0〉

NxCKS〈1:0〉
NxPWS：出力パルス幅指定
（NCOクロックの倍数）
111：128　110：64
101：32　100：16
011：8　010：4
001：2　000：1
NxCKS：NCOクロック選択
11：NCO1CLK
10：CLC1OUT
01：Fosc
00：HFINTOSC（16MHz）
NCOxACCUレジスタ
NCOxACCHレジスタ
NCOxACCLレジスタ
NCOxACC
アキュミュレータ

NCOxACC〈19:16〉
NCOxACC〈15:8〉
NCOxACC〈7:0〉
NCOxINCHレジスタ
NCOxINCLレジスタ
NCOxINC
増し分レジスタ
NCOxINC〈15:8〉
NCOxINC〈7:0〉

5-5-4 温度インジケータ

温度インジケータはPICマイコンの中に温度センサを実装したもので、PICマイコンを実装した基板の温度を計測することができます。ただし、分解能が低いので正確な温度測定はできず、バイメタルと同じような用途に使います。

温度インジケータの構成は図5-5-10のようになっています。ダイオードの順方向電圧が温度により変化することを利用しています。電源電圧によりダイオードを2個直列にするか4個直列にするかを切り替えて使います。

図に示したように、電源電圧が3.6V以上であれば4個直列で使えますが、それ以下の場合には2個にして使います。

●図5-5-10 温度インジケータの構成

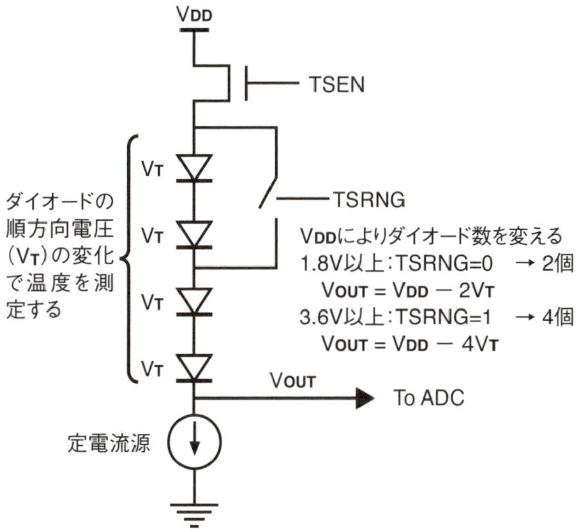

温度インジケータの設定制御を行うレジスタは図5-5-11のようになっています。ダイオードの数の切り替えと有効化の設定だけです。

●図5-5-11 温度インジケータ制御レジスタ

FVRCONレジスタ	FVREN	FVRRDY	TSEN	TSRNG	CDAFVR〈1:0〉	ADFVR〈1:0〉

TSEN：温度インジケータ有効化　1：有効　0：無効停止

TSRNG：温度インジケータレンジ選択　1：High(4VT)　0：Low(2VT)

温度インジケータの出力はA/Dコンバータに接続されているので、A/Dコンバータで電圧を計測し温度に変換して使います。

A/Dコンバータで測定する場合、温度インジケータのチャネルを選択してから、変換開始するまでのアクイジションタイムを200μsec以上とする規格となっているので注意が必要です。

この温度インジケータを実際に使う場合には較正が必要になります。この較正の方法についてはマイクロチップ社より下記のマニュアルが出ています。

「Use and Calibration of the Internal Temperature Indicator (AN1333)」

このマニュアルのデータによれば、実際の温度とA/D変換結果のグラフは図5-5-12のようになっています。このグラフからかなり低い電圧範囲で変化し、変化幅も狭いので、温度分解能は図から－40℃から85℃の125℃の範囲でA/D変換差は156－120＝36ですから、125℃÷36＝約3.5℃ということになります。つまり約3.5℃ステップでしか温度を計測できないということなので、使い方に注意が必要です。

●図5-5-12　温度とA/D変換結果のグラフ

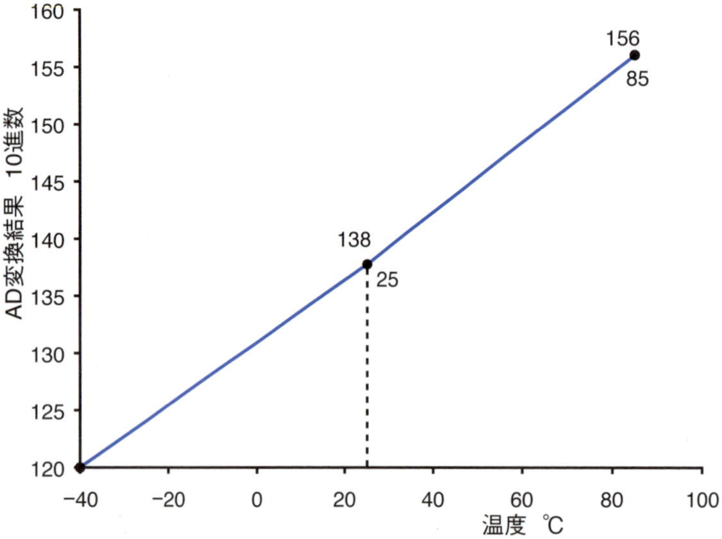

5-5-5　PWMモジュール

F1ファミリのPIC16F150xファミリには、PWMモジュールが最大4組実装されています。このPWMモジュールの構成は図5-5-13のようになっていて、標準のCCPモジュールをPWM動作だけに限定した構成と同じとなっています。

PWMパルスの周期はタイマ2で決定され、タイマ2が周期レジスタPR2と一致してタイマ2本体が0にクリアされるとき、同時にPWMx出力がHighとなります。

タイマ2は同時にデューティコンパレータで内部ラッチと比較されています。このときにはタイマ2はプリスケーラを含めて10ビットで扱われます。そして内部ラッチと一致したとき、PWMx出力がLowになります。こうして一定周期でデューティが設定で変わるPWMパルスが生成されます。

デューティ設定はPWMxDCHレジスタとPWMxDCLレジスタの2ビットで行いますが、実際の変更は、タイマ2がPR2と一致した周期の最初で内部ラッチに転送されて有効となります。これで、周期の途中でおかしな動作になることがないようにしています。

●図5-5-13　PWMモジュールの構成

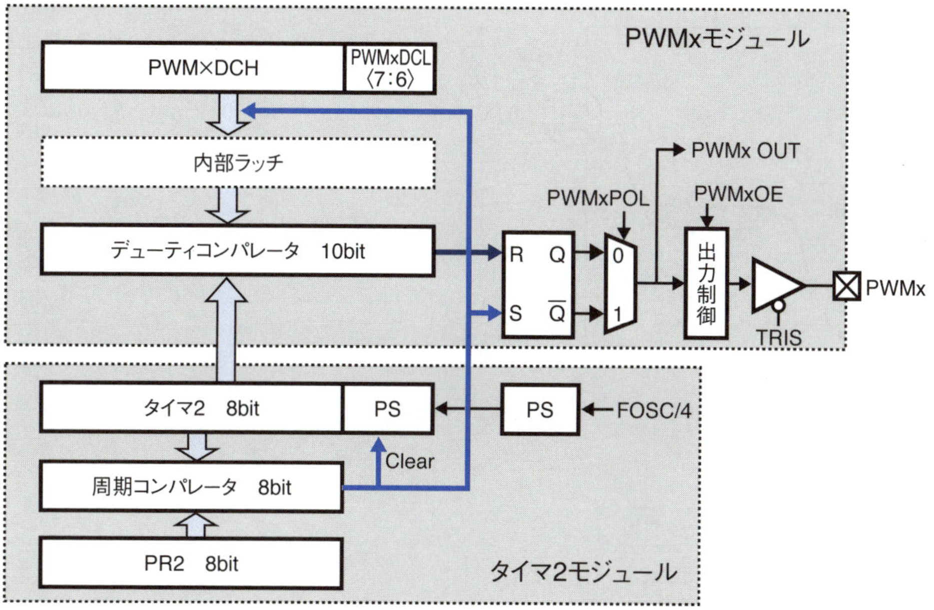

このPWMの動作設定は図5-5-14のレジスタで行います。PWMxCONレジスタで基本的な動作を設定します。あとはタイマ2で周期を設定し、2個のデューティレジスタでデューティを設定します。

●図5-5-14　PWMモジュールの設定用レジスタの詳細

PWMxCONレジスタ

PWMxEN	PWMxOE	PWMxOUT	PWMxPOL	---	---	---	---

PWMxEN：NCOx有効化
　1：有効　0：無効
PWMxOE：NCOx出力有効化
　1：有効　0：無効
PWMxOUT：NCOx出力状態
　1：High　0：Low
PWMxPOL：PWMx出力極性
　1：負論理　0：正論理

PWMxDCHレジスタ

PWMxDCH〈7:0〉

PWMxDCH〈7:0〉：デューティ上位8ビット

PWMxDCLレジスタ

PWMxDCL〈7:6〉	---	---L	---	---	---	---

PWMxDCL〈7:6〉：デューティ下位2ビット

PIC16F150xファミリにはPWMモジュールが4組実装されているので、図5-5-15のようにDCモータ駆動フルブリッジ回路を2組まで容易に組むことができます。

●図5-5-15　モータのフルブリッジ回路

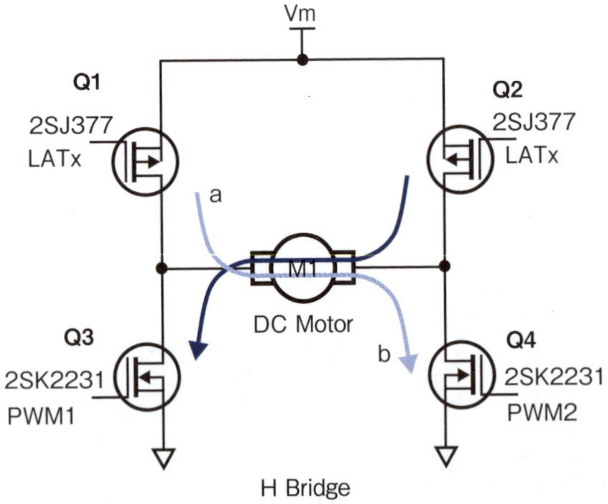

フルブリッジ回路の動作モード

Q1	Q2	Q3	Q4	モータ制御
Off	Off	Off	Off	停止
On	Off	Off	PWM2	正転（逆転）
Off	On	PWM1	Off	逆転（正転）
Off	Off	On	On	ブレーキ

PIC16F1 family

5-6 製作例　RCサーボを使った太陽電池雲台

PIC16F150xファミリを使った製作例として、太陽電池の雲台をRCサーボで動作させるものを作ってみました。

太陽電池を使う場合、太陽の動きを追跡していつも最適な方向にすることができれば常時最大電力を得ることができます。

そこで、小型の太陽電池とRCサーボを組み合わせて太陽の動きを追跡する雲台を製作してみました。製作したシステムの全体外観は写真5-6-1のようになります。

●写真5-6-1　太陽電池雲台システムの全体外観

5-6-1 全体構成と機能仕様

この太陽電池雲台の全体構成は図5-6-1のようにしました。まず全体制御は次世代モジュールが内蔵されているPIC16F1509を使います。

RCサーボの駆動にPICマイコンの次世代モジュールである、PWMモジュールとCLCモジュールを組み合わせて、ソフトウェアに関係なくハードウェアだけで制御ができるようにしています。

また、最初、任意の位置に向けるためにジョイスティックを使って方向制御ができるようにします。さらに、この制御の状態を表示するため液晶表示器を使います。電源は、RCサーボに大電流が流れるので、それでPICが誤動作しないよう独立の5Vの電源として供給しています。

●図 5-6-1　太陽電池雲台の全体構成

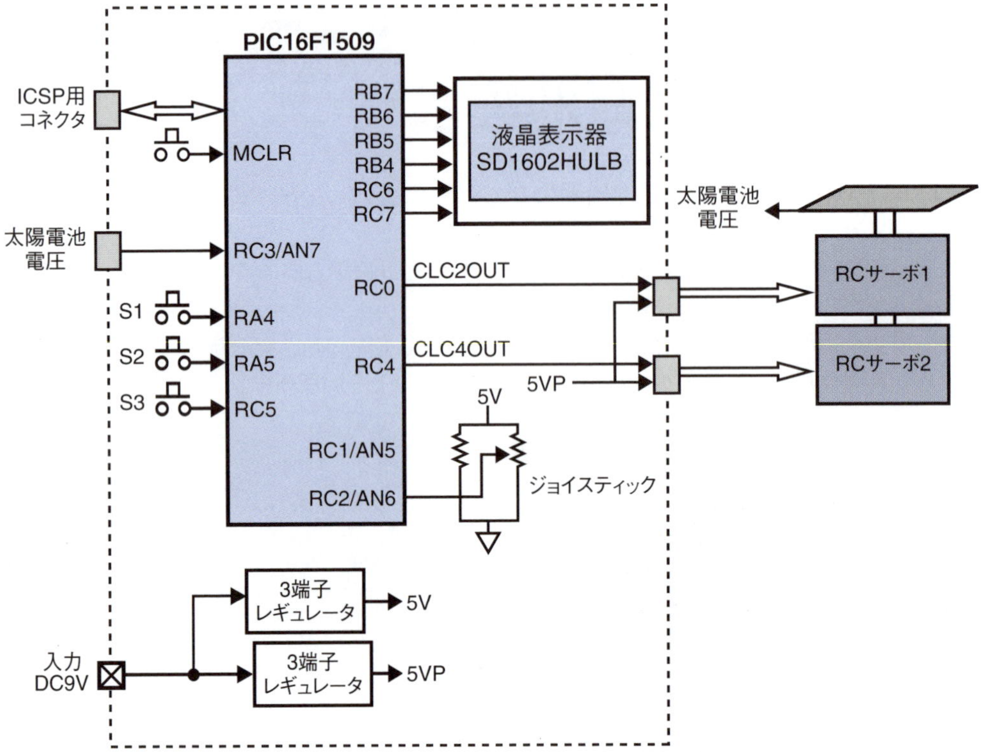

この太陽電池雲台の機能仕様は表5-6-1のようにするものとします。

▼表 5-6-1　太陽電池雲台の機能仕様

項　目	機能仕様	備考、その他
電源	AC アダプタから供給 DC7 ～ 9V　1A以上	内部はロジックとRCサーボ独立の5Vで動作
駆動部	RC サーボ　2台 水平方向と垂直方向移動	GWS社　S03T-2BB
表示	液晶表示器　SF1602HULB 16文字2行　キャラクタ表示	表示内容は　X、Y設定値
操作	ジョイスティック　TX-26PR X、Y移動 タクトスイッチ 手動 / 自動切換え	抵抗値10kΩ
入力	太陽電池出力電圧	可変抵抗で任意電圧に調整可

5-6-2　PWMとCLCによるRCサーボ駆動

この製作例では次世代モジュールを組み合わせてRCサーボを高分解能で駆動しています。

まず、RCサーボS03T-2BBの仕様と駆動方法から説明します。

RCサーボはラジコンの制御に使われるサーボモータで、ラジコン自動車や飛行機などの無線操縦に使われています。最近では2足歩行ロボットなどのロボットにたくさん使われています。

外観は写真図5-6-2に示すようなもので、上部の円盤部（ホーン）が約120度回転するようになっていて、外部からの信号で指定された角度まで回転して静止します。

●写真5-6-2　RCサーボの外観

この制御用のインターフェースの規格は、図5-6-2のようになっています。この規格から、制御のための接続は3線で、5Vの電源とGND、残りは制御信号線だけという簡単な接続となっています。制御信号はPWM制御で、周期が20msecで、パルス幅は0.9msec～2.1msecの間の1.2msecで制御する必要があることがわかります。これで難しいのは20msecと1.2msecの差が大きいことで、単純に周期20msecのPWMで制御しようとすると、デューティの有効幅が約1/20になってしまいますから、10ビット分解能があっても50ステップ程度の可変幅しか確保できなくなってしまい、制御としては荒くなってしまいます。

●図5-6-2　RCサーボの規格

(a) コネクタピン配置

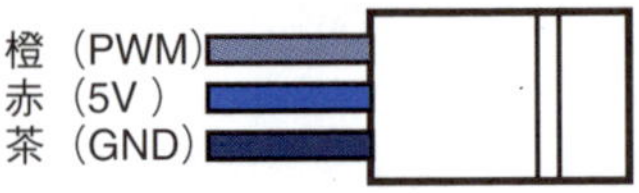

(b) PWMパルス仕様

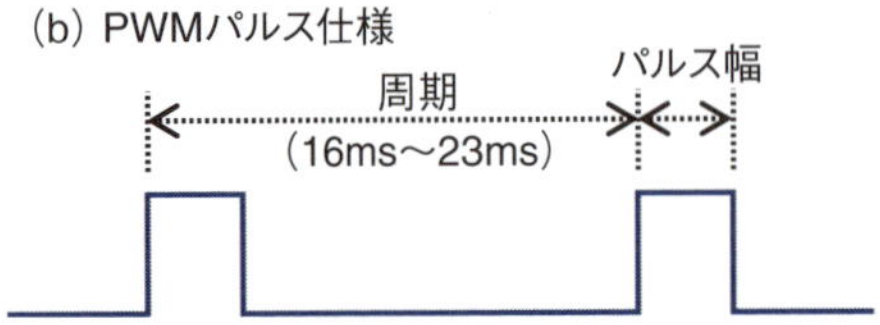

パルス幅	回転速度
0.8ms	Safety zone for CW
0.9ms	+60 degrees ±10°CW
1.5ms	0 degree（center position）
2.1ms	−60 degree ±10°CCW
2.2ms	Safety zone for CCW

この範囲で使う必要があるので可動範囲は約120度となる

(c) 規格（GWS社 S03T-2BB）

項目	仕様	備考
電源	DC 4.8V ～ 7.5V	
速度	0.33sec/60°	4.8V
トルク	7.20kg-cm	
温度範囲	−20 ～ +60	
パルス周期	16msec ～ 23msec	
パルス幅	0.9msec ～ 2.1msec	

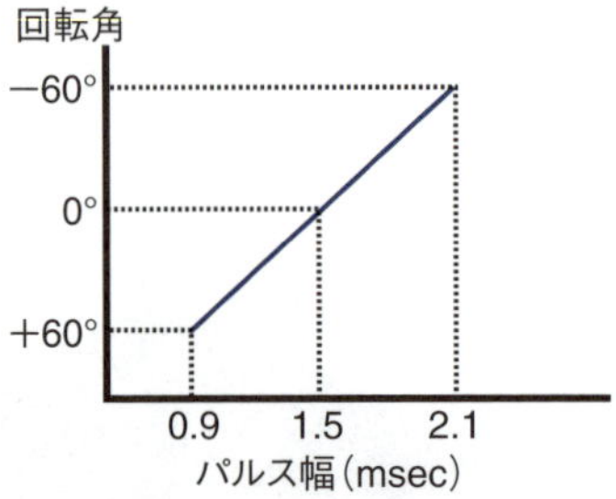

そこで十分な分解能のPWM信号を生成するために、PWMモジュールとCLCモジュールを組み合わせて図5-6-3のような回路を構成しました。

20msec周期はタイマ0で作成し20.48msec周期とします。このタイマ0のオーバーフローでCLC1のRSフリップフロップをセットします。次にPWMの周期となるタイマ2を2.048msec周期に設定します。このタイマ2とPR2の一致出力をCLC3のDフリップフロップのクロックとし、同時にCLC1のRSフリップフロップをリセットします。これで、タイマ0がCLC1のRSフリップフロップをセットしたときだけ、CLC3のDフリップフロップがセットされ出力がHighとなります。そして次のタイマ2の一致でリセットされるので、PWMの1周期分だけCLC3OUTがHighとなることになります。

このCLC3OUTと2組のPWM出力のANDをCLC2とCLC4で構成しています。これで、20.48msecに1回だけPWM1とPWM4のパルスが出力されることになります。

PWMの周期が2.048msecですから、RCサーボ用の出力としては0.9msecから2.048msecまで使えます。つまり1024分解能のうち、450から1023まで使えるので、573ステップでRCサーボを制御できることになります。しかもPWMのデューティを設定すればあとはハードウェアで繰り返し動作しますから、プログラムでRCサーボに対して常時実行しなければならないことは、デューティに変更があったときタイマ0の割り込み処理の中で設定するだけとなり、非常に簡単な処理となります。

●図5-6-3　RCサーボの制御回路

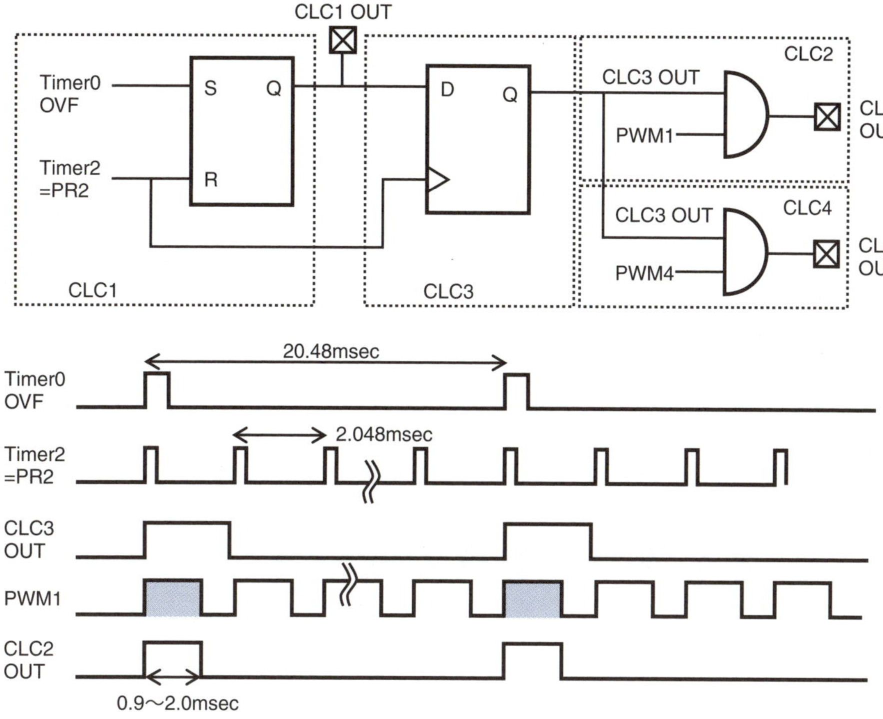

このCLCモジュールの設定をツールで設定して自動生成されたレジスタ設定が、リスト5-6-1となります。この設定をプログラムにコピーして使います。

リスト 5-6-1　CLC設定レジスタ

```
// File: RCServo.inc
// Generated by CLC Designer, Version: 1.0.0.3
// Date: 2012/06/12 23:45
// Device:PIC16(L)F1508/9

    CLC1GLS0 = 0x08;
    CLC1GLS1 = 0x00;
    CLC1GLS2 = 0x02;
    CLC1GLS3 = 0x00;
    CLC1SEL0 = 0x17;
    CLC1SEL1 = 0x60;
    CLC1POL  = 0x00;
    CLC1CON  = 0xC3;

    CLC2GLS0 = 0x08;
    CLC2GLS1 = 0x20;
    CLC2GLS2 = 0x00;
    CLC2GLS3 = 0x00;
    CLC2SEL0 = 0x62;
    CLC2SEL1 = 0x66;
```

```
    CLC2POL  = 0x0C;
    CLC2CON  = 0xC2;

    CLC3GLS0 = 0x02;
    CLC3GLS1 = 0x08;
    CLC3GLS2 = 0x00;
    CLC3GLS3 = 0x00;
    CLC3SEL0 = 0x47;
    CLC3SEL1 = 0x50;
    CLC3POL  = 0x00;
    CLC3CON  = 0x84;

    CLC4GLS0 = 0x08;
    CLC4GLS1 = 0x80;
    CLC4GLS2 = 0x00;
    CLC4GLS3 = 0x00;
    CLC4SEL0 = 0x62;
    CLC4SEL1 = 0x37;
    CLC4POL  = 0x0C;
    CLC4CON  = 0xC2;
```

5-6-3 ジョイスティックの使い方

手動による太陽電池パネルの方向制御にはジョイスティックを使いました。

使ったジョイスティックはツバメ無線製のTX-26PRというタイプで、その外観は写真5-6-3のようになっています。

上部にツマミが立っていて上下左右自由に動くようになっています。その下の筐体部には2個のポテンショメータが直角方向についていて、ツマミを動かすとX、Yの動きの角度がポテンショメータに伝わるようになっています。これでツマミの角度を2次元で表現し、X、Y軸の位置情報として出力します。

つまみ下部にはスプリングもついていて、つまみを離すと中立の位置に自動的に戻るようになっています。

●写真5-6-3　ジョイスティックの外観

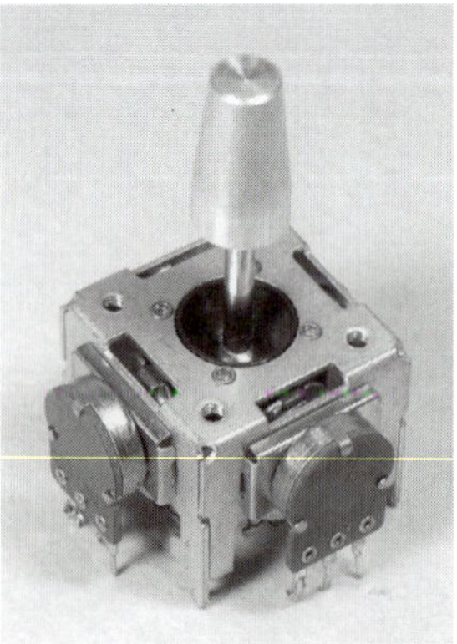

このジョイスティックの使い方は簡単で、単純な2つの可変抵抗として扱うことができます。使用したジョイスティックは10kΩのポテンションメータが使われているものだったので、図5-6-4のように電源とGNDに接続すれば、位置を電圧の値として得られます。この電圧は0V～V_{DD}の範囲となり、PICマイコンに直接入力できる値ですから、各ポテンショメータの中央の端子をアナログ入力ピンに接続し、A/Dコンバータでデジタル値に変換するだけです。

●図5-6-4 ジョイスティックの使い方

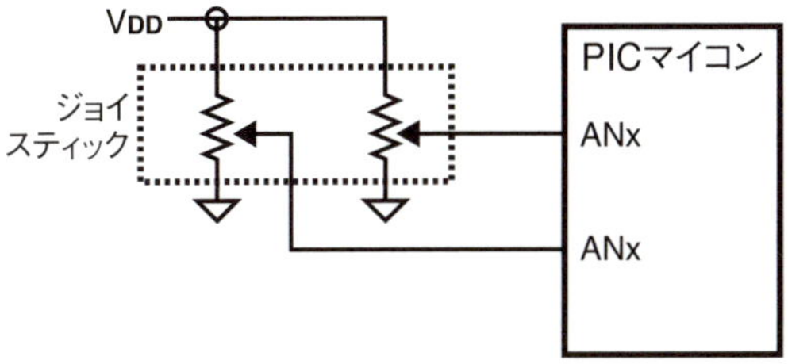

実際に使う場合には、ツマミがばねで戻ったときの両方のポテンショメータの出力電圧が原点となりますが、正確にV_{DD}の1/2になっているわけではないので、原点の電圧値変換値から調整する必要があります。

5-6-4 キャラクタ型液晶表示器の使い方

キャラクタ型モノクロ液晶表示器で入手しやすいものが写真5-6-4のようなものとなっています。今回使用したのは比較的小型タイプのもので型番はSF1602HULBとなっています。

●写真5-6-4 キャラクタ型液晶表示器の外観

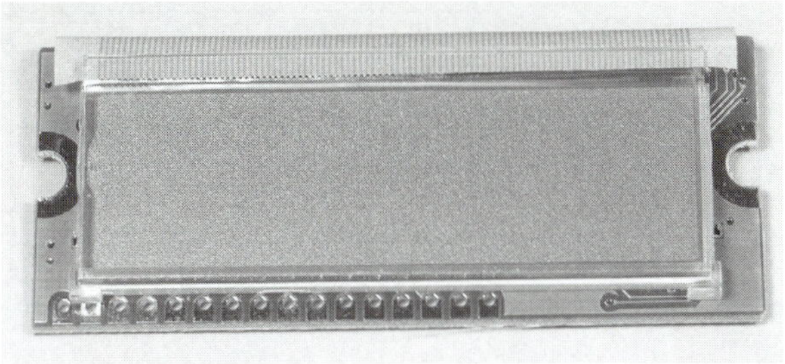

この液晶表示器の電気的特性は表5-6-2のようになっています。この表からわかることは、この液晶表示器は基本的に5V動作となっていることです。しかし、最近では3.3Vの電圧でも動作するタイプが用意されています。

バックライト付きの場合には、バックライト用の発光ダイオードが内蔵されていて、使う場合には、これに電源を供給する必要があります。明るさは電流で制御されるので、直列に抵抗を挿入して電流の規格範囲内で明るさを調整します。

▼表5-6-2　液晶表示器の電気的特性(SC1602B)

項　目	記　号	規　格			単　位
		Min	Typ	Max	
動作電源電圧	V_{DD}	2.7	5.0	5.5	V
入力Hレベル	VIH	2.2		V_{DD}	V
入力Lレベル	VIL	−0.3		0.6	V
出力Hレベル	VOH	2.4			V
出力Lレベル	VOL			0.4	V
消費電流	I_{DD}		3.2	6	mA
バックライト用発光ダイオード(LED)					
順方向降下電圧	VF		4.2	4.6	V
順方向電流	IF		40		mA

この液晶表示器の外形寸法と接続信号とピン配置は図5-6-5となっています。

●図5-6-5　液晶表示器の外形と信号とピン配置

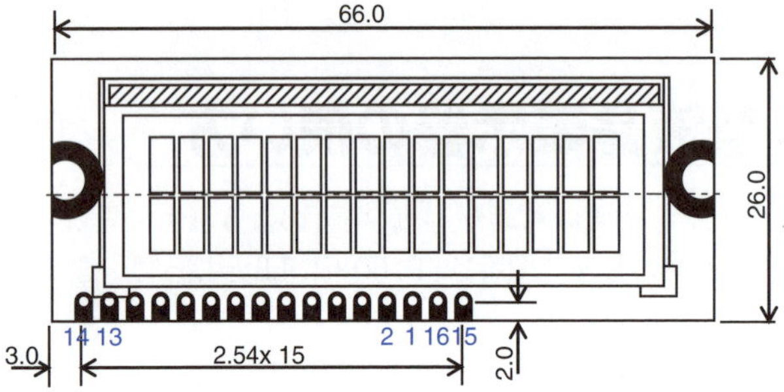

番号	記号	信号内容
1	Vss	電源グランド
2	VDD	電源プラス
3	Vo	コントラスト
4	RS	レジスタ選択
5	R/W	Read/Write
6	E	Enable
7	DB0	データビット0
8	DB1	データビット1
9	DB2	データビット2
10	DB3	データビット3
11	DB4	データビット4
12	DB5	データビット5
13	DB6	データビット6
14	DB7	データビット7
15	A	バックライトLED アノード
16	K	バックライトLED カソード

PICとの接続

これらの信号とマイコンとの基本の接続は、図5-6-6のようにします。2種類あるのは、データビットを8ビット並列で接続するか、4ビット並列で接続するかの違いです。この液晶表示器は8ビットのデータを上下の4ビットごとに分けて2回で送ることもできるようになっています。マイコンと接続して使う場合、液晶表示器との接続に必要なピン数を少なくして効率良くマイコンを使えるようにするためです。

図5-6-6 (b) が4ビットパラレルの接続方法で、必ず上位側の4ビット (DB4-DB7) を使う必要があります。さらにこの接続では、R/WピンをLowに固定してWriteモードだけで使うようにして、さらに接続ピン数を減らしています。

下位4ビットのRB0からRB3の4ピンは、内部で抵抗によりグランドに接続されていますから、オープンのままでLow入力と同じになるので何も接続しなくても大丈夫です。

VR1、VR2の可変抵抗は、コントラスト調整用の電圧をVoピンに加えるためのもので、この可変抵抗でVoピンの電圧を調整することでコントラストを調整することができます。

●図5-6-6 マイコンとの接続方法

(a) 8ビットパラレル接続

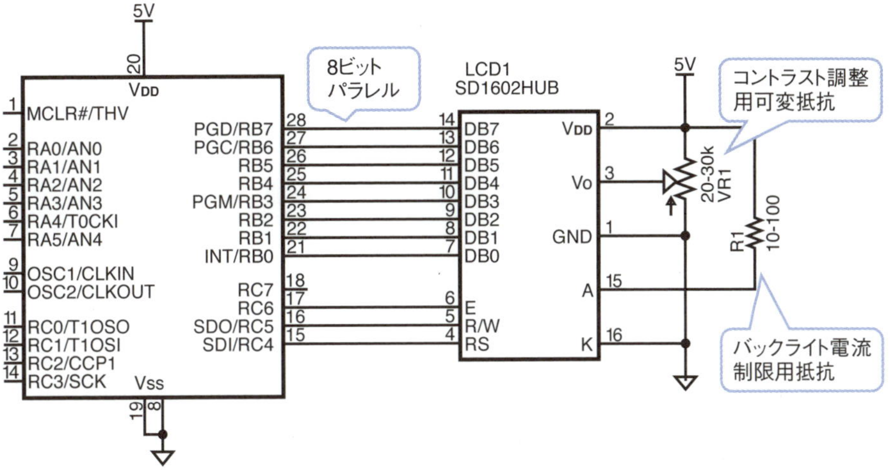

(b) 4ビットパラレル接続

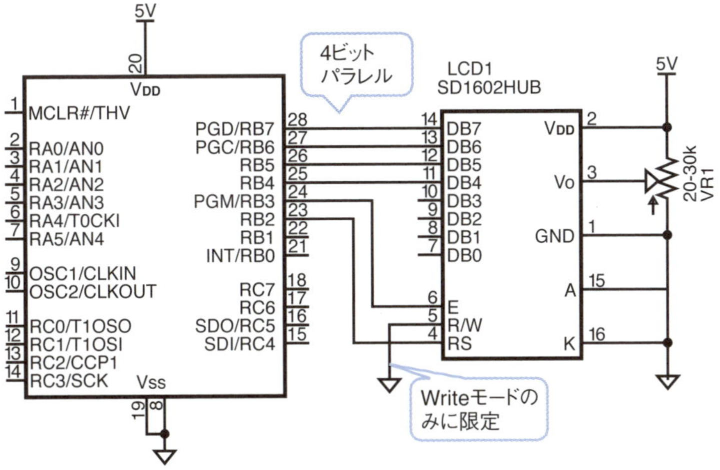

信号のタイミング

液晶表示器を動かす場合の各信号の加え方は図5-6-7のようにします。

図5-6-7　信号のタイミング

(a) Writeモードの場合

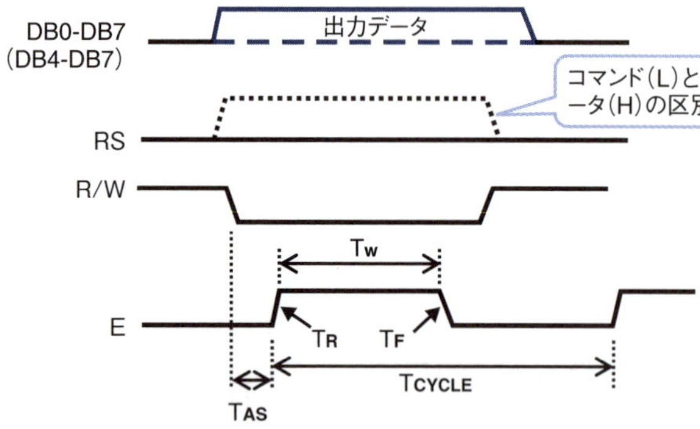

(b) Readモードの場合

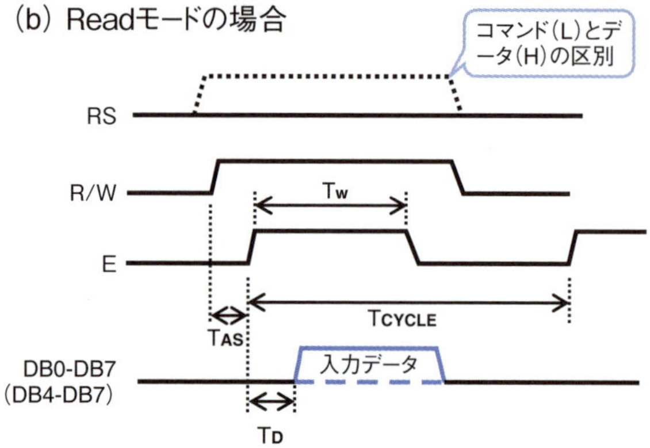

記号	SD1602H（小型16文字2行）		単位
	Min	Max	
TCYCLE	1200	---	ns
Tw	140	---	ns
TAS	40	---	ns
TD	---	100	ns
TR、TF	---	25	ns

（注）TR、TF：Enable立ち上がり、立ち下がり時間

図の下側になる信号のパルスが、常に上側の信号の内側に納まるようにする必要があります。RS信号によりデータが2種類に区別されるようになっていて、表5-6-3のようになっています。

表5-6-3　信号によるデータの区別

R/W	RS	データ種別	備　考
0	0	制御コマンド出力	
0	1	表示、文字データ出力	DDRAMかCGRAMにデータを書き込む(注1)
1	0	ビジー信号入力	
1	1	表示、文字データ入力	DDRAMかCGRAMからデータを読み出す(注1)

（注1）DDRAMかCGRAMかは、直前に制御コマンドでアドレスを指定した側になる

制御方法

ハードウェアとしてマイコンに接続できたら、次は液晶表示器を動かすためのソフトウェアによる制御方法の説明をします。液晶表示器には、動作を制御するための制御コマンドが表5-6-4のように用意されていて、細かな動作制御ができます。制御コマンドは、液晶表示器に出力する際に、RSの信号をHighとして出力することで8ビットのデータが制御コマンドとして使われます。

▼表5-6-4 制御コマンド一覧

コマンド種別	DBx 7	6	5	4	3	2	1	0	データ内容説明	実行時間
全消去	0	0	0	0	0	0	0	1	全消去しカーソルはホーム位置へ	1.6msec
カーソルホーム	0	0	0	0	0	0	1	*	カーソルをホーム位置へ移動、表示内容は変化なし	1.6msec
書き込みモード	0	0	0	0	0	1	I/D	S	表示メモリ(DDRAM)か文字メモリ(CGRAM)への書込方法と表示方法の指定 I/D:メモリ書込で表示アドレスを+1(1)または−1(0)する。 S :表示全体もシフトする(1) 表示全体シフトしない(0)	40μsec
表示制御	0	0	0	0	1	D	C	B	表示やブリンクのオンオフ制御 D:1で表示オン 0でオフ C:1カーソルオン 0でオフ B:1ブリンクオン 0でオフ	40μsec
カーソルシフト	0	0	0	1	S/C	R/L	*	*	カーソルと表示の動作指定 S/C:1で表示もシフト 0でカーソルのみシフト R/L:1で右、0で左シフト	40μsec
機能制御	0	0	1	DL	N	F	*	*	動作モード指定で最初に設定する必要がある DL:1で8ビットモード、0で4ビットモード N :1で1/6デューティ、0で1/8デューティ F :表示ドット構成指定 1で5x10ドット、0で5x7ドット (フォントは5x7ドットのまま、N=1のときFビットは無効)	40μsec
文字メモリアドレス	0	1	CCRAMアドレス						文字メモリアクセス用アドレス指定(6ビット) このあとのデータ入出力はCGRAMが対象となる	40μsec
表示メモリアドレス	1	DDRAMアドレス(注)							表示用メモリアドレス指定(7ビット) このあとのデータ入出力はDDRAMが対象となる	40μsec
状態読み込み	BF	アドレス現在値							現在状態の読み出し BF:ビジーフラグ 1でビジー、0でレディー アドレス現在値:CGRAMかDDRAMかは直前の状態で決まる	40μsec

(注) *は無関係であることを意味する
(注) 表示位置と表示用メモリアドレスとの関係は下記のようになる。2行表示の液晶表示器の場合には、上段の2行分だけが表示される。

行	DDRAMメモリアドレス	
1行目	0x00 ～ 0x13	
2行目	0x40 ～ 0x53	
3行目	0x14 ～ 0x27	(0x28～0x3Fまでは表示されない)
4行目	0x54 ～ 0x67	(0x68～0x7Fまでは表示されない)

液晶表示器は電源オン時に自動的に初期化されますが、この初期化では、8ビット接続で表示もカーソルもオフとなるので、このままでは使えません。したがって、制御コマンドを使って初期化する必要があります。

メーカ推奨の初期化手順は、4ビット接続の場合は図5-6-8となっているので、この手順に沿って制御する必要があります。

また、このフローでの遅延時間は液晶表示器によりバラつきがあるので、十分余裕を見て長めに設定しておく必要があります。

●図5-6-8　液晶表示器の初期化手順

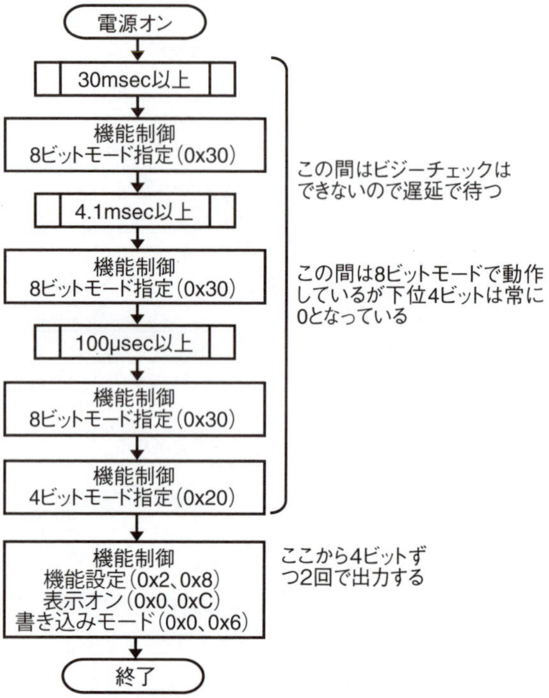

5-6-5 液晶表示器用ライブラリの使い方

この液晶表示器を使うためのプログラムを、ライブラリとして共用できるようにしました。このライブラリの使い方を説明します。

ライブラリは独立したヘッダファイル(lcd_lib.h)とソースファイル(lcd_lib.c)の形式にしているので、これらのファイルをMPLAB X IDEのプロジェクトフォルダの中にコピーするだけで使えるようになります。

プロジェクトにファイルをコピーしたら、ヘッダファイル(lcd_lib.h)でクロック周波数と接続ピンの設定をリスト5-6-2のようにして、使用するハードウェアに合わせて修正します。

最初にクロック周波数の定義をしていますが、これでdelay関数の時間が周波数に合わせて自動的に調整されます。delay関数は、液晶表示器ライブラリの中で、Readモードを使わず遅延だけで構成しているので必須の関数となります。

次がピンの指定ですが、このライブラリは4ビット接続の構成でWriteモードのみで使うことが前提になっています。ピンの配置は自由で、DBxピンも連続ピンでなく飛び飛びになっていても構いません。

リスト 5-6-2 ピンの設定

```
#define _XTAL_FREQ  8000000     // クロック周波数設定
/**** 液晶表示用設定 *****/
#define DB7 LATB7               //DB7 pin
#define DB6 LATB6               //DB6 pin
#define DB5 LATB5               //DB5 pin
#define DB4 LATB4               //DB4 pin
#define RS  LATC6               //RS pin
#define STB LATC7               //E pin (STB pin)
```

この液晶表示器ライブラリには、表5-6-5のような関数が含まれています。これらの関数の使い方を説明します。

▼表5-6-5 ライブラリ関数一覧

関数名	機能内容
lcd_init	液晶表示器の初期化処理を行う lcd_init(); パラメータなし
lcd_cmd	液晶表示器に対する制御コマンドを出力する lcd_cmd(unsigned char cmd) cmd：8ビットの制御コマンド 表2-4-2のコマンドデータ 《例》lcd_cmd(0xC0); 2行目にカーソルを移動する
lcd_data	液晶表示器に表示データを出力する lcd_data(unsigned char asci) asci：ASCIIコードの文字データ 《例》printf文と組合せで使用することが可能 printf(lcd_data,"Hello");
lcd_clear	液晶表示器の表示を消去しカーソルをHomeに戻す lcd_clear(void) パラメータなし lcd_cmd(0x01);と同じ機能

lcd_str	ポインタptrで指定された文字列を出力する
	lcd_str(unsigned char* ptr)
	ptr：文字配列のポインタ、文字列直接記述は不可
	《例》StMsg[]=Start!!; //文字列の定義
	lcd_str(StMsg);

lcd_cgram	ユーザ定義文字のCGRAMへの書き込み lcd_cgram(int code, const unsigned char* ptr) code：文字コード（0から7） ptr：文字データへのポインタ（文字配列名）

関数ごとに使い方を説明します。

1 lcd_init関数

文字通り液晶表示器の初期化のための関数で、パラメータはありません。メーカ推奨の手順どおりの初期化を行うので、電源オン後、またはマイコンリセット後には必ず1回だけ実行する必要があります。

初期化後の状態は下記のようになります。

- 4ビット接続モード
- カーソルオン
- 1文字書き込みでカーソル右シフト、表示はシフトしない
- 表示は5x7ドット

《書式》

```
void lcd_init(void);
```

2 lcd_cmd関数

制御コマンドを1つだけ出力する関数で、表5-6-4のすべてのコマンドを出力できます。

全消去とカーソルホームの場合には、2msecの遅延を入れ、その他の場合には50μsecの遅延を入れています。

《書式》

```
void lcd_cmd(unsigned char cmd);
```

cmd：8ビットの制御コマンド

3 lcd_data関数

表示データを出力する関数で、8ビットのASCIIコードを出力します。表示位置は前回の表示位置の1つ右になります。

16文字を超えても表示はされませんが、表示メモリには書き込まれます。

《書式》

```
void lcd_data(unsigned char data);
```

data：表示文字のASCIIコード

4 lcd_clear関数

全消去専用の制御関数で、lcd_cmd(0x01)と全く同じ動作です。

《書式》

```
void lcd_clear(void);
```

5 lcd_str関数

文字列を出力する関数です。文字列データは配列データとして別に用意する必要があります。直接文字列の記述もできますが、ビルドで警告が出ます。それでも正常動作をします。文字列の最後の0x00のデータを終了とみなしています。

《書式》

```
void lcd_str(unsigned char* ptr);
```

ptr：文字列へのポインタ

6 lcd_cgram関数

CGRAMへ8バイトのデータを書き込む関数。文字コードを0から7で指定することでCGRAMの格納場所を指定します。書き込むデータは1文字8バイトの定数配列データとして用意する必要があります。

《書式》

```
void lcd_cgram(int code, const unsigned char* ptr);
  code：文字コード(0から7のいずれか)
  ptr ：文字データ(8バイトの配列データへのポインタ)
```


5-6-6 標準入出力関数の使い方

C言語には、putcやgetc、printfなどの「標準入出力関数」と呼ばれる特定のデバイスとの入出力を行う関数が用意されています。通常はシリアル通信デバイスが標準入出力デバイスとして指定されています。しかし、MPLAB XC8コンパイラでは、低レベル入出力関数が何もしない空の関数となっているので、標準入出力デバイスは無指定となっています。

このため、MPLAB XC8コンパイラで標準入出力関数を使う場合には、低レベル入出力関数、つまり実際に入出力を行うデバイスを決める関数を、使う環境に合わせて作成する必要があります。

つまり、空の低レベル入出力関数を上書きして実際の入出力を実行する関数とします。作成が必要な低レベル入出力関数は下記の3つとなります。

```
void putch(unsigned char byte);
unsigned char getch(void);
unsigned char getche(void);
```

この低レベル関数の作成は簡単で、とにかく1文字の入出力を実行する関数を作成すればよいだけです。

例えば、リスト5-6-3のように関数を作成し、使うプログラムにこの関数を追加するだけです。lcd_data()という関数は液晶表示器への1文字出力関数です。これで標準出力関数を使って液晶表示器に文字を出力することができるようになります。

リスト 5-6-3 低レベル入出力関数の例

```
/***************************
* 低レベル入出力関数
***************************/
void putch(unsigned char byte){
    lcd_data(byte);  // 液晶表示器1文字出力
}
```

この関数を追加すると液晶表示器への文字出力にprintf文が使えるようになり、リスト5-6-4のように記述することができるようになります。この場合、最初のヘッダファイルのインクルードに標準入出力関数のヘッダファイルである「#include <stdio.h>」の行の追加が必要です。

標準入出力関数を使えば変数の書式付きで記述ができるので、数値から文字への変換が簡単にできることになります。ただし、実数を標準入出力関数で扱うと極端にプログラムサイズが大きくなるので注意が必要です。例えばこの例題の場合、実数の出力をするprintf文を含めた状態でのメモリ使用量は、8kワードの内の64%になってしまいますが、この行を削除するだけで17%にまで減ります。

リスト 5-6-4 標準入出力関数の使用例

```
/***********************************************
   *  標準入出力関数の使用例
   *  デバイス  PIC16F1509
   *  太陽電池雲台制御ボードで実行
   *  ファイル名：StdIO.c
***********************************************/
#include    <htc.h>
#include    <stdio.h>
#include    ".´lcd_lib.h"
/***** コンフィギュレーションの設定 *********/
__CONFIG(FOSC_INTOSC & WDTE_OFF & PWRTE_ON & MCLRE_ON & CP_OFF
    & BOREN_ON & CLKOUTEN_OFF & IESO_OFF & FCMEN_OFF);
__CONFIG(WRT_OFF & STVREN_OFF & LVP_OFF);

/** グローバル定数変数定義 **/
unsigned int Counter = 0;
float fValue = 0;
/** 標準出力関数用低レベル関数定義 **/
void putch(unsigned char data){
    lcd_data(data);            // 液晶表示器を標準出力関数とする
}
/******** メイン関数  ************/
void main(void) {
    /** クロック設定 **/
    OSCCON = 0x73;             // 内蔵8MHz
    /** 入出力ポートの設定 ***/
    ANSELA = 0x00;             // デジタル
    ANSELB = 0x00;             // デジタル
    TRISB = 0x00;              // すべて出力
    TRISC = 0x2E;              // RC1,2,3,5のみ入力
    /* LCD初期化 */
    lcd_init();                // 初期化
    /************ メインループ  **********/
    while (1) {
        lcd_cmd(0x80);
        printf("Counter= %05d  ", Counter++);
        lcd_cmd(0xC0);
        printf("fValue = %2.3f  ", fValue);
        fValue += 0.001;
        __delay_ms(100);
    }
}
```

低レベル関数の上書き定義

標準関数によるLCDへの表示出力

5-6-7 回路設計と組み立て

以上の仕様と図5-6-1の全体構成に基づいて作成したコントローラの回路図が、図5-6-9となります。電源は、RCサーボ用とロジック用を別々のレギュレータを使っています。いずれも9VのACアダプタの入力から5Vを生成していますが、RCサーボの供給電流が大きく変化するので、これでロジック部が誤動作しないように別系統としています。

●図5-6-9　太陽電池雲台コントローラの回路図

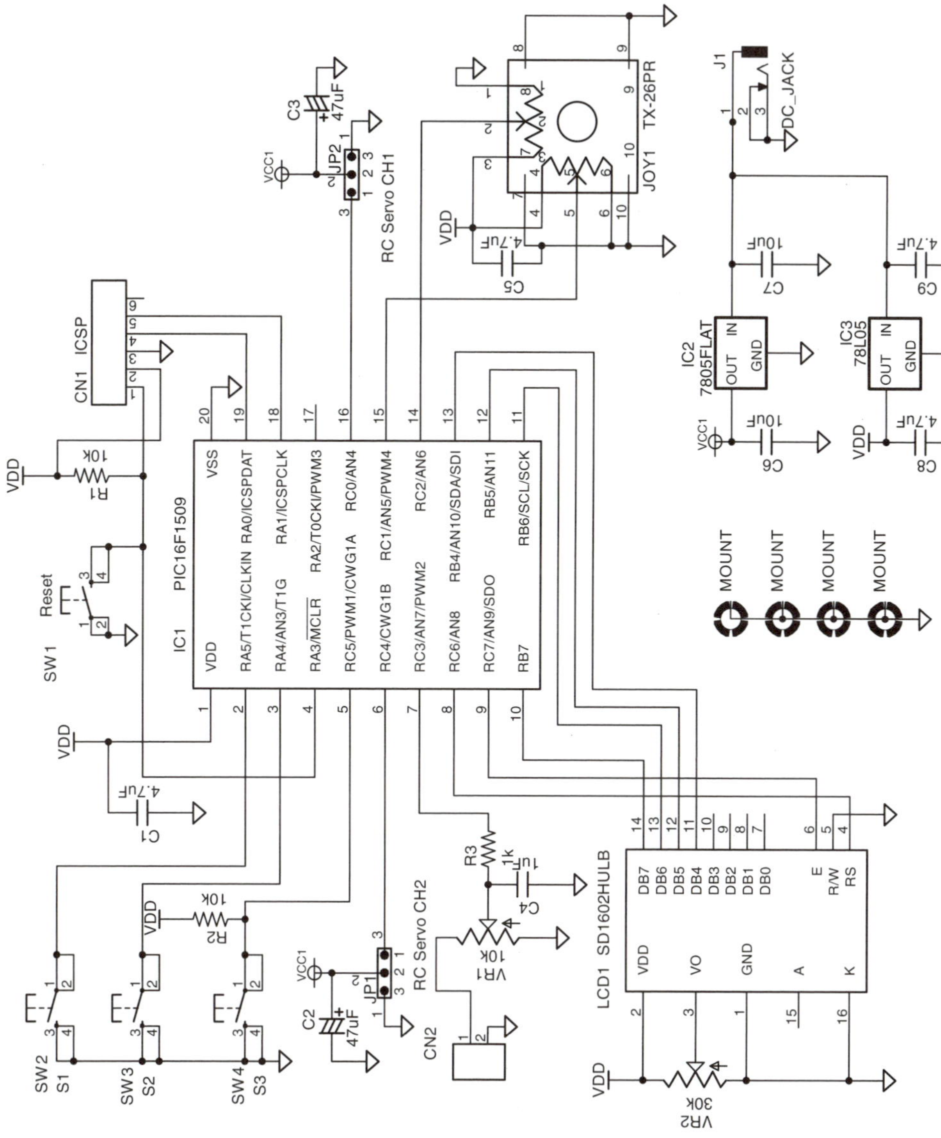

RCサーボの出力ピンはCLCの出力ピンとする必要があります。そして、コネクタには3ピンのシリアルピンヘッダを使って、RCサーボのコネクタが直接接続できるようにしました。この電源供給ピンには大容量の電解コンデンサを接続して電源変動を抑制しています。

ジョイスティックの2個の可変抵抗の出力は、アナログ入力ピンに直接接続しています。

4個のスイッチの内、リセットスイッチとSW4は10kΩでプルアップしていますが、SW2とSW3はPICマイコンの内蔵プルアップを使うことにして、抵抗を省略しています。

CN2は太陽電池の出力電圧をモニタするための入力で、可変抵抗で電圧を自由に調整できるようにし、さらに簡単なノイズフィルタを挿入してアナログピンに接続しています。

このコントローラの組み立てに必要なパーツは表5-6-6となります。

▼表5-6-6　コントローラに必要な部品表

記　号	品　名	値・型名	数量
IC1	PIC	PIC16F1509-I/SP	1
IC2	レギュレータ	7805相当　フラットタイプ	1
IC3	レギュレータ	78L05相当	1
R1、R2	抵抗	10kΩ　1/4W	2
R3	抵抗	1kΩ　1/4W	1
VR1	可変抵抗	10kΩ　基板用小型	1
VR2	可変抵抗	30kΩ　基板用小型	1
C1、C5、C8、C9	大容量セラミックコンデンサ	4.7μF　10～25V　チップ型	4
C2、C3	電解コンデンサ	47μF～100μF　25V	2
C4	大容量セラミックコンデンサ	1μF　16V　チップ型	1
C6、C7	大容量セラミックコンデンサ	10μF　25V　チップ型	2
SW1、SW2、SW3、SW4	スイッチ	小型タクトスイッチ基板用	4
CN1	ヘッダピン	6P シリアルヘッダ	1
CN2	コネクタ	モレックス 2Pハウジング	1
JP1、JP2	ヘッダピン	3Pシリアルヘッダ	2
JOY1	ジョイスティック	ツバメ無線　TX-26PR	1
J1	DCジャック	2.1φ	1
LCD1	液晶表示器	SD1602HULB	1
	ヘッダピンソケット	シリアルヘッダソケット10P	1
	ヘッダピン	10Pシリアルヘッダ	
	ICソケット	20ピン	1
	感光基板	サンハヤトP10K（75x100mm）	1
	M3ねじ、ナット、ゴム足		少々

また、外部に必要なパーツは表5-6-7となります。こちらは、どのような構成にするかで変わるので、読者が必要なパーツで揃えていただけばよいと思います。

▼表5-6-7 外部に必要な部品表

記 号	品 名	値・型名	数量
	RCサーボ	GWS S03T 2BB	2
	ブラケット	RCサーボブラケット AGBL-S03T（浅草技研）	2
	ソーラーパネル	2Wタイプ 6V 0.3A OPL60A33101	1
	コネクタハウジング	モレックス 2P	1
	電源	ACアダプタ 9V 1.2A	1

コントローラ基板はプリント基板を自作しました。片面基板なので、巻末掲載の本書サポートWebサイトからダウンロードしたパターン図をインクジェットプリンタでOHPフィルムに最も濃い目にして印刷すれば、間違いなくできると思います。

プリント基板ができあがったら部品を実装して組み立てます。組み立ては図5-6-10の組み立て図にしたがって、はんだ面側の表面実装部品から取り付けます。といってもレギュレータとコンデンサだけですから簡単です。

続いて、図の太い線で示したジャンパ線を実装します。抵抗のリード線の余りなどを利用します。SW1のジャンパ線はスイッチ自身でできるので不要です。

あとはICソケット、液晶表示器用のソケットを取り付け、背の低いものから順番に取り付けます。向きのあるものがいくつかありますから注意してください。最後に背の高いジョイスティックを実装します。

●図5-6-10 コントローラの組み立て図

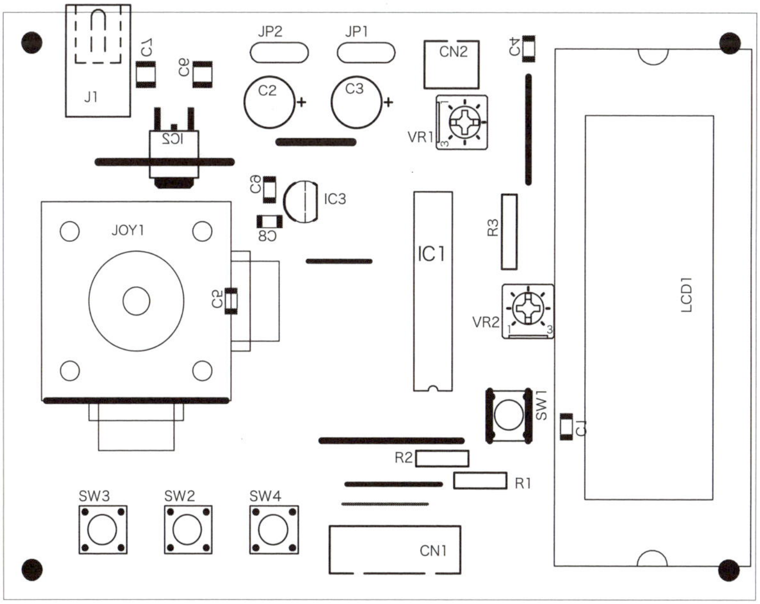

完成したコントローラの部品面が写真5-6-5、はんだ面が写真5-6-6となります。

太陽電池の雲台そのものの組み立ては写真5-6-7のようにしました。太陽電池が小さめで軽いものでしたので、RCサーボのブラケットに両面接着テープでそのまま取り付けました。

また実際に使う場合には、太陽電池の実負荷を接続しなければならないので、太陽電池の出力電圧のモニタ用の配線はそちらから取り出します。

●写真5-6-5　コントローラ部品面

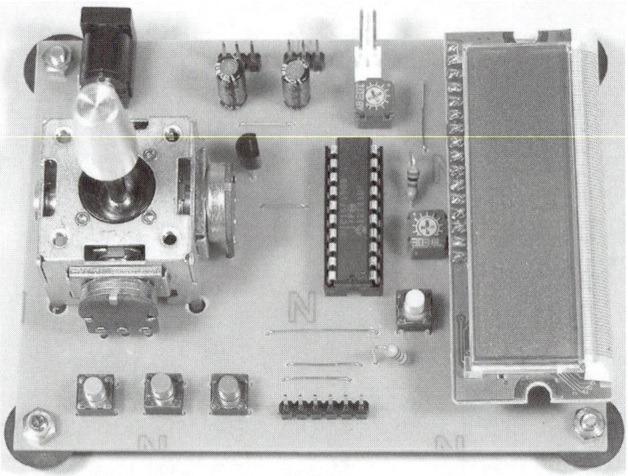

●写真5-6-6　コントローラはんだ面

●写真5-6-7　太陽電池雲台の組み立て外観

5-6-8 ファームウェアの製作

コントローラと雲台の組み立てが完了したら、次はPICマイコンのプログラムの製作です。

液晶表示器の制御部分はライブラリとして別ファイルとしたので、プロジェクトに必要なソースファイルは次の3つとなります。

- RCServo2.c：本体プログラムのソースファイル
- lcd_lib.c　：液晶表示器のライブラリソースファイル
- lcd_lib.h　：液晶表示器ライブラリ用ヘッダファイル

まず、メインとなる本体プログラムから説明します。プログラムの全体構成は図5-6-11のようなフローとなっています。

●図5-6-11　プログラム全体フロー

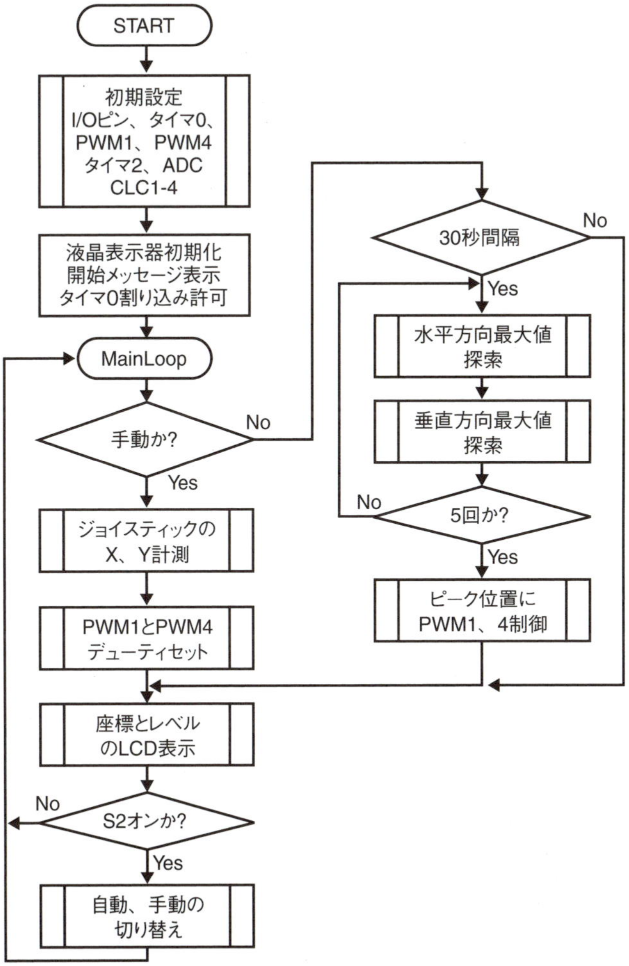

最初に必要な内蔵モジュールの初期設定を行いますが、この中で4組のCLCの初期設定も行っています。

LCDに開始メッセージを表示後、メインループに入ったらまず手動モードか自動モードかを判定して分岐します。初期値は手動になっています。

手動の場合は、ジョイスティックを動かせば、連動してRCサーボが動き、水平と垂直を任意の位置に動かせます。これでおよそ最大となる位置に太陽電池の向きを合わせます。その状態のままで、S2をオンにすると自動モードに入ります。

自動モードでは、30秒間隔で、水平と垂直をわずかずつ動かしながら太陽電池の出力が最大となる位置を探します。5回これを繰り返して、その間に最大値だった位置にRCサーボを動かします。この30秒間隔は実験レベルでの間隔なので、実用的には10分程度でも十分かと思います。

以降では主要部分についてもう少し詳細に説明します。

1 メインループ部

メインループの詳細はリスト5-6-5となっています。最初に手動、自動のモードをチェックしています。

手動モードの場合はジョイスティックを入力してPWMの制御をしています。このときジョイスティックのセンター位置の補正も一緒に行っています。したがってこの補正値は製作品ごとに異なることになります。補正は、ジョイスティックのセンター位置で、HWidthとVWidthの値が750近辺になるようにします。つまり1.5msec幅のPWMパルスになるように設定します。

ジョイスティックの値は、最小値が450つまり9msec幅のパルスで、最大値が1023つまり2.048msec幅のパルスになるように制限します。

自動モードの場合には、30秒ごとにHorizontal関数とVertical関数で水平、垂直位置を少しずつ動かしては、太陽電池の出力電圧レベルをチェックして最大値となる位置を探索します。5回これを繰り返して最大値だった位置にRCサーボを動かします。

いずれのモードの場合もその後で現在位置と電圧レベルを液晶表示器に表示してから、スイッチのチェックをし、押されていればモードを反転させます。

リスト 5-6-5　メインループ部の詳細

手動モードの場合

ジョイスティックのセンターずれ補正も行う

ジョイスティックのセンターずれ補正も行う

```
/************ メインループ  **********/
 while (1) {
     if(Mode == 0){                              // マニュアルモードの場合
         /* Joy X input */
         HWidth = ADConv(6)+225;                 // AN6変換　中央値補正
         if(HWidth < 450)
             HWidth = 450;                       // 最小側制限　　約0.9msec
         else if(HWidth > 1023)
             HWidth = 1023;                      // 最大側制限　約2.05msec
          /* Joy Y input */
         VWidth = ADConv(5)+175;                 // AN5変換　中央値補正
         if(VWidth < 450)
```

XとYでPWM1とPWM4を制御する

現在の電圧レベルを測定

自動モードの場合

時間間隔待ち

探索を5回繰り返す

水平、垂直方向の探索実行

探索中の最大電圧値に移動

表示周期ごとに座標と電圧レベルを表示

自動/手動切り替えスイッチのチェック

```
            VWidth = 450;                       // 最小側制限  約0.9msec
        else if(VWidth > 1023)
            VWidth = 1023;                      // 最大側制限  約2.05msec
        /* デューティにセット */
        PWM1DCH = HWidth >> 2;                  // PWM1
        PWM1DCL = HWidth << 6;
        PWM4DCH = VWidth >> 2;                  // PWM4
        PWM4DCL = VWidth << 6;
        Level = ADConv(7);                      // レベル初期値取得
        PeakL = Level;                          // 最大値初期値セット
    }
    else{                                       // 自動モードの場合
        if(AutoFlag){                           // 自動モード開始オンか？
            AutoFlag = 0;                       // 自動モードフラグクリア
             for(i=0; i<5; i++){
                Horizontal();                   // 水平方向順方向探索
                Vertical();                     // 垂直方向順方向探索
                /** 最終ピーク位置へ移動 ***/
                HWidth = PeakH;                 // ピーク位置復元
                VWidth = PeakV;
                PeakL = ADConv(7);              // レベル再測定
                PWM1DCH = PeakH >> 2;           // PWM1設定
                PWM1DCL = PeakH << 6;
                PWM4DCH = PeakV >> 2;           // PWM4設定
                PWM4DCL = PeakV << 6;
            }
        }
    }
    /* 位置座標表示 */
    if(DFlag){                                  // 表示フラグオンか？
        Display();                              // 位置表示実行
        DFlag = 0;                              // 表示フラグクリア
        Interval = 5;                           // 10sec
         /** スイッチ入力チェック **/
        if(PORTAbits.RA5 == 0){                 // SW2チェック
            if(Mode == 0){                      // 手動モード中の場合
                Mode = 1;                       // 自動モードにする
                AutoFlag = 1;                   // 自動モード設定
                lcd_cmd(0x80);
                printf("Auto Mode      ");     // 表示
            }
            else{           // 自動モード中の場合
                Mode = 0;           // 手動モードにする
                lcd_cmd(0x80);
                printf("Manual Mode  ");        // 表示
            }
            while(PORTAbits.RA5 == 0);          // チャッタ回避
        }
    }

  }
}
```

2 最大値探索関数

自動モードの間、太陽電池の出力電圧が最大値となる位置を探索する関数がリスト5-6-6となります。これは水平方向だけの探索関数です。

まず制限範囲内で水平方向に少しだけ動かします。そして現在電圧レベルを前回電圧レベルに代入してから位置を液晶表示器に表示しています。

その後で、現在電圧レベルを測定し、過去の最大値より大きいかを比較します。この比較に少しヒステリシスを加えることで、曇天の場合で余りレベル差が出ないような場合でも安定に動作するようにしています。これを現在レベルが前回レベルより大きい間繰り返します。

続いて逆方向に少しずつ動かして同じように最大値となる位置を見つけます。これで現在の垂直方向の向きで、水平方向で最大となる位置に動いたことになります。今度は垂直方向に動かして最大値となる位置を探索します。

この繰り返しを5回実行していったん固定します。

30秒後にまた同じことを実行するので、この繰り返しで徐々に最適な位置に近づいていきます。太陽が動いたり、影ができたりした場合でも追従していきます。

リスト 5-6-6 水平方向の探索関数

```
/*************************************
  * 水平方向最大値探索
  *************************************/
void Horizontal(void){
    /* 水平方向順方向探索 */
    do{
        HWidth += 10;               // 増し分
        if(HWidth > 1023)           // 最大値制限
            HWidth = 1023;          // 中央へ復帰
        PWM1DCH = HWidth >> 2;      // PWM1設定
        PWM1DCL = HWidth << 6;
        __delay_ms(100);
        Level = NewLvl;             // 過去値更新
        Display();                  // 座標値表示
        NewLvl = ADConv(7);         // 新レベル測定
        if(NewLvl > PeakL+20){      // 最大値比較
            PeakL = NewLvl;         // 最大値更新
            PeakH = HWidth;
            PeakV = VWidth;
        }
    }while(Level < NewLvl);         // レベルが大きい間継続
    /** 水平方向逆方向探索 **/
    do{
        HWidth -= 10;               // 増し分
        if(HWidth < 450)            // 最小値制限
            HWidth = 450;
        PWM1DCH = HWidth >> 2;      // PWM1設定
        PWM1DCL = HWidth << 6;
        __delay_ms(100);
        Level = NewLvl;             // 過去値更新
        Display();
        NewLvl = ADConv(7);         // 新レベル測定
```

制限範囲内で制限しながら水平位置を少し動かす

現在レベルを前回レベルとし位置を表示

新たな電圧レベルを計測し過去最大値と比較

今回が最大値なら最大値と位置を更新

ヒステリシスを付加して比較

これを前回値より電圧レベルが大きい間繰り返す

制限範囲内で制限しながら水平位置を反対方向に少し動かす

現在レベルを前回レベルとし位置を表示

新たな電圧レベルを計測し過去最大値と比較

今回が最大値なら最大値と位置を更新

これを前回値より電圧レベルが大きい間繰り返す

```
            if(NewLvl > PeakL+20){      // 最大値比較
              PeakL = NewLvl;           // 最大値更新
              PeakH = HWidth;
              PeakV = VWidth;
            }
    }while(Level < NewLvl);             // レベルが大きい間継続
}
```

ヒステリシスを付加して比較

3 そのサブ関数

その他サブ関数部がリスト5-6-7となります。これ以外にCLCの設定関数がありますが、内容はリスト5-6-1と同じなので省略します。

座標と電圧レベルの液晶表示器への表示には標準関数のprintf関数を使っています。そのため低レベル出力関数の上書きをしています。

A/D変換処理関数では、指定されたチャネルのA/D変換を5回実行してその平均値を戻り値として返しています。

タイマ0の割り込み処理では、基本は20.48msec周期ですが、これから100msecと30secのインターバルを生成して、表示更新と自動モードの開始フラグをセットしています。

リスト 5-6-7 その他サブ関数

標準出力関数を使って出力

5回計測して平均を取る

```
/**************************************
   *  位置座標表示サブ関数
   **************************************/
/** 標準出力関数用低レベル関数定義 **/
void putch(unsigned char data){
    lcd_data(data);                         // 液晶表示器を標準出力とする
}
void Display(void){
    lcd_cmd(0xC0);                          // 2行目
    printf("X%03d Y%03d  V%04d",HWidth, VWidth, Level);
}
/****************************************
*  A/D変換入力関数
****************************************/
unsigned int ADConv(unsigned char ch){
    int i, j;
    unsigned int value;

    value = 0;
    for(j=0; j<5; j++){                     // 5回の平均
        ADCON0 = (ch << 2) | 0x01;          // チャネル選択
        for(i=0; i<40; i++);                // アクイジションタイム待ち
        GO = 1;                             // 変換開始
        while(GO);                          // 変換終了待ち
        value += (ADRESH & 0x0F)*256 + ADRESL;  // 変換結果計算
    }
    return(value/5);                        // 変換結果を返す
}
/**************************************
* タイマ0割り込み処理関数
**************************************/
```

20msec周期

100msec周期

30sec周期

```
void interrupt isr(void){
    if(TMR0IF){                              // タイマ0割り込みか？
        TMR0IF = 0;                          // フラグクリア
        TMR0 = 96;                           // 時間再設定
        Interval--;                          // インターバル更新
        if(Interval == 0){                   // 設定時間の場合
            Interval = 5;                    // 0.1secに再セット
            DFlag = 1;                       // 表示フラグオン
            AutoInt--;                       // 10secタイマ更新
            if(AutoInt == 0){                // 10secか？
                AutoInt = 300;               // タイマ再設定30sec
                AutoFlag = 1;                // 自動モード開始フラグオン
            }
        }
    }
}
```

5-6-9 使い方

このソーラーパネルの雲台の使い方を説明します。まず太陽電池を適当に太陽の方向に向けて設置します。その後ボードの電源をオンにすれば、手動モードで起動しますから、ジョイスティックを使って、液晶表示器の値をみながらだいたい最大値の出力電圧となる位置に動かします。

次にジョイスティックをそのままの状態で、スイッチSW2をオンとすれば自動モードに移行し、自動で最適位置に移動するように制御を開始します。

太陽電池を何らかの装置の電源として使うように負荷を接続したら、太陽電池の電圧が下がるので、可変抵抗で電圧検出値を適当な値になるよう調整します。

Peripheral Interface Controller

PIC16F1 family

第6章 PIC16F18xx ファミリの使い方

本章では、少ピンにもかかわらずUSART、SPI、I^2Cと基本のシリアル通信機能モジュールを内蔵したPIC16F18xxファミリの使い方を説明しています。

製作例としては、超小型デジタルメータと汎用のデータロガーの説明をしています。

6-1 PIC16F18xxファミリの構成と特徴

F1ファミリの中のPIC12/16F18xxファミリは、少ピン高機能を特徴としています。8ピンから20ピンまでのサイズですが、多種類のシリアル通信モジュールが実装されています。

6-1-1 ファミリのデバイス種類

このPIC16F18xxファミリには、本書執筆時点で表6-1-1のようなデバイスがリリースされています。

▼表6-1-1　PIC16F18xxファミリの一覧

<table>
<tr><th>デバイス名称</th><th>ピン数</th><th>プログラムメモリ(kW)</th><th>データメモリ(バイト)</th><th>EEPROM(バイト)</th><th>A/Dコンバータチャネル数</th><th>コンパレータ</th><th>CCP/ECCP</th><th>タイマ数/ビット数</th><th>EUSART</th><th>MSSP I^2C/SPI</th><th>DAC 5bit</th><th>その他</th></tr>
<tr><td>PIC12(L)F1822</td><td rowspan="2">8</td><td>2</td><td>128</td><td rowspan="2">256</td><td rowspan="2">4</td><td rowspan="2">1</td><td rowspan="2">0/1</td><td rowspan="2">2/8,1/16</td><td rowspan="2">1</td><td rowspan="2">MS/1</td><td rowspan="2">1</td><td>Temp</td></tr>
<tr><td>PIC12(L)F1840</td><td>4</td><td>256</td><td>Temp, DSM</td></tr>
<tr><td>PIC16(L)F1823</td><td rowspan="3">14</td><td>2</td><td>128</td><td rowspan="3">256</td><td rowspan="3">8</td><td rowspan="3">2</td><td>0/1</td><td>2/8,1/16</td><td rowspan="3">1</td><td rowspan="3">MS/1</td><td rowspan="3">1</td><td>Temp</td></tr>
<tr><td>PIC16(L)F1824</td><td>4</td><td>256</td><td>2/2</td><td>4/8,1/16</td><td>Temp, DSM</td></tr>
<tr><td>PIC16(L)F1825</td><td>8</td><td>1024</td><td>2/2</td><td>4/8,1/16</td><td>Temp, DSM</td></tr>
<tr><td>PIC16(L)F1826</td><td rowspan="3">18</td><td>2</td><td>256</td><td rowspan="3">256</td><td rowspan="3">12</td><td rowspan="3">2</td><td>0/1</td><td>2/8,1/16</td><td rowspan="3">1</td><td>MS/1</td><td rowspan="3">1</td><td rowspan="3">Temp, DSM</td></tr>
<tr><td>PIC16(L)F1827</td><td>4</td><td>384</td><td>2/2</td><td>4/8,1/16</td><td>2MS/2</td></tr>
<tr><td>PIC16(L)F1847</td><td>8</td><td>1024</td><td>2/2</td><td>4/8,1/16</td><td>2MS/2</td></tr>
<tr><td>PIC16(L)F1828</td><td rowspan="2">20</td><td>4</td><td>256</td><td rowspan="2">256</td><td rowspan="2">12</td><td rowspan="2">2</td><td>2/2</td><td>4/8,1/16</td><td rowspan="2">1</td><td>MS/1</td><td rowspan="2">1</td><td rowspan="2">Temp, DSM</td></tr>
<tr><td>PIC16(L)F1829</td><td>8</td><td>1024</td><td>2/2</td><td>4/8,1/16</td><td>2MS/2</td></tr>
</table>

PIC16FとPIC16LFの2種類がそれぞれのデバイスにあります。PIC16LFは低消費電力版となっています。

8ピンのデバイスのみ名称がPIC16ではなくPIC12となっていますが、内部の構成や命令など使い方は同じです。

シリアル通信モジュールについては、PIC16F1829のような多ピンの場合には、それぞれのピンが独立になっているので、USART＋SPI＋I^2Cのような構成で使うことができます。ただし少ピンの場合は、ピンが重なっているので同時には使えないものもあります。

6-1-2 内部構成

PIC16F18xxファミリの内部構成は図6-1-1のようになっています。図のように、少ピンにもかかわらず、シリアル通信モジュールが3種類で、しかも複数チャネル内蔵しているものもあります。

また、最大2チャネルずつのCCPとECCP（9-2節参照）を内蔵し、これに合わせてタイマモジュールの数も最大5個と多くなっているので、安価なモータ制御システムなどを構成することもできます。

不揮発データメモリのEEPROMが256バイト内蔵されているので、パラメータの保存などに使えます。

●図6-1-1 PIC12/16F18xxファミリの構成

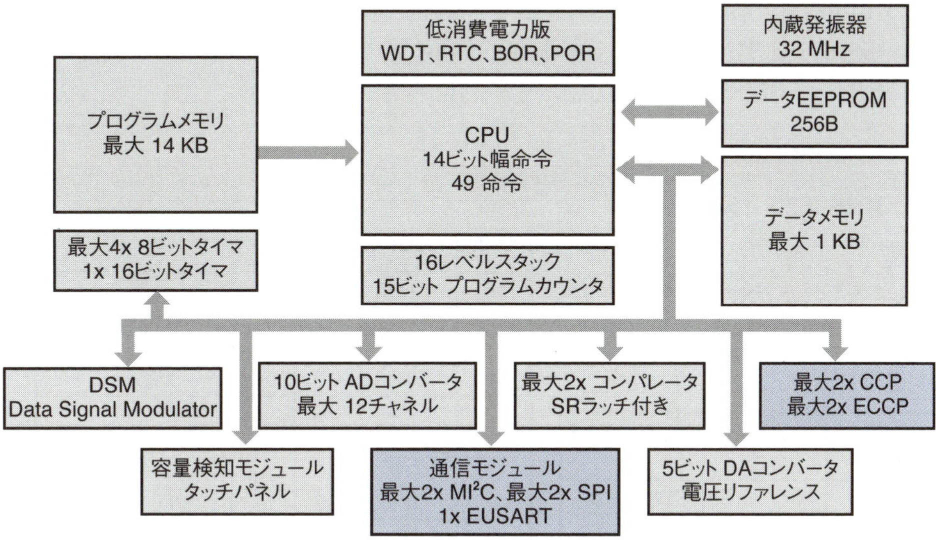

PIC16F1 family

6-2 RS232C通信とEUSARTモジュール

EUSART (Enhanced Universal Synchronous Asynchronous Receiver Transmitter) は、古くから使われている基本のシリアル通信方式をサポートするモジュールです。

汎用のシリアル通信機能で、パーソナルコンピュータや、ほかの機器とRS232C (EIA232-D/E) という規格のシリアル通信でデータ通信を行うことができます。

名前の通り全二重の非同期式通信 (調歩同期式とも呼ばれる) と、半二重の同期式通信に対応していて便利に使えます。しかし同期式通信は、比較的簡単な周辺デバイスとのデータ通信用として設計されているので、伝送制御手順を含むようなハイレベルの同期式通信に使うには無理があり、ほとんど使われません。ここでは非同期通信方式に限定して説明します。

6-2-1 RS232C通信とは

RS232Cは古くテレタイプ端末とモデムとの接続用に規格化されたものです。現在ではモデムはほとんど使われなくなったのですが、パソコンなどと簡単に接続するためのインターフェースとして使われています。

RS232Cの規格で定められている信号とコネクタは、図6-2-1のようになっています。コネクタには「9ピンD-SUB」と「25ピンD-SUB」の2種類がありますが、最近は大部分9ピンが使われるので9ピンだけ説明します。

●図6-2-1 RS232Cのコネクタと信号

(a) D-SUB 9ピンコネクタ(オス)

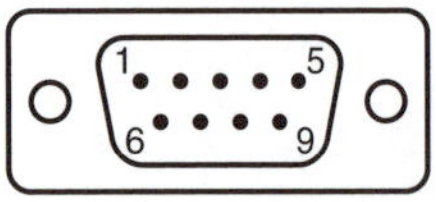

ピンNo	信号名	別名	In/Out	信号内容
1	DCD	CD	In	キャリア検出
2	RXD	RD	In	受信データ
3	TXD	SD	Out	送信データ
4	DTR	ER	Out	データ端末レディ
5	GND	SG	--	グランド
6	DSR	DR	In	データセットレディ
7	RTS	RS	Out	送信要求
8	CTS	CS	In	送信可
9	RI	CI	In	被呼表示

(b) 信号レベル

項目	スペース	マーク
論理	0 On	1 Off
電圧レベル	+5 ～+15V	−5V ～−15V
入力レベル	+3V以上	−3V以下

モデム用としては図のように9種類の信号が定められていますが、パソコンなどとの実際の通信に使うのは、最少はRXD (RD) とTXD (SD) の信号線とGND (SG) の3本となります。

信号レベルはプラスマイナス両極性の信号となっています。パソコンなどのCOMポートに接続する場合には、この信号レベルの規格を守る必要がありますが、このインターフェース用に専用で用意されたICがあるので簡単に接続可能です。

上記の信号とコネクタを使って実際に接続する方法には、図6-2-2のような方法があります。図の(a)はフロー制御と呼ばれるハンドシェイクを一切含めない方法で、送信頻度が多くなく、フロー制御が必要ない場合に使うことができます。

(b)と(c)の方法はRTS、CTSによるハードウェアによるフロー制御がある場合ですが、自分で折り返してしまう方法なので、実際にはフロー制御が行われません。このため、(a)と同じように送信頻度が転送速度より十分遅く、フロー制御が発生することがない場合に使うことができます。

(d)はRTS、CTSのフロー制御が必要な場合や、ソフトウェアによるフロー制御も必要な場合に使います。

パソコンと接続する場合には、RS232C用ケーブルが市販されており、ストレートとクロスの2種類があります。ストレートは同じピン同士が1対1で接続されているもので、クロスケーブルは、図6-2-2(d)の接続構成ができるようになっているものです。

●図6-2-2 RS232Cの接続方法

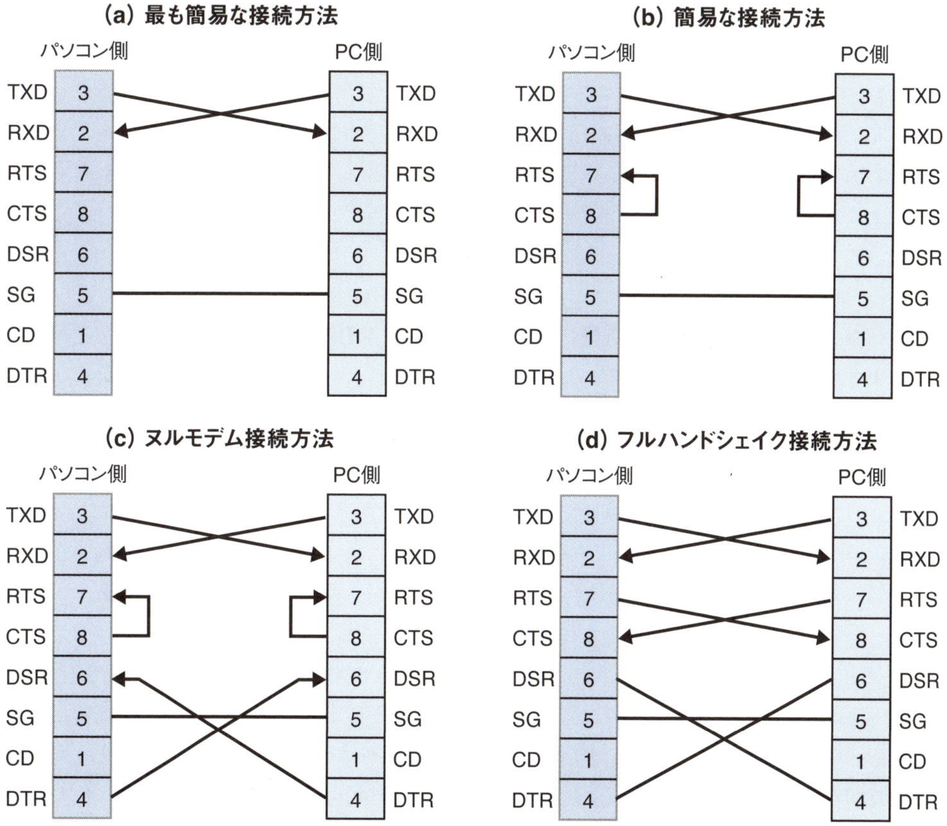

6-2-2 通信データフォーマット

調歩同期方式の基本のデータ転送はバイト単位で行われ、図6-2-3のフォーマットで1ビットずつが順番に1対の通信線で送信されます。通常は送信と受信が独立になっていて、2本の線で接続されます。送受信の接続が独立ですから、送受信を同時に動かすことも可能で、この場合を「全二重」と呼び、交互に送信と受信を行う方法を「半二重」と呼びます。

RS232CのインターフェースICのマイコン接続側は、TTLインターフェースとなっています。常時の状態はHighレベルになっていて、送信を開始する側が任意の時点でLowとします。このLowになったエッジが通信の開始を示し、ボーレートで決まる1ビット分だけLowを継続します。これが「スタートビット」と呼ばれる通信開始を示すビットです。

このあとは、ボーレートで決まるパルス幅で8ビットのデータを下位ビット側から出力します。最後に1ビット分のHighのパルスを出力して終了となります。このHighのビットは「ストップビット」と呼ばれます。ストップビットの役割は、次のスタートビットが判別できるようにすることです。

●図6-2-3　調歩同期式のデータフォーマット

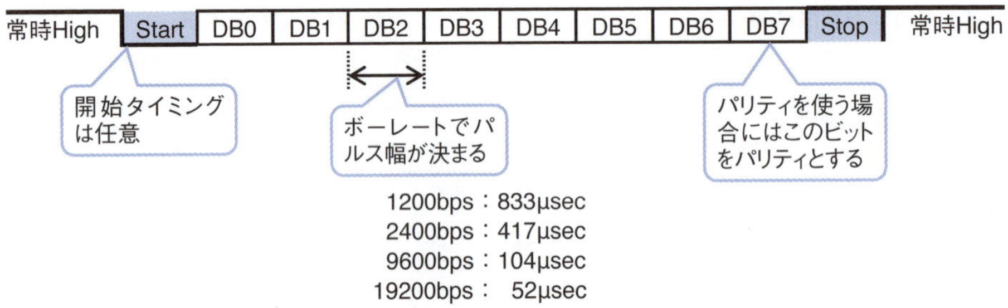

このデータを受信する側は、常時受信ラインをチェックしていて、Lowになるのを検出します。これでスタートビットを検出したら、そこからボーレートで決まるビット幅ごとにデータとして取り込みます。8ビットのデータを取り込んだ後、次のビットがストップビットであることを確認して受信終了となります。

このように、常にスタートビットから送信側と受信側が同じ時間間隔で互いに送信と受信を行いますから、スタートビットごとに毎回時間合わせが行われることになり、時間誤差が積算されることがありません。

したがって、10ビット分の時間の誤差が許容範囲内であれば正常に通信ができることになります。この誤差の許容範囲はどれほどでしょうか。

1ビットの取り込みは通常はビットの中央で行われるので、この取り込み位置が1/3ビット、つまり30%程度ずれても正常に取り込みが可能と考えられます。10ビットの最後のビットで30%のずれを許容するとすれば、時間誤差は3%の許容差ということになります。送信側と受信側で逆方向にずれている可能性がありますから、許容差は1.5%ということになります。

6-2-3 EUSARTモジュール

EUSARTモジュールの内部構成は、調歩同期式の場合には図6-2-4のようになっています。図のように送信と受信がそれぞれ独立しているので、全二重通信が可能となっています。つまり、いつでも同時に送信と受信ができるということです。また従来のUSARTからEnhancedで強化されたのは、ブレーク信号の送受信が可能になったことと、ボーレートの自動検出が可能になったことです。

なお、EUSARTモジュールを使ったプログラムを作成する際は、割り込みを使わずプログラムセンス方式で処理する方法(ただし半二重のみ)と、割り込みを使って処理する方法がありますが、6-2-4項で後述するように、割り込みを使うほうが無駄は少なくなります。

●図6-2-4 USARTモジュールの構成

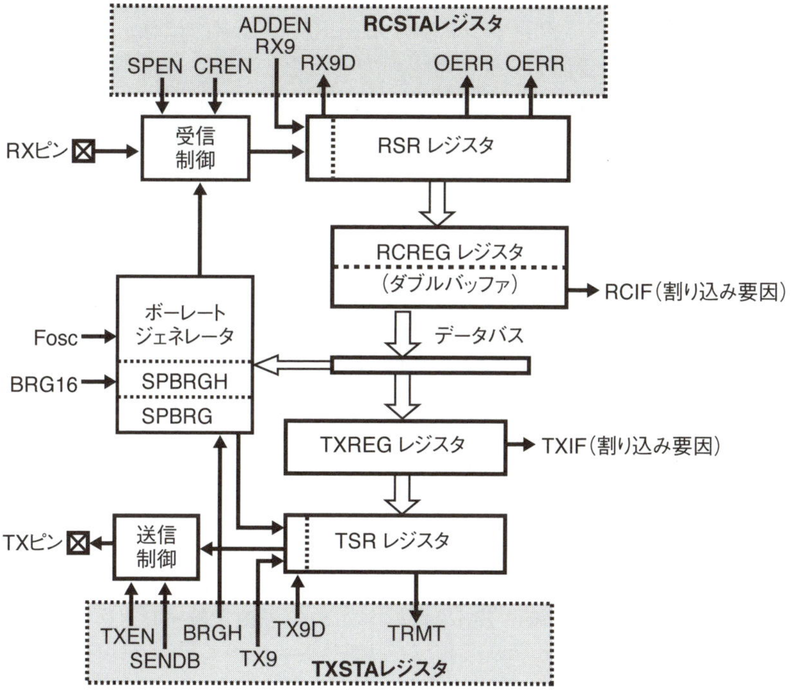

1 送信動作

送信の場合には、まずTRMTかTXIFのステータスでレディ状態を確認し、送信ビジーでなければ、送信するデータをTXREGレジスタにプログラムで書き込みます。直後にTXIFがビジー状態になります。このあとは自動的にデータがTXREGレジスタからTSRレジスタに転送され、TSRレジスタから、ボーレートジェネレータからのビットクロック信号に同期してシリアルデータに変換されてTXピンに順序良く出力されます。

このレジスタ間の転送直後にTXIFがレディとなり、次のデータをTXREGレジスタにセットすることが可能となりますが、実際に出力されるのは、前に送ったデータがTSRレジスタから出力完了した後となります。

シリアルデータで出力する際の出力パルス幅は、ボーレートジェネレータにセットされた値に従って制御されます。

シリアル出力が完了しTSRレジスタが空になるとTRMTがレディ状態に戻り、次のデータ送信が可能となります。

2 受信動作

受信の場合には、RXピンに入力される信号を常時監視してLowになるスタートビットを待ちます。スタートビットを検出したら、1ビット幅の周期で、その後に続くデータを受信シフトレジスタのRSRレジスタに順に詰め込んで行きます。このときの受信サンプリング周期は、あらかじめボーレートジェネレータにセットされたボーレートに従った周期となります。

最後のストップビットを検出したら、RSRレジスタからRCREGレジスタに転送します。この時点で、RCIFフラグが1となり、受信データの準備ができたことを知らせます。プログラムでは、割り込みか、またはこのRCIFを監視して、1になったらRCREGレジスタからデータを読み込みます。

このRCREGレジスタは2階層のダブルバッファとなっているので、データを受信直後でも連続して次のデータを受信することが可能です。つまり、3つ目のデータの受信を完了するまでにデータを取り出せば、正常に連続受信ができることになります。このダブルバッファのお陰で、受信処理の時間をかせぐことができますが、3バイト以上の連続受信のときには、ダブルバッファであっても次のデータを受信する間に処理を完了させることが必要です。 そうしないと、次のデータの受信に間に合わないのでデータ抜けが発生することになってしまいます。

このような場合に、オーバーランエラーやフレミングエラーという受信エラーが発生します。エラーが発生した場合には、いったんRCSTAレジスタをクリアしてEUSARTモジュールをディスエーブルにしたあと、再度RCSATレジスタを設定しなおす必要があります。

3 9ビットモードとアドレス有効化(1対多での通信)

9ビットモードというのはEUSARTで送受信するデータを9ビットにする方法です。RS422やRS485と呼ばれる方式で、1つの伝送線に1つの親機と複数の子機を接続し、アドレスで区別して送受信する場合に使います。

この場合、子機側はADDENをセットしてアドレス検出を有効としておくと、親機側から送られてくるデータで、9ビット目に1がセットされているデータがアドレスとして扱われ、この場合のみ子機側で割り込みを生成します。

子機ではこの割り込みが発生したら、受信データと自分に与えられたアドレスとを比較して、一致した場合のみADDENをクリアして通常データ受信を有効として以降のデータを受信しますが、一致しない場合にはそのままとしてデータ受信割り込みを生成しないようにします。これで指定したアドレスの子機と親機間だけで通信ができるようになります。

6-2-4 EUSART制御用レジスタ

EUSARTを非同期式通信（調歩同期式）で使う場合の制御レジスタの使い方を説明します。関係するレジスタは次のようになります。

- TXSTA　：送信動作設定
- TXREG　：送信データレジスタ
- RCSAT　：受信動作設定
- RCREG　：受信データレジスタ
- BAUDCON：ボーレート制御
- SPBRG　：ボーレート設定下位レジスタ
- SPBRGH　：ボーレート設定上位レジスタ

動作モードを設定するレジスタの詳細は図6-2-5となります。

●図6-2-5　EUSART関連レジスタ詳細

TXSTAレジスタ

CSRC	TX9	TXEN	SYNC	SENDB	BRGH	TRMT	TX9D

CSRC：クロック選択指定
非同期では無視
1=内部　0=外部

TX9：9ビットモード指定
1=9ビット　0=8ビット

TXEN：送信許可指定
1=許可　0=禁止

SYNC：モード選択
1=同期　0=非同期

SENDB：ブレーク送信
1=次で送信　0=完了

BRGH：高速サンプル指定
1=高速　0=低速

TRMT：送信レジスタステータス
1=TSR空　0=TSRフル

TX9D：送信データ9ビット目

> 非同期通信の場合
> 下記いずれかとする
> 0010 0000
> 0010 0100

RCSTAレジスタ

SPEN	RX9	SREN	CREN	ADDEN	FERR	OERR	RX9D

SPEN：シリアルピン指定
1=シリアル　0=汎用I/O

RX9：9ビットモード指定
1=9ビット　0=8ビット

SREN：シングル受信指定
1=シングル　0=禁止

CREN：連続受信指定
1=連続　0=禁止

ADDEN：アドレス受信許可
1=有効　0=無効

FERR：フレーミングエラー
1=発生　0=正常

OERR：オーバーランエラー
1=発生　0=正常

RX9D：受信データ9ビット目

> 非同期通信の場合
> 下記とする
> 1001 0000

BAUDCONレジスタ

ABDOVF	RCIDL	----	SCKP	BRG16	---	WUE	ABDEN

ABDOVF：自動ボーレート検出オーバーフロー
1=発生　0=正常

RCIDL：受信アイドルフラグ
1=受信アイドル　0=ビジー

SCKP：信号極性指定
1=反転　0=通常

BRG16：ボーレート設定16ビット指定
1=16ビット　0=8ビット

WUE：ウェイクアップ有効化
1=待ち中　0=通常動作

ABDEN：自動ボーレート検出有効化
1=有効　0=無効

1 TXSTAレジスタの詳細と設定

送信の動作モードを指定するレジスタがTXSTAレジスタで、通常は8ビットデータ、ノンパリティを使うので、図のように“0010 0000”か“0010 0100”と指定します。さらに、プログラムセンス方式でレディーチェックをするときには、こちらのTRMTステータスを使うと、前のデータの送信が確実に完了してからレディとなるので、確実な半二重通信とすることができます。後で説明するPIR1レジスタ中のTXIFステータスを使うよりは、この方式の方が確実ですが、このあたりはどちらでも好みの方を使って構いません。ただしTXIFビットを使うときには、割り込みフラグビットですから、1を検出したら命令でクリアする必要があります。

2 RCSTAレジスタの詳細と設定

受信の動作モードを指定するレジスタがRCSTAレジスタで、調歩同期式の場合には図のように“1001 0000”という設定とします。受信の場合のレディーチェックはPIR1レジスタ中のRCIFステータスで行います。このRCIFは割り込みフラグですが、読み出ししかできないビットとなっていて、RCREGを全部読み出して空にすれば自動的にクリアされます。

3 SPBRGの設定方法

通信速度を決めるボーレートは、SPBRGレジスタによるボーレートジェネレータが制御しています。F1ファミリでは機能強化され、BAUDCONレジスタのBRG16ビットをセットすると、SPBRGレジスタを16ビットとすることができるようになり、より広範囲で正確なボーレート値が設定可能となりました。

このSPBRGレジスタに設定する値とボーレートの代表的な関係は、表6-2-1のようになります。このボーレート設定値Xは下記の計算式で求められます。

①BRGH＝0かつBRG16＝0の場合

$$X = \frac{Fosc}{64 \times Baud} - 1$$

②BRGH＝1かつBRG16＝0の場合、またはBRGH＝0かつBRG16＝1の場合

$$X = \frac{Fosc}{16 \times Baud} - 1$$

③BRGH＝1かつBRG16＝1の場合

$$X = \frac{Fosc}{4 \times Baud} - 1$$

（Baud：通信速度、Fosc：クロック周波数）

このXで設定される通信速度は、クロック周波数とSPBRG設定値で決まるので、標準通信速度とぴったり一致しない場合があります。この誤差が表の中のエラーレイトとして計算されています。前述のように1.5％以下のずれであれば正常通信可能ということになります。

▼表6-2-1 SPBRGとボーレート (BRGH＝0かつBRG16＝1の場合)

クロック	32MHz		20MHz		8MHz	
ボーレート(bps)	SPBRG設定値	エラーレイト	SPBRG設定値	エラーレイト	SPBRG設定値	エラーレイト
1200	3332	－0.02	1041	－0.03	416	－0.08
2400	832	－0.04	520	－0.03	207	0.16
9600	207	0.16	129	0.16	51	0.16
19.2k	103	0.16	64	0.16	25	0.16
115.2k	16	2.12	10	－1.36	—	—

4 割り込みで使う場合

EUSARTを割り込みで使う場合にも、やはり送信と受信が独立になっているので、送信、受信それぞれの割り込みを別々に扱う必要があります。

割り込みに関連するレジスタは、図6-2-6のレジスタとなります。

割り込み許可の手順は他と同じように、対応する割り込み許可ビットRCIEまたはTXIEを1にし、さらにPEIEとGIEを1にしてグローバル割り込みを許可すれば割り込むようになります。

●図6-2-6 EUSARTの割り込み制御レジスタ

INTCONレジスタ							
GIE	PEIE	T0IE	INTE	RBIE	T0IF	INTF	RBIF

GIE：全割り込み制御 1：許可 0：禁止　PEIE：周辺割り込み制御 1：許可 0：禁止

PIR1レジスタ							
PSPIF	ADIF	RCIF	TXIF	SSPIF	CCP1IF	TMR2IF	TMR1IF

RCIF：受信割り込みフラグ
TXIF：送信完了割り込みフラグ
1：割り込み中 0：割り込みなし

PIE1レジスタ							
PSPIE	ADIE	RCIE	TXIE	SSPIE	CCP1IE	TMR2IE	TMR1IE

RCIE：受信割り込み許可ビット
TXIE：送信完了割り込み許可ビット
1：割り込み中 0：割り込みなし

送受信関数

これらのレジスタを使ってEUSARTの送受信を実行する送受信関数がリスト6-2-1となります。

送信は簡単で、ビジーチェックをしてからTXREGレジスタに送信データをセットすれば、後は自動的に行われます。注意が必要なのは、TXREGに書き込んだあと、実際の送信がシリアル通信で行われるので、この関数を実行した直後にスリープにしたり停止したりすると、通信が途中で止まってしまうことになります。このような場合には、TRMTビットで終了を確認してからスリープにする必要があります。

受信はいつ発生するかわからないので、プログラムセンス方式で受信を待つ関数でも関数内で永久待ちとならないようにする必要があります。さらに、受信ができたときには受信エラーチェックが必要です。そこで、関数では戻り値でこの状態を区別するようにしています。未受信の場合には0を返し、受信エラーの場合は0xFFを返していて、正常受信の場合は受信データを返します。したがって関数を呼ぶ側で戻り値をチェックする必要があります。

オーバーランエラーの場合は、EUSARTモジュールをいったん無効化しないとクリアされず、次の受信動作ができません。したがって、いずれのエラーがあった場合にもRCSTAレジスタをクリア後再設定してから、エラーフラグを返すようにしています。

このように、プログラムセンス方式で受信を待つのは無駄時間も多くなりますし、応答がセンスする周期となってしまいます。これを避ける場合には、割り込みを使います。通常は受信側のみを割り込みとすれば問題ないですが、送信完了を待つ時間も有効に使いたい場合には、送信側も割り込みを使います。

リスト 6-2-1 EUSARTを使った送受信関数例

```
/********************************
  * EUSART 送信実行サブ関数
  ********************************/
void Send(unsigned char Data){
    while(!TXSTAbits.TRMT);                     // 送信レディー待ち
    TXREG = Data;                               // 送信実行
}
/********************************
  * EUSART受信サブ関数
  ********************************/
unsigned char Receive(void){
    if(PIR1bits.RCIF){                          // 受信完了の場合
        PIR1bits.RCIF = 0;                      // フラグクリア
        if((RCSTAbits.OERR) || (RCSTAbits.FERR)){   // エラー発生した場合
            RCSTA = 0;                          // USART無効化、エラーフラグクリア
            RCSTA = 0x90;                       // USART再有効化
            return(0xFF);                       // エラーフラグを返す
        }
        else                                    // 正常受信の場合
            return(RCREG);                      // 受信データを返す
    }
    else
        return(0);                              // 未受信のとき0を返す
}
```

6-2-5 EUSARTのプログラム例

実際にEUSARTを使ったプログラムを作ってみましょう。

このプログラムはF1評価ボードで図6-2-7のようにして動作させます。

まずPICkitシリアル用のコネクタJ2で、RXピン(J2の6ピン)とTXピン(J2の1ピン)をジャンパ線で接続します。これで、送信データを折り返し受信することになります。

このプログラム例はプログラムセンス方式と割り込み方式の両方のテストができるようになっていて、リセットスタート時にS1を押しながらリセットあるいは電源オンとするとプログラムセンス方式で動作し、単純に電源オンとすると割り込み方式で動作します。

機能は、図のようにEUSARTで送信したデータをそのまま折り返し受信して、受信したデータの下位4ビットの内容でLEDのD1からD4を点灯、消灯させます。割り込みの場合には、送信データをカウントアップし、プログラムセンス方式の場合にはカウントダウンするので、LEDの表示でどちらの方式で動作しているかがわかります。

●図6-2-7 EUSARTを使ったプログラム例

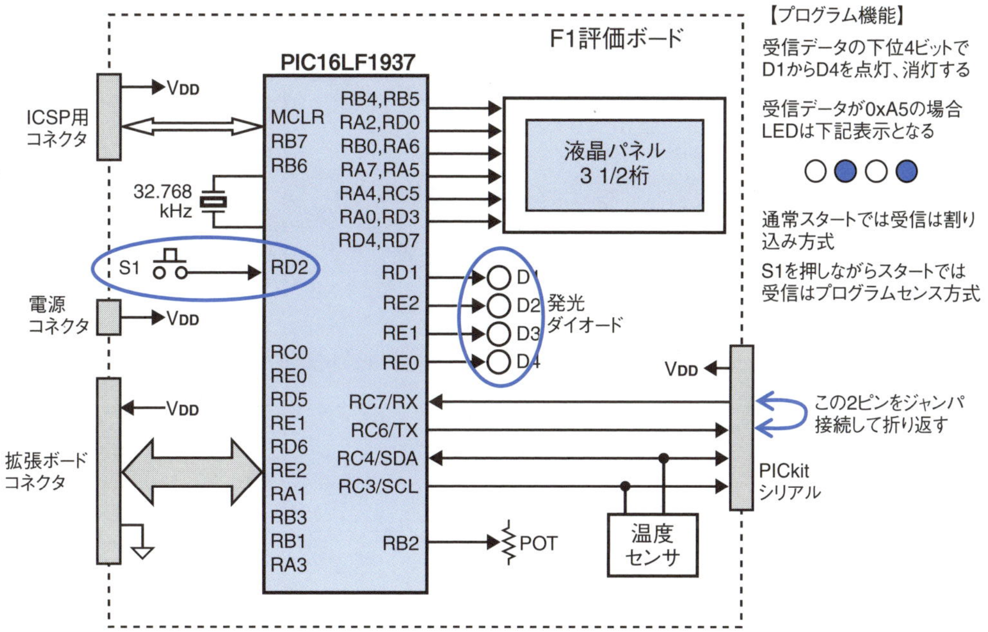

こうして動作させながら、ジャンパ接続した線を抜いたり挿したりすれば、途中で受信エラーが起きることになります。

抜いた後、再度挿したときには、正常動作を再開することで、エラー処理が正常に行われていることを確認できます。

このプログラムの詳細がリスト6-2-2となります。

リスト 6-2-2 EUSARTのプログラム例

```
/******************************************************
  * USARTの使用例
  * 0.2秒間隔でデータ送信
  * 折り返し受信データでLEDを点灯(下位4ビットに対応)
  * S1で割り込み方式とプログラムセンス方式を切り替える
  *  ファイル名：USART.c
******************************************************/
#include <htc.h>
/***** コンフィギュレーションの設定 *********/
__CONFIG(FOSC_INTOSC & WDTE_OFF & PWRTE_ON & MCLRE_ON & CP_OFF
    & CPD_OFF & BOREN_ON & CLKOUTEN_OFF & IESO_OFF & FCMEN_OFF);
__CONFIG(WRT_OFF & PLLEN_OFF & STVREN_OFF & LVP_OFF);
/* グローバル変数、定数定義 */
#define  _XTAL_FREQ  8000000
unsigned char data, rcv, Flag;
/* 関数プロトタイピング */
void Send(unsigned char Data);
unsigned char Receive(void);

/******** メイン関数  ************/
void main(void) {
    /** クロック設定 **/
    OSCCON = 0x70;                          // 内蔵8MHz  PLL Off
    /* 入出力ポートの設定 */
    ANSELB = 0x04;                          // RB2のみアナログ入力
    ANSELD = 0x00;                          // すべてデジタルピン
    ANSELE = 0x00;                          // すべてデジタルピン
    TRISB  = 0x04;                          // RB2のみ入力
    TRISD  = 0x04;                          // RD2以外出力
    TRISE  = 0x80;                          // RC7(RX)のみ入力
    /* USARTの初期設定 */
    TXSTA = 0x20;                           // TXSTA,送信モード設定
    RCSTA = 0x90;                           // RCSTA,受信モード設定
    BAUDCON=0x08;                           // BAUDCON  16bit
    SPBRG = 103;                            // SPBRG,通信速度設定(19.2kbps)
    PIR1bits.RCIF = 0;                      // 割り込みフラグクリア
    /* 動作モードの切り替え */
    data = 0;                               // 送信データリセット
    if(PORTDbits.RD2 == 1){                 // S1がオフの場合
        Flag = 1;                           // フラグオン
        PIE1bits.RCIE = 1;                  // USART受信割り込み許可
        PEIE = 1;                           // 周辺許可
        GIE = 1;                            // グローバル許可
    }
    else                                    // S1オンの場合
        Flag = 0;                           // フラグオフ  プログラムセンス方式
    /************ メインループ  ********************/
    while (1) {
        Send(data);                         // データ送信実行
        if(Flag)                            // 割り込みの場合
            data++;                         // データカウントアップ
        else                                // プログラムセンスの場合
```

入出力モードはRXピンを入力にする必要がある

USARTの初期設定速度19.2kbpsとしている

開始時にS1のオンオフで割り込みかプログラムセンスかを切り替え

送信実行。無条件で0.2秒間隔で増し分したデータを送信する

```
            data--;                                   // データカウントダウン
        __delay_ms(200);                              // 送信間隔0.2秒
        /** 受信プログラムセンスによる場合 **/
        if(Flag == 0){                                // フラグオフの場合
            rcv = Receive();                          // 受信実行
            if((rcv != 0xFF) && (rcv != 0)){          // エラーリターンでない場合
                if(rcv & 0x08)                        // 4ビット目が1の場合
                    LATDbits.LATD1 = 1;               // D1オン
                else                                  // 4ビット目が0の場合
                    LATDbits.LATD1 = 0;               // D1オフ
                LATE = rcv & 0x07;                    // D2-4に受信データ代入
            }
        }
    }
}
/**************************************
* 割り込み処理関数
* 受信割り込み
**************************************/
void interrupt isr(void){
    if(PIR1bits.RCIF){                                // 受信割り込みか？
        PIR1bits.RCIF = 0;                            // 受信割り込みフラグクリア
        if((RCSTAbits.OERR) || (RCSTAbits.FERR)){     // エラー発生した場合
            RCSTA = 0;                                // USART無効化
            RCSTA = 0x90;                             // USART再有効化
        }
        else{                                         // 正常受信の場合
            if(RCREG & 0x08)                          // 4ビット目が1の場合
                LATDbits.LATD1 = 1;                   // D1オン
            else                                      // 4ビット目が0の場合
                LATDbits.LATD1 = 0;                   // D1オフ
            LATE = RCREG & 0x07;                      // D2-4に受信データ代入
        }
    }
}
(以下はリスト6-2-1と同じなので省略)
```

プログラムセンス方式の場合のプログラム

受信データでLEDを点灯

割り込み方式の場合のプログラム

受信エラーの場合はUSARTを初期化して何もしないで戻る

正常受信の場合は受信データでLEDを点灯

6-3 SPI通信とMSSP (SPIモード)

PIC16F1 family

F1ファミリに内蔵されているMSSP (Master Synchronous Serial Port)モジュールは、シリアルEEPROMやD/Aコンバータなどの周辺ICを専用のシリアルインターフェースで接続し、高速の同期式通信を可能とします。

このMSSPモジュールの使い方には下記の2種類があります。

❶SPI (Serial Peripheral Interface) モード

モトローラ社が提唱した方式で、3本または4本の接続線で構成し、数Mbpsの通信が可能。

❷I^2C (Inter－Integrated Circuit) モード

フィリップス社が提唱した方式で、2本の接続線で1個のマスタに対し複数のスレーブとの間でパーティーラインを構成し、最大1Mbpsの通信が可能。

この2方式のシリアル通信はいずれもオンボードでのIC間の通信が目的になっており、装置間のような距離のある通信には向いていません。そのため「オンボードシリアル通信」とも呼ばれています。まずSPI通信での使い方から説明します。

6-3-1 SPI通信の仕組み

MSSPをSPIモードで使うときの通信のしくみは図6-3-1のようになっています。2つのSPIのモジュールが互いに3本または4本(SS信号を使う場合)の線で接続され、片方がマスタもう一方がスレーブとなります。グランド線を含めると4本または5本の線となります。

●図6-3-1 SPI通信の接続方法

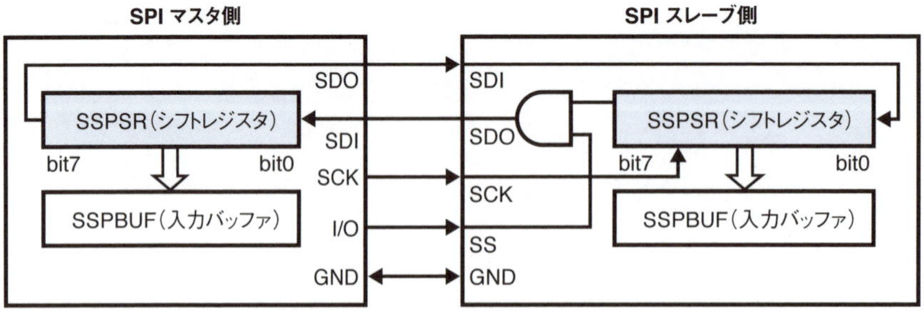

通信は、マスタが出力するクロック信号(SCK)を基準にして、互いに向かい合わせて接続したSDIとSDOで、同時に1ビットごとのデータの送受信を行います。常にマスタが主導権を持ち、次のような8ビット単位のデータ通信が行われます。

❶マスタからの送信

スレーブが受信すると同時に、スレーブからダミーデータが送られるのでマスタ側にダミーデータが受信される。

❷マスタ、スレーブ同時に送信

マスタが送ると、同時にスレーブ側も有効なデータを送信する。したがってマスタ、スレーブ両方にデータが受信される。

❸マスタが受信する

ダミーデータがマスタから送信され、同時にスレーブから有効なデータが送信されマスタに届く。

このように、SPI通信を使うと2つのPICマイコン同士で簡単に高速通信をして、データ交換を行うことができます。

6-3-2 MSSPモジュール（SPIモード）の概要

図6-3-2はSPIモードのときのMSSPの内部構成の詳細です。

●図6-3-2　SPIモードでのMSSP内部構成

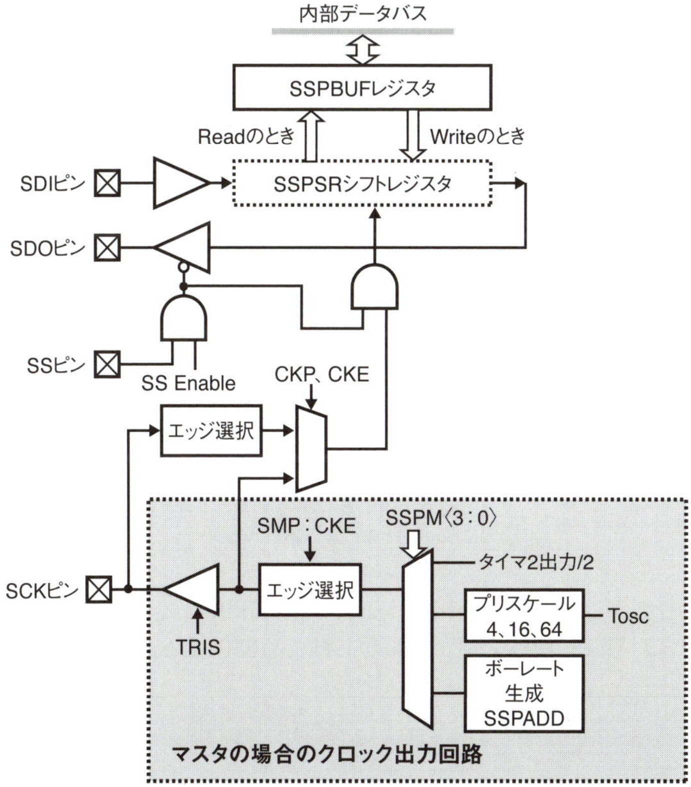

図6-3-1のようにSDIとSDOをお互いに接続することで、同時にデータの送受信が行われます。したがって片方は不要な送受信が行われることもあります。このとき、SSピンを使うことによって、スレーブ側からの送信を制御できます。したがって、例えばマスタがこのSSピンを制御することで、余計なデータを受信しないようにしたり、複数のスレーブを接続して、特定のスレーブを選択してデータ転送したりすることもできます。

SPI通信用のクロック出力回路部はマスタ側だけが動作することになり、スレーブ側は、単純にマスタ側から送られてくるクロックに合わせて動作するだけになります。このため、SPIスレーブはスリープ中でも動作可能です。

6-3-3 SPI通信制御用レジスタ

SPI通信を行うのに必要な制御レジスタには、SSPxCON1、SSPxCON3、SSPxSTATレジスタがあり、詳細は図6-3-3の通りです。I^{2}Cモードの設定と一緒になっていて、やや複雑な構成になので、図ではSPI通信に関係する部分だけを記述しています。また、MSSPモジュールが複数実装されているデバイスもあるため、xを1または2として区別しています。

●図6-3-3　SPI制御レジスタの詳細

SSPxSTATレジスタ							
SMP	CKE	D/A	P	S	R/W	UA	BF

SMP：受信サンプル位置
　マスタのとき
　　1：終縁　0：中央
スレーブのとき必ず0とする

CKE：送信エッジ指定
　1：activeからIdleになるとき
　0：Idleからactiveになるとき

BF：バッファフル状態
　1：受信完了　SSPxBUFにデータあり
　0：未受信完了　SSPxBUFは空

SSPxCON1レジスタ				
WCOL	SSPOV	SSPEN	CKP	SSPM〈3:0〉

WCOL：Writeの衝突
　1：SSPBUFに以前の
　　データあり
　0：正常

SSPOV：受信オーバーフロー
　1：オーバーフロー発生
　0：正常

SSPEN：SSP有効化
　1：SSP用ピンとする
　0：汎用I/Oピンとする

CKP：クロックの極性
　1：HighでIdle
　0：Lowでidle

SSPM〈3:0〉：SSPモード指定（SPI用）
　0000：SPIマスタ Clock=Fosc/4
　0001：　〃　Clock=Fosc/16
　0010：　〃　Clock=Fosc/64
　0011：　〃　Clock=TMR2 Out/2
　0100：SPIスレーブ SSピン有効
　0101：　〃　SSピン無効

SSPxCON3レジスタ							
ACKTIM	PCIE	SCIE	BOEN	SDAHT	SBCDE	AHEN	DHEN

BOEN：上書き有効化
　1：SSPxBUFに常に上書き
　0：BF=1のとき受信でSSPOVセット

割り込みに関連する制御レジスタはINTCON、PIE1、PIE4、PIR1、PIR4レジスタの5つで、図6-3-4のようになっています。やはり複数モジュールがあるためSSP1とSSP2で区別しています。

●図6-3-4 割り込み制御レジスタ

INTCONレジスタ	GIE	PEIE	TMR0IE	INTE	IOCIE	TMR0IF	INTF	IOCIF

GIE：全割り込み制御 PEIE：周辺割り込み制御
1：許可 0：禁止 1：許可 0：禁止

PIE1レジスタ	TMR1GIE	ADIE	RCIE	TXIE	SSP1IE	CCP1IE	TMR2IE	TMR1IE
PIE4レジスタ	----	----	----	----	----	----	BCL2IE	SSP2IE

各モジュールごとの割り込み許可ビット
1：割り込み許可 0：割り込み禁止

PIR1レジスタ	TMR1GIF	ADIF	RCIF	TXIF	SSP1IF	CCP1IF	TMR2IF	TMR1IF
PIR4レジスタ	----	----	----	----	----	----	BCL2IF	SSP2IF

各モジュールごとの割り込みフラグ
1：割り込み中 0：割り込みなし

図6-3-3のレジスタを使ってSPI通信を使うための設定は次のようにします。

❶SPIモードの設定

SSPxCON1レジスタの中のSSPM<3：0>ビットで色々なモードを設定できます。マスタ／スレーブの区別とクロック指定によって6種類の設定があります。SPIモードを決めるには、まずマスタにするかスレーブにするかを決め、次に、クロックのレートを決めればSPIモードが決定できます。当然ながら、SSPENはイネーブルにしておく必要があります。

❷TRISレジスタで入出力モードを設定

SDI、SDO、SCKに相当する各ピンの入出力を、SPIの設定モードがマスタかスレーブかに従って適切な方向に設定します。マスタの場合はSDOピンとSCKピンを出力モード、SDIを入力モードにします。スレーブの場合には、SDOピンを出力モードに、SDIとSCKを入力モードにします。

❸クロックの極性とエッジを設定

まず、SSPxCON1レジスタのCKPビットで、クロックの論理を正にするか負にするかを決めます。次にSSPxSTATレジスタにあるCKEビットで、データをシフトするタイミングをクロック信号の立ち上がりにするか立ち下がりにするかを設定します。

❹割り込みの設定

割り込みを使う場合には、SSPxIEビットを1にしてMSSPの割り込みを許可し、次にINTCONレジスタのPEIEビットとGIEビットを1にしてグローバル割り込みを許可します。

6-3-4 通信タイミングと使用例

このSPI通信の信号タイミングは、マスターモードのときは図6-3-5 (a)のようになります。常にマスタ側が制御権をもっているので、マスタ側から送信する場合にはSSPxBUFに書き込んだ時点ですぐ送信が始まります。マスタが受信する場合にも、マスタ側でSSPxBUFにダミーデータを書き込んで送信し、SCKを出力してやる必要があります。

いずれの場合にも、8ビット送信完了した時点ですぐSSPxSTATレジスタのBFビットが「1」になると同時にSSPxIFビットも「1」になって割り込み要因が発生します。（このときマスタ、スレーブ両者の受信が完了しています）

●図6-3-5　SPI通信のタイミング

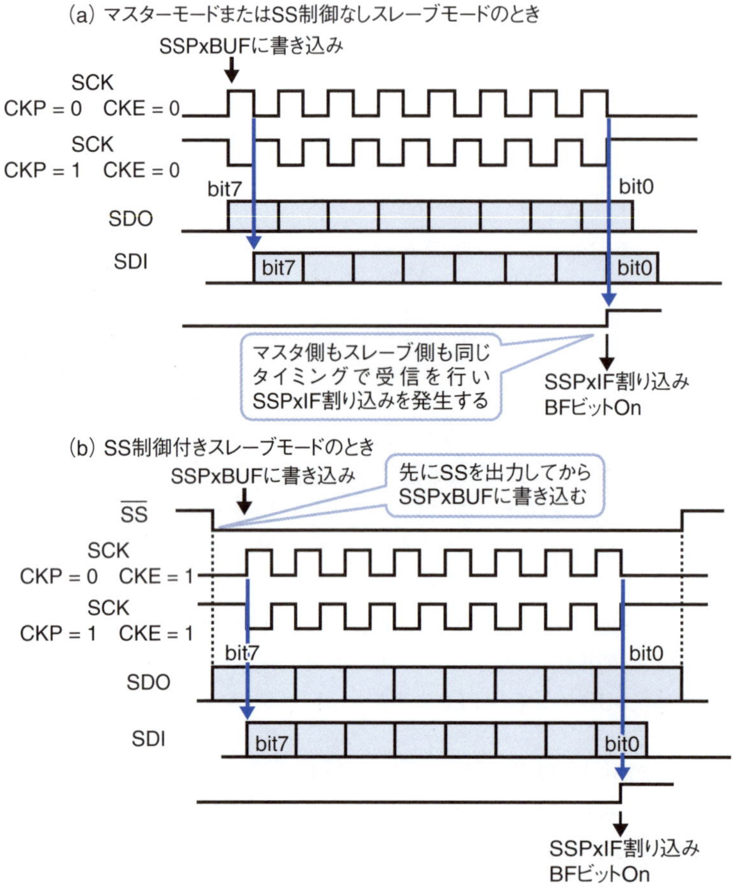

クロックのSCKのサンプリングタイミングについては、CKPビットとCKEビットの設定によってかなり異なってきます。CKP＝0とした場合、SCKピンは常時Lowで、CKP＝1とした場合、SCKピンは常時Highとなります。

CKE＝1としたときは、最初のSCKのエッジでマスタ側がデータを取り込むので、その前にスレーブ側がデータの出力準備を完了している必要があります。さらにマスタは、図6-3-5(b)のようにSSピンを先にLowにしてからSSPxBUFに書き込むことが必要です。このため、1バイト送受信完了ごとにSSピンをHighに戻し、SSPxBUFに書き込む直前にLowにするという制御をする必要があります。多くの場合CKP＝0、CKE＝0として使い、この条件を「00モード」と呼んでいます。

00モードの場合でも、通信の開始、終了を明確に指定スレーブに伝えるためSSピンをチップ選択(CS)用として使います。これで例えば途中で通信エラーが起きてもSSピンをHighにすることで、次のLowが通信の開始であることを明確にできます。

実際にSPIをマスタモードで使って送受信するプログラム例がリスト6-3-1となります。

SPIRead()関数が1バイトのRead関数です。最初にCS信号をLowにしてスレーブを選択します。

SPIのバッファに過去のデータが残っているとエラーになるので、空読み出しをしてバッファを空の状態にしてから、読み出すデータのアドレス指定を送信しています。スレーブはこのアドレス受信で送信する準備ができるので、マスタは受信バッファを空読みして空にしてから、ダミーデータを送信してスレーブからのデータを受信します。このように、受信する場合にも何らかのデータを送信しないとクロックが出力されないので、ダミーデータを送信する必要があります。最後にCSをHighに戻して完了です。

SPIWrite()関数が1バイトの送信関数です。こちらも最初にCSをLowにしてスレーブを選択します。

空読み出しをしてSPIバッファを空にしてから、アドレスとデータを続けて送信しています。この送信の場合も、毎回ダミー読み出しをしてバッファを空にする必要があります。

リスト 6-3-1 SPI送受信プログラム例

```
/**************************************
   *  SPIで1バイト読み出し
   *************************************/
unsigned char SPIRead(unsigned char add){
    unsigned char dumy;

    LATC7 = 0;                    // CS Low
    dumy = SSP2BUF;               // ダミー読み出し
    SSP2BUF = add;                // アドレス送信
    while(!SSP2STATbits.BF)       // 送受信完了待ち
    dumy = SSP2BUF;               // ダミー読み出し
    SSP2BUF = 0;                  // ダミーデータ送信
    while(!SSP2STATbits.BF);      // 送受信完了待ち
    LATC7 = 1;                    // CS High
    return(SSP2BUF);              // 受信データを返す
}
/**************************************
   * SPIで1バイト書き込み
   *************************************/
void SPIWrite(unsigned char adrs, unsigned char data){
    unsigned char dumy;

    LATC7 = 0;                    // CS Low
    dumy = SSP2BUF;               //ダミー読み出し
    SSP2BUF = adrs;               // アドレス送信
    while(!SSP2STATbits.BF);      // 送信完了待ち
    dumy = SSP2BUF;               //ダミー読み出し
    SSP2BUF = data;               // データ送信
    while(!SSP2STATbits.BF);      // 送信完了待ち
    dumy = SSP2BUF;               // ダミー読み出し
    LATC7 = 1;                    // CS High
}
```

PIC16F1 family

6-4 I^2C通信とMSSP (I^2Cモード)

I^2C (Inter-Integrated Circuit) は、フィリップス社が提唱した周辺デバイスとのシリアル通信の方式で、シリアルEEPROMメモリなどとの高速通信を実現する方式です。シリアルEEPROM以外にも表示制御デバイスや、A/D変換ICなど、I^2Cインターフェースで接続する製品が各社から発売されています。

I^2Cはパーティーライン構成が可能となっており、1つのマスタで複数のスレーブデバイスと通信することが可能です。マスタ側とスレーブ側を明確に分け、マスタ側がすべての制御の主導権を持っています。

I^2C通信の速度は100kbps、400kbps、1Mbpsが標準となっています。

詳しい規格などは、日本フィリップス社のWebサイトから日本語の仕様書がダウンロードできるのでそちらを参考にして下さい。

http://jp.semiconductors.philips.com/buses/i2c/facts/index.html

6-4-1 I^2C通信のしくみ

I^2C通信の場合の接続構成は図6-4-1の構成を基本としています。

●図6-4-1 I^2C通信の接続構成

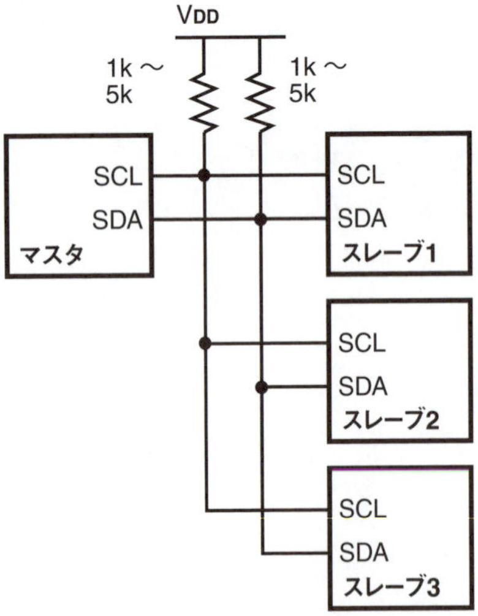

図のように1台のマスタと1台または複数のスレーブとの間を、SCLとSDAという2本の線でパーティーライン状に接続します。マスタが常に権限を持っており、マスタが送信するクロック信号SCLを元にして、データ信号がSDAライン上で転送されます。ワイアードORで接続するため数kΩのプルアップ抵抗を必要とします。

通信方式でSPIと大きく異なるのは、個々のスレーブがアドレスを持っていて、マスタからアドレス指定して特定のスレーブを選択し、1バイト転送ごとに受信側からACK信号の返送をして、互いに確認を取りながらデータ転送を行っていることです。

I²C通信の基本的な通信フローは図6-4-2のようになります。

2本の信号のHigh、Lowの変化の仕方により次の4つの条件が決められています。

- SCLがHighのときに、SDAが立ち下がると通信開始(Start Condition)
- SCLがLowの間に送信側が次のビットを送信する
- SCLの立ち上がりで受信側がSDAのビットを取り込む
- SCLがHighのときに、SDAが立ち上がると通信終了(Stop Condition)

この4つの条件で図6-4-2のフローを説明します。

●図6-4-2 I²C通信の基本タイミング

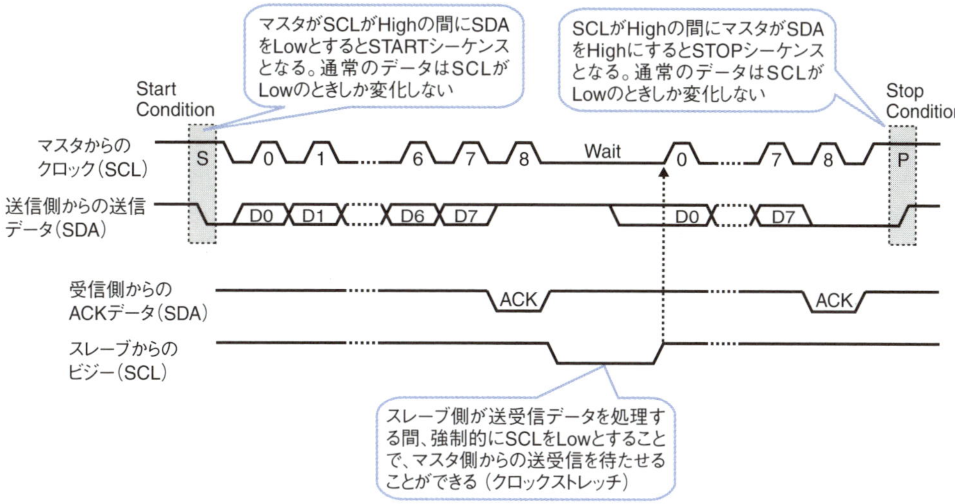

マスタ側からSCLがHighの間にSDAをLowにすると、スタートコンディションとなり通信開始となります。その後、マスタがクロックの供給を続けながらデータの通信を行います。

データの通信では、SCLのクロックの立ち下がりごとに送信側から順次8ビットのデータが出力され、受信側がSCLの立ち上がりごとにこのビットを受信し、受信完了により9ビット目のクロックに合わせてアクノリッジ(ACK)信号を返送します。

このあと、受信側で次のデータ受信準備ができるまで送信側を待たせる必要がある場合は、受信側からSCLを強制的にLowにします。この間は見かけ上クロックがなくなるので、送信側はデータを出力するのを待つことになります(クロックストレッチ)。

最後のデータを送り終わりACKの返送をしたあと受信側がSDAを開放してHighとなるので、マスタがSDAをLowにします。その後マスタがクロックを停止してSCLをHighにしてから、SDAをHighにすることでストップシーケンスとなり通信が完了します。これが基本の転送手順です。

6-4-2 MSSPモジュール(I^2Cモード)の概要

MSSPモジュールをI^2Cスレーブモードで使うときの内部構成は図6-4-3のような構成となります。図のように、SCLとSDAの2本の信号線ですべてのデータの送受信を行います。SCLピン、SDAピンともに複数のスレーブが接続されるので、I^2Cモードを選択した場合、両ピンともオープンドレイン構成で入力モードとなります。

通信の開始は、マスタ側が開始指示に続いてスレーブのアドレスとRead/Write要求を出力します。全スレーブがSCLのクロックを元にこのSDAのデータを受信し、図6-4-3のSSPxADDレジスタにあらかじめセットされたアドレスと一致したスレーブだけがその後のデータの送受信を継続します。SSPxMSKレジスタでアドレスの一部をマスクして比較範囲を制限することができます。

受信側がデータを受信完了すると、自動的にACKビットを返送することで確認を取り合います。

●図6-4-3 MSSP(I^2Cモードのとき)の内部構成

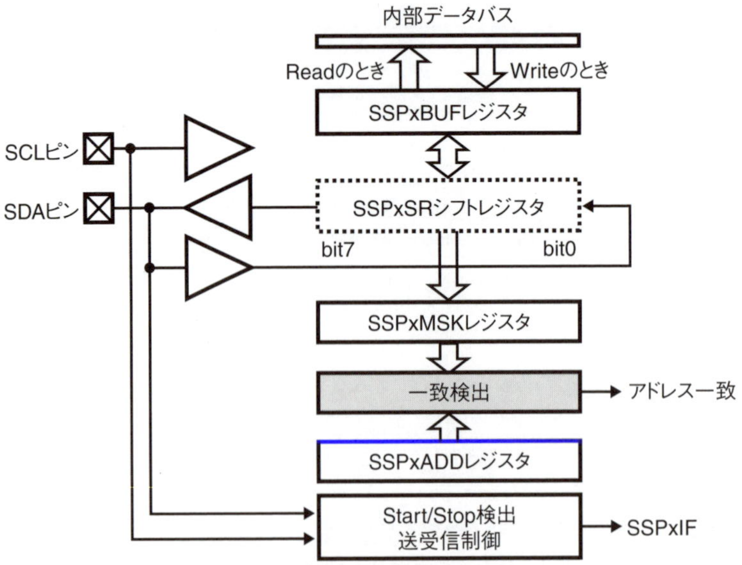

I²Cマスタモードの場合のMSSPの構成は、図6-4-4のようになります。スレーブの場合と大きく異なるのは、SCLピンにクロックを供給することです。このためボーレートジェネレータを内蔵していて、SSPxADDレジスタがアドレスではなくボーレートジェネレータ用の速度設定用レジスタとして使われます。その他、Start ConditionやStop Conditionの送信機能も、マスタ専用の機能として用意されています。

●図6-4-4 MSSP (I²Cマスタモードのとき) の構成

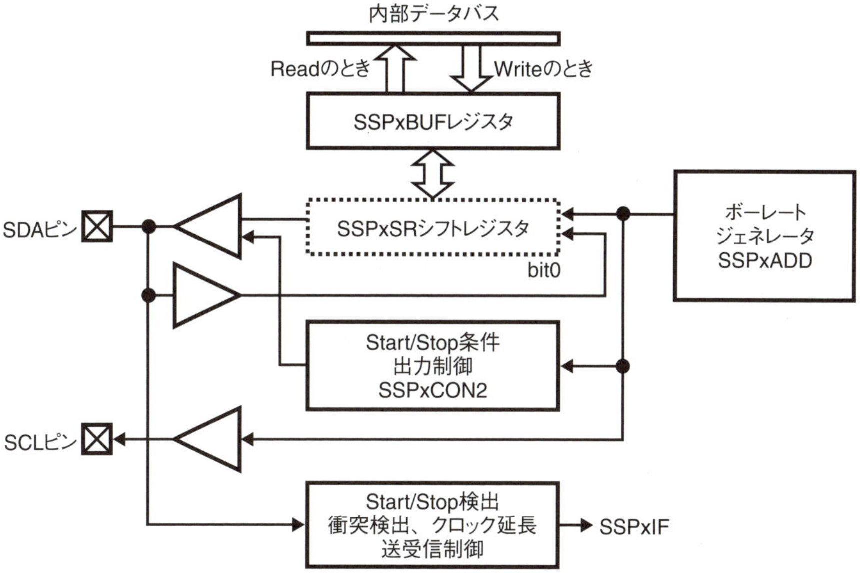

6-4-3 I²C通信データフォーマット

I²C通信の通信データフォーマットをみてみましょう。通信データの最初はアドレスがマスタ側から送信されます。

このアドレス部は図6-4-5のようになっていて、7ビットモードと10ビットモードの2種類があります。このアドレス部の1バイト目の最後のビットが送信、受信を区別するRead/Writeビットになっています。10ビットモードのときの1バイト目の上位5ビットは固定パターンになっていて、スレーブ側は、これで7ビットモードと10ビットモードを区別しています。図中のACKビットは受信側から自動返信されるビットです。

●図6-4-5 I²Cのアドレス部の通信フォーマット

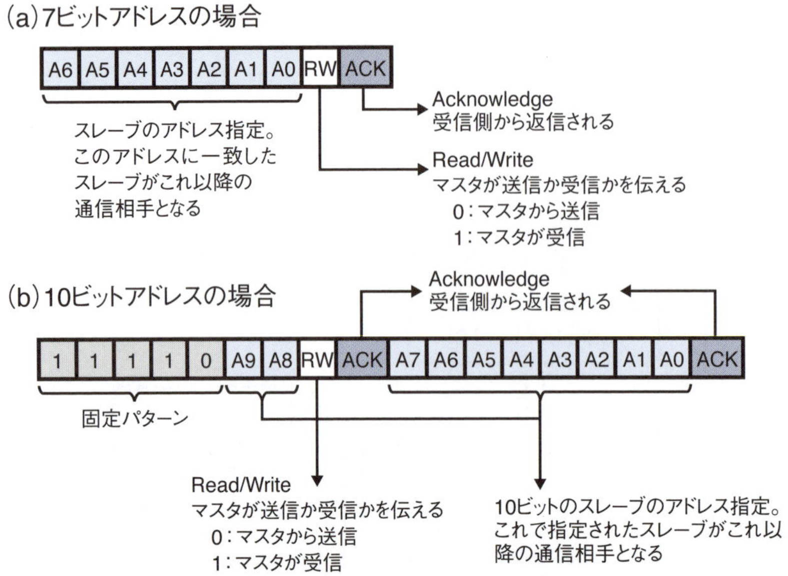

通信データ全体のフォーマットは7ビットアドレスモードの場合と10ビットアドレスモードの場合で大きく異なります。

1 7ビットアドレスの場合

7ビットアドレスの場合にはアドレスが1バイトで送信できるため、手順としては簡単になります。図6-4-6のような手順で通信が行われます。

最初にマスタから7ビットアドレスとReadかWriteを指定する1ビットを追加した8ビットデータが送信されます。スレーブ側はこれを受信したらSSPxADDレジスタに設定されているアドレスデータと一致するかを確認します。アドレスが一致したらACKを返送して次の受信を継続します。

その後は、ReadかWriteかによって手順が分かれます。マスタから送信（Write）の場合は、1バイト送信ごとにスレーブからACKが返されるので、これを確認しながら送信を繰り返します。最後にマスタがStop Conditionを出力すると終了となります。

マスタが受信(Read)する場合は、アドレスが一致したスレーブから1バイト送信されるので、マスタはこれを受信したらACKを返送します。これを必要回数繰り返し最後のデータを受信したら、マスタはNACKを返送します。これでスレーブ側は送信が完了したことを認識して送信処理を終了します。さらに続けてマスタがStop Conditionを出力して通信終了となります。

スレーブ側が送受信する場合には、処理時間を確保するために、クロックストレッチによってマスタを待たせることができます。

さらにマスタ側は、送信終了のStop Conditionを発行する代わりに、Repeated Start Conditionを発行することで、連続して別のスレーブとの通信を行うこともできます。

●図6-4-6　7ビットアドレスモードの伝送手順

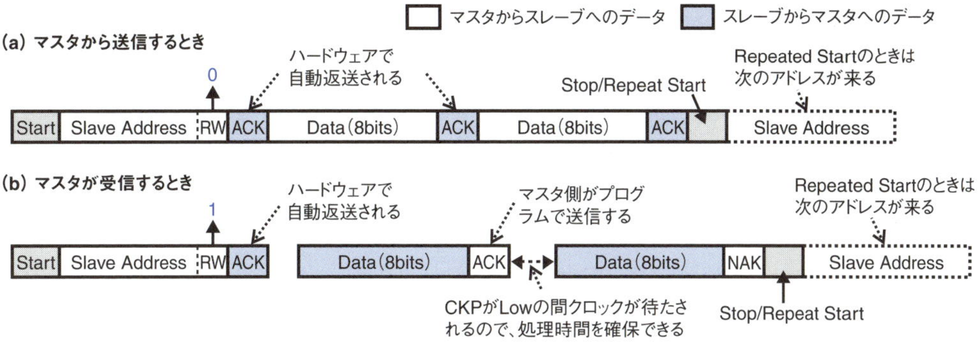

2 10ビットアドレスの場合

アドレスが10ビットの場合にはアドレスを送信するのに2バイトが必要となるため、通信の開始手順が複雑となり図6-4-7のようになります。

まずマスタが送信する場合には、アドレスの1バイト目をWrite要求で送り、続いてアドレスの2バイト目を送ります。正常にACKが返ってくれば、そのまま続いてデータを送信します。スレーブ側では、アドレスが一致したスレーブだけが、以降のデータ受信動作を行ってACKを返送します。最後にマスタがStop Conditionを出力して終了となります。

マスタが受信する場合には複雑になります。まず2バイトのアドレスをWrite要求で送信します。これで特定のスレーブだけが指定されます。

続いて Repeated Start Conditionとして再スタートをし、上位アドレスを再送します。このとき、Read/Writeビットに Read要求を出力しスレーブからの送信を要求します。すでにアドレス指定されているスレーブがこれに対応してデータを出力し、マスタがそれを受信して正常ならACKを返送します。

最後は、マスタがNACKを返送してからStop Conditionを出力して終了となります。このときにも、スレーブ側がクロックストレッチをすることで処理時間を確保できるのは同じです。

●図6-4-7　10ビットアドレスのときの伝送手順

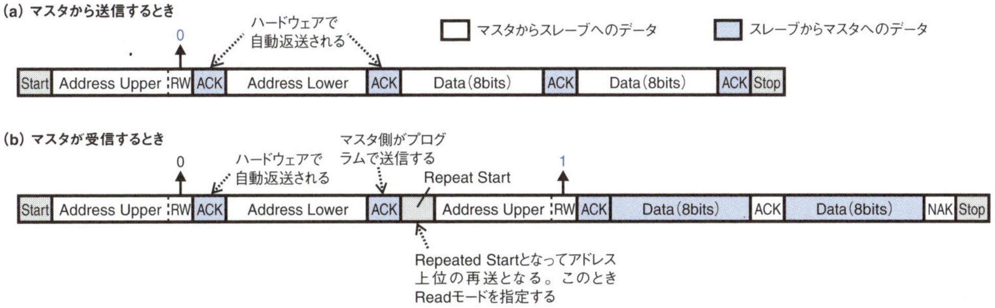

3 同報アドレスの場合

MSSPでは同報アドレスで、マスタ側から全スレーブに一斉に送信を行うことができます。これを「General Call Address」と呼んでいます。

このためのアドレスは、「0000 000」(7ビットアドレスの場合)または「00 0000 0000」(10ビットアドレスの場合)で、R/W＝0 (Write要求)となっています。つまりアドレス部がすべて0のときは一斉同報として扱います。

同報機能を使うには、スレーブ側のSSPxCON2のGCENビットが1になっていることが必要です。このGCENが1のスレーブは、アドレスが同報アドレスの場合には、無条件で引き続くデータを受信し割り込みを発生するので、これらを順次取り込みます。スレーブの受信手順は通常受信と同じです。

6-4-4 I²Cモジュール制御レジスタと使用例

I²C通信を制御するレジスタについて説明します。SSPx (xは1か2)を制御するレジスタですが、まずモード設定にはSSPxCON1、SSPxCON2、SSPxCON3、SSPxMSK、SSPxADDの5つのレジスタがあります。状態を保持するレジスタがSSPxSTATレジスタで、送受信用バッファがSSPxBUFレジスタです。これらのレジスタの詳細は、図6-4-8のようになっています。

●図6-4-8　SSPx制御用レジスタ

SSPxCON1レジスタ

WCOL	SSPOV	SSPEN	CKP	SSPM〈3:0〉

WCOL：Writeの衝突検出
　マスタで送信中（自分でクリア必要）
　　1：衝突発生　0：衝突なし正常
　スレーブで送信中
　　1：まだ送信中　0：衝突はなし

SSPOV：受信オーバーフロー検出
　　1：オーバーフロー発生　0：正常

SSPEN：SSPモジュール使用許可、禁止
　　1：SDAとSCLピンとして使用する
　　0：汎用I/Oポートとする

CKP：SCKクロック制御（スレーブのみ）
　1：ストレッチオフ　0：ストレッチオン

SSPM〈3:0〉：SSPxのI²Cモード指定
　0110：I²Cスレーブモード　7ビットアドレス
　0111：I²Cスレーブモード　10ビットアドレス
　1000：I²Cマスタモード
　1011：I²C FW制御マスタモード（Slave IDLE）
　1110：I²Cスレーブモード　7ビットアドレス
　　　　Start/Stop割り込み許可
　1111：I²Cスレーブモード　10ビットアドレス
　　　　Start/Stop割り込み許可

SSPxCON2レジスタ

GCEN	ACKSTAT	ACKDT	ACKEN	RCEN	PEN	RSEN	SEN

GCEN：同報検出許可（スレーブのみ）
　　1：許可　0：禁止（アドレス0000H）

ACKSTAT：ACK検出
　　1：ACK未受信　0：受信済み

ACKDT：送信するACK設定
　　1：NACK　0：ACK

ACKEN：ACKシーケンス開始
（マスタ受信中のみ）
　　1：ACKDTビットを送信する
　　（送信後自動クリア）

RCEN：受信許可（マスタのみ）
　1：受信許可　0：禁止 Idleに

PEN：Stop Condition開始（マスタのみ）
　1：Stop Condition送信）
　　送信後自動クリア

RSEN：Repeat Start Condition開始（マスタのみ）
　1：Repeat Start Conditionを送信
　（送信後クリアされる）

SEN：Start Condition /Stretch開始
　マスタのとき
　1：Start Conditionを送信、完了で自動的に0
　スレーブのとき
　1：Stretchを許可　0：禁止

SSPxCON3レジスタ							
ACKTIM	PCIE	SCIE	BOEN	SDAHT	SBCDE	AHEN	DHEN

ACKTIM：ACKシーケンス状態
　1：ACK中　0：非ACK中

PCIE：Stop割り込み許可
　1：許可　0：禁止

SCIE：Start割り込み許可
　1：許可　0：禁止

BOEN：バッファオーバーフロー許可
（スレーブ受信中のみ）
　1：無視　0：有功化

SDAHT：SDA保持時間
　1：300ns以上　0：100ns以上

SBCDE：バス衝突検出有効化
　1：有効化割り込み生成　0：無効

AHEN：アドレス保持有効化
　1：有効　0：無効

DHEN：データ保持有効化
　1：有効　0：無効

MSSPの状態を表すSSPxSTATレジスタは、図6-4-9のようになっています。MSSPの状態を示していますが、一部設定に使うビットもあります。

図6-4-9　SSPxSTAT (I^{2}Cモードの時) の構成

SSPxSTATレジスタ							
SMP	CKE	D/A	P	S	R/W	UA	BF

SMP：スルーレート制御
　1：無効　0：有効（400kbpsの場合）

CKE：SMbus互換入力有効化
　1：有効　0：無効

D/A：受信データ区別
　1：データ　0：アドレス

P：Stop Condition検出
　1：検出した　0：未検出

S：Start Condition検出
　1：検出した　0：未検出

R/W：Read/Write区別
（スレーブの場合）
　1：Read受信　0：Write受信
（マスタの場合）
　1：送信中　0：レディ

UA：アドレス更新（10ビットモード）
　1：SSPxADDの更新必要　0：不要

BF：バッファフル状態
　1：データ転送中　0：転送完了

SSPxADDレジスタは、マスタとスレーブで使用目的が異なっています。

スレーブの場合には、スレーブアドレスを格納するレジスタで、ここに設定したアドレスと受信したアドレスが一致した場合のみ、その後に続くデータの送受信が実行されます。7ビットアドレスモードのときは、単純に7ビットのアドレスが直接比較されますが、10ビットアドレスモードのときは、2回に分けてアドレスデータを比較する必要があります。最初に受信するのは上位アドレスで、次は下位アドレスとなりますが、その都度、SSPxADDレジスタに比較するアドレスデータを設定する必要があります。

マスタの場合には、下位7ビットが通信速度を設定するレジスタとなります。ボーレートは、Fosc÷(4×(SSPxADD値＋1))で決定されます。代表的な設定値とそのときの通信速度は、表6-4-1のようになります。

▼表6-4-1　SSPxADDの値と通信速度

クロック周波数	SSPADD設定値	通信速度
32MHz	0x13	400kbps
	0x4F	100kbps
16MHz	0x09	400kbps
	0x27	100kbps
8MHz	0x13	100kbps
4MHz	0x09	100kbps

I^{2}Cモードのときの MSSPの割り込みに関係するレジスタは、SPIモードのときと同じで図6-4-10となりますが、バス衝突の割り込み要因が増えています。

●図6-4-10　割り込み制御レジスタ

INTCONレジスタ	GIE	PEIE	TMR0IE	INTE	IOCIE	TMR0IF	INTF	IOCIF

GIE：全割り込み制御　PEIE：周辺割り込み制御
1：許可　0：禁止　　1：許可　0：禁止

PIE1レジスタ	TMR1GIE	ADIE	RC1IE	TXIE	SSP1IE	CCP1IE	TMR2IE	TMR1IE
PIE2レジスタ	OSFIE	C2IE	C1IE	EEIE	BCL1IE	---	---	CCP2IE
PIE4レジスタ	---	---	---	---	---	---	BCL2IE	SSP2IE

各モジュールごとの割り込み許可ビット
1：割り込み許可　0：割り込み禁止

PIR1レジスタ	TMR1GIF	ADIF	RC1IF	TX1IF	SSP1IF	CCP1IF	TMR2IF	TMR1IF
PIR2レジスタ	OSFIF	C2IF	C1IF	EEIF	BCL1IF	---	---	CCP2IF
PIE4レジスタ	---	---	---	---	---	---	BCL2IF	SSP2IF

各モジュールごとの割り込み許可ビット
1：割り込み許可　0：割り込みなし

これらの制御レジスタを使ってI^{2}C通信を使うための設定は、次のようにします。

❶初期化でI^{2}Cのモード設定を行う

I^{2}C通信のマスタにするかスレーブにするかを決めます。さらにスレーブの場合は、アドレスが7ビットか10ビットか、スタート／ストップコンディションの割り込みを使うか使わないかを決め、それをSSPxCON1レジスタとSSPxCON2レジスタに設定します。当然ながら、SSPENビットを1にしてSSPxを使うことを指定します。

❷入出力ピンのモード設定を行う

I²Cモジュールが入出力モードを自動設定しますので、SDA、SCLとも入力モードにしてハイインピーダンスの状態にしておきます。もちろんデジタルピンとしておく必要があります。

❸SSPxADDレジスタの設定を行う

マスタの場合には通信速度をSSPxADDレジスタに設定します。スレーブの場合にはスレーブアドレスをSSPxADDに設定します。

❹割り込みの許可設定を行う

割り込みを使う場合には、PIE1レジスタのSSP1IEビットか、PIE4レジスタのSSP2IEビットを1にしてMSSPの割り込みを許可し、さらにINTCONレジスタのPEIEビットとGIEビットを1にしてグローバル割り込みを許可します。

❺通信フローを実行するプログラムを作成する

例えばマスタの場合の基本的なプログラムフローは、図6-4-11のようにします。それぞれの処理で、レジスタの設定ビットや状態ビットを使います。

●図6-4-11 基本的なI²Cマスタ通信プログラムフロー

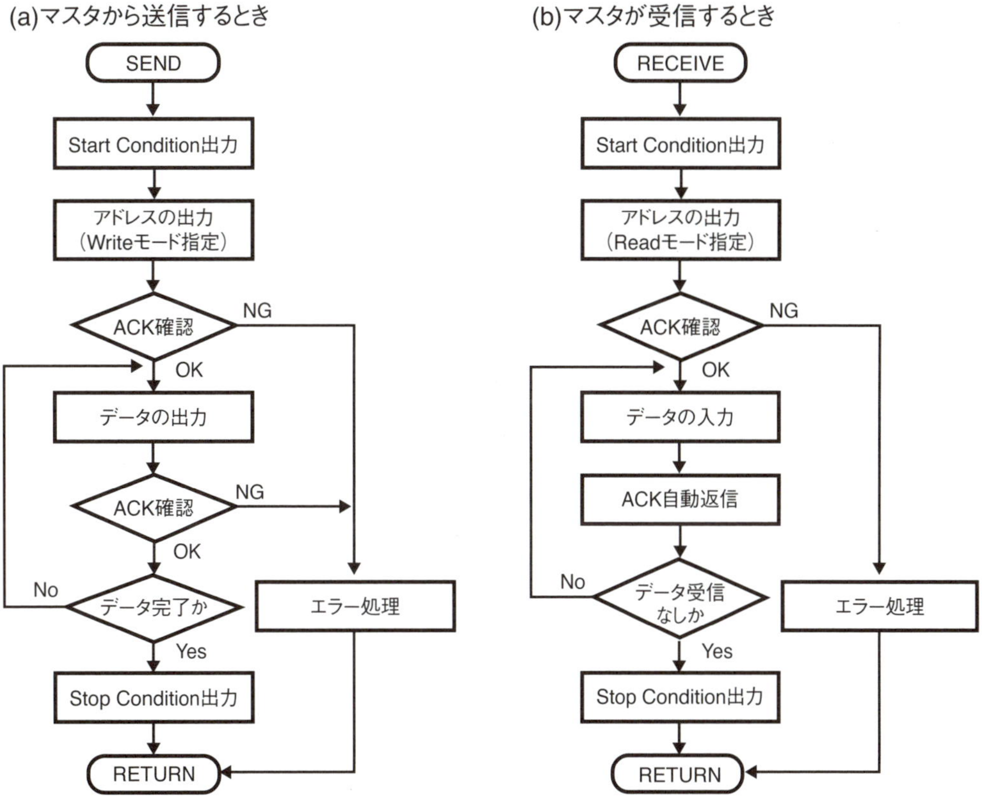

実際のマスタ側のプログラム例では、送信の場合がリスト6-4-1となります。CmdI2C( )関数で指定アドレスのI^2Cスレーブ内の指定レジスタに1バイトのデータを送信します。

I^2Cがアイドルの状態であることをチェックするための関数を、共通関数として作成しています。この関数ではすべての動作条件をチェックして、アイドルであることを確認しています。

リスト 6-4-1 I^2C送信プログラム例

```
/****************************************
* I2Cバスを使ってコマンド送信
****************************************/
void CmdI2C(unsigned Adrs, unsigned Reg, unsigned char Data)
{
    IdleI2C();
    SSP1CON2bits.SEN = 1;           // スタート出力//
    while(SSP1CON2bits.SEN);        // スタート終了待ち
    SendByte(Adrs);                 // アドレス+送信モード送信
    SendByte(Reg);                  // レジスタ指定送信
    SendByte(Data);                 // コマンドデータ送信
    SSP1CON2bits.PEN = 1;           // ストップ出力
    while(SSP1CON2bits.PEN);        // ストップ終了待ち
}
/** アイドル待ちサブ関数  ***/
void IdleI2C(void){
    while(SSP1CON2bits.SEN || SSP1CON2bits.PEN || SSP1CON2bits.RCEN
            || SSP1CON2bits.ACKEN || SSP1STATbits.R_nW);
}
/****************************************
*   I2Cで1バイト送信
****************************************/
void SendByte(unsigned char ch){
    SSP1BUF = ch;                   // データセット送信開始
    while(SSP1STATbits.BF);         // 送信終了待ち
    while(SSP1CON2bits.ACKSTAT);    // ACK返信待ち
    IdleI2C();                      // アイドル待ち
}
```

受信の例がリスト6-4-2となります。この場合は、指定したI^2Cスレーブから指定バイト数のデータを受信してバッファに格納します。アイドルチェックには送信のときと同じ関数を使っています。最後のデータ受信で、NACKを返送してからStop Conditionを出力しています。

リスト 6-4-2 I^2C受信プログラム例

```
/****************************************
* I2Cバスを使ってnバイト受信
*****************************************/
void GetDataI2C(unsigned char Adrs, unsigned char *Buffer, unsigned char Cnt)
{
    unsigned char i;

    IdleI2C();                       // アイドル待ち
    SSP1CON2bits.SEN = 1;            // スタート出力
    while(SSP1CON2bits.SEN);         // スタート終了待ち
    SendByte(Adrs+1);                // アドレス+受信モード送信
    for(i=0; i<Cnt; i++)
        Buffer[i] = RcvByte(0);      // 1バイト受信 ACK応答
    Buffer[i] = RcvByte(1);          // 最終バイト受信 NACK応答
    SSP1CON2bits.PEN = 1;            // ストップ出力
    while(SSP1CON2bits.PEN);         // ストップ終了待ち
}
/****************************************
* I2Cで1バイト受信 ACK/NACK 返送
*****************************************/
unsigned char RcvByte(unsigned char Ans){
    unsigned char data;

    SSP1CON2bits.ACKDT = Ans;        // ACK(0)/Nack(1)設定
    SSP1CON2bits.RCEN = 1;           // 受信許可 RCENセット
    while(!SSP1STATbits.BF);         // 受信待ち BFチェック
    SSP1CON2bits.ACKEN = 1;          // ACK返送
    data = SSP1BUF;                  // 受信データ取得
    SSP1CON1bits.SSPOV = 0;          // エラークリア
    IdleI2C();                       // アイドル待ち
    return(data);                    // 受信データを返す
}
```

PIC16F1 family

6-5 製作例1 超小型デジタル電圧計

I^2Cの使用例として、I^2Cで接続できる液晶表示器とデルタシグマA/Dコンバータを使った小型のデジタル電圧計を製作します。

8ピンのPIC12F1840のフラットパッケージタイプを使ったので、ちょうど液晶表示器と同じサイズの基板に実装できました。

完成した小型デジタル電圧計の外観は写真6-5-1のようになります。

●写真6-5-1　超小型デジタル電圧計の完成外観

6-5-1 全体構成と機能仕様

この小型デジタル電圧計の構成は図6-5-1のようにしました。8ピンのPIC12F1840を使って全体を制御し、計測は18ビットデルタシグマA/Dコンバータ(MCP3421)で行います。電源はバッテリ動作とし、液晶表示器で計測値を表示します。

液晶表示器もA/DコンバータもI^2C接続ですから、PICとの接続は、2ピンで済んでしまいます。クロックも内蔵クロックで十分です。

デルタシグマA/Dコンバータには可変ゲインアンプが内蔵されているので、これをフルに使ってレンジ切り替えができるようにします。このレンジ切り替えもプログラムにより自動でできるので、ピンとしては必要ありません。

●図6-5-1　小型デジタル電圧計の構成

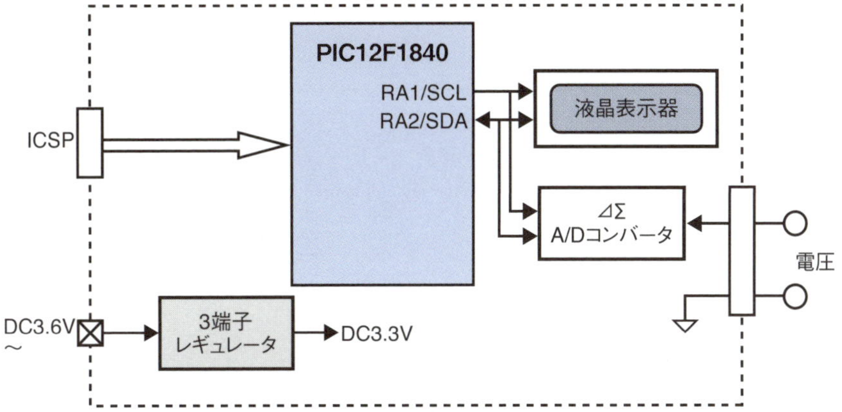

製作する小型デジタル電圧計の機能と仕様の目標は、表6-5-1のようにするものとします。

測定精度は、デルタシグマA/Dコンバータに内蔵の2.048Vの内蔵リファレンスと内蔵アンプの精度で決まってしまいますが、この両方を含めた精度が±0.05％で、温度変化も15ppm/℃なので、無調整でも結構高精度で計測できます（アンプ精度はゲイン＝1の場合）。

▼表6-5-1　小型デジタル電圧計の仕様

項　目	仕　様	備　考
電源	バッテリ　3.6V～5V 内蔵3端子レギュレータで3.3V生成 消費電流：5mA以下	リチウムイオン充電池 またはアルカリ電池を使用 （単4を3本または4本）
電圧測定	ハイレンジ 　最大2.047V　分解能100μV ローレンジ 　最大250mV　分解能10μV レンジ切り替えは自動	精度約±0.1％ 精度約±0.1％
表示出力	液晶表示器　16文字×2行 測定値を1秒間隔で表示	基板に直接実装

6-5-2　デルタシグマA/Dコンバータ MCP3421の使い方

本製作例では、I²C接続の例として、18ビット分解能を持つマイクロチップ社製の18ビットデルタシグマA/Dコンバータ「MCP3421」を使うことにしました。このA/Dコンバータは、最も簡単な構成で使える高性能かつ安価なA/Dコンバータです。6ピンのSOT-23という米粒ほどの小型のパッケージとなっていて、次のような特徴を持っています。

- 18ビット分解能のデルタシグマ方式A/Dコンバータ
- 外部インターフェースはI^2C
- 差動入力でどちらの極性も入力可能
- 変換ごとに内部オフセットとゲインを自動補正
- 高精度電圧リファレンス内蔵　2.048V±0.05%
- 可変ゲインアンプ内蔵　ゲイン＝1、2、4、8倍
- クロック用発振器内蔵
- 変換：1回ごとまたは連続の指定が可能
- 低消費電流：145μA（V_{DD}＝3V動作時）
- 単電源：2.7V～5.5V
- 動作温度範囲：－40℃～125℃

内部構成と仕様

内部の構成は図6-5-2のようになっていて、マイコンとの接続インターフェースがI^2Cとなっています。18ビット分解能のデルタシグマA/Dコンバータ以外に、ゲイン可変のアンプと2.048V±0.05%という高精度のリファレンス電圧を内蔵しているので、外付け部品を必要としません。

●図6-5-2　MCP3421の内部構成

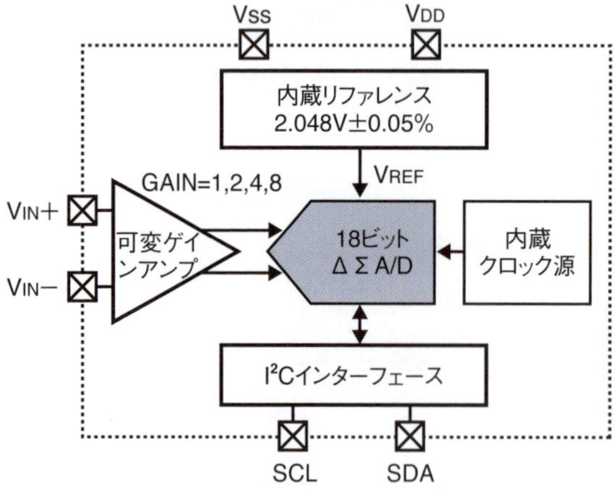

このA/Dコンバータのアナログ部の仕様は表6-5-2のようになっています。

▼表6-5-2 A/Dコンバータアナログ部の仕様

項目		仕様	備考
電源	動作電源電圧 V_{DD}	2.7V ～ 5.5V	
	動作電流	Typ155μA　Max180μA	V_{DD}=5V
		145μA	V_{DD}=3V
	待機電流	0.1 ～ 0.5μA	
入力	差動電圧範囲	±2.048V	Vin間の電位差
	入力インピーダンス	2.25MΩ	差動入力間
		25MΩ	対GND間
	入力絶対定格	V_{SS}－0.3V ～ V_{DD}＋0.3V	
変換レート	12ビットのとき	176 ～ 240SPS	分解能1mV
	16ビット	11 ～ 15SPS	分解能62.5μV
	18ビット	2.75 ～ 3.75SPS	分解能15.625μV
精度，誤差	リファレンス電圧	2.048V	
	ゲイン誤差	Typ0.05%　Max0.35%	Ref、PGA誤差含む
	オフセット誤差	15μV ～ 40μV	PGA=1

さらに、I^2Cインターフェース部の仕様は表6-5-3となっています。

▼表6-5-3 I^2Cインターフェースの仕様

項目		仕様	備考
入力電圧	Highスレッショルド	$0.7V_{DD}$以上	
	Lowスレッショルド	$0.3V_{DD}$以下	
出力電圧	Lowレベル	0.4V以下	
標準モード	クロック周波数	0 ～ 100kHz	
高速モード	クロック周波数	0 ～ 400kHz	
超高速モード	クロック周波数	0 ～ 3.4MHz	Cb＝100pF

外部インターフェース仕様

このMCP3421は、I^2CによりPICマイコン側からコマンド送信で内部コンフィギュレーションレジスタを書き換えることで、各種の動作モードを設定します。また、A/D変換の結果を読み出すことになるので、I^2Cの通信では送信と受信両方の動作があります。

1 コンフィギュレーションの設定方法

A/Dコンバータの動作モードを指定するため、PICマイコン側からI^2Cでデータを送信してコンフィギュレーション設定を行います。このときのデータフォーマットは図6-5-3のようになります。

I^2CマスタとなるPICマイコン側から7ビットアドレス＋Writeモードで1バイトのデータを送信します。アドレスは「0xD0」が標準となります。

下位3ビットは、工場出荷時に設定可能なので注文で指定します。指定しない場合は「000」というアドレスになります。

続いて送信する1バイトのデータがコンフィギュレーションデータで、図6-5-3の下側のような構成となっています。これでA/Dコンバータの動作モードが決まります。チャネル選択は、MCP3421には1チャネルしか実装されていないので無関係です。

このコンフィギュレーションで特徴的なのは、A/Dコンバータの分解能を4種類から選択できることです。このビット数により変換速度つまりサンプルレートが変わり、少ないビット数ほどサンプルレートが大きくなり高速になります。

また変換の仕方も、自立的に連続で変換を繰り返す連続変換モードと、マイコン側から変換開始を指定したときに変換するワンショットモードの2種類から選択できます。

可変ゲインアンプのゲインは、1倍、2倍、4倍、8倍の4種類から選択できます。

図6-5-3　MCP3421のコンフィギュレーション

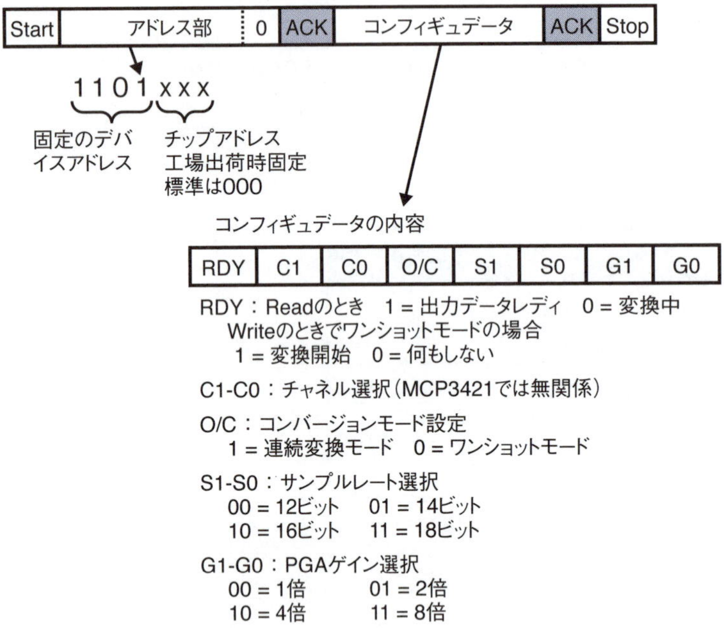

2 データの読み出し

変換結果のデータを読み出す場合には、分解能によってビット数が異なるので読み出すデータバイト数も異なってきます。この読み出しフォーマットを図6-5-4に示します。

18ビット分解能の場合は図6-5-4（a）のようにデータ部が3バイトとなります。最初のバイトは上位2ビット分が右詰めでセットされ、上位6ビットには最上位ビット（D17）の符号と同じ値がセットされます。2バイト目はデータのD15からD8までの8ビット分がセットされています。3バイト目はD7からD0の8ビットがセットされています。

これで変換結果のデータは取得できますが、その後のバイトにはコンフィギュレーションのデータがセットされています。レディービットをチェックするためです。

データ転送を終了させるには、マスタ側となるPICマイコンがNACKを返してからストップ条件を出力する必要があります。マスタ側がNACKを返さないとA/Dコンバータからの送信が終了とならず、永久にコンフィギュレーションデータが繰り返し出力されます。逆にNACKを返送すれば、そのバイトで通信が終了となります。

16ビット以下の分解能の場合は、データ部が2バイトで構成できるので、出力データも2バイトとなります。14、12ビット分解能の場合の上位のあいたビットには、データの最上位ビットの符号と同じ値がセットされます。

●図6-5-4　変換データの出力データフォーマット

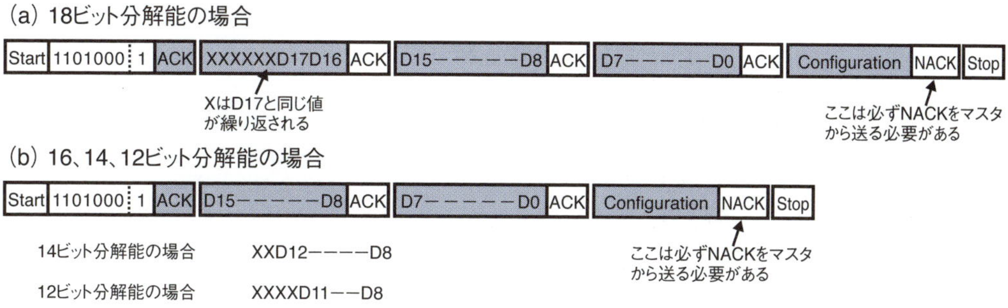

取得されたデータは正、負両方の場合があり、18ビット分解能で可変ゲインアンプのゲインが1倍の場合には、表6-5-4のような形式でデータが変換されます。

正の上限値が＋2.048Vで負の下限値は－2.048Vということになり、その範囲外の場合には上下限値のまま同じ値となります。

この形式であれば、絶対値を求める場合、負の値のときは、0と1を反転させてから1を加えるだけで求められることになります（2の補数）。

表のようにゲインが1倍の場合には、最小分解能が16μVとなりますから、ゲインを8倍とすれば、最小分解能は2μVということになります。

▼表6-5-4　取得データのフォーマット

入力電圧	出力コード	備　考
2.048V以上	011111111111111111	上限値のまま
2.048V－約16μV	011111111111111111	正の最大値
約16μV	000000000000000001	正の最小値
0V	000000000000000000	
約－16μV	111111111111111111	負の最大値
－2.048V＋約16μV	100000000000000001	負の最小値
－2.048V以下	100000000000000000	下限値のまま

C言語によるA/Dコンバータの制御方法

A/Dコンバータの制御といっても、インターフェースはI^2C通信なので、前章のI^2C通信の関数を使います。

A/Dコンバータのコンフィギュレーションは、PICマイコンからの出力なので、I^2Cの出力関数CmdI2C()を使います。A/Dコンバータからの変換結果の入力をするためには、GetDataI2C()関数を使います

実際にこのA/Dコンバータからデータを入力するプログラムは、リスト6-5-1のようにします。

まずコンフィギュレーションを出力して、18ビットで連続変換モードとします。あらかじめResultという5バイトのバッファを用意しておき、ここに受信データを格納します。データは図6-5-4(a)のフォーマットで入力されますから、データ3バイト、コンフィギュレーション1バイトが格納されることになります。

リスト 6-5-1 A/Dコンバータ入力処理プログラム例

```
unsigned char Result[5];

    // 初期化
    CmdI2C(0x8C);                   // ADC初期化 Gain=1 18ビット

    // 読み出し  適切な待ち時間が必要
    GetDataI2C(Result, 3);          // データ取得 3バイト
```

6-5-3 液晶表示器の概要と仕様

本製作例で使う液晶表示器は、I^2C接続で動作する小型液晶表示器となっていて、外観は写真6-5-2のようになっています。

●写真6-5-2 使用した液晶表示器の外観

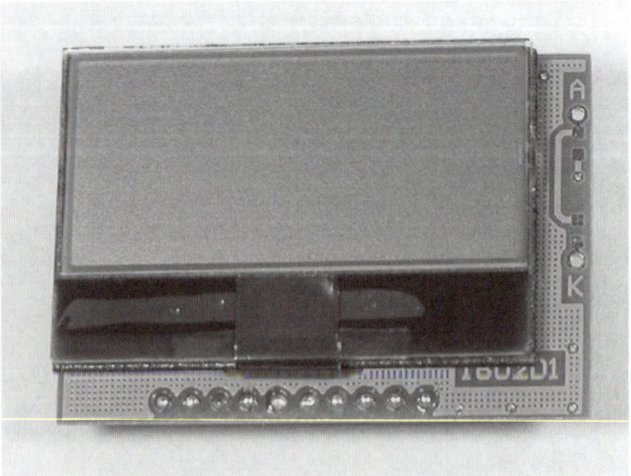

外観と仕様

液晶表示器の外形と電気的規格は図6-5-5のようになっています。接続が必要なのは、電源とI^2Cの信号線2本とリセットのみです。電源が2.7Vから3.6Vという規格になっていますが、5Vでも動作するので、アマチュアの使用範囲であれば5Vで使うことができます。ただし、市販製品に組み込む場合には規格を守る必要があります。

●図6-5-5　I^2C接続の液晶表示器の外観と仕様（データシートより）

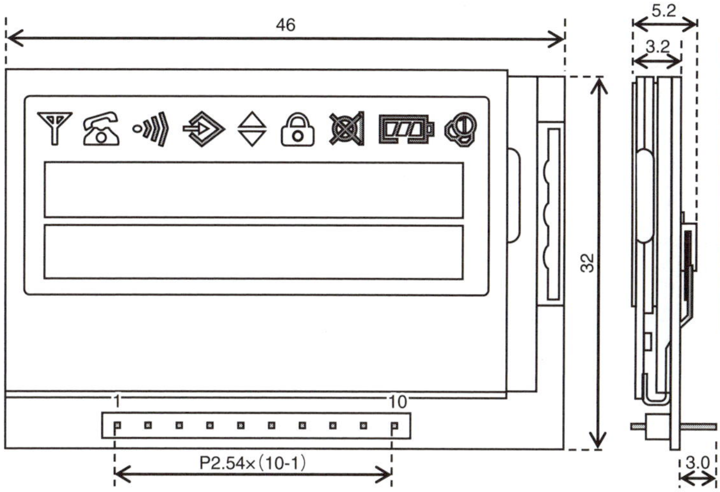

No	記号	信号内容
1	RST	リセット負論理
2	SCL	I²Cクロック
3	SDA	I²Cデータ
4	V_{SS}	グランド
5	V_{DD}	電源(2.7〜3.6V)
6	CAP+	使用せず
7	CAP-	
8	V_{OUT}	
9	A	
10	K	

【電気的仕様】
1. 電源電圧　：2.7V ～ 3.6V
2. 使用温度範囲　：-20 ～ 70℃
3. I²C クロック　：最大 400kHz
4. I²C アドレス　：0b0111110（7 ビットアドレス）
5. バックライト　：なし
6. コントラスト　：ソフトウェア制御
7. 表示内容　：英数字カナ記号 256 種アイコン 9 種
   16 文字 ×2 行
8. リセット　：リセット回路内蔵、外部も可能

インターフェース仕様

マイコンとの接続はI^2Cインターフェースなので、クロック（SCL）とデータ（SDA）の2本だけで接続します。また、この液晶表示器のI^2C通信はマイコンからの出力となるWriteモードだけとなっているので、簡単な手順で通信ができるようになっています。

PICマイコン側から液晶表示器に出力するデータのフォーマットには、一定の順序があり、図6-5-6のように送信する必要があります。

●図6-5-6　送信データフォーマット

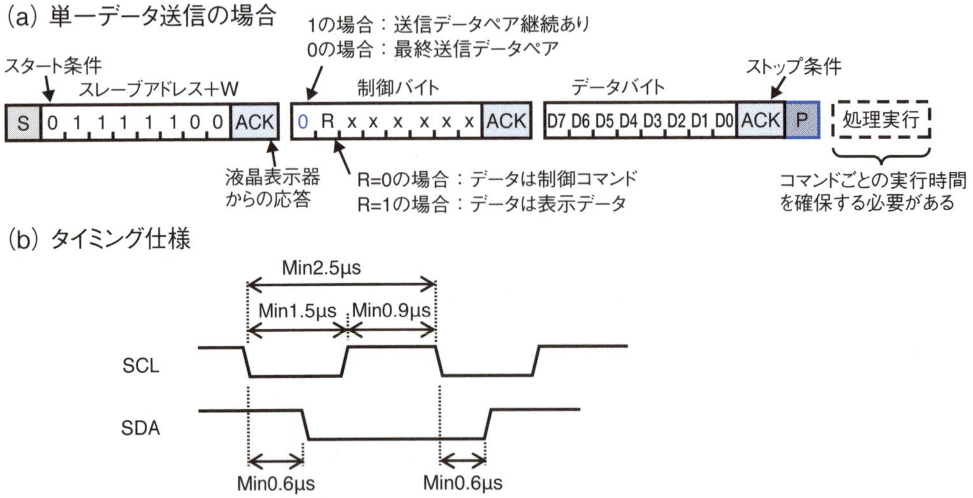

最初にスレーブアドレス＋Writeコマンドを1バイトで送信します。この液晶表示器のスレーブアドレスは「0111110」の固定アドレスとなっており、Writeコマンドは「0」なので、最初の1バイト目は「0111 1100」(0x7C) というデータを送ることになります。

このあとにはデータを送りますが、データは制御バイトとデータバイトのペアで常に送信するようにします。

制御バイトは上位2ビットだけが有効ビットです。最上位ビットは、この送信ペアが継続か最終かの区別ビットとなっていて、「0」のときは最終データペア送信で、「1」のときはさらに別のデータペア送信が継続することを意味しています。本書では常に0として使います。

次のRビットはデータの区別ビットで、続くデータバイトがコマンド(0の場合)か表示データ(1の場合)かを区別します。コマンドデータの場合は、多くの制御を実行させることができます。表示データの場合は、液晶表示器に表示する文字データとなります。

SCLとSDAのタイミング仕様は図6-5-6 (b) のようになっており、最高クロック周波数は400kHzとなっています。これより遅い方には制限はないので、十分のパルス幅を確保しながら制御するようにします。

●制御コマンド

この液晶表示器は、制御コマンドを送信することで多くの制御を行うことができます。この制御コマンドには大きく分けて標準制御コマンドと拡張制御コマンドとがあります。標準制御コマンドには、表6-5-5のような種類があり、基本的な表示制御を実行します。

拡張制御コマンドには2種類ありISビットで選択します。ISビットが「0」のときの拡張制御コマンドには表6-5-6 (a) のようなコマンドがあり、ISビットが「1」のときの拡張制御コマンドには表6-5-6 (b) のようなコマンドがあります。電源やコントラストなど初期設定に必要なコマンドと、アイコン選択をするためのコマンドがあります。

コマンドごとに処理するために必要な実行時間がありますが、PICマイコンのプログラムでは、このコマンド実行終了まで次の送信を待つ必要があります。

▼表6-5-5 標準制御コマンド一覧

コマンド種別	DBx								データ内容説明	実行時間(F=380kHz)	実行時間(F=700kHz)
	7	6	5	4	3	2	1	0			
全消去	0	0	0	0	0	0	0	1	全消去しカーソルはホーム位置へ	1.08msec	0.59msec
カーソルホーム	0	0	0	0	0	0	1	＊(注)	カーソルをホーム位置へ移動、表示内容は変化なし		
書き込みモード	0	0	0	0	0	1	I/D	S	表示メモリ(DDRAM)か文字メモリ(CGRAM)への書込方法と表示方法の指定 I/D：メモリ書込で表示アドレスを+1(1)または−1(0)する。 S：表示全体もシフトする(1) 表示全体シフトしない(0)	26.3μsec	14.3μsec
表示制御	0	0	0	0	1	D	C	B	表示やブリンクのオンオフ制御 D：1で表示オン 0でオフ C：1カーソルオン 0でオフ B：1ブリンクオン 0でオフ		
機能制御	0	0	1	DL	N	DH	0	IS	動作モード指定で最初に設定する必要がある DL：1で8ビットモード 0で4ビットモード N：1で1/6デューティ 0で1/8デューティ DH：倍高文字指定 1で倍高 0で標準 IS：拡張コマンド選択 (表6-5-6参照)		
表示メモリアドレス	1	DDRAMアドレス							表示用メモリ(DDRAM)アドレス指定(7ビット) この後のデータ入出力はDDRAMが対象となる 表示位置と表示メモリアドレスとの関係は下記となる 行 DDRAMメモリアドレス 1行目 0x00～0x13 2行目 0x40～0x53		

(注)＊は無関係であることを意味する

▼表6-5-6　拡張制御コマンド一覧

(a) 拡張制御コマンド (IS＝0の場合)

コマンド種別	DBx 7	6	5	4	3	2	1	0	データ内容説明	実行時間 (F=380kHz)	実行時間 (F=700kHz)
カーソルシフト	0	0	0	**1**	S/C	R/L	＊	＊	カーソルと表示の動作指定 S/C：1で表示もシフト 0でカーソルのみシフト R/L：1で右、0で左シフト	26.3μsec	14.3μsec
文字メモリアドレス	0	**1**	CGRAMアドレス						文字メモリ (CGRAM) アクセス用アドレス指定 (6ビット) この後のデータ入出力はCGRAMが対象となる		

(b) 拡張制御コマンド一覧 (IS=1の場合)

コマンド種別	DBx 7	6	5	4	3	2	1	0	データ内容説明	実行時間 (F=380kHz)	実行時間 (F=700kHz)
バイアスと内蔵クロック周波数設定	0	0	0	1	BS	F2	F1	F0	バイアス設定 BS：1で1/4バイアス 0で1/5バイアス クロック周波数設定 F<2:0>=100：380kHz 110：540kHz 111：700kHz	26.3μsec	14.3μsec
電源、アイコン、コントラスト設定	0	1	0	1	IO	BO	C5	C4	アイコン制御 IO：1で表示オン　0で表示オフ 電源ブースタ制御 BO：1でブースタオン 0でオフ コントラスト制御の上位ビット コントラスト設定コマンドと合わせてC<5:0>で制御		
フォロワ制御	0	1	1	0	FO	R<2:0>			フォロワ制御 FO：1でフォロワオン 0でオフ フォロワアンプ制御 R<2:0>　LCD用VO電圧の制御		
アイコンアドレス指定	0	1	0	0	AC<3:0>				アイコンの選択 AC<3:0>の値とアイコン対応は図6-5-8を参照		
コントラスト設定	0	1	1	1	C<3:0>				コントラスト設定 C5,C4と組み合わせてC<5:0>で設定する		

文字メモリ内容

表示データとしてASCIIコードを送信すると1文字表示しますが、そのASCIIコードと文字の対応は図6-5-7のようになっています。

●図6-5-7 液晶表示器の文字メモリ内容（データシートより）

アイコン制御

アイコンを表示する場合には、表示するアイコンのオンオフを制御するデータのアドレスとデータビットで指定します。16個のアドレスごとに5ビットの制御データでオンオフができるようになっているので、最大5×16＝80個のアイコンの制御が可能です。

しかし、本書で使っている液晶表示器は13個のアイコンだけとなっています。アイコン制御データの位置と実際の表示アイコンとの対応は、図6-5-8のようになっています。

●図6-5-8　アイコン制御ビットとアイコンの対応

ICON address	ICON RAM bits				
	D4	D3	D2	D1	D0
00H	S1	S2	S3	S4	S5
01H	S6	S7	S8	S9	S10
02H	S11	S12	S13	S14	S15
03H	S16	S17	S18	S19	S20
04H	S21	S22	S23	S24	S25
05H	S26	S27	S28	S29	S30
06H	S31	S32	S33	S34	S35
07H	S36	S37	S38	S39	S40
08H	S41	S42	S43	S44	S45
09H	S46	S47	S48	S49	S50
0AH	S51	S52	S53	S54	S55
0BH	S56	S57	S58	S59	S60
0CH	S61	S62	S63	S64	S65
0DH	S66	S67	S68	S69	S70
0EH	S71	S72	S73	S74	S75
0FH	S76	S77	S78	S79	S80

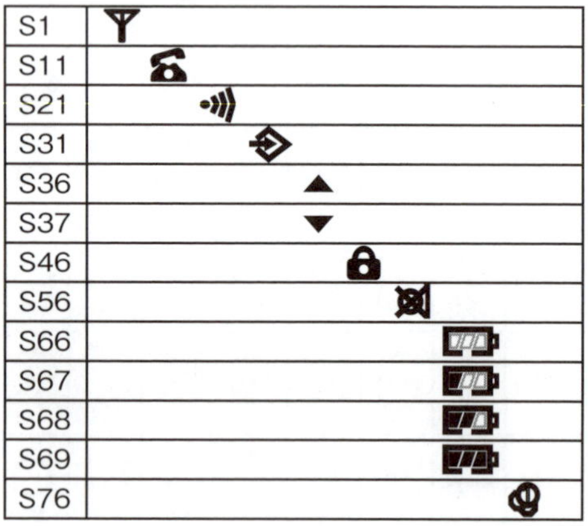

この制御コマンドを使ってアイコンを表示・消去する手順は、次のようにします。

①機能制御コマンドでISビットを1にして送信
②アイコンアドレスを送信
③アイコン制御ビットを設定して送信（ビットを1とすれば表示、0とすれば消去）
④ISビットを0に戻して機能制御コマンド送信

初期化

この液晶表示器も電源オン時に自動的に初期化されますが、初期化のデフォルト状態ではまったく表示が出ないので、このままでは使えません。したがって、制御コマンドを使って初期化する必要があります。

メーカ推奨の初期化手順は、図6-5-9となっています。ただしコントラストとフォロワの設定は、電源電圧によって変更する必要があります。そうしないと真っ黒な表示か、薄い表示となってしまいます。

遅延時間については、液晶表示器のばらつきと電源電圧により異なるので、余裕を持って十分長い時間としておく必要があります。

●図6-5-9　液晶表示器の初期化手順

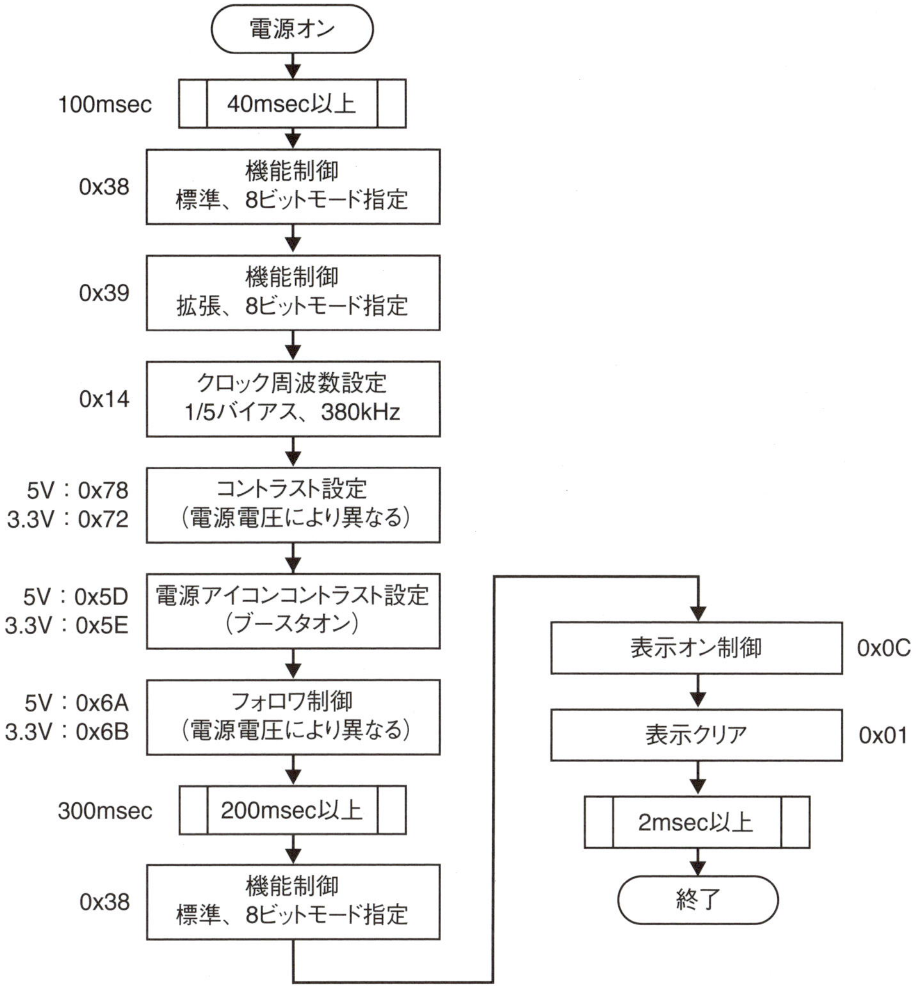

液晶表示器用ライブラリ

I^2C通信の関数を使って液晶表示器に実際に出力する基本手順は、リスト6-5-2のようにします。前章で作成したI^2Cの基本送受信関数のCmdI2C()関数を使っています。

コマンド出力用と表示データ出力用それぞれ別の関数としています。いずれの場合にもデータペアで出力する必要があるので、スレーブアドレス、制御バイト、データバイトの順で3バイトを出力しています。

出力後には処理時間を待つための遅延を挿入する必要があります。表示データの場合は30μsecです。コマンドの場合には、全消去とクリアホームのコマンドの場合だけ2msecという長めの遅延が必要ですが、その他は30μsecとなるので分けています。

リスト 6-5-2　液晶表示器への出力関数

```
/*********************************
* 液晶へ1文字表示データ出力
*********************************/
void lcd_data(unsigned char data)
{
    CmdI2C(0x7C, 0x40, data);
    __delay_us(30);             // 遅延
}

/*******************************
* 液晶へ1コマンド出力
*******************************/
void lcd_cmd(unsigned char cmd)
{
    CmdI2C(0x7C, 0x00, cmd);
    /* Clear か Home か */
    if((cmd == 0x01)||(cmd == 0x02))
        __delay_ms(2);          // 2msec待ち
    else
        __delay_us(30);         // 30μsec待ち
}
```

この2つの関数を元にして、I^2C接続の液晶表示器の制御をライブラリとして用意しました。ここではこのライブラリの構成と使い方を説明します。

この液晶表示器用ライブラリは、ヘッダファイル「lcd_lib2.h」とソースファイル「lcd_lib2.c」の2つのファイルで構成されています。また、I^2Cの関数もライブラリとして、「i2c_lib2.h」と「i2c_lib2.c」の2つのファイルで構成しています。したがってこの液晶表示器を使うときには、この4つのファイルをプロジェクトのフォルダにコピーし、プロジェクトに登録して使います。

登録後、ヘッダファイルで遅延関数用のクロックの周波数と、電源電圧に応じたコントラスト値をハードウェアに合わせて設定変更します。

クロック周波数はHz単位で数値により指定し、コントラストは電源電圧が3.3Vか5Vかでいずれかの行をコメントアウトして使わないようにするだけです。ライブラリには表6-5-7のような関数が組み込まれているので、簡単に液晶表示器を使うことができます。

▼表6-5-7　液晶表示器ライブラリの関数一覧

関数名	機能内容
lcd_init	液晶表示器の初期化処理を行う void lcd_init(void); 　パラメータなし
lcd_cmd	液晶表示器に対する制御コマンドを出力する void lcd_cmd(unsigned char cmd); 　cmd：8ビットの制御コマンド 《例》　lcd_cmd(0xC0);　//2行目にカーソルを移動する
lcd_data	液晶表示器に表示データを出力する void lcd_data(unsigned char data); 　data：ASCIIコードの文字データ 《例》　lcd_data('A');
lcd_clear	液晶表示器の表示を消去しカーソルをHomeに戻す void lcd_clear(void); 　パラメータなし 　lcd_cmd(0x01);と同じ機能

lcd_str	ポインタptrで指定された文字列を出力する
	void lcd_str(unsigned char* ptr);
	　ptr：文字配列のポインタ、文字列直接記述はWarning
	《例》　StMsg[]="Start!!";　　//文字列の定義
	　　　　lcd_str(StMsg);

lcd_icon	指定したアイコンの表示のオンオフを行う void lcd_icon(unsigned char num, unsigned char onoff) 　num　：アイコンの番号指定（0から13） 　onoff：1=表示オン　　0=表示オフ 《例》　lcd_icon(10, 1);　　// BAT容量少表示
delay_100ms	100msec単位の遅延 void delay_100ms(unsigned int time); 　time：100msec × timeの遅延

関数ごとに使い方を説明します。

1 lcd_init関数

文字通り液晶表示器の初期化のための関数で、パラメータはありません。メーカ推奨の手順どおりの初期化を行うので、電源オン後、またはマイコンリセット後には必ず1回だけ実行する必要があります。初期化後の状態は下記のようになります。

- カーソルオン
- 1文字書き込みでカーソル右シフト、表示はシフトしない
- 表示は5x7ドット

《書式》
```
void lcd_init(void);
```

2 lcd_cmd関数

制御コマンドを1つだけ出力する関数で、表6-5-5と表6-5-6のすべてのコマンドを出力できます。全消去とカーソルホームの場合には、2msecの遅延を入れ、その他の場合には30μsecの遅延を入れています。

```
《書式》
void lcd_cmd(unsigned char cmd);
    cmd：8ビットの制御コマンド
```

3 lcd_data関数

表示データを出力する関数で、8ビットのASCIIコードを出力します。表示位置は前回の表示位置の1つ右になります。

16文字を超えても表示はされませんが、表示メモリには書き込まれます。

```
《書式》
void lcd_data(unsigned char data);
    data：表示文字のASCIIコード
```

4 lcd_clear関数

全消去専用の制御関数で、lcd_cmd(0x01)と全く同じ動作です。

```
《書式》
void lcd_clear(void);
```

5 lcd_str関数

文字列を出力する関数です。文字列データは配列データとして別に用意する必要があります。直接文字列の記述ではコンパイル時にWarningが出ますが動作はします。文字列の最後の0x00のデータを終了とみなしています。

```
《書式》
void lcd_str(unsigned char* ptr);
    ptr：文字列へのポインタ
```

6 lcd_icon関数

指定したアイコンの表示のオンまたはオフを行います。アイコンは番号で指定します。アイコン番号とアイコンは表6-5-8によります。

```
《書式》
void lcd_icon(unsigned char num, unsigned char onoff);
    num：アイコンの番号で表6-5-8による
    onnoff：表示する(1)　表示しない(0)
```

▼表6-5-8　アイコン番号一覧

番号	アイコン		番号	アイコン	
0	アンテナ		7	鍵	
1	電話		8	ピン	
2	無線		9	電池容量なし	
3	ジャック		10	電池容量少	
4			11	電池容量中	
5			12	電池容量多	
6			13	丸	

6-5-4 回路設計と組み立て

図6-5-1の全体構成を元に作成した回路図が図6-5-9となります。この回路図からパターン図を作成して、プリント基板を自作しました。

I^2Cのプルアップ抵抗が15kΩと大きめになっていますが、これは液晶表示器のACKの駆動能力が低く、あまり小さな値の抵抗にできないためです。このため通信速度も遅めにしています。

●図6-5-10　小型デジタル電圧計の回路図

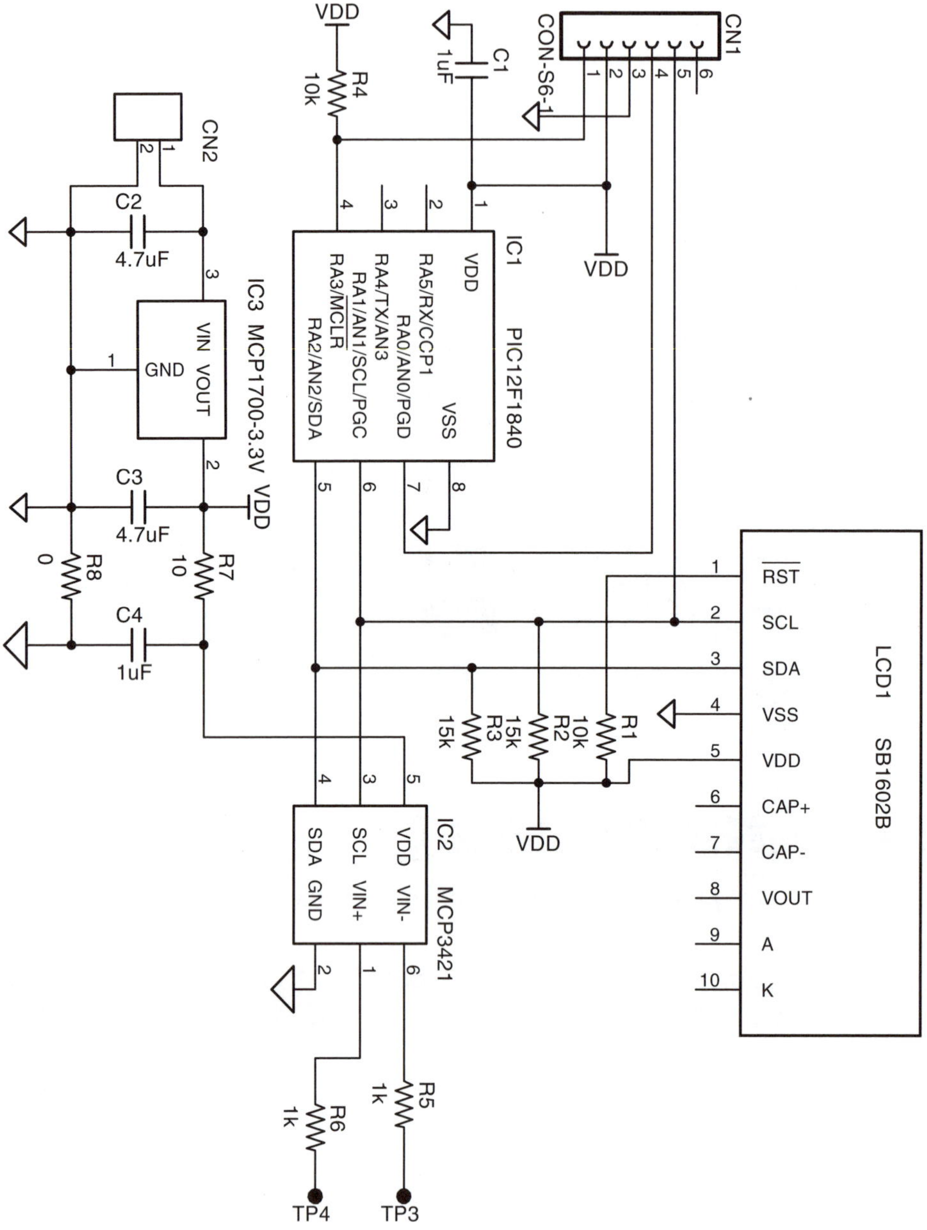

この回路の組み立てに必要なパーツは表6-5-9となります。ICはマイクロチップ社のものだけなので、直販サイトであるマイクロチップダイレクト（http://www.microchipdirect.com/）からオンラインで購入するのが便利です。

▼表6-5-9　パーツ一覧

記　号	部品名	品　名	数量
IC1	PICマイコン	PIC12F1840-I/SN	1
IC2	A/Dコンバータ	MCP3421A0-E/OT（マイクロチップ社）	1
IC3	3端子レギュレータ	MCP1700T-3302E/TT（マイクロチップ社）	1
LCD1	液晶表示器	SB1602B（ストロベリリナックス） http://strawberry-linux.com/	1
R1、R4	抵抗	10kΩ　1/4W	2
R2、R3	抵抗	15kΩ　1/4W	2
R5、R6	抵抗	1kΩ　1/4W	2
R7	抵抗	10Ω　1/4W	1
R8	ジャンパ	0Ω	1
C1、C4、	チップ型セラミック	1μF 16V～25V	2
C2、C3	チップ型セラミック	4.7μF　16V～25V	2
CN1	ピンヘッダ	6P　オス　L型	1
CN2	コネクタ	モレックス　2P　L型	1
	基板	サンハヤト感光基板　10K	1
	ピンヘッダ	オス40P（液晶表示器とCN1）	1
	ピンヘッダ	メス40P（液晶表示器用）	1
	電池	小型リチウムイオン充電池	1
	コネクタ	2Pハウジング	1

組み立ては図6-5-11の組み立て図にしたがって組み立てます。表面実装部品が多いので、まずはICから実装します。

●図6-5-11　組み立て図

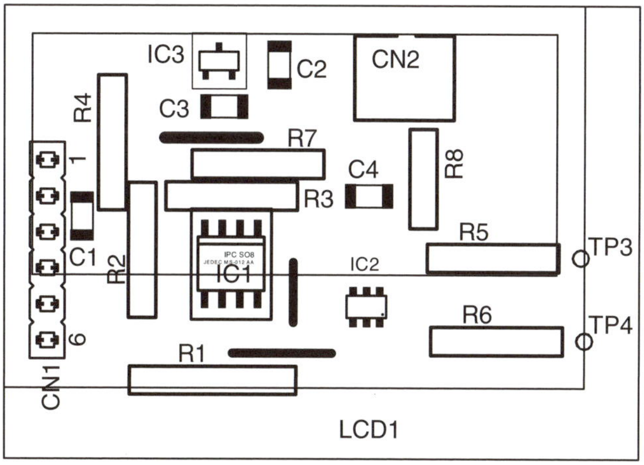

組み立てが完了した基板の部品面が写真6-5-3となります。この写真は液晶表示器を実装する前のものです。液晶表示器の下側に部品を実装するので、抵抗はすべて横にして実装しています。

はんだ面の組み立て完成後が写真6-5-4となります。ICはすべて表面実装としたので、こちら側への実装となります。いずれもピン数は少ないので、実装は難しくはないと思います。

●写真6-5-3　基板部品面

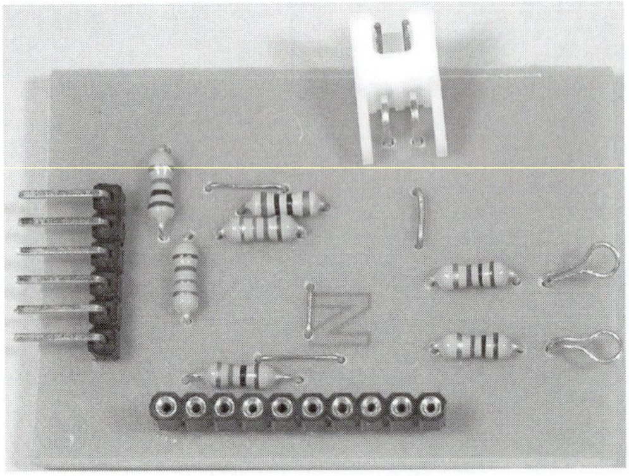

●写真6-5-4　基板はんだ面

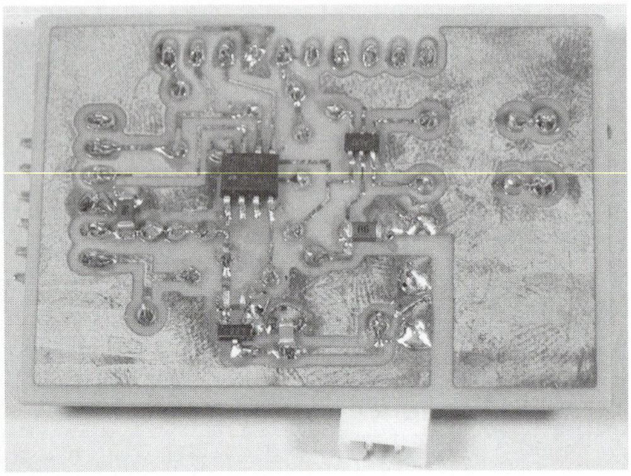

6-5-5 ファームウェアの製作

これでハードウェアが完成したので、いよいよプログラムを製作します。この小型デジタル電圧計のプログラムは、次の5つのファイルで構成されています。

- SmallMeter.c：電圧計のアプリケーション本体
- lcd_lib2.c　：液晶表示器ライブラリ本体
- lcd_lib2.h　：液晶表示器ライブラリ用ヘッダファイル
- i2c_lib2.c　：I^2Cライブラリ本体
- i2c_lib2.h　：I^2Cライブラリ用ヘッダファイル

これら5つのファイルをプロジェクトに登録して構成します。

液晶表示器ライブラリとI^2Cライブラリは前項で説明したので、ここではアプリケーション本体の説明をします。

アプリケーション本体の全体の流れは図6-5-12のようになっています。全体が0.3秒間隔のステート関数として進むようになっています。

●図6-5-12　プログラム全体フロー

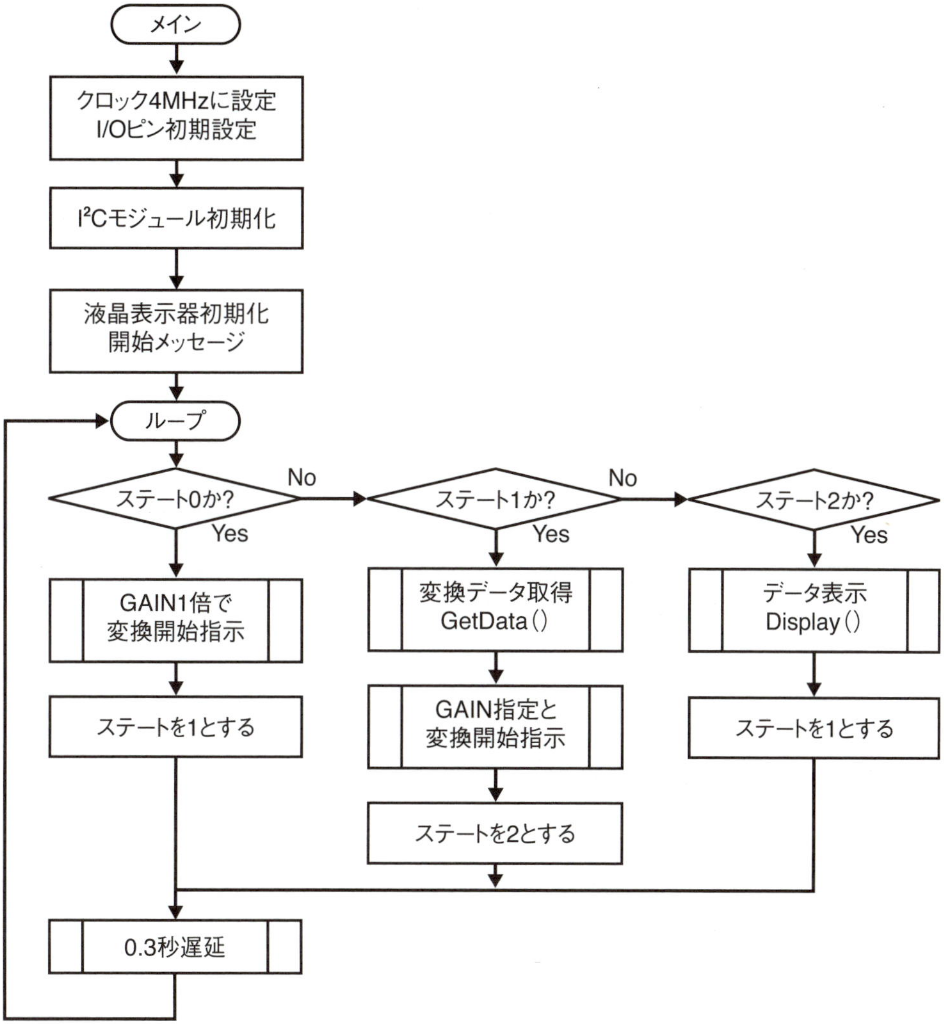
メイン
クロック4MHzに設定
I/Oピン初期設定
I²Cモジュール初期化
液晶表示器初期化
開始メッセージ
ループ
ステート0か?
No
Yes
GAIN1倍で
変換開始指示
ステートを1とする
ステート1か?
No
Yes
変換データ取得
GetData()
GAIN指定と
変換開始指示
ステートを2とする
ステート2か?
Yes
データ表示
Display()
ステートを1とする
0.3秒遅延

1 宣言部

宣言部はリスト6-5-3となっています。コンフィギュレーションでは、内蔵クロックを使うように設定しています。

グローバル変数として表示用バッファを定義し、ここに計測した電圧データを文字に変換した結果を格納してから表示します。

リスト 6-5-3　宣言部の詳細

関連ヘッダファイルのインクルード

コンフィギュレーションの設定

測定結果を文字変換後格納するバッファ

```
/****************************************************
  * PIC16F18xxファミリの使用例
  * 18ビットデルタシグマA/Dを使った電圧計
  * I2CインターフェースでADCとLCDを接続
  * ファイル名：SmallMeter.c
****************************************************/
#include  <htc.h>
#include  "lcd_lib2.h"
#include  "i2c_lib2.h"

/***** コンフィギュレーション設定 *********/
__CONFIG(FOSC_INTOSC & WDTE_OFF & PWRTE_ON & MCLRE_ON & CP_OFF
    & CPD_OFF & BOREN_ON & CLKOUTEN_ON & IESO_OFF & FCMEN_OFF);
__CONFIG(WRT_OFF & PLLEN_OFF & STVREN_OFF & LVP_OFF);

/* 関数のプロトタイピング */
void ltostring(char digit, unsigned long data, char *buffer);
void Display(void);

/* グローバル変数  */
unsigned char State, Gain, Result[5];
unsigned int BatV;
unsigned long Value;
/* 表示用データ */
const unsigned char Vhead1[] = "High Range <2.0V";
const unsigned char Vhead8[] = "Low  Range <0.2V";
const unsigned char Vmsg[]   = "Volt= +xxxx.x mV";
unsigned char DataMsg[] = "+xx.xxx";
```

2 メイン関数部

次がメイン関数部で、リスト6-5-4となります。初期設定部では、クロック周波数を4MHzとしI/Oピンの初期化とI^2Cモジュールの初期化を行った後、液晶表示器を初期化し開始メッセージを表示してからメインループに進みます。

メインループは、全体が0.3秒間隔で進むステート関数となっています。ステート0では最初のA/D変換の開始を指示して次のステート1に進めます。0.3秒後のステート1では計測値を取り出しバッファに格納してから、次の変換開始指示をゲイン設定と同時に行いステート2に進めます。0.3秒後のステート2で測定結果を液晶表示器に表示していますが、この表示処理関数Display()の中で文字列への変換と、スケールの確認をして次の変換のゲインをセットしています。表示終了でステート1に戻して次の変換を繰り返します。

リスト 6-5-4 メイン関数部

内蔵クロックを4MHzに設定

I2Cモジュールの初期化

液晶表示器の初期化

0.3秒間隔で進むステート関数

最初のA/D変換開始指示

計測結果の取得

ゲイン切り替え後次の変換開始

データ表示

ステートごとの0.3秒遅延

```
/******** メイン関数  ************/
void main(void)
{
    /** Set Clock ***/
    OSCCON = 0x68;                          // Set to 4MHz
    /** Set I/O Port ***/
    LATA = 0x06;                            // AN1,2 default High
    TRISA = 0x0E;                           // AN1,2 入力設定
    ANSELA = 0;                             // 全デジタルに設定
    /** I2C初期化 **/
    SSP1ADD = 0x09;                         // 100kHz@4MHz
    SSP1CON1 = 0x38;                        // I2Cイネーブル
    SSP1STAT = 0;                           // 状態クリア
    /** LCD初期化 **/
    lcd_init();                             // 液晶表示器の初期化
    lcd_str("Start");
    /************ メインループ  **********/
    while(1)
    {
        lcd_icon(2, 1);                     // 計測中目印オン
        /** 計測実行 **/
        switch(State){                      // ステートで進める
            case 0:                         // 初期状態の場合
                SendI2C(0xD0, 0x8C);        // ADC初期化 Gain=1 18ビット
                State = 1;                  // ステート次へ
                break;
            case 1:                         // コマンド送信後の場合
                GetDataI2C(0xD0, Result, 3); // データ取得 3バイト
                if(Gain)                    // ゲインの切り替え
                    SendI2C(0xD0, 0x8F);    // 18bit Gain x8 Start
                else
                    SendI2C(0xD0, 0x8C);    // 18bit Gain x1 Start
                State = 2;                  // ステート次へ
                break;
            case 2:                         // 入力完了待ちの場合
                Display();                  // 測定値変換表示
                lcd_icon(2, 0);             // 計測中目印オフ
                State = 1;                  // ステートを戻す
                break;
            default: break;
        }
        delay_100ms(3);                     // 測定間隔用遅延
    }
}
```

3 表示処理関数

次が表示処理関数のDisplay()の詳細でリスト6-5-5となります。

最初にバッファに格納された3バイトの変換データの正負を判定し分岐しています。正の場合は3バイトのデータから18ビットの正整数に変換します。負の場合は2の補数を得るため全体の0と1を反転させてから18ビットのデータを正整数に変換し1を加えています。

このあとは、ゲインが1倍か8倍かで分岐しています。1倍の場合は値をmVのスケールに変換します。そして値が小さすぎないかを判定し、小さすぎる場合はゲインを8倍に変更します。次に値が大きすぎてスケールオーバーになっている場合はメッセージを表示するようにセットします。正常な値の場合はmVスケールとなるよう小数点を追加します。8倍の場合も同様にスケールオーバーの判定をしています。

最後にバッファに格納された内容を液晶表示器に表示しています。実際に表示した例は写真6-5-5となります。

リスト 6-5-5 Display()関数部詳細

正整数の場合は3バイトの桁で加算

負整数の場合は2の補数を求めてから3バイトの桁で加算

mV単位の表示スケールに変換

値が小さ過ぎるときは8倍ゲインに変更

値が大き過ぎるときはスケールオーバーのメッセージを表示

正常範囲のときは液晶表示器に小数点を追加する

```
/***************************************
*  測定値を換算し表示
***************************************/
void Display(void){
    /* 変換入力値を数値に変換  */
    if((Result[0] & 0x02) == 0){                    // 正の値の場合
        Value = ((long)(Result[0]&0x01)<<16)+
        ((long)Result[1]<<8)+((long)Result[2]);
        DataMsg[0] = '+';
    }
    else{           // 負の値の場合
        Result[0] = ~Result[0] & 0x01;              // 0,1反転
        Result[1] = ~Result[1];                     // 0,1反転
        Result[2] = ~Result[2];
        Value = ((long)Result[0]<<16)+
        ((long)Result[1]<<8)+((long)Result[2])+1;
        DataMsg[0] = '-';
    }
    /* 電圧の測定値への変換と表示  */
    if(!Gain){
        /* ゲイン1倍の場合  (High Range) */
        Value = (20480*Value)/0x1FFFF;              // mVに変換
        if(Value < 2000)                            // 値が小さいか？
            Gain = 1;                               // Low Rangeへ
        if(Value > 20470){                          // フルスケールオーバーか？
            DataMsg[0] = 'O';
            DataMsg[1] = 'v';
            DataMsg[2] = 'e';                       // Overメッセージ
            DataMsg[3] = 'r';
            DataMsg[4] = '!';
            DataMsg[5] = '!';
            DataMsg[6] = ' ';
        }
        else{           // 正常範囲の場合
            ltostring(5, Value, DataMsg+1);         // 文字に変換
            DataMsg[6] = DataMsg[5];                // 小数部右移動
```

```
            DataMsg[5] = '.';                  // 小数点追加  1234.5
        }
    }
    else{
        /* ゲイン8倍の場合  (Low Range) */
        Value = (25600*Value)/0x1FFFF;         // mVに変換
        if(Value > 25000){                     // フルスケールオーバーか？
            Gain = 0;                          // High Rangeへ
            DataMsg[0] = 'O';
            DataMsg[1] = 'v';
            DataMsg[2] = 'e';                  // オーバーメッセージ
            DataMsg[3] = 'r';
            DataMsg[4] = '!';
            DataMsg[5] = '!';
            DataMsg[6] = ' ';
        }
        else{                                  // 正常範囲の場合
            ltostring(5, Value, DataMsg+1);    // 文字に変換
            DataMsg[6] = DataMsg[5];           // 小数部右移動
            DataMsg[5] = DataMsg[4];           // 123.45
            DataMsg[4] = '.';                  // 小数点追加
        }
    }
    /* 電圧表示実行 */
    lcd_cmd(0x80);                             // 1行目指定
    if(!Gain)                                  // レンジチェック
        lcd_str(Vhead1);                       // High Range
    else
        lcd_str(Vhead8);                       // Low Range
    lcd_cmd(0xC0);                             // 2行目先頭指定
    lcd_str(Vmsg);                             // 固定メッセージ表示
    lcd_cmd(0xC6);                             // 数値位置へ移動
    lcd_str(DataMsg);                          // 測定値部更新
}
```

mV単位の表示スケールに変換

値が大き過ぎるときはスケールオーバーのメッセージを表示

正常範囲のときは液晶表示器に小数点を追加する

1行目にスケール表示

2行目に値を表示

●写真6-5-5　表示例

PIC16F1 family

6-6 製作例2 データロガーの製作

PIC16F18xxファミリの2つ目の製作例は、SPIモジュールを使った製作例です。SPIインターフェースの高精度なリアルタイムクロックが市販されているので、これを時間の管理に使った4チャネルのアナログデータ収集ができるデータロガーを製作します。データの保存にはI^2C接続のEEPROMメモリを使いました。

完成したデータロガーの外観は写真6-6-1のようになります。

●写真6-6-1　データロガーの外観

6-6-1　全体構成と機能仕様

製作するデータロガーの全体構成は図6-6-1のようにすることにしました。全体制御は、EUSARTを1組とMSSPモジュールを2組内蔵しているPIC16F1829で行います。アナログデータの収集には、前章と同じI^2C接続の18ビットデルタシグマA/Dコンバータを使いますが、今度は4チャネルを内蔵したMCP3424を使います。データ保存には256kビット(32kバイト)のEEPROMメモリをI^2Cで接続し、さらに同じI^2Cで液晶表示器も駆動します。

正確な時間が得られるリアルタイムクロックのDS3234をSPI通信で接続し、ログ管理用の時間として使います。

EEPROMメモリに保存したデータの取り出しは、RS232Cで接続したパソコンから行うことにします。保存をCSV形式として、Excelなどでデータとして扱えるようにします。

電源はACアダプタ等から供給するものとし、3端子レギュレータで5Vを生成して全体を5Vで動作させます。

●図6-6-1　データロガーの全体構成

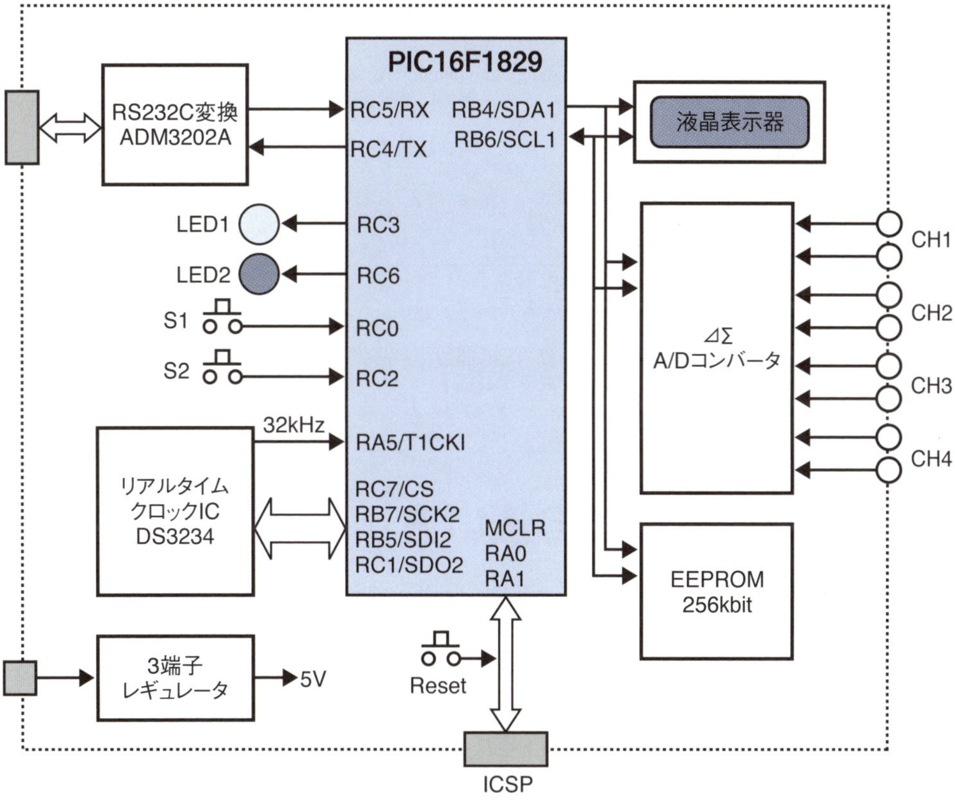

こうして製作するデータロガーの機能と仕様の目標を表6-6-1とするものとします。

▼表6-6-1　データロガーの機能仕様

項　目	仕　様	備　考
電源	ACアダプタ等　　6V～9V 内蔵3端子レギュレータで5V生成 消費電流：10mA以下	
測定項目	CH1、CH3：電圧測定 　最大2.047V　分解能約100μV CH2、CH4：電流測定 　最大2.047A　分解能約100μA	精度約±0.1% 精度約±0.5%
データ保存	EEPROM 　32kバイト CSV形式で 　時分秒、データ×4を保存 保存間隔は10秒固定	IC変更により最大128kバイトまで可能 プログラム変更により変更
時刻管理	リアルタイムクロックICによる 　時間精度：±2ppm（0℃～40℃） 　年月日時分秒　カウント 時刻設定はパソコンから行う	バッテリバックアップ可能だがここでは未使用 （CR2032使用）
操作スイッチ	S1：未使用 S2：未使用	
表示出力	液晶表示器　16文字×2行 表示内容 　時刻　：MM/DD　HH:MM:SS または 　データ：4チャネルを同時表示 　　　+X.XXXX,+Y.YYYY, 　　　+W.WWWW,+Z.ZZZZ,	基板に直接実装 時刻設定で計測表示に切替
ログ出力	パソコンからのコマンドで開始、停止 　EEPROMの内容をそのまま送信 コマンド　　　機能 　r　　EEPROMデータ読み出し開始 　e　　EEPROMデータ読み出し終了 　y　　年月日設定　続けて　yymmdd入力 　t　　時分秒設定　続けて　hhmmss入力	

6-6-2 EEPROMの使い方

ここではEEPROMをI^2Cで接続して使います。EEPROMとしては24LC256を使うことにします。このEEPROMは図6-6-2のようなピン配置となっています。図中でA2、A1、A0からなる3ピンはEEPROMのデバイスアドレスの下位3ビットとなり、ピンの配線で設定します。今回の製作では000としています。

●図6-6-2 EEPROMのピン配置

```
     ┌──┬──┐
A0 ─┤1     8├─ Vcc
A1 ─┤2 24XX 7├─ WP
A2 ─┤3  256 6├─ SCL
Vss ─┤4     5├─ SDA
     └─────┘
   DIPタイプ上面図
```

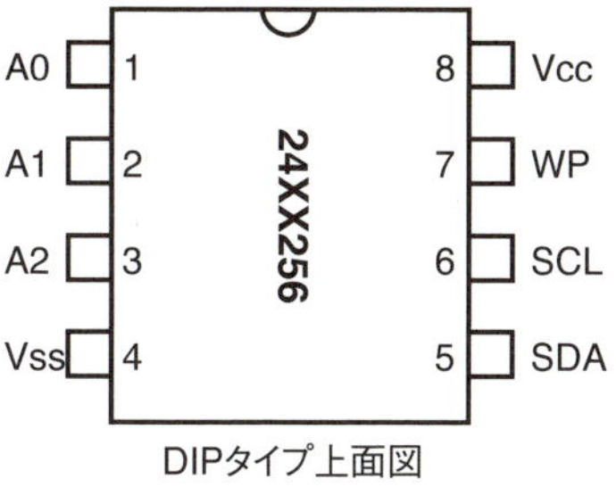

No	記号	信号内容
1	A0	デバイスアドレス
2	A1	
3	A2	
4	Vss	グランド
5	SDA	I^2Cデータ
6	SCL	I^2Cクロック
7	WP	書き込み保護
8	Vcc	電源

このEEPROMは、I^2C通信を使って図6-6-3のフォーマットでデータを送受信することで、バイト単位でメモリのリードライトを行います。

書き込みの場合は、デバイスアドレス＋Writeモードを送信したあと、書き込むメモリアドレスを2バイトで送信し、さらに書き込みデータを1バイト送信すればこの1バイトを指定アドレスに書き込みます。

読み出しの場合は、デバイスアドレス＋Writeモードを送り、読み出すメモリのアドレスを2バイトで送信後、再度Start Conditionとしてデバイスアドレス＋Readモードを送れば、その後から1バイトのデータが受信できます。これに対しNACKを送ったあとStop Conditionを送って終了となります。

●図6-6-3 EEPROMの通信データフォーマット

(a) 1バイト単位の書き込みの場合

```
BUS ACTIVITY   START  CONTROL   ADDRESS      ADDRESS    DATA      STOP
MASTER                BYTE      HIGH BYTE    LOW BYTE

SDA LINE       S 1010AAA0 X □□□□□□□□ □□□□□□□□ □□□□□□□□ P
                    210
BUS ACTIVITY           ACK       ACK          ACK       ACK

X = Don't Care Bit
```

(b) 1バイト単位の読み出しの場合

```
BUS ACTIVITY   START CONTROL  ADDRESS    ADDRESS   START CONTROL  DATA    STOP
MASTER               BYTE     HIGH BYTE  LOW BYTE        BYTE     BYTE

SDA LINE       S 1010AAA0 X □□□□□□ □□□□□□ S 1010AAA1 □□□□□□ P
                    210                        210
BUS ACTIVITY         ACK     ACK       ACK          ACK      NO
                                                             ACK
X = Don't Care Bit
```

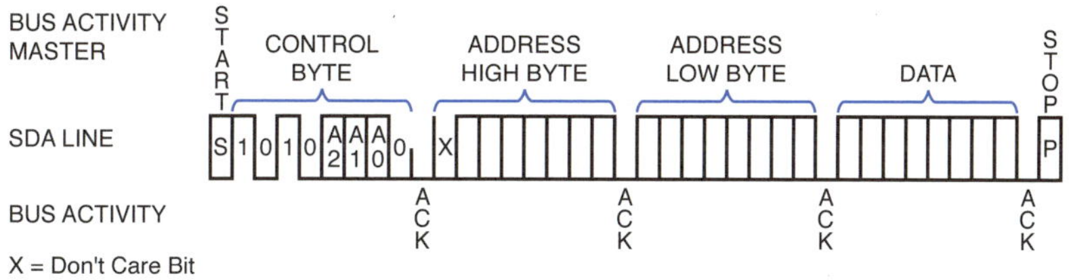

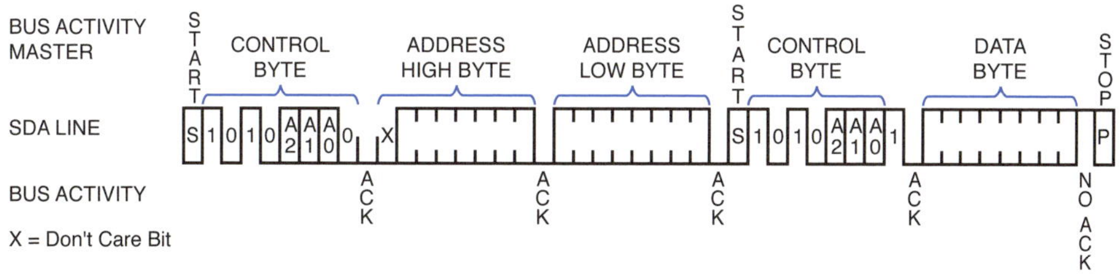

この内容に従って作成したEEPROMアクセスのための関数が、リスト6-6-1となります。この関数は1バイトごとの読み書きを実行します。図6-6-3のデータフォーマット通りにデータ送受信を実行します。書込み時には書き込み完了を待つのに、単純に約2msecのディレイで時間待ちとしています。

リスト 6-6-1 EEPROMアクセス関数

```
/*************************************
* EEPROM 1バイト書き込み関数
*************************************/
void EEWrite(unsigned int EEAdrs, unsigned char Data){
    unsigned int i;

    IdleI2C();                      // アイドル待ち
    SSP1CON2bits.SEN = 1;           // スタート出力//
    while(SSP1CON2bits.SEN);        // スタート終了待ち
    SendByte(0xA0);                 // EEPROM write mode
    SendByte((EEAdrs >> 8) & 0xFF); // 書き込みアドレス上位送信
    SendByte(EEAdrs & 0xFF);        // 書き込みアドレス下位送信
    SendByte(Data);                 // 書き込みデータ送信
    SSP1CON2bits.PEN = 1;           // ストップ出力
    while(SSP1CON2bits.PEN);        // ストップ終了待ち
    for(i=0; i<10000; i++);         // 書き込み完了待ちの遅延
}
/*************************************
* EEPROM 1バイト読み出し関数
*************************************/
unsigned char EERead(unsigned int EEAdrs){
    unsigned char result;

    IdleI2C();                      // アイドル待ち
    SSP1CON2bits.SEN = 1;           // スタート出力//
    while(SSP1CON2bits.SEN);        // スタート終了待ち
    SendByte(0xA0);                 // EEPROMチップアドレス送信 write mode
    SendByte((EEAdrs >> 8) & 0xFF); // 書き込みアドレス上位送信
    SendByte(EEAdrs & 0xFF);        // 書き込みアドレス下位送信
    /** 読み出し **/
    SSP1CON2bits.ACKDT = 1;         // Nack(1)設定
    SSP1CON2bits.SEN = 1;           // スタート出力//
    while(SSP1CON2bits.SEN);        // スタート終了待ち
    SendByte(0xA1);                 // EEPROMチップアドレス送信 Read mode
    SSP1CON2bits.RCEN = 1;          // 受信許可 RCENセット
    while(!SSP1STATbits.BF);        // 受信待ち BFチェック
    SSP1CON2bits.ACKEN = 1;         // NACK返送
    IdleI2C();                      // アイドル待ち
    result = SSP1BUF;               // 受信データ取得
    SSP1CON1bits.SSPOV = 0;         // エラークリア
    SSP1CON2bits.PEN = 1;           // ストップ出力
    while(SSP1CON2bits.PEN);        // ストップ終了待ち
    return(result);                 // 読み出しデータを返す
}
```

6-6-3 リアルタイムクロックの使い方

本製作例ではMAXIM社のSPI接続の高精度リアルタイムクロック「DS3234」を使いました。このICの使い方を説明します。

このICのピン配置と信号種別は図6-6-4のようになっています。NCのピンはすべて未使用ピンなので、オープンのままで構いません。

32kHzピンから正確な32.768kHzのパルスが出力されるので、これをPICマイコンのタイマ1の外部クロック信号として、PIC内で正確な0.5秒間隔のインターバルタイマを生成します。

V_{BAT}に電池を接続すればバックアップ用となり、V_{DD}がなくなっても時刻カウントを継続します。消費電流は3μA以下ですから、CR2032のようなボタン電池でも十分の時間のバックアップが可能です。

●図6-6-4　リアルタイムクロックICの概要

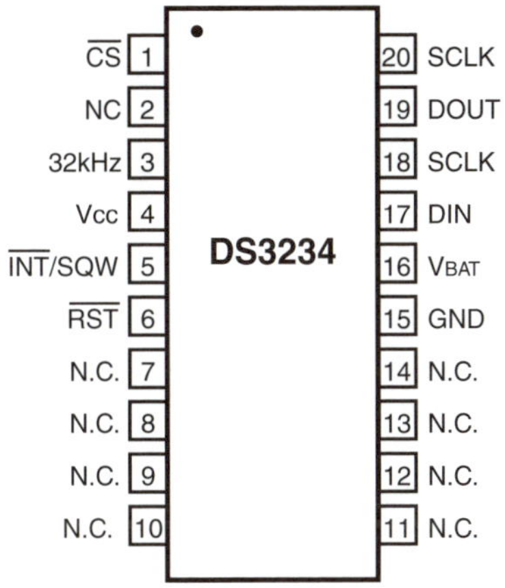

No	記号	信号内容
1	CS	チップ選択
2	NC	未使用
3	32kHz	32kHzパルス出力
4	Vcc	電源
5	INT/SQW	パルス出力
6	RST	リセット
7	NC	未使用
8	NC	
9	NC	
10	NC	

No	記号	信号内容
20	SCLK	SCK
19	DOUT	DO
18	SCLK	SCK
17	DIN	DI
16	VBAT	バッテリ 3.0V
15	GND	グランド
14	NC	未使用
13	NC	
12	NC	
11	NC	

【電気的仕様】
1. 電源電圧　　　：2.0V ～ 5.5V
2. 消費電流　　　：Max 700μA
3. 発振周波数精度：±2ppm（0 ～40 ）
　　　　　　　　　±3.5ppm（−40 ～85 ）
4. バックアップ電池：時刻カウント継続
　　　　　　　　　電圧　　：2.0V～3.8V
　　　　　　　　　消費電流：Max 2.3μA
5. インターフェース：4線式SPI CS付き
6. SPIクロック　　：最大4MHz

このICを使うときのSPI通信のフォーマットは図6-6-5のようにします。クロックはIdle時Highで、IdleからActiveになるとき1ビット送信という設定になります。

時刻などのデータを読み出す場合は、図6-6-5（a）のフォーマットで、最初にPICマイコン側から読み出すレジスタのアドレスを送信し、続いてダミーデータを送信すれば指定したレジスタのデータが読み出せます。このときアドレスの最上位ビットを0にします。

次に、時刻を設定する場合には、最上位ビットを1にしたレジスタアドレスを送信し、続いて設定データを送信すれば指定レジスタに設定されます。

●図6-6-5　SPI通信フォーマット

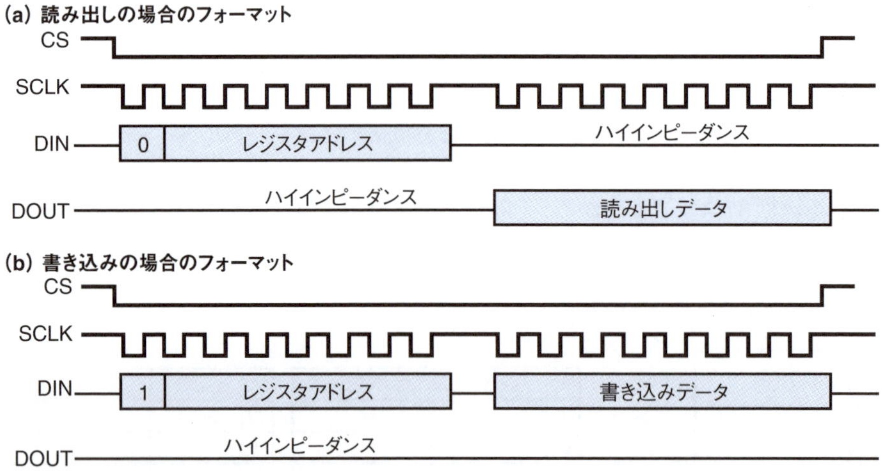

このときのレジスタアドレスと読み書きするデータは、表6-6-2のようになっています。表は全体の一部となっていて、この他にアラーム設定やコンフィギュレーション設定などがありますが、今回の製作では使っていないので省略します。

いずれもBCD形式で1バイトに2桁を格納しているので、数値から文字に変換する際には注意する必要があります。

また時間のデータは12時間か24時間かでフォーマットが異なっているので注意してください。

▼表6-6-2　レジスタアドレスと内容（データシートより　一部省略）

アドレス	内容	データ内容							
		DB7	DB6	DB5	DB4	DB3	DB2	DB1	DB0
0x00	秒	0	10秒（0～5）			秒（0～9）			
0x01	分	0	10分（0～5）			分（0～9）			
0x02	時間	0	0	10時（0～2）		時（0～9）			
		0	1	0=AM 1=PM	10時	時（0～9）			
0x03	曜日	0	0	0	0	0	曜日		
0x04	日	0	10日（0～3）			日（0～9）			
0x05	月	—	0	0	10月	月（0～9）			
0x06	年	10年（0～9）				年（0～9）			

　このリアルタイムクロックのアクセス関数はリスト6-6-2のようになります。6-3節で作成したSPI通信の関数を使って作成しています。
　単純に年月日時分秒を読み書きしているだけです。データは宣言部で構造体として宣言定義しておきます。

リスト 6-6-2　リアルタイムクロックアクセス関数

```
/** 時刻格納用構造体定義 **/
struct rtcc {
    unsigned char Year;
    unsigned char Mon;
    unsigned char Day;
    unsigned char Hour;
    unsigned char Min;
    unsigned char Sec;
};
struct rtcc RTCC;

/****************************************
  * RTCCへの時刻設定
  ****************************************/
void SetTime(void){
    SPIWrite(0x80, RTCC.Sec);
    SPIWrite(0x81, RTCC.Min);
    SPIWrite(0x82, RTCC.Hour);          // 24H mode
    SPIWrite(0x84, RTCC.Day);
    SPIWrite(0x85, RTCC.Mon);
    SPIWrite(0x86, RTCC.Year);
}
/****************************************
  * RTCからの時刻取得
  ****************************************/
void GetTime(void){
    RTCC.Sec  = SPIRead(0x00);
    RTCC.Min  = SPIRead(0x01);
    RTCC.Hour = SPIRead(0x02) & 0x3F;
    RTCC.Day  = SPIRead(0x04);
    RTCC.Mon  = SPIRead(0x05) & 0x1F;
    RTCC.Year = SPIRead(0x06);
}
```

6-6-4　回路設計と組み立て

　図6-6-1の全体構成を元に作成した回路図が図6-6-6となります。スイッチのプルアップ抵抗は内蔵プルアップを使います。計測チャネルの2と4は電流計測用に1Ωの抵抗を追加しています。この抵抗での電圧降下で電流を測定します。またA/Dコンバータの電源には簡単なフィルタを追加しています。
　リアルタイムクロックのバックアップ用電池が必要な場合には、CR2032型電池を使います。本製作例では必要ないので、実装は省略しています。この回路図を元にパターン図を作成して、プリント基板を作成します。

●図6-6-6　データロガーの回路図

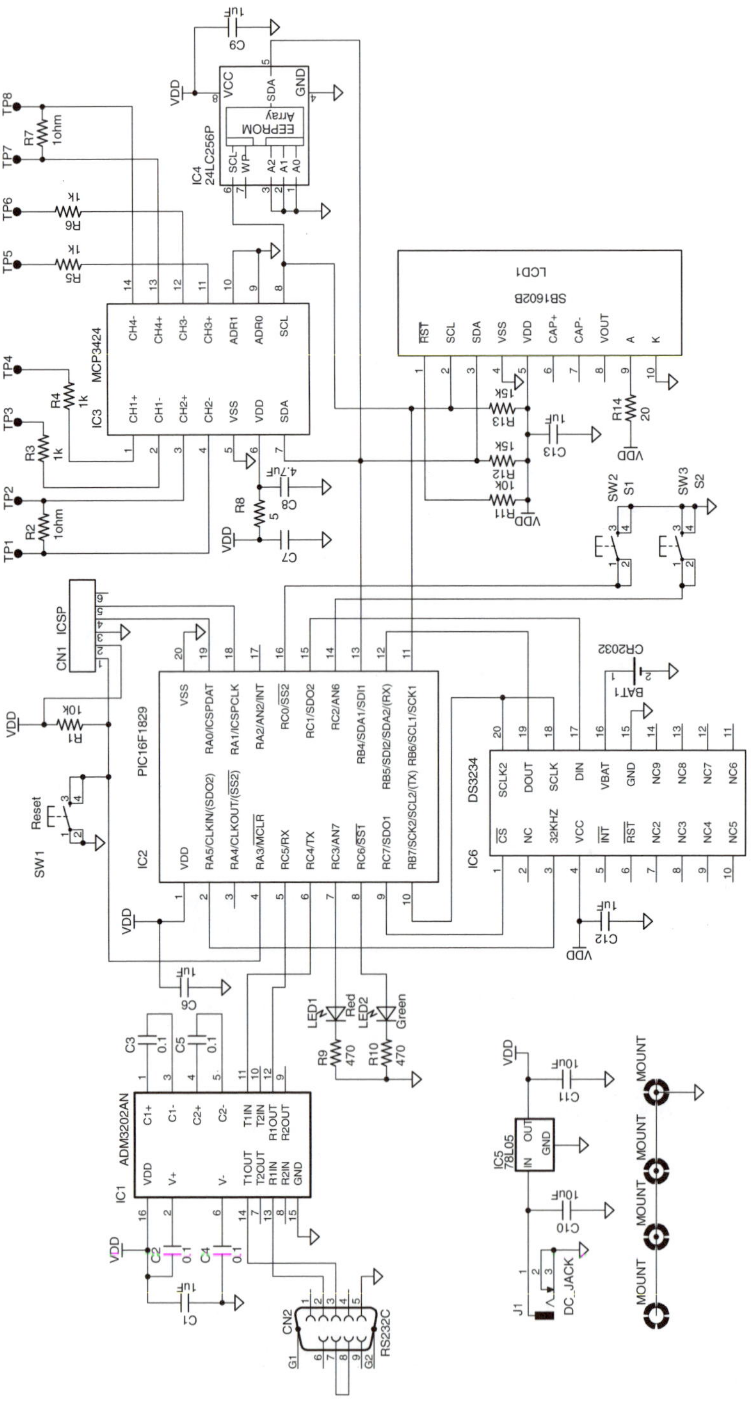

データロガーの組み立てに必要なパーツは表6-6-3となります。

▼表6-6-3 データロガーパーツ一覧

記 号	部品名	品 名	数量
IC1	RS232C変換	ADM2302AN相当	1
IC2	PICマイコン	PIC16F1829-I/P	1
IC3	A/Dコンバータ	MCP3424-E/SL（マイクロチップ社）	1
IC4	EEPROM	24LC256－I/P（マイクロチップ社）	1
IC5	3端子レギュレータ	78L05相当	1
IC6	RTC	DS3234S（秋月電子）	1
LCD1	液晶表示器	SB1602B（ストロベリリナックス）	1
LED1	発光ダイオード	3φ　赤	1
LED2	発光ダイオード	3φ　緑	1
R1、R11	抵抗	10kΩ　1/4W	2
R2、R7	抵抗	1Ω　2W　0.5%	2
R3、R4、R5、R6	抵抗	1kΩ　1/4W	4
R8	抵抗	5Ω　1/4W	1
R9、R10	抵抗	470Ω　1/4W	2
R12、R13	抵抗	15kΩ　1/4W	2
R14	抵抗	20Ω　1/4W	1
C1、C6、C9、C12、C13	チップ型セラミック	1μF 16V～25V	5
C2、C3、C4、C5	積層セラミック	0.1μF　50V	4
C7、C8	チップ型セラミック	4.7μF　16V～25V	2
C10、C11	チップ型セラミック	10μF　25V	2
CN1	ピンヘッダ	6P　オス	1
CN2	コネクタ	DSUB　9ピン　メス　L型基板用	1
BAT	バックアップ電池	CR2032（未使用）	1
J1	DCジャック	2.1φ	1
SW1、SW2、SW3	スイッチ	小型基板用タクトスイッチ	3
	ICソケット	20ピン	1
	ICソケット	16ピン	1
	ICソケット	8ピン	1
	電池ソケット	CR2032用	1
	基板	サンハヤト感光基板　10K	1
	ピンヘッダ	オス40P（液晶表示器とCN1）	1
	ピンヘッダ	メス40P（液晶表示器用）	1
TP1～TP8		チェックピン	
	ゴム足、ネジ　ナット		少々

部品が収集でき、プリント基板ができれば組み立てです。

組み立ては図6-6-7の組み立て図にしたがって進めます。

最初は表面実装のICとコンデンサの取り付けです。これが完了したら図の太線で示したジャンパ線の配線をします。ただしスイッチの下のジャンパはスイッチ自身で接続できるので、ジャンパ線は不要です。次はICソケットの実装です。残りは背の低いものから順に実装していきます。液晶表示器は最後に実装します。3端子レギュレータやICは向きがあるので注意してください。

●図6-6-7　データロガー組み立て図

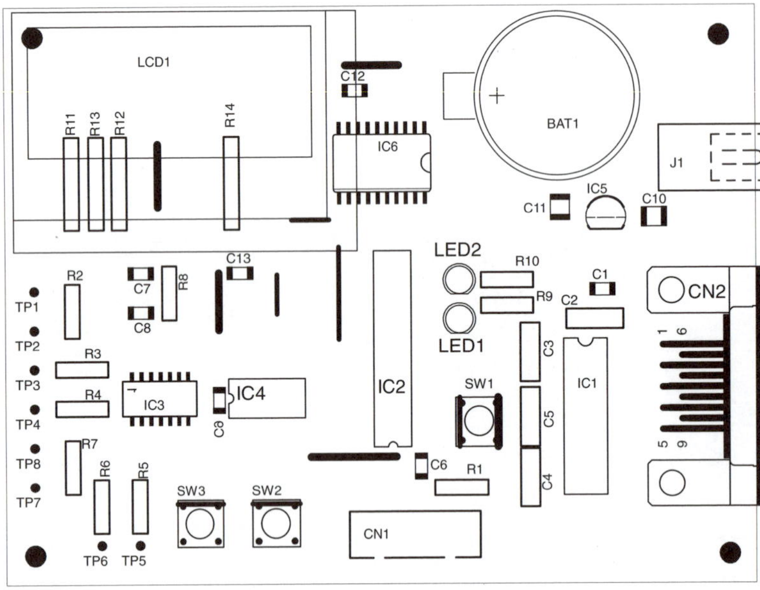

組み立て図にしたがって製作が完了した基板の部品面が写真6-6-2、はんだ面が写真6-6-3となります。バックアップ用電池の実装は省略しています。

●写真6-6-2 部品面

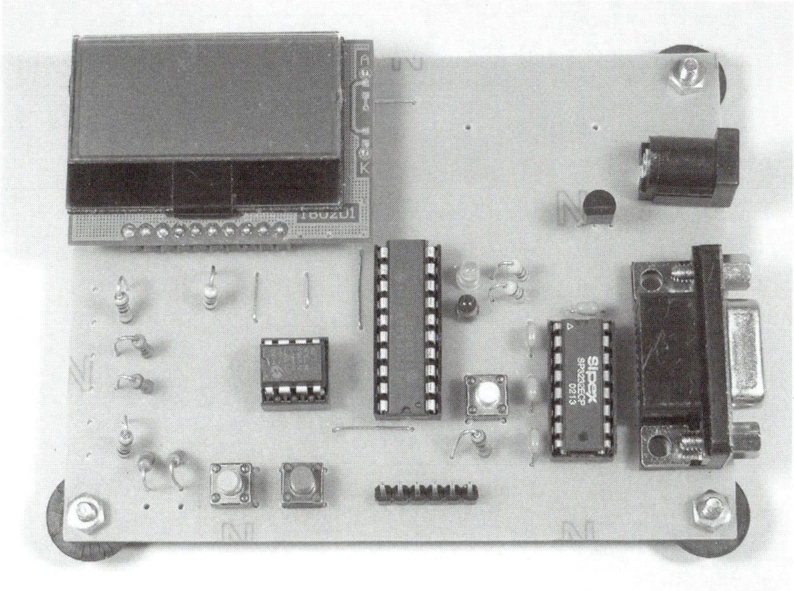

●写真6-6-3 はんだ面

6-6-5 ファームウェアの製作

基板の製作が完了したら次はプログラムの製作です。データロガーは次の5つのファイルで構成しています。

- DataLogger.c：アプリケーション本体プログラム
- lcd_lib4.c　：液晶表示器用ライブラリ　プログラムファイル
- lcd_lib4.h　：液晶表示器用ライブラリ　ヘッダファイル
- i2c_lib4.c　：I^2C通信ライブラリ　プログラムファイル
- i2c_lib4.h　：I^2C通信ライブラリ　ヘッダファイル

これら5つのファイルをすべてプロジェクトフォルダにコピーし、プロジェクトに登録する必要があります。

液晶表示器ライブラリとI^2Cライブラリは前章までで説明したのでここでは省略し、本体プログラムの説明をします。

アプリケーションの全体フローは図6-6-8のようになっています。

初期設定で各モジュールの初期化をし、タイマ1とEUSART受信割り込みを許可しています。メインループではフラグをチェックして分岐しそれぞれの処理を実行しています。これらのフラグは割り込みでセットされます。

タイマ1割り込みでは、その都度リアルタイムクロック（RTC）から現在時刻を読み出し、バッファに格納して表示フラグをセットします。

これでメインに戻ったとき、表示フラグがオンになっているので表示処理を開始します。表示処理では時刻設定が実行されるまでは時刻表示を行い、設定後は計測値表示を行います。時刻表示の場合は現在時刻を1行目に表示しています。計測表示の場合は、A/Dコンバータの4チャネルを順次実行しては液晶表示器に表示しています。

タイマ1の割り込みでは、10秒ごとに書き込みフラグをオンにセットしています。これでメインループに戻ったとき書き込み処理が実行され、EEPROMに1回分のデータが書き込まれます。

EUSART受信割り込みで「r」文字を受信すると読み出しフラグがセットされ、メインループに戻ったときEEPROMから読み出してはEUSARTで送信します。これを書き込みデータの最後まで実行するか、EUSARTで「e」文字を受信するまで繰り返します。

EUSARTで「y」文字か「t」文字を受信した場合には、それぞれ年月日か時分秒の設定値をEUSARTから読み込んでRTCに設定します。

これらをサブ関数に分けて実行しているので、多くの関数があります。

●図6-6-8　データロガー全体フロー

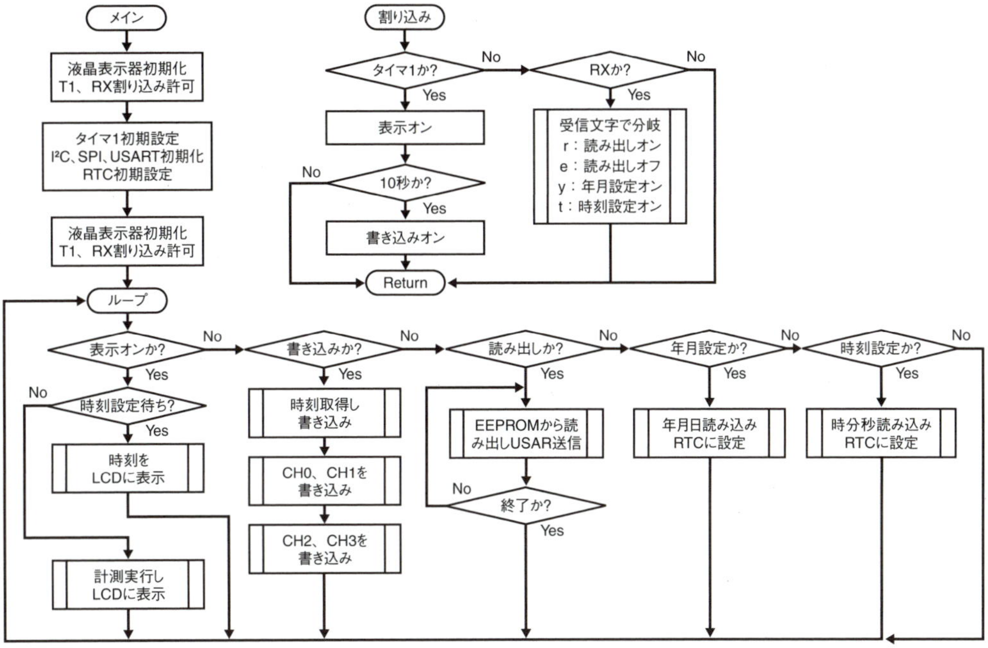

1 宣言部

このプログラムをもう少し詳しく見てみましょう。まず、宣言部はリスト6-6-3となります。コンフィギュレーションを設定してからグローバル変数を定義しています。リアルタイムクロック用の変数として構造体を定義しています。あとはUSARTや液晶表示器用のメッセージを定義しています。

その後は関数のプロトタイピングです。機能ごとに関数を分けたので、数が多くなっています。

リスト 6-6-3　宣言部の詳細

コンフィギュレーション設定

```
/*****************************************************
   * 18ビットデルタシグマA/Dを使ったデータロガー
   * I2CでADCとLCDとEEPROMを接続
   * SPIでRTCC接続    EUSARTでPCに接続
   * ファイル名：DataLogger.c
*****************************************************
#include  <htc.h>
#include  "lcd_lib4.h"
#include  "i2c_lib4.h"
/***** コンフィギュレーション設定 *********/
__CONFIG(FOSC_INTOSC & WDTE_OFF & PWRTE_ON & MCLRE_ON & CP_OFF
   & CPD_OFF & BOREN_ON & CLKOUTEN_ON & IESO_OFF & FCMEN_OFF);
__CONFIG(WRT_OFF & PLLEN_ON & STVREN_OFF & LVP_OFF);
/** グローバル定数変数定義 **/
unsigned int   HWidth, VWidth, DSwitch, State;
unsigned char  DFlag, YFlag, TFlag, RFlag, WFlag、SetFlag;
unsigned char  Gain, Result[5], Rdata;
```

RTC用時刻の構造体定義

LCD用メッセージ

```
unsigned int    WRAddress, RDAddress;
struct rtcc {
    unsigned char Year;
    unsigned char Mon;
    unsigned char Day;
    unsigned char Hour;
    unsigned char Min;
    unsigned char Sec;
};
struct rtcc RTCC;
/* 表示用データ */
unsigned char StMsg[] = "´r´nStart Application!´r´nCommand=";
unsigned char YMsg[] = "´r´n  YYMMDD = ";
unsigned char TMsg[] = "´r´n  HHMMSS = ";
unsigned char Vmsg1[]   = "+x.xxxx,+x.xxxx,";
unsigned char Vmsg2[]   = "+x.xxxx,+x.xxxx,";
unsigned char MsgBuf[]  = "xx:xx:xx,";
/** 関数プロトタイピング **/
unsigned int ADConv(unsigned char ch);
void GetTime(void);
void SetTime(void);
void TimeDisplay(void);
void itostring(unsigned char digit, unsigned int data, unsigned char *buffer);
unsigned char SPIRead(unsigned char add);
void SPIWrite(unsigned char adrs, unsigned char data);
void ltostring(unsigned char digit, unsigned long data, unsigned char *buffer);
void Mesure(void);
void Display(unsigned char ch);
void ftostring(int seisu, int shousu, float data, unsigned char *buffer);
void EEWrite(unsigned int EEAdrs, unsigned char Data);
unsigned char EERead(unsigned int EEAdrs);
void Send(unsigned char Data);
unsigned char Receive(void);
void TimeSave(void);
```

2 初期設定部

宣言部の次がメイン関数の初期設定部で、リスト6-6-4となります。

クロックは最高周波数の32MHzで動作させることにします。IOポートの初期設定ではすべてデジタルピンとし、スイッチのみプルアップ抵抗を有効にしています。本製作例ではこれらのスイッチは未使用です。

タイマ1を0.5秒周期のインターバルタイマとし、この割り込みごとに計測や液晶表示器の表示、EEPROMへのデータ保存を実行します。

続いて2組のMSSPモジュールの初期設定では、MSSP1の方はI^2Cで使い、MSSP2の方はSPIで使うものとして設定しています。

その後、リアルタイムクロックの現在時刻データをリセットし、時刻設定待ちフラグをオンとしています。

EUSARTの初期設定は19.2kbpsの速度とし、受信側のみ割り込みで使うようにします。このあとすぐ開始メッセージをEUSARTで送信しています。

これで内蔵モジュールの初期設定は終了したので、フラグ変数などをリセットしてから液晶表示器に開始メッセージを表示しています。

最後に、タイマ1とEUSART受信割り込みを許可してメインループに進みます。

リスト 6-6-4 メイン関数初期設定部

内蔵クロックの周波数の設定

スイッチ用プルアップ

0.5秒周期のインターバルタイマ

100kbpsで動作

SPIの初期設定

RTCの時刻の初期設定値

RTC時刻クリアRTC設定待ち

USART初期設定 19.2kbps

USARTに開始メッセージ送信

フラグリセット

```
/******** メイン関数  ************/
void main(void) {
    int i;

    /** クロック設定 **/
    OSCCON = 0x70;                  // 内蔵8MHz×PLL=32MHz
    /** 入出力ポートの設定 ***/
    APFCON0 = 0x84;                 // RX=RC5, TX=RC4
    APFCON1 = 0x00;                 // SDO2=RC1
    ANSELA = 0x00;                  // すべてデジタル
    ANSELB = 0x00;                  // デジタル
    TRISA = 0x2B;                   // RA0,1,3,5のみ入力設定
    TRISB = 0x70;                   // RB4,5,6のみ入力
    TRISC = 0x25;                   // RC0,2,5のみ入力
    WPUC = 0x05;                    // RC0, 2 プルアップ
    OPTION_REGbits.nWPUEN = 0;      // プルアップ有効化
    /* タイマ1の設定  0.5sec周期 */
    T1CON = 0x85;                   // Ext、1/1  On Async
    TMR1H = 0xC0;                   // 0.5sec
    TMR1L = 0x00;
    T1GCON =0x00;                   // ゲート機能なし
    /** I2C初期化 **/
    SSP1ADD = 0x4F;                 // 100kHz@32MHz
    SSP1CON1 = 0x38;                // I2Cイネーブル
    SSP1STAT = 0;                   // 状態クリア
    /* MSSP SPI  初期設定 2Mbps*/
    SSP2STAT = 0x00;                // SMP=0 middle, CKE=0,
    SSP2CON1 = 0x31;                // Enable, CKP=1, 32MHz/16
    SSP2CON2 = 0x00;
    SSP2CON3 = 0x00;
    LATC7 = 1;                      // CS High
    /* RTC初期値セット */
    RTCC.Sec = 0;                   // RTC初期セット
    RTCC.Min = 0;
    RTCC.Hour = 0;
    RTCC.Day = 0;
    RTCC.Mon = 0;
    RTCC.Year = 0;
    SetFlag = 0;                    // 時刻設定待ちフラグクリア
    /* USARTの初期設定 */
    TXSTA = 0x20;                   // TXSTA,送信モード設定
    RCSTA = 0x90;                   // RCSTA,受信モード設定
    BAUDCON=0x08;                   // BAUDCON  16bit
    SPBRG = 103;                    // SPBRG,通信速度設定(19.2kbps)
    PIR1bits.RCIF = 0;              // 割り込みフラグクリア
    i = 0;                          // 要素インデックス初期化
    while(StMsg[i] != 0)            // 開始メッセージ終わり判定
        Send(StMsg[i++]);           // 1文字送信
    /* 変数初期化 */
    DFlag = 1;                      // 表示要求フラグセット
    WFlag = 0;                      // EEPROM書き込みフラグリセット
```

EEPROMアドレスリセット

LCD開始メッセージ表示

タイマ1とUSART受信割り込み許可

```
/* EERPOMアドレス初期化 */
WRAddress = 0;
RDAddress = 0;
/* LCD初期化 */
lcd_init();                 // LCD初期化
lcd_str("Start App!");      // 開始メッセージ表示
lcd_cmd(0xC0);
lcd_str("*Wait Time Set!*");
/* 割り込み許可 */
TMR1IE = 1;                 // タイマ1許可
PIE1bits.RCIE = 1;          // USART受信割り込み許可
PEIE = 1;                   // 周辺許可
GIE = 1;                    // グローバル許可
```

3 メインループ前半部

メインループの前半部の詳細がリスト6-6-5となります。

最初にタイマ1で0.5秒ごとにオンとなる液晶表示器の表示処理を実行しますが、初期スタート時は時刻設定が行われるまで計測を待たせ、液晶表示器には時刻を表示します。EUSARTからの時刻設定が完了したら計測表示に切り替わり、0.5秒ごとに4チャネルの計測を順次実行し、4チャネルの計測値を常時表示します。ここで、1チャネルの計測に0.3秒以上かかるので、1度に1チャネルだけを計測し表示するようにしています。したがって、4チャネルの更新には2秒かかることになります。

次が10秒ごとにオンとなる計測値のEEPROMへの書き込み処理です。書き込みは、時刻を最初に記憶し、続いて4チャネルの計測値を順次書き込みます。そして最後に復帰改行とNULLを書き込んでいます。このNULLは次の書き込みで上書きするようにして、常に最後を示す目印となるようにしています。書き込みはすべてASCII文字コードになるよう数値を数字に変換してから書き込んでいます。さらにデータごとにカンマを挿入してCSV形式となるようにしています。

次が、EUSRATから「r」コマンド受信した場合の処理で、EEPROMの最初から最後のNULLまで1バイトずつ読み出してはEUSARTで送信しています。最後に復帰改行を追加して、CSV形式データの最後を示すようにしています。

リスト 6-6-5 メインループ前半部詳細

0.5秒ごとに計測実行

時刻設定までは時刻の表示で、設定後は計測値表示

10秒ごとに計測値保存

```
/************ メインループ ************************/
while (1) {
    /* 計測実行 */
    if(DFlag){                          // 計測表示フラグオンか?
        DFlag = 0;                      // 計測表示フラグオフ
        if(SetFlag != 0)                // 時刻設定待ちフラグチェック
            Mesure();                   // 計測実行、表示
        else
            TimeDisplay();              // 時刻表示
    }
    /* EEPROMへ書き込み */
    if(WFlag){                          // 書き込みフラグオンか?
        lcd_icon(2, 1);                 // 目印アイコンオン
```

時刻保存

時刻をEEPROMに書き込み

CH0とCH1をEEPROMに書き込み

CH2とCH3をEEPROMに書き込み

終了目印をEEPROMに書き込み

```
        TimeSave();                              // 時刻バッファセット
        i = 0;                                   // 要素インデックス初期化
        while(MsgBuf[i] != 0)                    // 時刻終わり判定
            EEWrite(WRAddress++, MsgBuf[i++]);   // データ1バイト書き込み
        i = 0;                                   // 要素インデックス初期化
        while(Vmsg1[i] != 0)                     // CH0,1終わり判定
            EEWrite(WRAddress++, Vmsg1[i++]);    // 1バイト書き込み
        i = 0;                                   // 要素インデックス初期化
        while(Vmsg2[i] != 0)                     // Ch2,3終わり判定
            EEWrite(WRAddress++, Vmsg2[i++]);    // 1バイト書き込み
        EEWrite(WRAddress++, 0x0D);              // 復帰書き込み
        EEWrite(WRAddress++, 0x0A);              // 改行書き込み
        EEWrite(WRAddress, 0x00);                // End Mark書き込み
        lcd_icon(2, 0);                          // 目印アイコンオフ
        WFlag = 0;                               // 書き込みフラグオフ
    }
    /* EEPROMから読み出しUSART送信 */
    if(RFlag){                                   // 読み出しフラグオンか？
        lcd_icon(3, 1);                          // 目印アイコン
        Send('>');                               // 目印改行
        Send('´r');
        Send('´n');
        RDAddress = 0;                           // アドレス最初
        do{
            Rdata = EERead(RDAddress++);         // 読み出し
            Send(Rdata);                         // 送信
        }while((Rdata != 0) && (RFlag));         // 終わり判定
        Send('´r');                              // 終端改行
        Send('´n');
        lcd_icon(3, 0);                          // 目印アイコンオフ
        RFlag = 0;                               // 読み出しフラグオフ
    }
```

rコマンドで読み出し開始

最初のメッセージ

EEPROMの終了目印まで読み出してはUSART送信

終了処理後LCDアイコン消去

4 メインループ後半部

次がメインループの後半部の詳細で、リスト6-6-6となります。

最初はEUSARTで「y」コマンドを入力した場合の処理で、年月日の入力処理となります。yコマンド入力を受け付けたら、タイマ1の動作を停止し、EUSARTの受信割り込みも禁止します。タイマ1の割り込みがあると、そこでRTCCのバッファにICから読み込んで上書きしてしまうためです。また受信割り込みがあると、数値の受信ができなくなってしまうからです。

このあと、「YYMMDD = 」と出力したあと6桁の数値の入力をし、それぞれ年月日のデータとしてRTCCバッファに格納します。6文字入力されたらRTCCバッファのデータをRTCに設定します。

最後にタイマ1を再スタートし、EUSART受信割り込みも再許可して次のコマンド待ちとなります。

コマンドで「t」を受信した場合の時分秒の入力処理が次になります。こちらも年月日と同じようにして6桁の数値を入力したら年月日のデータとしてRTCCバッファに格納し、それをRTCに設定します。最後にタイマ1の再スタートとEUSARTの受信割り込みを許可しますが、さらに、初期スタートでの時刻入力待ちフラグをクリアして計測動作を開始させています。

以上でメインループの処理の全部となります。

リスト 6-6-6 メインループの後半部の詳細

```
    /* 年月日設定値USAT受信 */
    if(YFlag){
        T1CONbits.TMR1ON = 0;                  // タイマ1一旦停止
        YFlag = 0;                             // 年月設定フラグクリア
        PIE1bits.RCIE = 0;                     // 受信割り込み禁止
        i=0;                                   // メッセージ表示
        while(YMsg[i] != 0)                    // YYMMDD
            Send(YMsg[i++]);                   // 見出し出力
        RTCC.Year = (Receive() & 0x0F) << 4;   // 年読み込み
        RTCC.Year += Receive() & 0x0F;
        RTCC.Mon = (Receive() & 0x0F) << 4;    // 月読み込み
        RTCC.Mon += Receive() & 0x0F;
        RTCC.Day = (Receive() & 0x0F) << 4;    // 日読み込み
        RTCC.Day += Receive() & 0x0F;
        SetTime();                             // RTC書き込み
        Send('\r');                            // 改行出力
        Send('\n');
        PIE1bits.RCIE = 1;                     // 受信割り込み再許可
        T1CONbits.TMR1ON = 1;                  // タイマ1再スタート
    }
    /* 時分秒設定値USART受信 */
    if(TFlag){
        T1CONbits.TMR1ON = 0;                  // タイマ1一旦停止
        TFlag = 0;                             // 時刻フラグクリア
        PIE1bits.RCIE = 0;                     // 受信割り込み禁止
        i = 0;                                 // メッセージ表示
        while(TMsg[i] != 0)                    // HHMMSS
            Send(TMsg[i++]);                   // 見出し出力
        RTCC.Hour = (Receive() & 0x0F) << 4;   // 時読み込み
        RTCC.Hour += Receive() & 0x0F;
        RTCC.Min = (Receive() & 0x0F) << 4;    // 分読み込み
        RTCC.Min += Receive() & 0x0F;
        RTCC.Sec = (Receive() & 0x0F) << 4;    // 秒読み込み
        RTCC.Sec += Receive() & 0x0F;
        SetTime();                             // RTC設定
        Send('\r');                            // 改行出力
        Send('\n');
        SetFlag = 1;                           // 時刻セット終了計測開始
        PIE1bits.RCIE = 1;                     // 受信割り込み再許可
        T1CONbits.TMR1ON = 1;                  // タイマ1再スタート
    }
  }
}
```

(注釈)
- yコマンドで開始
- タイマ1を停止し、受信割り込みも禁止
- YYMMDD＝を出力
- 6文字入力し年月日に格納
- RTCに書き込み
- タイマ1再開。受信割り込み再許可
- tコマンドで開始
- タイマ1を停止し、受信割り込みも禁止
- HHMMSS＝を出力
- 6文字入力し時分秒に格納
- RTCに書き込み
- 時刻入力待ちを解除し計測開始
- タイマ1再開受信割り込み再許可

5 割り込み処理

次がタイマ1とEUSART受信の割り込み処理関数で、リスト6-6-7となります。

タイマ1の割り込みの場合は、まず表示更新要求フラグをオンにしています。次にRTCの現在時刻を取得し、10秒かをチェックします。10秒ごとにEEPROM書き込み要求フラグをオンにして書き込みを要求します。

EUSART受信割り込みの場合は、受信した文字ごとに分岐し、それぞれで対応する処理要求フラグをオンにしているだけとなっています。

これで実際の処理はメインループの中で実行することになります。

リスト 6-6-7　割り込み処理関数の詳細

```
/*************************************
* 割り込み処理関数
*   タイマ1  0.5秒
*   受信割り込み
*************************************/
void interrupt isr(void){
    unsigned char cmnd;

    if(PIR1bits.TMR1IF){            // タイマ1割り込みか？
        PIR1bits.TMR1IF = 0;        // 割り込みフラグクリア
        TMR1H = 0xC0;               // 0.5sec再設定
        DFlag = 1;                  // 計測表示フラグオン
        LATCbits.LATC6 ^= 1;        // 目印LED点滅
        /* 格納時間チェック */
        GetTime();                  // 時刻取得
        if(((RTCC.Sec & 0x0F)  == 0) && (SetFlag))       // 10sec ?
            WFlag = 1;              // EEPROM書き込みフラグオン
    }
    if(PIR1bits.RCIF){              // 受信割り込みか？
        PIR1bits.RCIF = 0;          // 受信割り込みフラグクリア
        LATC3 ^= 1;                 // 目印LED点滅
        cmnd = RCREG;               // 受信データ取得
        Send(cmnd);
        switch(cmnd){
            case 'r':               // rの場合
                RFlag = 1;          // 読み出し開始
                break;
            case 'e':               // eの場合
                RFlag = 0;          // 読み出し中止
                Send('\r');
                Send('\n');
                break;
            case 'y':               // yの場合
                YFlag = 1;          // 年月日設定フラグセット
                break;
            case 't':               // tの場合
                TFlag = 1;          // 時分秒設定フラグセット
                break;
            default:
                Send('?');          // エラー出力
                Send('\r');
                Send('\n');
                break;
        }
    }
}
```

- タイマ1の場合
- 表示実行要求のフラグをオンとする
- 時刻データを取得し10秒かをチェック
- 10秒ごとにEEPROM書き込み要求フラグをオンとする
- USART受信の場合
- 受信文字により分岐
- 文字ごとに要求フラグをオンにするだけ
- エラー文字のときは改行して再入力待ち

6 計測実行関数

あとはそれぞれの機能を実行するサブ関数になります。

まず、4チャネルの計測と表示を実行する関数で、リスト6-6-8となります。

デルタシグマA/D変換は変換時間が0.3秒以上必要なので、タイマ1の0.5秒のインターバルごとに1チャネルずつ計測しては表示するようにしています。このためState変数を使ったステート関数として進むようにしています。

リスト 6-6-8 計測実行関数の詳細

最初の変換開始

CH0の変換とLCD表示

CH1の変換とLCD表示

CH2の変換とLCD表示

CH3の変換とLCD表示

```
/***************************************
 * デルタシグマ変換データ取得表示
 ***************************************/
void Mesure(void){
    /** 計測実行 **/
    switch(State){                              // ステートで進める
        case 0:                                 // 初期状態の場合
            SendI2C(0xD0, 0x8C);                // ADC初期化 Gain=1 18ビット CH0
            State = 1;                          // ステート次へ
            break;
        case 1:                                 // コマンド送信後の場合
            GetDataI2C(0xD0, Result, 3);        // データ取得 3バイト into Result
            Display(0);          // CH0表示
            SendI2C(0xD0, 0xAC);                // CH1 18bit Gain x1 変換開始
            State = 2;                          // ステート次へ
            break;
        case 2:                                 // 入力完了待ちの場合
            GetDataI2C(0xD0, Result, 3);        // データ取得 3バイト into Result
            Display(1);                         // CH1測定値変換表示
            SendI2C(0xD0, 0xCC);                // CH2スタート
            State = 3;                          // ステートを戻す
            break;
        case 3:                                 // 入力完了待ちの場合
            GetDataI2C(0xD0, Result, 3);        // データ取得 3バイト into Result
            Display(2);                         // CH2測定値変換表示
            SendI2C(0xD0, 0xEC);                // CH3スタート
            lcd_icon(2, 0);                     // 計測中目印オフ
            State = 4;                          // ステートを戻す
            break;
        case 4:                                 // 入力完了待ちの場合
            GetDataI2C(0xD0, Result, 3);        // データ取得 3バイト into Result
            Display(3);                         // CH3測定値変換表示
            SendI2C(0xD0, 0x8C);                // CH0変換開始
             State = 1;                         // ステートを戻す
            break;
        default: break;
    }
}
```

7 計測値表示関数

次の関数は、計測結果を文字に変換し液晶表示器に表示する関数でリスト6-6-9となります。一度に1チャネル分の変換をしますが、計測結果にはプラスとマイナスの場合があるので、それぞれに分けて変換しています。

A/Dコンバータから読み出した3バイトのデータから18ビットのバイナリデータに変換したあと、実際の電圧と電流の値に変換してから、ASCII数字に変換してバッファに格納しています。最後にバッファから液晶表示器に表示出力をしています。

リスト 6-6-9 計測値表示関数の詳細

正負の判定

正の場合の数値への変換

符号のセット

負の場合の数値への変換

符号のセット

実際の値へのスケール変換

数字文字への変換とバッファ格納

```
/***************************************
*  測定値を換算し表示
***************************************/
void Display(unsigned char ch){
    long Value;
    float fValue;

    /* 変換入力値を数値に変換  */
    if((Result[0] & 0x02) == 0){                    // 正の値の場合
        Value = ((long)(Result[0]&0x01)<<16)+
            ((long)Result[1]<<8)+((long)Result[2]);
        /* チャネルごとに符号セット */
        switch(ch){
            case 0: Vmsg1[0] = '+'; break;
            case 1: Vmsg1[8] = '+'; break;
            case 2: Vmsg2[0] = '+'; break;
            case 3: Vmsg2[8] = '+'; break;
            default: break;
        }
    }
    else{           // 負の値の場合
        Result[0] = ~Result[0] & 0x01;              // 0,1反転
        Result[1] = ~Result[1];                     // 0,1反転
        Result[2] = ~Result[2];
        Value = ((long)Result[0]<<16)+
        ((long)Result[1]<<8)+((long)Result[2])+1;
        /* チャネルごとに符号セット*/
        switch(ch){
            case 0: Vmsg1[0] = '-'; break;
            case 1: Vmsg1[8] = '-'; break;
            case 2: Vmsg2[0] = '-'; break;
            case 3: Vmsg2[8] = '-'; break;
            default: break;
        }
    }
    /* 測定値への変換と表示  */
    fValue = (2.0480*Value)/0x1FFFF;                // V,Aに変換
    /* チャネルごとに文字に変換しバッファに保存 */
    switch(ch){
        case 0:
            ftostring(1,4, fValue, Vmsg1+1);    // 文字に変換
            break;
        case 1:
            ftostring(1,4, fValue, Vmsg1+9);    // 文字に変換
            break;
        case 2:
            ftostring(1,4, fValue, Vmsg2+1);    // 文字に変換
            break;
        case 3:
            ftostring(1,4, fValue, Vmsg2+9);    // 文字に変換
            break;
        default:
            break;
    }
    /* LCD表示実行 */
```

LCD表示

```
    lcd_cmd(0x80);                                    // 1行目指定
    lcd_str(Vmsg1);                                   // CH0, 1表示
    lcd_cmd(0xC0);                                    // 2行目指定
    lcd_str(Vmsg2);                                   // CH2, 3表示
}
```

8 RTCアクセス関数

次はSPIを使ったリアルタイムクロックICのアクセス関数で、リスト6-6-10となります。

最初の関数は構造体変数に保存されている現在時刻を液晶表示器に表示する関数で、BCDで格納されている時刻をASCII文字に変換して直接液晶表示器に出力しています。

次はログを保存するための時刻のバッファへの保存を行う関数で、こちらもASCII文字に変換して保存しています。

次はRTCへの時刻の書き込み関数で、EUSARTで受信した設定時刻のデータをRTCに書き込みます。

次は逆にRTCから現在時刻を読み出して構造体変数に格納する関数です。タイマ1の割り込みごとにこの関数を実行して時刻を更新します。

リスト 6-6-10 RTCアクセス関数の詳細

時刻のLCD表示。BCDからASCIIへの変換

ログ用時刻のバッファ保存

```
/********************************************
 *  時刻の表示サブ関数
 *    月日  時分秒
 ********************************************/
void TimeDisplay(void){
    lcd_cmd(0x80);                                    // 1行目選択
    lcd_data(' ');
    lcd_data(((RTCC.Mon >> 4) & 0x01) + 0x30);        // 月表示
    lcd_data((RTCC.Mon & 0x0F) + 0x30);
    lcd_data('/');                                    // /表示
    lcd_data(((RTCC.Day >> 4) & 0x03) + 0x30);        // 日表示
    lcd_data((RTCC.Day & 0x0F) + 0x30);
    lcd_data(' ');                                    // スペース
    lcd_data(' ');
    lcd_data(((RTCC.Hour >> 4) & 0x03) + 0x30);       // 時表示
    lcd_data((RTCC.Hour & 0x0F) + 0x30);
    lcd_data(':');                                    // :表示
    lcd_data(((RTCC.Min >> 4) & 0x0F) + 0x30);        // 分表示
    lcd_data((RTCC.Min & 0x0F) + 0x30);
    lcd_data(':');                                    // :表示
    lcd_data(((RTCC.Sec >> 4) & 0x0F) + 0x30);        // 秒表示
    lcd_data((RTCC.Sec & 0x0F) + 0x30);
}
/************************************
 *  時刻バッファ保存関数
 ************************************/
void TimeSave(void){
    /** 時刻を文字に変換しバッファに保存 **/
    MsgBuf[7] = (RTCC.Sec & 0x0F) + 0x30;
    MsgBuf[6] = ((RTCC.Sec >> 4) & 0x0F) + 0x30;     // 秒
    MsgBuf[4] = (RTCC.Min & 0x0F) + 0x30;
    MsgBuf[3] = ((RTCC.Min >> 4) & 0x0F) + 0x30;     // 分
```

```
    MsgBuf[1] = (RTCC.Hour & 0x0F) + 0x30;
    MsgBuf[0] = ((RTCC.Hour >> 4) & 0x0F) + 0x30;    // 時
}
```

以上が主要な関数となります。残りは整数から数字、実数から数字への変換関数と、すでに説明したRTCアクセスとSPI通信、EEPROMのアクセス関数となります。

またI^2C通信と液晶表示器の制御は、別ファイルのライブラリとしていますが、他の例題と共用のライブラリとなっています。

6-6-6 データロガーの使い方

データロガーを使う場合には、パソコンとシリアル通信接続が必要です。パソコンと接続し、Tera Termなどのシリアル通信ソフトを起動しておきます。

その後、データロガーの電源を供給すると、まず、液晶表示器とパソコンに開始メッセージが表示され、時刻設定入力待ちとなります。

ここでパソコンからyかtコマンドで年月日か時分秒をセットすれば、計測保存を開始し、液晶表示器に4チャネルの計測値が表示されます。

これらのデータは10秒ごとにEEPROMに保存されます。保存時に液晶表示器のアイコンが短時間表示されます。

例えば時刻を0時0分0秒にセットしてログを開始したあと、rコマンドでEEPROMの内容を読み出すと、リスト6-6-11のようにパソコン側で表示されます。10秒ごとに4チャネルのデータが保存されていることがわかります。

長く保存したデータの表示を途中で停止するにはeコマンドを入力します。

このデータ部をコピーしてテキストエディタなどに貼り付けたあと、CSV拡張子でファイルとして保存すれば、Excelで開けるデータとなります。

リスト 6-6-11 ログ結果表示例

```
Start Application!
Command=t
    HHMMSS = 000000
r>
00:00:00,+x.xxxx,+x.xxxx,+x.xxxx,+x.xxxx,
00:00:10,-0.0050,+0.0000,-1.3811,-0.0000,
00:00:20,-0.0050,+0.0000,-1.3811,+0.0000,
00:00:30,-0.0053,+0.0000,-1.3811,-0.0000,
00:00:40,-0.0052,+0.0000,-1.3811,+0.0000,

r>
00:00:00,+x.xxxx,+x.xxxx,+x.xxxx,+x.xxxx,
00:00:10,-0.0050,+0.0000,-1.3811,-0.0000,
00:00:20,-0.0050,+0.0000,-1.3811,+0.0000,
00:00:30,-0.0053,+0.0000,-1.3811,-0.0000,
00:00:40,-0.0052,+0.0000,-1.3811,+0.0000,
00:00:50,-0.0051,-0.0000,-1.3811,+0.0000,
```

Peripheral Interface Controller

PIC16F1 family

第7章 PIC16F17xx ファミリの使い方

本章ではアナログ機能を大幅に強化したPIC16F17xxファミリの使い方を説明します。

製作例としてはマルチメータを説明しています。この製作例ではこのPICマイコンの内蔵モジュールをフル活用して多くの計測機能を組み込んでいます。

PIC16F1 family

7-1 PIC16F17xxファミリの構成と特徴

PIC16F17xxファミリはF1ファミリの中でも特徴のある種類で、アナログ機能が豊富に実装されています。もちろん他の標準的なモジュールも実装されています。

7-1-1 ファミリのデバイス種類

本書執筆時点でリリースされている本ファミリに属すデバイスは表7-1-1のようになっています。28ピンか40/44ピンのデバイスとなっています。

ピン数により内蔵モジュールの数が異なっています。さらに、全デバイスにPIC16FとPIC16LFの2種類があり、PIC16LFは低消費電力版となっています。

▼表7-1-1　PIC16F178xファミリのデバイス一覧

デバイス名称	ピン数	プログラムメモリ（kW）	データメモリ（バイト）	EEPROM（バイト）	12bit A/D CH数	コンパレータ	オペアンプ	8bit D/A	PSMC	CCP	タイマ数／ビット数	EUSART	MSSP I²C/SPI	Debug	その他
PIC16(L)F1782	28	2	256	256	11	3	2	1	2	2	2/8 1/16	1	1	Y	POR、WDT、LVP、BOR、Temp、PLL
PIC16(L)F1783		4	512	256	11	3	2	1	2	2		1	1	Y	
PIC16(L)F1786		8	1024	256	11	4	2	1	3	3		1	1	Y	
PIC16(L)F1784	40	4	512	256	14	4	3	1	3	3		1	1	Y	
PIC16(L)F1787		8	1024	256	14	4	3	1	3	3		1	1	Y	

7-1-2 内部構成

このファミリの内部構成は図7-1-1のようになっています。最大32MHzのクロックで動作し、EEPROMメモリも内蔵しています。

●図7-1-1 PIC16F178xファミリの内部構成

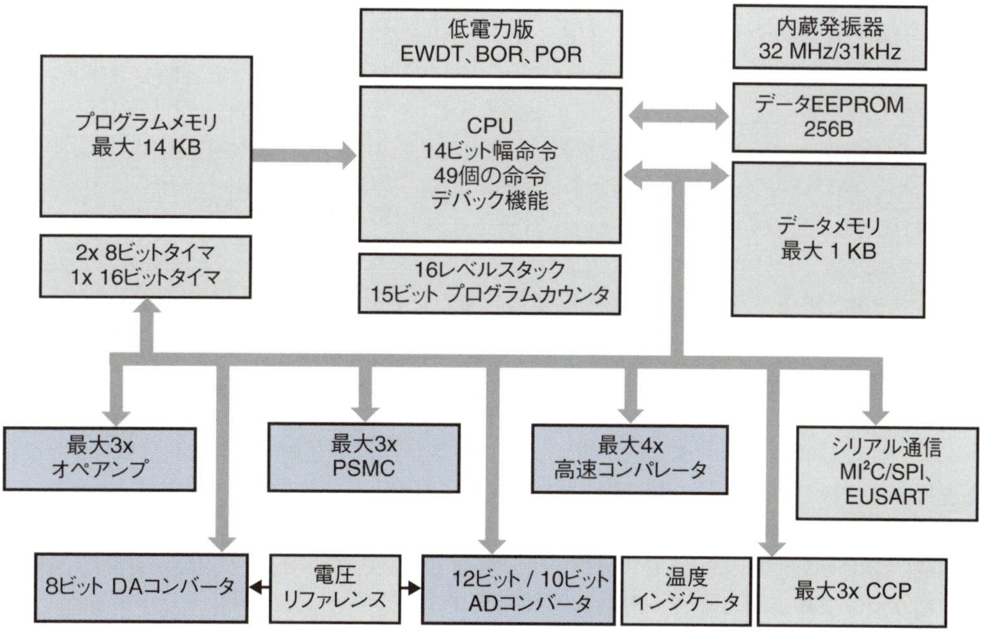

最大の特徴であるアナログモジュールとして実装されているものには、次のようなものが含まれています。

- 12ビット／10ビット差動入力A/Dコンバータ
- 8ビットD/Aコンバータ
- 定電圧リファレンス
- オペアンプ
- アナログコンパレータ
- 温度インジケータ
- プログラマブルスイッチモードコントローラ（PSMC）

それぞれの特徴は次のようになっています。

❶12ビット差動入力A/Dコンバータ

差動入力を持つ12ビット分解能のA/Dコンバータで、50kspsの変換速度を持っています。最大5チャネルの差動入力か、11チャネルのシングルエンド入力ができます。

❷8ビットD/Aコンバータ

外部出力可能な8ビット分解能のD/Aコンバータで、High側とLow側いずれのリファレンスも入力ができるので、オフセットを持つ出力が可能です。内部でコンパレータやオペアンプの入力としても接続できますし、A/Dコンバータの入力としても使うことができます。

❸定電圧リファレンス

内蔵の定電圧リファレンスで、1.024V、2.048V、4.096Vの3種類から選択できます。A/Dコンバータやコンパレータのリファレンスとして使うことができます。

❹オペアンプ

最大3個の全ピン独立ピンに接続可能なオペアンプとなっています。また片側の入力をD/Aコンバータ、電圧リファレンスと内部で接続することもできます。4.3MHzのGB積の性能の汎用オペアンプです。

❺アナログコンパレータ

最大4個のアナログコンパレータで、標準で60nsecの応答速度を持っています。リファレンス入力にはD/Aコンバータ、定電圧リファレンスが選択できます。45mVのヒステリシスも選択できるので、ゆっくり変化する入力に対しても安定した出力が得られます。

❻温度インジケータ

内蔵の温度センサで、約3.5℃ステップの分解能で－40℃から85℃の温度が計測できます。

❼プログラマブル スイッチモードコントローラ（PSMC）

スイッチング電源用の高速高分解能のPWMが出力できるモジュールで、最大64MHzの専用クロックを使って、16ビットの周期分解能で、最小16nsecのデューティ制御ができます。

以下の章でそれぞれの使い方を説明します。

PIC16F1 family

7-2 12ビットA/Dコンバータの使い方

PIC16ファミリとしては、はじめて実装された12ビットA/Dコンバータであり、しかも差動入力ができるものとなっています。このモジュールの使い方を説明します。

7-2-1 内部構成

12ビットA/Dコンバータの内部構成は図7-2-1となっています。

●図7-2-1　12ビットA/Dコンバータの構成

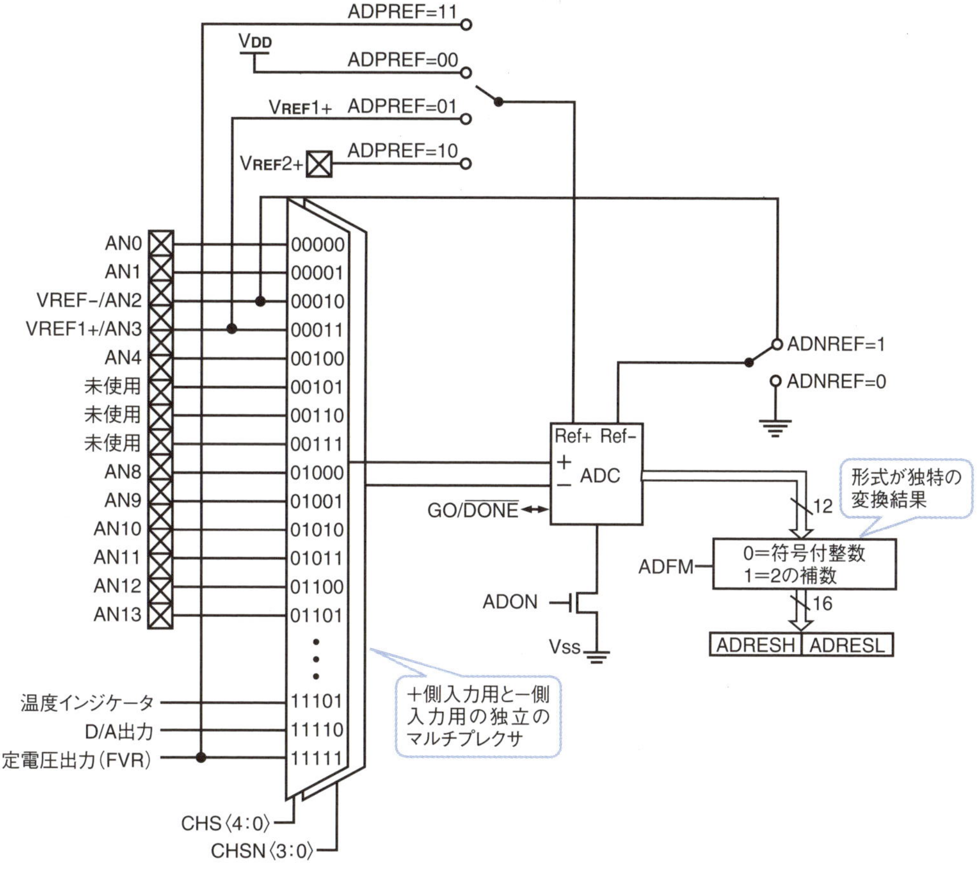

これまでの10ビットA/Dコンバータと異なるのは、分解能が12ビットであること以外に、差動入力であるため、プラス側入力とマイナス側入力それぞれにチャネル選択のためのマルチプレクサがあることです。さらに、変換結果形式も異なり、符号付き整数形式か、2の補数形式かの選択になっています。

12ビットA/Dコンバータの動作と動作時間は、図7-2-2で表されます。10ビットA/Dコンバータと同様に、チャネルが選択されると、そのアナログ信号で内部のサンプルホールド用キャパシタを充電します。この充電のための時間（アクイジションタイム）が必要となります。A/D変換を正確に行うには、アクイジションタイムとして標準で5μsec以上を待ち、それから変換スタート指示をする必要があります。この時間を待たずにA/D変換のスタート指示を出すと、充電の途中の電圧で変換してしまい、実際の値より小さめの値となってしまいます。

●図7-2-2　A/D変換に必要な時間

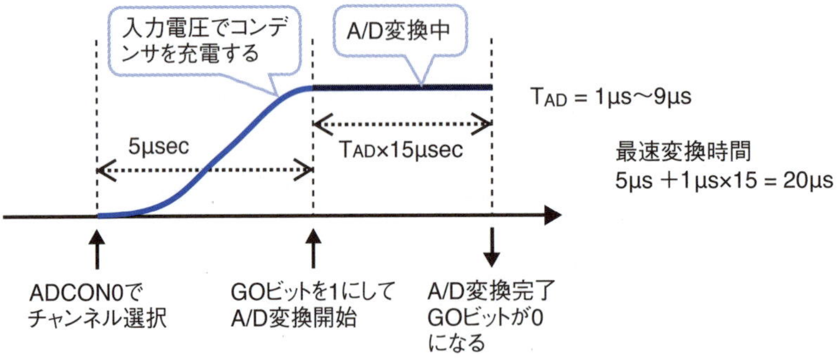

このあとの逐次変換に要する時間は、A/D変換用クロック（T_{AD}）の15倍となります。この変換用クロックは逐次変換用のクロックで、システムクロックを分周して生成します。F1ファミリではT_{AD}は1μsecから9μsecの間と決められています。結果的に、F1ファミリの場合のA/D変換速度は、最大速度で動作させても、

アクイジションタイム（標準5μsec）＋変換時間（1μsec × 15 = 15μsec）

となるので、最小繰り返し周期は、20μsecとなります。これ以上の高速でのA/D変換動作、つまり、1秒間に50kSPS以上の速さでは、繰り返し動作はできません。

こうして変換された結果のデータはADRESHとADRESLの2つのレジスタに格納されますが、そのときのフォーマットはADFMビットにより2種類が選択でき、図7-2-3の形式となります。図のようにADFMが0の場合は整数形式ですが、符号付12ビットなので、実質ビット数は13ビットということになります。

ADFMが1の場合には、2の補数なので、マイナスの場合には数値の変換に注意する必要があります。

●図7-2-3　変換結果のフォーマット

(a) ADFM = 0 の場合

D11	D10	D9	D8	D7	D6	D5	D4	D3	D2	D1	D0	0x00	0x00	0x00	符号

データD〈12:0〉は整数形式

(b) ADFM = 1 の場合

符号	符号	符号	符号	D11	D10	D9	D8	D7	D6	D5	D4	D3	D2	D1	D0

データD〈12:0〉は2の補数形式

(c) 変換結果の例

値の例	ADFM=0の場合		ADFM=1の場合(2の補数)	
	ADRESH	ADRESL	ADRESH	ADRESL
正の最大	1111 1111	1111 0000	0000 1111	1111 1111
正の値	1001 0011	0011 0000	0000 1001	0011 0011
0	0000 0000	0000 0000	0000 0000	0000 0000
負の値	0000 0000	0001 0001	1111 1111	1111 1111
負の最小	1111 1111	1111 0001	1111 0000	0000 0001

7-2-2 12ビットA/Dコンバータ用制御レジスタ

12ビットA/Dコンバータを制御するためのレジスタは、次のようにたくさんあります。以下順に説明します。

- ADCON0 ：AD有効化、プラス入力側チャネル選択、変換開始
- ADCON1 ：結果形式指定、クロック選択、リファレンス選択
- ADCON2 ：変換開始トリガ選択、マイナス入力側チャネル選択
- ADRESH ：変化結果上位バイト
- ADRESL ：変換結果下位バイト
- ANSELx ：ピンのアナログ、デジタル切り替え(xはA、B、C…)
- TRISx ：ピンの入出力モード設定(xはA、B、C…)
- PIE1 ：割り込み許可
- PIR1 ：割り込みフラグ

これらのレジスタの内容詳細は図7-2-4のようになっていて、10ビットA/Dコンバータに比べてADCON2が追加されています。

●図7-2-4　12ビットA/Dコンバータ関連レジスタの詳細

ADCON0レジスタ

---	CHS〈4:0〉	GO/DONE	ADON

CHS〈4:0〉：プラス入力側チャネル選択
00000：AN0　11101：温度センサ
00001：AN1　11110：DAC出力
――――　11111：FVR Buffer1 Out
01101：AN13
（以降未使用）

GO/DONE：変換開始
1：変換開始/変換中
0：変換終了
変換終了で自動的に0になる

ADON：A/Dコンバータ有効化
1：有効　0：無効/停止

ADCON1レジスタ

ADFM	ADCS〈2:0〉	---	ADNREF	ADPREF〈1:0〉

ADFM：変換結果形式
0：符号付整数
1：2の補数

ADCS〈2:0〉：変換用クロック選択
000：Fosc/2　001：Fosc/8
010：Fosc/32　011：FRC
100：Fosc/4　101：Fosc/16
110：Fosc/64　111：FRC
（FRCはAD用専用内蔵クロック）

ADNREF：VREF−選択
1：VREF−ピン
0：Vss（0V）

ADPREF〈1:0〉：VREF+選択
00：VDD
01：VREF1＋ピン
10：VREF2＋ピン
11：FVR

ADCON2レジスタ

TRIGSEL〈3:0〉	CHSN〈3:0〉

TRIGSEL〈3:0〉：トリガ要因選択
0000：無効　0001：CCP1
0010：CCP2　0011：無効
0100：PSMC1周期一致
0101：PSMC1立ち上がり
0110：PSMC1立ち下がり
0111：PSMC2周期エッジ
1000：PSMC2立ち上がり
1001：PSMC2立ち下がり
（以降未使用）

CHSN〈3:0〉：マイナス入力側チャネル選択
0000：AN0　0001：AN1
0010：AN2　0011：AN3
0100：AN4
（無効 AN5-AN7）
1000：AN8
――――
1101：AN13
1110：未使用
1111：ADC VREF−（ADNREF）

これらのレジスタの使い方は10ビットA/Dコンバータの場合と少し異なりますが、基本的な設定は似ています。

1 ADCON0レジスタ

A/Dコンバータの有効化とプラス入力側のチャネル選択、GOビットによる変換開始の設定を行います。ADONビットを1にするとA/Dコンバータにクロックが供給され動作状態となります。すべての設定をし、プラス、マイナス両側のチャネル選択後アクイジション時間を待ってからGOビットを1にセットして変換を開始します。

2 ADCON1レジスタ

ADFMビットで前項で説明したように変換結果の格納形式を指定します。ADCS<2:0>ビットでクロックの選択をしますが、基本はシステムクロックの分周になっているので、T_{AD}の規格範囲（1～9μsec）に入る値を選択します。これができない場合は、専用の内蔵クロックFrc（標準1.0～6.0μsec)を使います。また、スリープ中にA/Dコンバータを動作させたい場合にもこのFrcを選択します。

実際のシステムクロック周波数ごとに選択可能な値は表7-2-1の白地の範囲で、灰地の範囲は規格外となります。

▼表7-2-1 A/Dコンバータ用クロックの選択

ADCクロックの選択		システムクロックごとのT_{AD}の値					
選択クロック	ADCS＜2:0＞	32MHz	20MHz	16MHz	8MHz	4MHz	1MHz
FOSC/2	000	62.5ns	100ns	125ns	250ns	500ns	2.0μs
FOSC/4	100	125ns	200ns	250ns	500ns	1.0μs	4.0μs
FOSC/8	001	0.5μs	400ns	0.5μs	1.0μs	2.0μs	8.0μs
FOSC/16	101	800ns	800ns	1.0μs	2.0μs	4.0μs	16.0μs
FOSC/32	010	1.0μs	1.6μs	2.0μs	4.0μs	8.0μs	32.0μs
FOSC/64	110	2.0μs	3.2μs	4.0μs	8.0μs	16.0μs	64.0μs
FRC	x11	1.0-6.0μs	1.0-6.0μs	1.0-6.0μs	1.0-6.0μs	1.0-6.0μs	1.0-6.1μs

ADNREFビットとADPREF<1:0>ビットでリファレンスのV_{REF}－とV_{REF}＋を選択します。リファレンスの条件は10ビットA/Dコンバータと同じとなっています。

3 ANSELxレジスタとTRISxレジスタ

アナログピンとして使うピンは、ANSELxレジスタで0にセットしてアナログピン扱いとし、TRISxレジスタで1にセットして入力モードとする必要があります。

4 割り込み

A/Dコンバータモジュールは、A/Dコンバータ終了による割り込みを生成します。この割り込みの制御は、PIR1とPIE1レジスタで行います。これも10ビットA/Dコンバータと同じ扱いです。

A/Dコンバータのプログラミングの仕方も、10ビットA/Dコンバータと同じ手順で問題なく動作します。

7-3 8ビットD/Aコンバータの使い方

PIC16F178xファミリには8ビットのD/Aコンバータを内蔵しており、A/Dコンバータやコンパレータなどの内蔵アナログモジュールの電圧リファレンスとして使いますが、外部への出力も可能となっています。

このD/Aコンバータの使い方を説明します。

7-3-1 8ビットD/Aコンバータの構成

8ビットD/Aコンバータの内部構成は図7-3-1のようになっています。

●図7-3-1 8ビットD/Aコンバータの構成

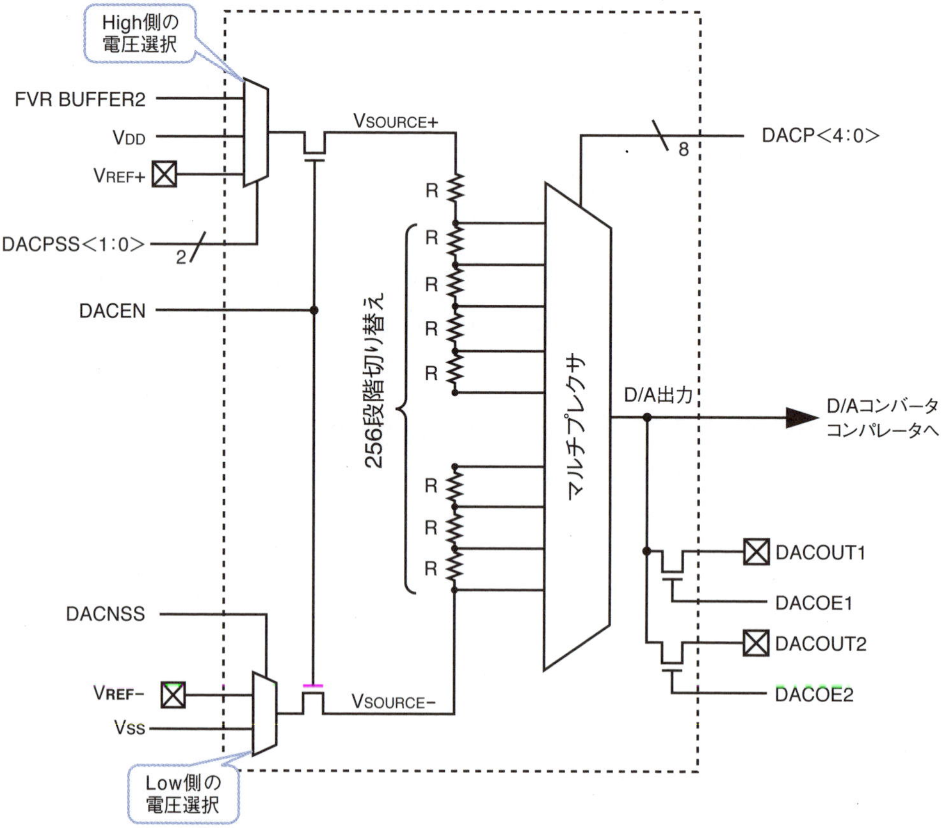

D/A変換そのものは、抵抗ラダーによる分圧という簡単な方法となっています。出力できる電圧はHigh側の選択電圧（$V_{SOURCE}+$）とLow側の選択電圧（$V_{SOURCE}-$）で設定した$V_{SOURCE}+$と$V_{SOURCE}-$の間を、256分割した電圧となります。

DACENビットでD/Aを有効にすると、両方の電圧が抵抗ラダーに加えられて出力が出ます。

出力は内蔵のA/Dコンバータとコンパレータで使われますが、それ以外に外部への出力として使うこともできます。外部に出力する場合は、出力インピーダンスが高く駆動電流が少ないですから、通常はオペアンプでインピーダンス変換して使うようにします。内蔵のオペアンプを出力アンプとして使うこともできます。

7-3-2　D/Aコンバータの制御レジスタ

D/Aコンバータ用の制御レジスタは、図7-2-2のようになっています。

使い方は、DACCON0レジスタでHigh側とLow側の電圧選択をし、DACOE1とDACOE2で外部出力をするかしないかを設定してから、DACENビットをセットしてD/A動作を開始します。

High側電圧にFVRを選択した場合には、FVRCONレジスタで定電圧リファレンスを有効にし、FVR出力電圧を選択する必要があります。

●図7-3-2　8ビットD/Aコンバータ関連レジスタの詳細

DACCON0レジスタ	DACEN	-----	DACOE1	DACOE2	DACPSS〈1:0〉	-----	DACNSS

DACEN：D/A有効化
　1：動作　0：停止

DACOE1：D/A出力1有効化
　1：有効　0：無効

DACOE2：D/A出力2有効化
　1：有効　0：無効

DACPSS〈1:0〉：High側電圧選択
　11：未使用　10：FVR Buffer2
　01：VREF+ピン　00：VDD

DACNSS：Low側電圧選択
　1：VREF-ピン　0：VSS

DACCON1レジスタ	DACR〈7:0〉

DACR〈7:0〉　D/A出力電圧設定

あとは、DACCON1レジスタに値を設定すれば次のような電圧が出力されます。

$$\text{DAC出力電圧} = (V_{SOURCE}-) + ((V_{SOURCE}+) - (V_{SOURCE}-)) \times \text{DACCON1設定値} \div 256$$

7-4 オペアンプの使い方

PIC16F178xファミリには最大3個のオペアンプが実装されています。しかも独立のピンに接続されているので、外付けのオペアンプと同じように使うことができます。

7-4-1 オペアンプの構成

内蔵されているオペアンプの構成は図7-4-1のようになっています。すべてのピンがリセットで外部ピンに接続されるようになっているので、独立のオペアンプハードウェアとして動作させることができます。

またプラス入力は、設定によりD/Aコンバータ出力、定電圧リファレンスを内部で接続することができるので、オフセット電圧として使うこともできます。

出力はRail to Railということになっているので、ほぼ0VからV_{DD}まで振れますが、入力はV_{DD}より0.5V程度低いところが限界のようです。

OPAxSPビットの設定で、高速モードと低速モードが切り替えられるようになっており、低速モードにすれば周波数特性は低くなりますが、消費電流を抑制することができます。

●図7-4-1　オペアンプの構成

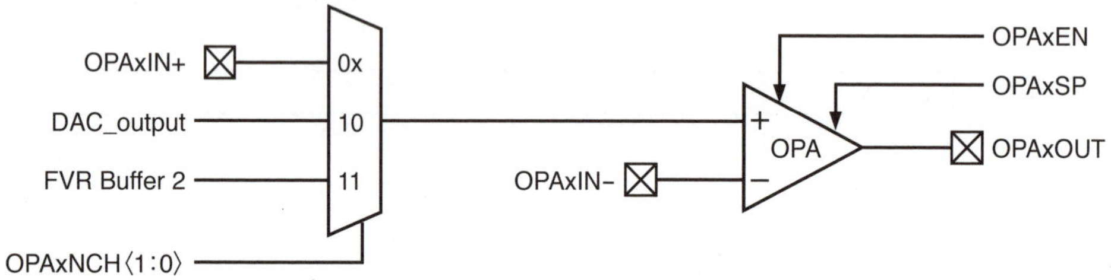

このオペアンプの電気的特性は表7-4-1のようになっています。

▼表7-4-1 オペアンプの電気的特性

項　目	特性（高速モード）		備　考
	Typ	Max	
ゲインバンド幅	4.3MHz		低速モードでは約100kHz
スルーレート	3V/μs		
オフセット	±2mV	±5mV	
オープンループゲイン	90dB		
入力電圧範囲	0V	V_{DD} − 1.4V	
消費電流	250μA 350μA		@V_{DD} = 3.0V @V_{DD} = 5.0V

7-4-2 オペアンプ制御レジスタ

オペアンプ動作を設定するための制御レジスタの詳細は、図7-4-2のようになっています。

●図7-4-2 オペアンプ用制御レジスタの詳細

OPAxCONレジスタ							
OPAxEN	OPAxSP	-----	-----	-----	-----	OPAxCH〈1:0〉	

OPAxEN：OPA有効化
1：動作　0：停止

OPAxSP：速度選択
1：高速モード
0：低速モード

OPAxCH〈1:0〉：プラス側選択
11：FVR Buffer2
10：D/A出力
0x：OPAxIN+ピン

オペアンプを使う場合には次のような手順が必要です。

- 使うオペアンプのピンをアナログピンとする（リセット後はアナログ）
- TRISレジスタで入力モードとする（OPAの出力ピンも入力モードとする）
- OPAxCONレジスタでプラス側入力を選択後、OPAxENビットを有効化する

7-4-3 実際のオペアンプの使用例

図7-4-3がこのオペアンプを実際に使った例です。図7-4-3（a）は内蔵D/Aコンバータの出力を強化するためのゲイン1倍の電圧フォロワで、低インピーダンスで外部回路を駆動することができます。

図7-4-3（b）は反転増幅回路の例で、定電圧リファレンス（FVR）を使ってV_{DD}/2のオフセット電圧を加えることで、直流でも交流でも扱うことができるアンプになります。

FVRをオフセット電圧とすることで、電源を抵抗分圧してオフセット電圧を生成するよりも、電圧が安定なオフセットとすることができます。

図7-4-3 (c) は非反転増幅回路の例で、FVRを同じように使って$V_{DD}/2$のオフセットを加えることで直流、交流両方に使える非反転アンプとなります。

図7-4-3 (d) は、差動アンプとした例で、V1とV2の電圧差を増幅します。ここでもFVRでオフセット電圧を加えることで、直流、交流どちらでも使える差動アンプとなります。また直流でも正負両方が扱えることになります。

アンプとしての周波数特性は、ゲインバンド幅が4.3MHzなので、ゲイン10倍とした場合には、約400kHzまでフラットな特性のアンプが構成できることになります。

●図7-4-3　オペアンプの使用例

(a) 電圧フォロワ
　D/Aコンバータの出力のインピーダンス変換器として使った例
　$V_{OUT}=V_{IN}$

(b) 反転増幅器
　AC、DC両方に使える反転増幅器
　FVRがオフセット電圧となる
　$V_{OUT}=-V_{IN}\times R2/R1$

(c) 非反転増幅器
　AC、DC両方に使える非反転増幅器
　FVRがオフセット電圧となる
　$V_{OUT}=V_{IN}\times(R2/R1+1)$

(d) 差動増幅器
　AC、DC両方に使える差動増幅器
　FVRがオフセット電圧となる
　$V_{OUT}=(V1-V2)\times R2/R1$

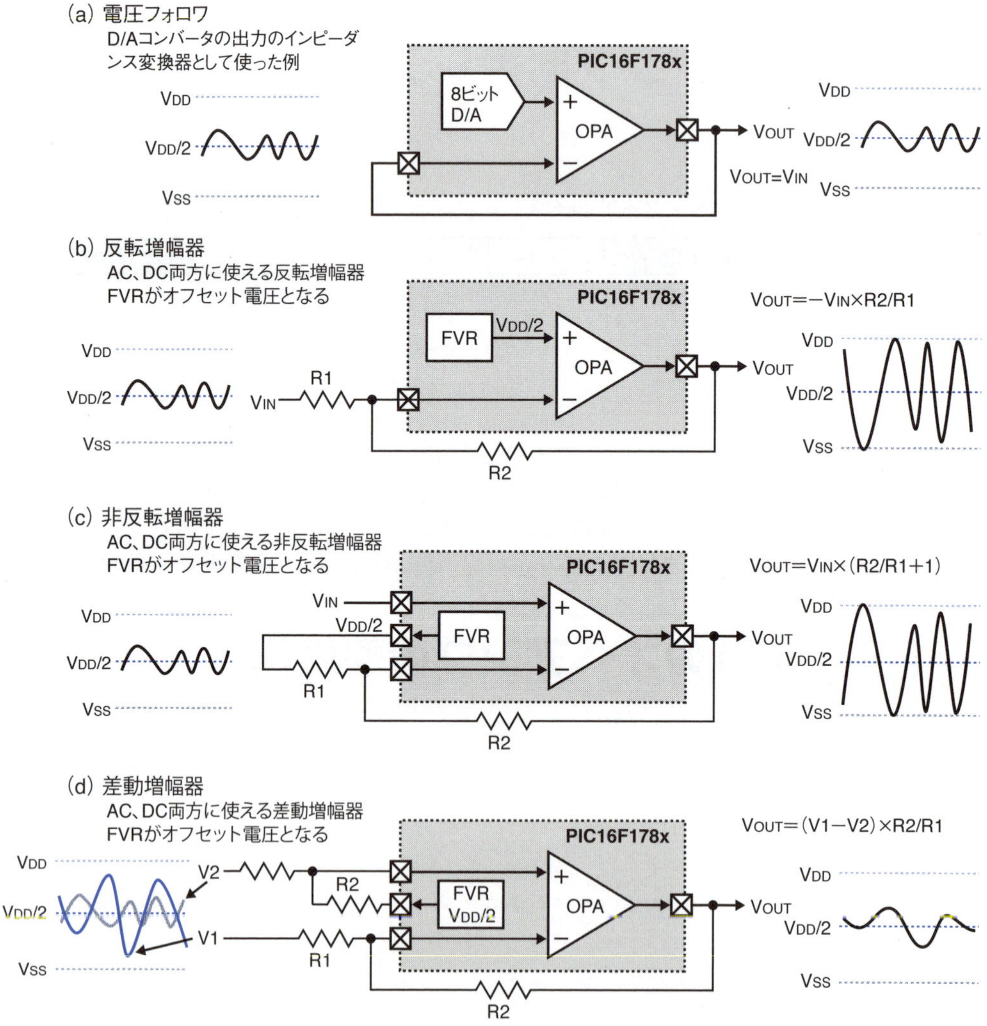

PIC16F1 family

7-5 コンパレータの使い方

PIC16F17xxファミリに内蔵されているコンパレータは、他のファミリのコンパレータと異なっているので、このコンパレータの使い方を説明します。

7-5-1 コンパレータの特徴と構成

PIC16F178xファミリに内蔵されているコンパレータの内部構成は、図7-5-1のようになっています。入力側は多くの信号から選択できるようになっており、出力側も割り込みや他のモジュールとの連携ができるようになっています。

●図7-5-1　コンパレータの構成

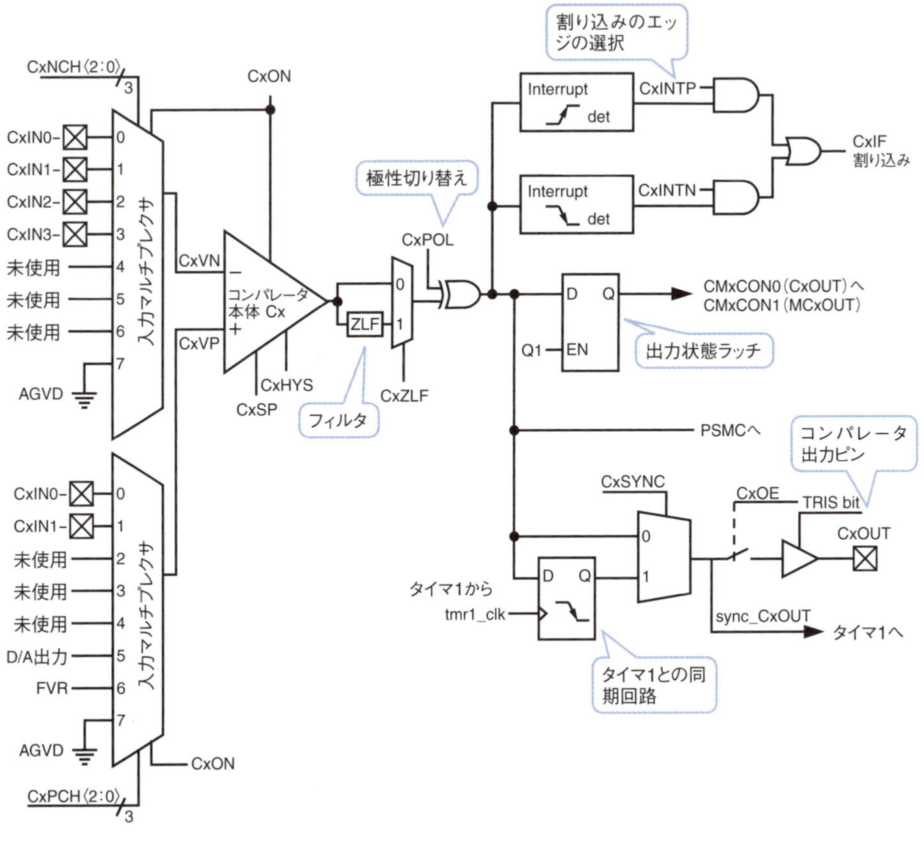

7 PIC16F17xxファミリの使い方

このような構成のコンパレータの特徴は、次のようになっています。

❶豊富な種類の入力から選択できる

コンパレータのプラス、マイナスいずれの入力も、いくつかの信号から選択ができるようになっています。外部ピンからの信号だけでなく、内蔵のD/Aコンバータ出力や、定電圧リファレンスも選択できるようになっているので、コンパレータのリファレンスとして自由度の高い設定ができます。

ファミリにより、選択肢が異なっているので、データシートで確認して使う必要があります。

❷入出力ともRail to Rail

入力電圧、出力電圧ともに、ほぼ0VからV_{DD}まで使うことができます。

❸高速モードと低速モードの切り替えが可能

レジスタ設定により、高速で標準電力のモードと、低速で低消費電力なモードが選択できます。

高速モードでは最高60nsecで動作しますが、低速モードでは300nsec程度の動作速度となります。

❹ヒステリシスの切り替えが可能

ゆっくり変化する入力信号で出力が発振しないようスレッショルドにヒステリシスを設けることができます。ヒステリシスを有効にすると、標準で45mVの電圧差が設けられます。これで、例えばいったんHighになると、スレッショルドより45mV以上低くならないとLowにはならないようになっています。このため、非常に変化が緩やかな入力の場合でも、出力がバタつくことがないようになっています。

❺ 短時間パルスのフィルタによる抑制

フィルタを有効にすることで、非常に短時間のパルス状の出力を抑制することができます。

❻出力の有効活用

コンパレータの出力は外部ピンに出力できますが、それ以外に多くの内部モジュールと連携動作をさせるために使うことができます。

- 割り込み(コンパレータ出力の立ち上がりか立ち下がりかを選択できる)
- PSMCモジュールのフォルト信号とすることができる
- タイマ1のゲート信号として使うことができる

7-5-2 コンパレータ制御レジスタ

コンパレータを制御するために用意されているレジスタは図7-5-2のようになっています。ここでxは1、2、3、4のいずれかとなります。ただし、コンパレータの3と4は40ピンデバイスのみに実装されています。

●図7-5-2　コンパレータ用制御レジスタの詳細

CMxCON0レジスタ

CxON	CxOUT	CxOE	CxPOL	CxZLF	CxSP	CxHYS	CxSYNC

CxON：Cx有効化
　1：動作　0：停止
CxOUT：Cx出力状態
　1：High　0：Low
CxOE：Cx出力有効化
　1：有効　0：無効
CxPOL：出力極性選択
　1：反転　0：通常
CxZLF：出力フィルタ有効化
　1＝有効　0＝無効
CxSP：動作モード選択
　1＝高速モード　0＝低速モード
CxHYS：ヒステリシス有効化
　1：有効　0：無効
CxSYNC：タイマ1同期有効化
　1：有効　0：無効

CMxCON1レジスタ

CxINTP	CxINTN	CxPCH〈2:0〉	CxNCH〈2:0〉

CxINTP：立ち上がり割り込み
　1：有効　0：無効
CxINTN：立ち下がり割り込み
　1：有効　0：無効
CxPCH〈2:0〉：＋側入力選択
　111：AGND　110：FVR
　101：DA出力
　100、011、010（未使用）
　001：CxIN1＋ピン
　000：CxIN0＋ピン
CxNCH〈2:0〉：＋側入力選択
　111：AGND
　110、011、010（未使用）
　011：CxIN3－ピン
　010：CxIN2－ピン
　001：CxIN1－ピン
　000：CxIN0－ピン

CMOUTレジスタ

----	----	----	----	MC4OUT	MC3OUT	MC2OUT	MC1OUT

MCxOUT：出力状態
　CxOUTの状態ミラー

Input Condition	CxPOL	CxOUT
$CxV_N > CxV_P$	0	1
$CxV_N < CxV_P$	0	1
$CxV_N > CxV_P$	1	1
$CxV_N < CxV_P$	1	0

これらのレジスタを使ってコンパレータを使うときには、次のように設定します。

❶入力信号を選択する

外部ピンまたは内部電圧リファレンスを選択します。入力ピンを使う場合には、ANSELxレジスタでアナログピンと設定し、TRISxレジスタで入力モードにする必要があります。

❷出力極性を選択する

CxPOLと入力信号により図中の表のような出力になるので、適切な選択をします。

❸出力の指定

コンパレータの出力を外部出力する場合には、CxOEビットをセットして有効とします。この場合にはTRISxレジスタで出力ピンとする必要があります。またデジタルピンに設定する必要もあります。

❹ヒステリシス、フィルタの設定

必要な場合にはこれらの設定を有効化します。

❺コンパレータを有効化する

最後にコンパレータ自身を有効化して動作を開始します。

❻割り込みの設定をする

割り込みを使う場合には、立ち上がりか立ち下がりかを選択します。さらに図7-5-3の割り込み許可ビットで許可する必要があります。

●図7-5-3　割り込み関連制御レジスタ

INTCONレジスタ	GIE	PEIE	TMR0IE	INTE	IOCIE	TMR0IF	INTF	IOCIF

GIE：全割り込み制御　PEIE：周辺割り込み制御
1：許可　0：禁止　　1：許可　0：禁止

PIE1レジスタ	TMR1GIE	ADIE	RCIE	TXIE	SSP1IE	CCP1IE	TMR2IE	TMR1IE
PIE2レジスタ	OSFIE	C2IE	C1IE	EEIE	BCL1IE	C4IE	C3IE	CCP2IE

各モジュールごとの割り込み許可ビット
1：割り込み許可　0：割り込み禁止

PIR1レジスタ	TMR1GIF	ADIF	RCIF	TXIF	SSP1IF	CCP1IF	TMR2IF	TMR1IF
PIR2レジスタ	OSFIF	C2IF	C1IF	EEIF	BCL1IF	C4IF	C3IF	CCP2IF

各モジュールごとの割り込みフラグ
1：割り込み中　0：割り込みなし

PIC16F1 family

7-6 高機能PWMコントローラ（PSMC）の使い方

PIC16F178xファミリには、PSMC（Programmable Switch Mode Controller）と呼ばれる強力なPWMコントローラが内蔵されています。用途はスイッチング電源用がメインですが、3相モータの制御にも使うことができます。

PSMCの最大の特徴は多種類のPWMパルスを出力できることで、電源などの回路構成に合わせたPWMパルスを出力できます。

7-6-1 PSMCコントローラの構成と基本動作

このプログラマブルなPWMコントローラの内部構成は、図7-6-1のようになっています。

●図7-6-1　PSMCコントローラの内部構成

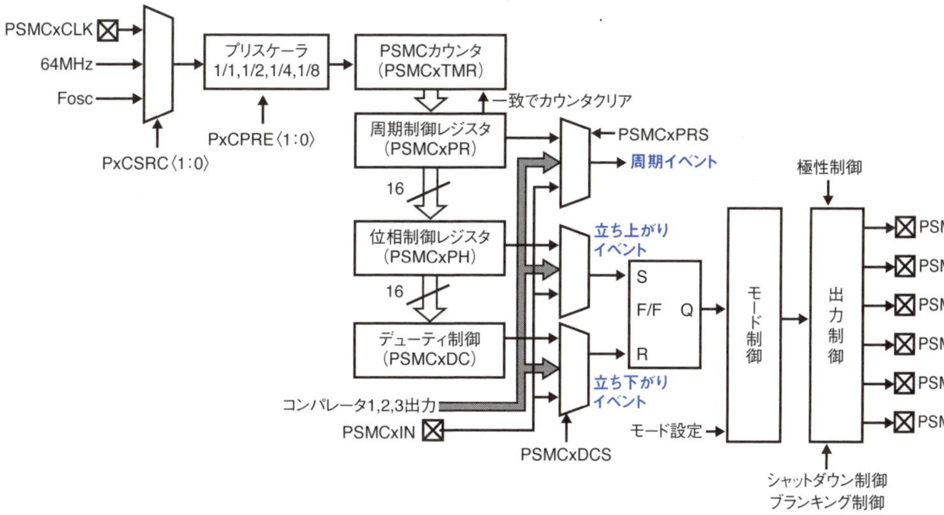

PSMCのPWMパルスを生成する元となるのが次の3つのイベントで、それぞれのイベントの生成条件は次のようになっています。

❶周期イベント

周期レジスタ（PSMCxPR）と一致したとき、コンパレータ1、2、3出力、PSMCxINピンの入力パルスの中から指定された条件で生成される。複数同時指定も可能。

❷立ち上がりイベント

位相制御レジスタ（PSMCxPH）と一致したとき、コンパレータ1、2、3出力、PSMCxINピンの入力パルスの中から指定された条件で生成される。複数同時指定も可能。

❸立ち下がりイベント

ディーティ制御レジスタ（PSMCxDC）と一致したとき、コンパレータ1、2、3出力、PSMCxINピンの入力パルスの中から指定された条件で生成される。複数同時指定も可能。

このようにタイマだけでなく、コンパレータ出力を含めて複合条件によりイベントを生成できるようになっているのが特徴です。

これらの3つのイベント発生時には、図7-6-2で示すような動作が行われます。

●図7-6-2　PSMCの3つのイベントによるPWMパルスの生成

$$\text{周期} = \frac{\text{PSMCxPRの値} + 1}{\text{選択クロック周波数}}$$

$$\text{デューティ比} = \frac{\text{PSMCxDC値} - \text{PSMCxPH値}}{\text{PSMCxPRの値} + 1}$$

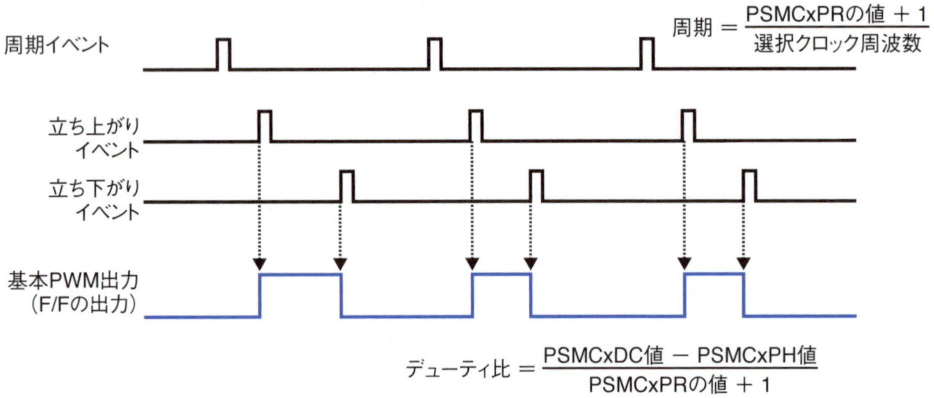

周期イベントでは、PSMCカウンタが0クリアされカウンタが再スタートします。立ち上がりイベントで後段のRSフリップフロップをセットし、立ち下がりイベントでリセットします。

こうして結果的に図7-6-2で示したPWMパルスがRSフリップフロップから出力され、これが最終のPWM出力の基本となります。

コンパレータ出力を使った場合には、クロックに無関係に動作することになるので、非同期で動作します。

タイムベースを使って動作させた場合は、一定の決まった時間で動作させることができ、そのときの周期とデューティ比は図に示した式で決まります。クロックは図7-6-1で示したように、外部クロック、64MHzの専用内蔵クロック、システムクロックのいずれかとなります。

専用に64MHzという高速なクロックが用意されているのも大きな特徴で、しかもカウンタやレジスタは16ビット幅となっているので、高速周期で高分解能デューティのPWMパルスが出力できます。

7-6-2 出力パルス形式

モード制御部と出力制御部では、RSフリップフロップの出力のPWM基本パルスから、多種類のパルス形式を生成し、ピンに出力します。出力できるパルス形式には、次のような種類があります。

- 単相
- 相補の単相
- プッシュプル用交互出力
- プッシュプル用4ブリッジ出力
- 相補のプッシュプル4ブリッジ出力
- パルススキップを含むPWM出力
- 周波数変調の固定デューティ出力
- 相補の周波数変調、固定デューティ出力
- ECCP互換モード　フルブリッジ、ハーフブリッジ
- 3相6ステップPWM出力

例えば、図7-6-3が最も基本となる単相の相補出力の場合のパルス形式です。この場合、図のように立ち上がり、立ち下がり両方にデッドバンドが挿入でき、それぞれのパルス幅も独立に設定ができます。

●図7-6-3　単相の相補形式

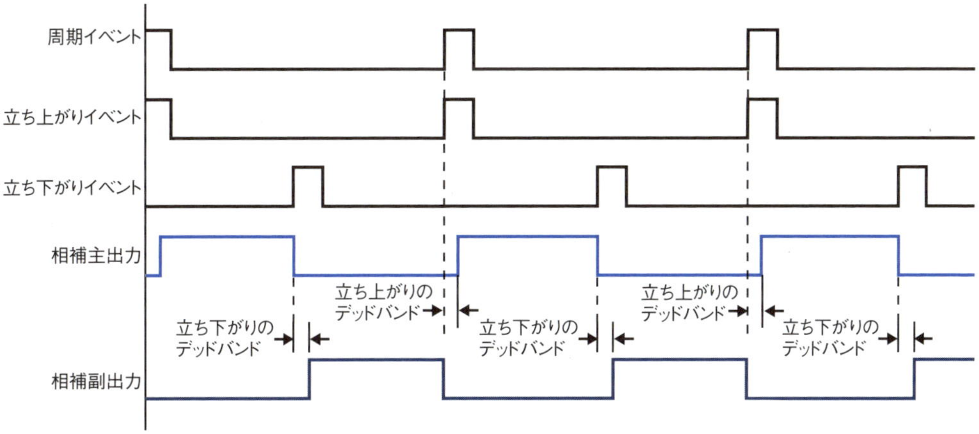

図7-6-4がパルススキッピング形式の場合のパルス形式です。コンパレータ出力と位相レジスタ一致の両方が立ち上がりエッジ生成条件に加えられていて、周期イベントのエッジの時点でコンパレータ出力がHighのときには、位相レジスタ一致でPWMパルスが生成されますが、コンパレータ出力がLowの間はPWM出力が生成されません。

パルススキッピング形式の使い方の例としては、コンパレータをスイッチング電源の電圧監視に使う方法があります。電圧が設定電圧より高くなったらコンパレータ出力がLowになるようにすれば、PWMパルススキップ方式で電圧制御ができることになります。

●図7-6-4　パルススキッピング形式のパルス例

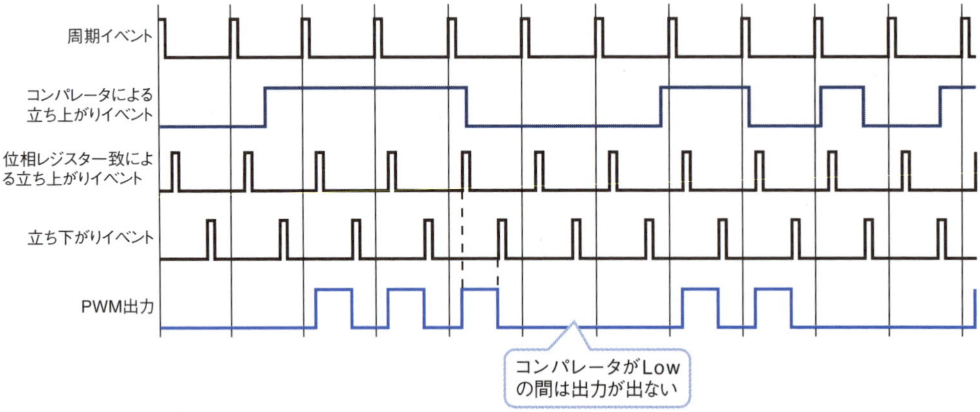

モータ制御をフルブリッジで制御するような場合には、ECCP互換モードを使うと、図7-6-5のような4つのパルスを出力します。この4つのパルスでフルブリッジの4個のトランジスタを制御すれば、モータの可変速度、可逆制御ができます。可逆制御の場合にはデッドバンドも自動的に挿入されます。

●図7-6-5　ECCP互換モードのフルブリッジ出力例

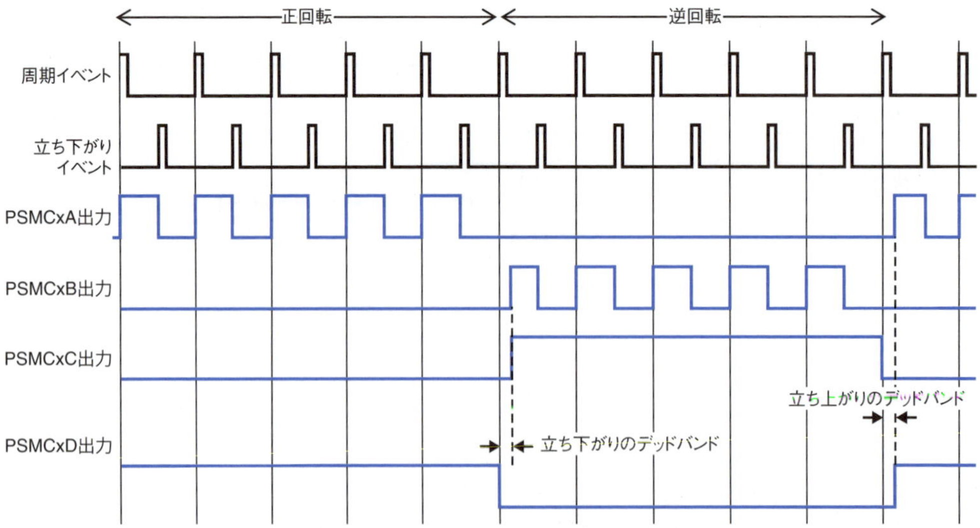

7-6-3 PSMC関連制御レジスタ

PSMCに関連するレジスタは非常にたくさんありますが、本書では単純な単相PWM出力として使っているので、この使い方に関連するレジスタのみに限定すると、次のようなレジスタとなります。その他のレジスタの詳細についてはデータシートを参照願います。

❶基本レジスタ

- PSMCxCON　：基本制御レジスタ
- PSMCxSTR0：ステアリング設定レジスタ(出力ピン指定)
- PSMCxCLK　：クロック選択レジスタ
- PSMCxOEN　：出力制御レジスタ
- PSMCxPOL　：出力極性設定レジスタ
- PSMCxPHS　：立ち上がりエッジ選択レジスタ
- PSMCxDCS　：立ち下がりエッジ選択レジスタ
- PSMCxPRS　：周期エッジ選択レジスタ

❷値設定レジスタ

- PSMCxPRL、PSMCxPRH　：周期レジスタ
- PSMCxDCL、PSMCxDCH：デューティ制御レジスタ
- PSMCxPHL、PSMCxPHH：位相制御レジスタ

これらのレジスタの詳細は図7-6-6となっています。PSMCxCONレジスタで基本的な動作モードを指定すれば、パルス出力形式が確定します。

次に周期エッジ、立ち上がりエッジ、立ち下がりエッジの3つのエッジを生成する要因を指定すれば、動作内容が確定します。

あとは出力を実際に出すピンを指定し、周期、位相、デューティの各値を指定すれば、パルスの周期とデューティが確定します。

●図7-6-6　PSMC制御レジスタの詳細

PSMCxCONレジスタ

PSMCxEN	PSMCxLD	PxDBFE	PxDBRE	PxMODE〈3:0〉

PSMCxEN：PSMCx有効化
1：動作　0：停止

PSMCxLD：負荷バッファ状態
1：更新中　0：更新完了

PxDBFE：立ち下がり
デッドバンド
1：有効化　0：無効

PxDBRE：立ち上がり
デッドバンド
1：有効化　0：無効

PxMODE〈3:0〉：動作モード設定
1111、1110、1101：未使用
1100：3相ステアリングPWM
1011：固定デューティ相補PWM
1010：固定デューティ単相PWM
1001：ECCP互換フルブリッジ
1000：ECCP互換ハーフブリッジ
0111：パルススキッピング相補
0110：パルススキッピング単相
0101：プッシュプル相補フルブリッジ
0100：プッシュプル単相フルブリッジ
0011：プッシュプル相補
0010：プッシュプル
0001：単相相補 ステアリング可
0000：単相 ステアリング可

PSMCxCLKレジスタ

----	----	PxCPRE〈1:0〉	----	----	PxCSRC〈1:0〉

PxCPRE〈3:0〉：プリスケーラ設定
11：/18　10：1/4
01：1/2　00：1/1

PxCSRC〈1:0〉：プリスケーラ設定
11：未使用　10：PSMCxCLKピン
01：64MHz　00：Fosc

PSMCxOENレジスタ

----	----	PxOEF	PxOEE	PxOED	PxOEC	PxOEB	PxOEA

PxOEy：PSMCxの出力y有効化
1：出力有効　0：無効（通常ピン）

PSMCxPOLレジスタ

----	PxPOLIN	PxPOLF	PxPOLE	PxPOLD	PxPOLC	PxPOLB	PxPOLA

PxPOLIN：PSMCxINピン極性
1：Lowアクティブ
0：Highアクティブ

PxPOLy：PSMCxの出力yピン極性
1：アクティブ時Low
0：アクティブ時High

PSMCxPHSレジスタ

PxPHSIN	----	----	----	PxPHSC3	PxPHSC2	PxPHSC1	PxPHST

PxPHSIN：PSMCxINピンで
立ち上がりエッジ生成
1：Trueになるとき生成
0：Falseになるとき生成

PxPHSCy：コンパレータy出力で
立ち上がりエッジ生成
1：Trueになるとき生成
0：Falseになるとき生成

PxPHST：タイムベース一致で
立ち上がりエッジ生成
1：一致したとき生成
0：生成しない

PSMCxDCSレジスタ

PxDCSIN	----	----	----	PxDCSC3	PxDCSC2	PxDCSC1	PxDCST

PxDCSIN：PSMCxINピンで
立ち上がりエッジ生成
1：Trueになるとき生成
0：Falseになるとき生成

PxDCSCy：コンパレータy出力で
立ち下がりエッジ生成
1：Trueになるとき生成
0：Falseになるとき生成

PxDCST：タイムベース一致で
立ち上がりエッジ生成
1：一致したとき生成
0：生成しない

PSMCxPRSレジスタ

PxPRSIN	----	----	----	PxPRSC3	PxPRSC2	PxPRSC1	PxPRST

PxPRSIN：PSMCxINピンで
周期エッジ生成
1：Trueになるとき生成
0：Falseになるとき生成

PxPRSCy：コンパレータy出力で
周期エッジ生成
1：Trueになるとき生成
0：Falseになるとき生成

PxPRST：タイムベース一致で
周期エッジ生成
1：一致したとき生成
0：生成しない

PIC16F1 family

7-7 製作例 マルチメータの製作

PIC16F1783を使った製作例としてマルチメータを製作します。このPICマイコンには多種類のモジュールが内蔵されているので、これらをフル活用し、外付け部品はほぼない構成で次の機能を持つマルチメータの作り方を説明します。

・直流電圧測定
・直流電流測定
・周波数カウンタ
・正弦波出力
・矩形波出力

完成したマルチメータの外観は写真7-7-1となります。測定端子が多いので基板のままで使うことにしました。電源は7V～9V入力なので、ACアダプタか006Pの電池を使います。

●写真7-7-1　マルチメータの外観

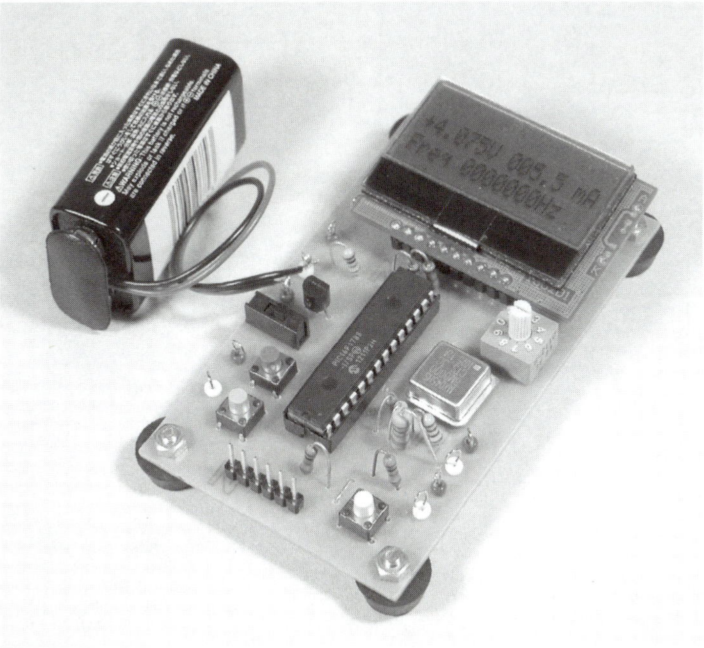

7-7-1 全体構成と機能仕様

このマルチメータの全体構成は、図7-7-1のようにしました。まず表示はI^2C接続の液晶表示器だけで行い、操作部は計測項目選択用のDIPスイッチと、出力周波数などをアップダウンさせるためのスイッチとなります。

システムクロックは周波数精度の点から8MHzのクリスタル発振器を使い、内部PLLで4倍して32MHzのシステムクロックとしています。

電源は、消費電流がわずかなので、006Pの電池で十分持ちます。

計測部分については、PICマイコンだけで構成されています。端子が直接PICマイコンに接続されてしまっているので、この構成図を見ただけではどういう動作をしているのか判別不能です。

●図7-7-1　マルチメータの全体構成

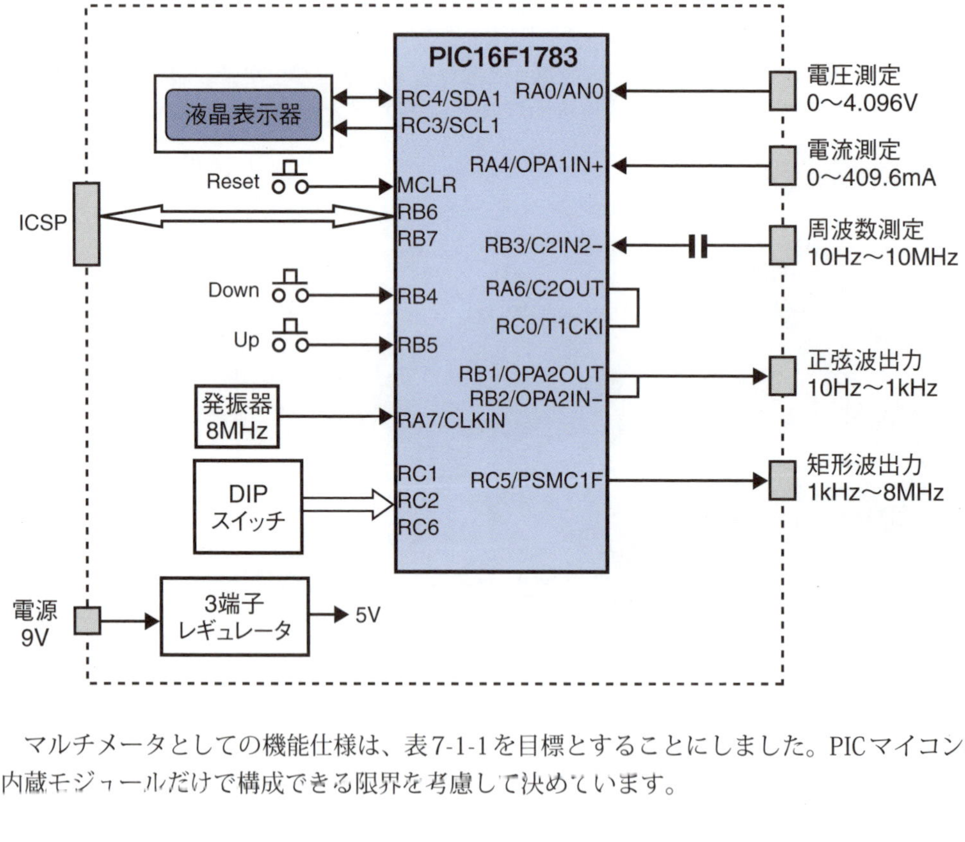

マルチメータとしての機能仕様は、表7-1-1を目標とすることにしました。PICマイコンの内蔵モジュールだけで構成できる限界を考慮して決めています。

▼表7-1-1　マルチメータの機能仕様

項目	仕様	備考
電源	006P電池　6V～9V 内蔵3端子レギュレータで5V生成 消費電流：20mA以下	
電圧測定	測定範囲　　：0V～4.096V 分解能　　　：約1mV インピーダンス：1MΩ	精度：約±3%
電流測定	測定範囲：0～409.6mA 分解能　：0.1mA 負荷抵抗：1Ω	精度：約±3%
周波数測定	測定範囲：10Hz～10MHz 分解能　：1Hz 負荷抵抗：10kΩ	精度：約50ppm
正弦波出力	出力電圧　：約4V_{PP} 周波数範囲：10Hz～1kHz 周波数設定：20段階固定周波数切替	正弦波分解能：100
矩形波出力	出力電圧　：CMOSレベル 周波数範囲：1kHz～8MHz 周波数設定：10/100/1k/1Mステップ	安定度：約50ppm
表示出力	液晶表示器　16文字×2行 表示内容 　+x.xxxV xxx.x mA 　Freq 3000000Hz または 　+x.xxxV xxx.x mA 　Sine 1000Hz または 　+x.xxxV xxx.x mA 　Rect 8000000Hz	電圧、電流は常時表示
操作	測定項目選択：DIPスイッチ 周波数変更　：Up、Downスイッチ	

7-7-2 測定項目ごとの内部構成

計測項目ごとに内部モジュールをどのように使っているかを説明します。すべてPICマイコンの内蔵モジュールだけで構成しています。

1 電圧測定

これは最も簡単な構成で、図7-7-2のようにしています。外部入力を直接12ビットA/Dコンバータの入力とし、この入力のインピーダンスを1MΩと一定にするため、抵抗を挿入しています。

12ビットA/DはV_{REF}＋に内蔵定電圧リファレンス(FVR)を使い、V_{REF}－は0Vとしています。これで最大4.096Vまでの計測ができることになります。分解能は12ビット＝4096ステップなので、1mVとなります。精度はFVRとA/Dコンバータの性能で決まりますが、FVRが±3%と余り良くないので、この精度となってしまいました。

●図7-7-2　電圧測定の場合の構成

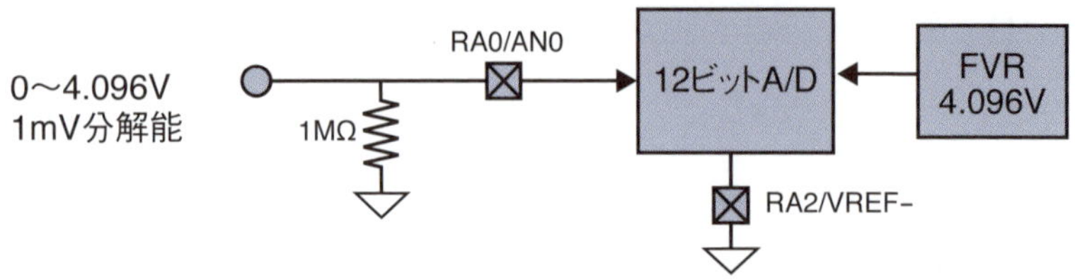

2 電流測定

電流測定の場合の内部構成は図7-7-3となります。入力に1Ωのシャント抵抗を挿入し、この間の電圧降下を測定しますが、電圧レベルが低いので、内蔵オペアンプ#1で約10倍に増幅して計測しています。これで測定できる電圧が最大0.4096Vまでなので、電流に変換すれば最大409.6mAということになります。精度は電圧と同じでFVRで決まってしまいます。オペアンプは単純な非反転増幅回路構成とし、外付けの抵抗でゲインを決めています。

●図7-7-3　電流測定の場合の内部構成

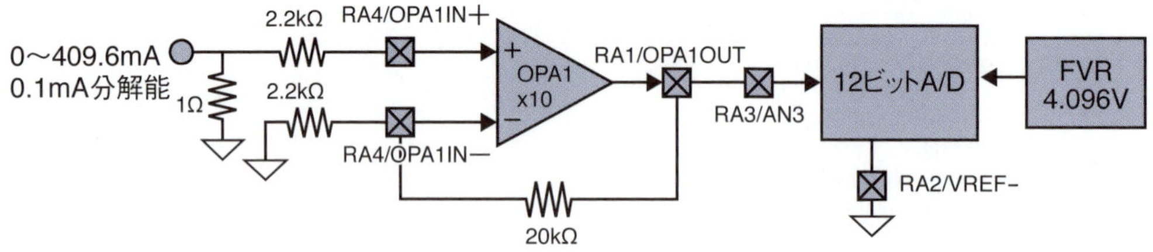

3 周波数測定

周波数測定の場合の内部構成は図7-7-4となります。

まず入力信号は交流で低レベルという前提で考え、コンデンサで直流成分をカットし、アナログコンパレータ#2を使ってスレッショルドを8ビットD/Aコンバータで低めに設定します。これで低レベルの信号でも入力できることになりますし、波形の整形も一緒に行うことができます。さらにヒステリシスで安定な計測も可能になります。

D/Aコンバータの出力設定はここでは固定ですが、アップ／ダウンスイッチで可変にしてもよいかと思います。

外部ピンでコンパレータ#2の出力C2OUT（RA6ピン）をタイマ1の外部入力T1CKI（RC0ピン）に接続します。

タイマ1では入力パルスのカウントを1秒間継続します。このカウント中にオーバーフローしたら割り込みを生成し、プログラムでオーバーフロー回数をカウントしておき、1秒後にトータルのカウント数を求めて周波数を求めます。

1秒の時間については、タイマ2で8MHzのサイクルクロックから20msec周期のインターバルタイマを構成し、このインターバルタイマの割り込みを50回受け付ければ1秒ですから、この前後でタイマ1のカウントの開始と終了を制御します。

タイマ2はプリスケーラを1/64とし、周期レジスタを250、ポストスケーラを10とすれば、8MHzつまり0.125μsecの入力から、0.125×64×250×10＝20msecのインターバルが生成できます。

●図7-7-4　周波数測定の場合の内部構成

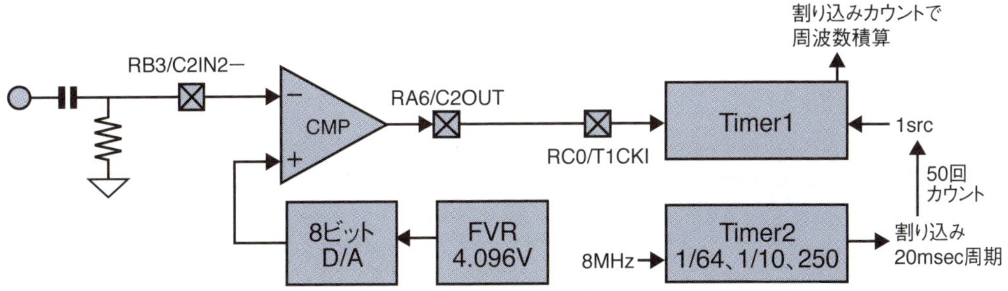

4 正弦波出力

内蔵の8ビットD/Aコンバータを使って正弦波を出力します。この場合の内部構成は図7-7-5となります。

D/AコンバータはリファレンスをFVRとし、4.096Vとします。さらにD/Aコンバータの出力は、インピーダンスが高くそのままでは負荷をドライブできないので、オペアンプ#2に接続し、オペアンプ#2をユニティゲインのバッファ構成として十分な出力能力となるようにしています。

タイマ2を最高10μsec周期という超高速のインターバルタイマとし、この割り込みでD/Aコンバータの出力電圧設定をします。この出力電圧は、別に正弦波1波形を100分解能で構成したテーブルデータを用意し、これを順番に出力します。

周波数変更はタイマ0のインターバル周期を変えることで行います。最高の10μsec周期の場合で、100個の1周期を出力すると、1000μsecの周期＝1kHzの正弦波ということになり、これが最高周波数となります。

●図7-7-5　正弦波出力の場合の内部構成

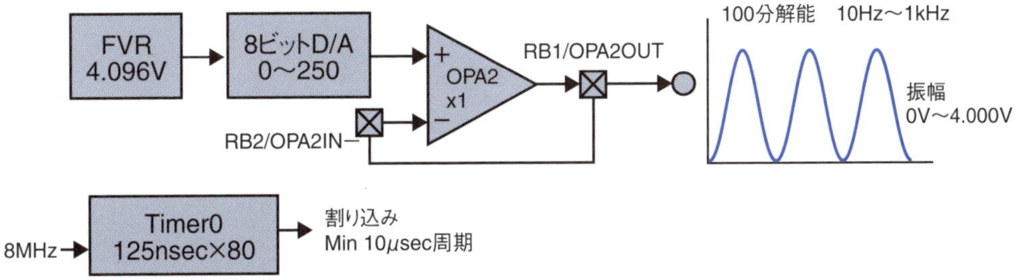

周波数変更はそれほど自由にはならないので、あらかじめ20個の周波数の設定値を用意しておき、Up/Downのスイッチ操作で切り替えて周波数を変更するようにしています。用意した20個の設定値は、10Hzから100Hzまでの10Hzステップ、100Hzから1kHzまでの100Hzステップです。ただし、この周波数はぴったりではなく、近い値です。

5 矩形波出力

矩形波はPSMCコントローラで生成しますが、このときの内部構成は図7-7-6となります。

PSMC1をシステムクロックの32MHzで動作させ、単純な単相PWMパルス出力モードで、デューティが常に50%としています。

●図7-7-6 矩形波出力の場合の内部構成

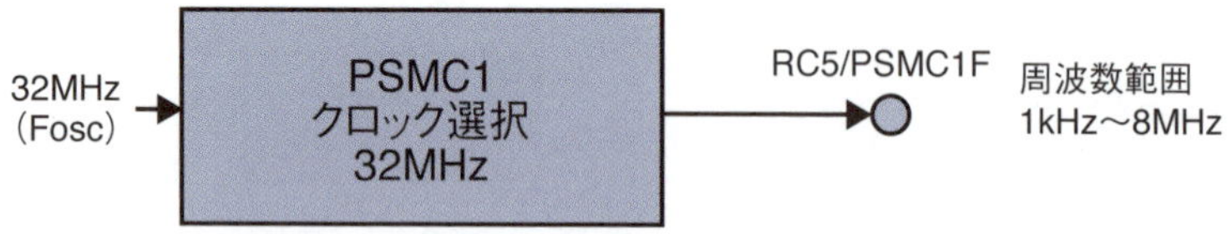

以上が、測定項目ごとにどのように内蔵モジュールを使うかを示したものです。

7-7-3 回路設計と組み立て

図7-7-1の全体構成から作成した回路図が図7-7-7となります。ほぼ全体構成そのままという感じになります。

スイッチSW3、SW4、DIPスイッチのプルアップは内蔵プルアップ抵抗を使います。DIPスイッチは3ビット分のみの接続とし、これで8通りの切り替えができるようにしています。

液晶表示器はI^2Cタイプなので2本の配線だけです。リセットは本来PICのリセットピンと接続した方がよいのですが、電源オンリセットだけで済ませています。

●図7-7-7　マルチメータの回路図

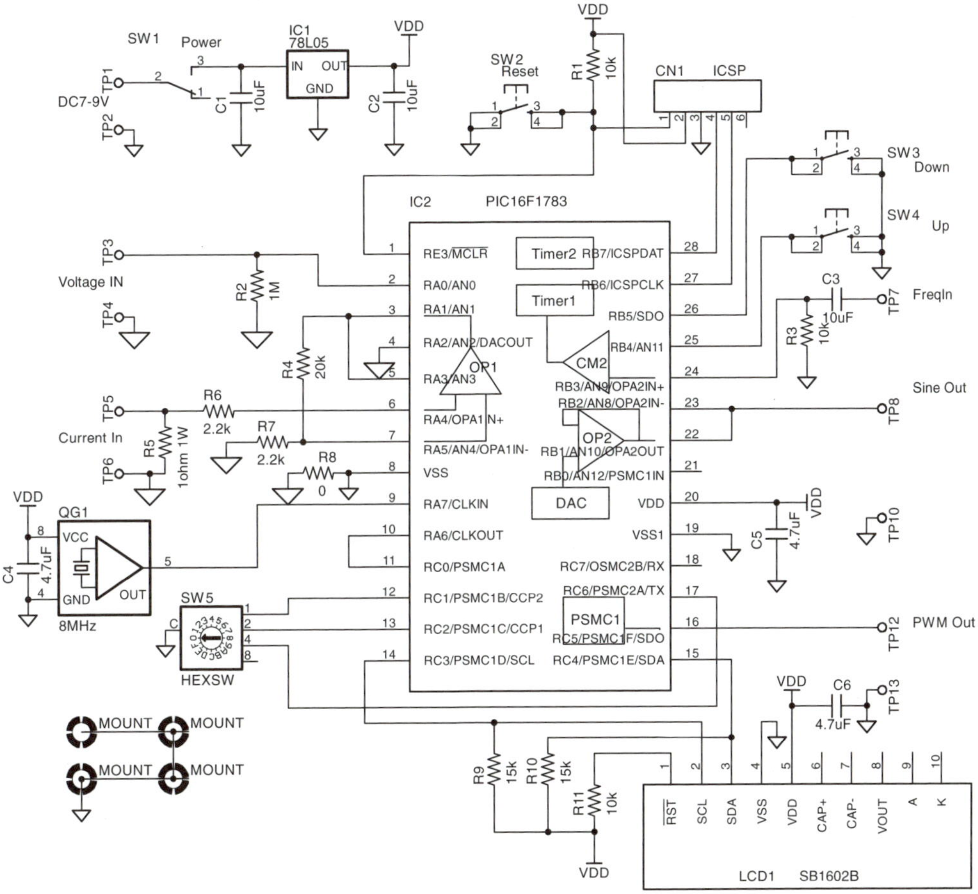

マルチメータの組み立てに必要なパーツは表7-7-2となります。

▼表7-7-2　マルチメータの必要なパーツ

記　号	部品名	品　名	数量
IC1	3端子レギュレータ	78L05相当	1
IC2	PICマイコン	PIC16F1783-I/P	1
QG1	クリスタル発振器	QG5460　8MHz	1
LCD1	液晶表示器	SB1602B（ストロベリリナックス）	1
R1、R3、R11	抵抗	10kΩ　1/4W	3
R2	抵抗	1MΩ　1/4W	1
R4	抵抗	20kΩ　1/4W	1
R5	抵抗	1Ω　1W　1%	1

記　号	部品名	品　名	数量
R6、R7	抵抗	2.2Ω　1/4W	2
R8	抵抗	ジャンパ	1
R9、R10	抵抗	15kΩ　1/4W	2
C1、C2、C3	チップ型セラミック	10μF 16V～25V	3
C4、C5、C6	チップ型セラミック	1μF～4.7μF　16V～25V	3
TP1-TP13	チェックピン	小型ビーズ付きチェック端子	13
SW1	スイッチ	3P 小型スライドスイッチ	1
SW2、SW3、SW4	スイッチ	小型基板用タクトスイッチ	3
SW5	DIPスイッチ	つまみ付き10進	1
CN1	ピンヘッダ	6P　ピンヘッダ	1
	ICソケット	28ピン	1
	電池プラグ	006P用	1
	基板	サンハヤト感光基板　10K	1
	ピンヘッダ	オス40P（液晶表示器とCN1用）	1
	ピンヘッダ	メス40P（液晶表示器用）	1
	電池	006P　9V電池	1
	ゴム足、ネジ、ナット		少々

部品が収集でき、プリント基板ができれば組み立てです。組み立ては図7-7-8の組み立て図にしたがって進めます。

●図7-7-8　マルチメータの組み立て図

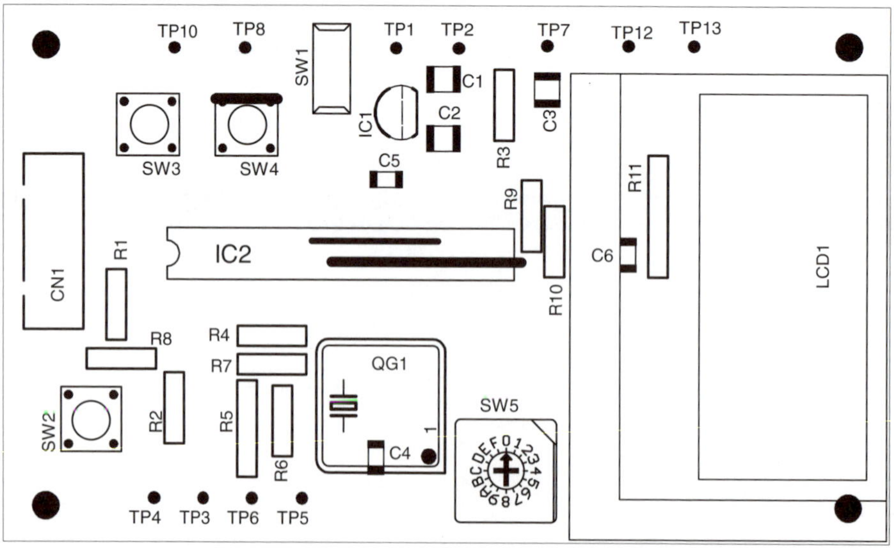

最初は表面実装のコンデンサの取り付けです。これが完了したら図の太線で示したジャンパ線の配線をします。ただしスイッチの下のジャンパはスイッチ自身で接続できるのでジャンパ線は不要です。次はICソケットの実装です。残りは背の低いものから順に実装していきます。液晶表示器は最後に実装します。3端子レギュレータやICは向きがあるので注意してください。

組み立て図にしたがって製作が完了した基板の部品面が写真7-7-2、はんだ面が写真7-7-3となります。

●写真7-7-2　部品面

●写真7-7-3　はんだ面

7-7-4 ファームウェアの製作

基板の製作が完了したら次はプログラムの製作です。マルチメータは次の5つのファイルで構成しています。

- MultiMeter.c：アプリケーション本体プログラム
- lcd_lib3.c　：液晶表示器用ライブラリ　プログラムファイル
- lcd_lib3.h　：液晶表示器用ライブラリ　ヘッダファイル
- i2c_lib3.c　：I^2C通信ライブラリ　プログラムファイル
- i2c_lib3.h　：I^2C通信ライブラリ　ヘッダファイル

これら5つのファイルをすべてプロジェクトフォルダにコピーし、プロジェクトに登録する必要があります。

液晶表示器ライブラリとI^2Cライブラリは前章までで説明したのでここでは省略し、本体プログラムの説明をします。

アプリケーションの全体フローは図7-7-9のようになっています。

最初で内蔵モジュールの初期設定を行っています。設定が必要なモジュールは次のモジュールとなります。

- I/Oピン、プルアップ設定も含む
- I^2Cモジュール　：マスタモード　100kbps
- オペアンプ　　：オペアンプ1、2両方
- コンパレータ　：コンパレータ2のみ
- 定電圧リファレンス（FVR）：4.096Vにセット
- D/Aコンバータ：FVRリファレンスで外部出力なし
- A/Dコンバータ：FVRリファレンス　手動変換

最後に液晶表示器の初期化をしてから、開始メッセージを表示し、メインループに入ります。

メインループでは、電圧と電流の計測と液晶表示器への表示を1行目にし、続いてDIPスイッチの値をチェックして、0、1、2の場合のみ周波数計測と表示、正弦波出力と周波数表示、矩形波出力と周波数表示を実行しています。

計測表示の後、アップ、ダウンのスイッチのチェックをして、DIPスイッチの状態に応じて周波数のアップ、ダウンをします。

最後に0.3秒の遅延を入れて全体を繰り返します。

割り込み処理ではタイマ0、タイマ1、タイマ2の3つの割り込みがあります。タイマ0の場合は正弦波の出力なので正弦波テーブルのインデックスを更新し、タイマ0の再設定をして戻ります。

タイマ1の割り込みは周波数カウンタのオーバーフロー割り込みなので、回数のみカウントしてすぐリターンします。

タイマ2の割り込みで、正確な1秒でタイマ1のカウント開始と停止を制御しています。20msec周期の割り込みなので、50回目で1秒となります。

●図7-7-9 プログラム全体フロー

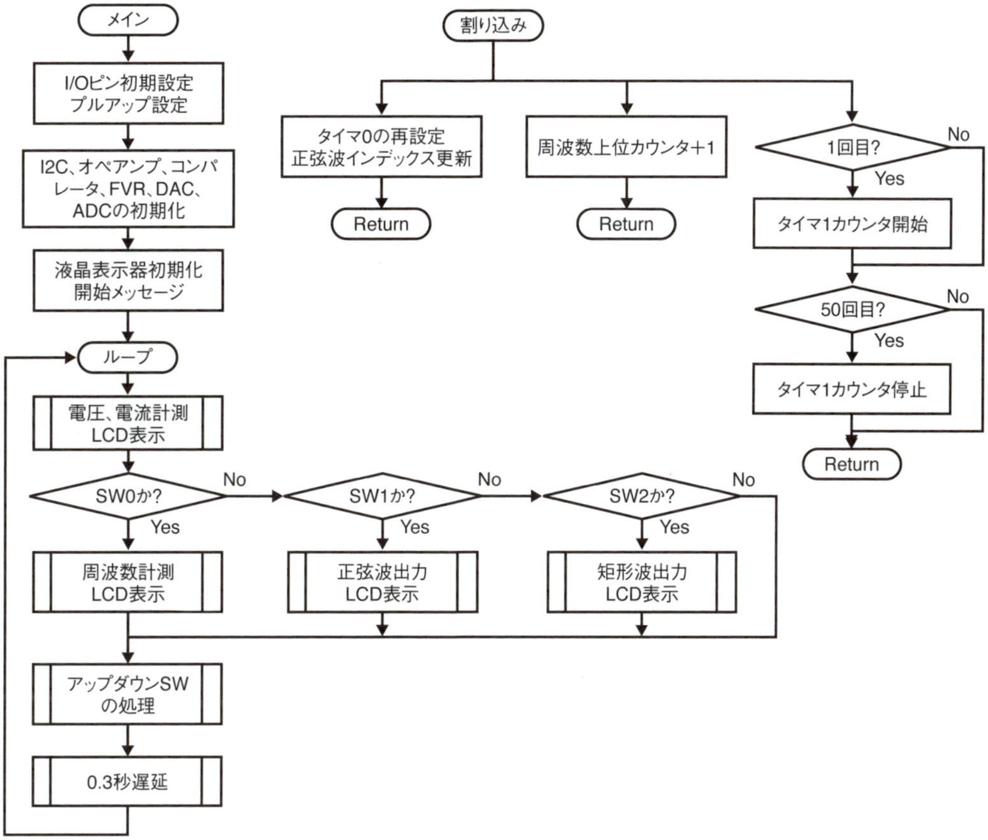

1 宣言部

プログラムを詳しく見ていきます。

まず宣言部はリスト7-7-1となります。最初に液晶表示器用のライブラリをインクルードしています。コンフィギュレーションでは、クロックを外部発振器でPLLを有効として設定しているので、システムクロックは32MHzとなります。

関数プロトタイピングの後、正弦波を出力するために、正弦波の1周期を100等分したときの振幅比を配列データとして用意しています。さらに正弦波の周波数を切り替えるために必要なタイマ0の設定値を20個用意し、次にその切り替え時に表示する周波数値のデータも配列として用意しています。

リスト 7-7-1 宣言部の詳細

LCD関連のインクルード

外部発振器8MHzで
PLLオン
32MHz動作

グローバル変数定義

関数プロトタイピング

正弦波1周期分の比率
データ 100等分

正弦波周波数切り替え
用タイマ0設定データ

正弦波周波数表示用
データ

```
/*******************************************************
  *  多機能マルチメータ  PIC16F1783
  *    ・電圧測定   : 0V to 4.096V
  *    ・電流測定   : 0mA to 409.6mA
  *    ・周波数測定 : 1Hz to 3MHz  1Hz単位
  *    ・正弦波出力 : 10Hz to 1kHz
  *    ・方形波出力 : 1kHz to 8MHz
  *******************************************************/
#include  <htc.h>
#include  "lcd_lib3.h"
#include  "i2c_lib3.h"

/***** コンフィギュレーション設定 *********/
__CONFIG(FOSC_ECH & WDTE_OFF & PWRTE_OFF & MCLRE_ON & CP_OFF
        & CPD_OFF & BOREN_ON & CLKOUTEN_OFF & IESO_OFF & FCMEN_OFF);
__CONFIG(WRT_OFF & PLLEN_ON & STVREN_OFF & LVP_OFF);
/** グローバル変数定義 **/
unsigned int Upper, Period, Cnt;
unsigned char WaitFlag, Interval, Mode, OldMode, InitFlag, SinFlag;
unsigned long Volt, Curr, Regist, Freq, Index, temp;
unsigned char Cmsg[] = "x.xxx V xxx.x mA";
unsigned char Dmsg[] = "                ";
/* 関数のプロトタイピング */
void ltostring(char digit, unsigned long data, char *buffer);
void Display(void);
unsigned int ADConv(unsigned char ch);
void UpDownSW(void);
void SineOut(void);
void PWMOutput(void);
void FreqCounter(void);
void Register(void);
/** 正弦波のデータ 100分解能**/
unsigned char SineData[100] = {
    127,135,142,149,157,164,171,178,185,191,198,203,209,214,219,224,228,232,236,239,
    241,243,245,246,247,247,247,246,245,243,241,239,236,232,228,224,219,214,209,203,
    198,191,185,178,171,164,157,149,142,135,127,119,112,105, 97, 90, 83, 76, 69, 63,
     56, 51, 45, 40, 35, 30, 26, 22, 18, 15, 13, 11,  9,  8,  7,  7,  7,  8,  9, 11,
     13, 15, 18, 22, 26, 30, 35, 40, 45, 51, 56, 63, 69, 76, 83, 90, 97,105,112,119
};
/** 正弦波周波数設定用データ Up/Downスイッチで切り替え **/
unsigned char Setting[19][2] ={
    {4,7},{3,7},{3,90},{3,132},{3,157},{3,174},{3,187},
    {3,196},{3,202},{3,208},{2,210},{1, 197},{8,85},
    {8,125},{8,152},{8,171},{8,185},{8,196},{8,205}
};
/** 正弦波生成用タイマ0設定値 ***/
unsigned long SetFreq[19] = {
    10,20,30,40,50,60,70,80,90,100,200,300,400,500,600,700,800,900,1000
};
```

2 初期化部

次がメイン関数の初期化部の詳細でリスト7-7-2となります。

I/Oピンの初期化後、モジュールごとに初期化を行っています。タイマの初期化はここでは行わず、必要になった時点で行っています。

最後に液晶表示器の初期化後、開始メッセージを表示してからメインループに入ります。

リスト 7-7-2　メイン関数初期化部の詳細

```
/******** メイン関数 ***********************************/
void main(void) {
    int i;

    /** Set I/O Port ***/
    TRISA = 0xBF;                    // RA6,RA3のみ出力設定
    TRISB = 0xFF;                    // 全入力
    TRISC = 0x5F;                    // RC7,5のみ出力
    TRISE = 0xFF;                    // RE3のみ
    ANSELA = 0x0D;                   // RA0,2,3のみアナログに設定
    ANSELB = 0x09;                   // RB0(AN12) RB3(CIN)のみアナログ
    OPTION_REGbits.nWPUEN = 0;       // プルアップ有効化
    WPUC = 0x46;                     // RC1,2,6 プルアップ
    WPUB = 0x30;                     // RB4,5 プルアップ
    /** I2C初期化 **/
    SSPADD = 0x4F;                   // 100kHz@8MHz
    SSPCON1 = 0x38;                  // I2Cイネーブル
    SSPSTAT = 0;                     // 状態クリア
    /** オペアンプの初期設定 **/
    OPA1CON = 0xC0;                  // OPA1IN+ OPA1OUT
    OPA2CON = 0xC2;                  // DAC In
    /** コンパレータの初期設定 **/
    CM1CON0 = 0;                     // CM1無効化
    CM2CON0 = 0xF6;                  // C2OUTあり,ASYNC
    CM2CON1 = 0x2A;                  // VDAC, C2IN2-入力
    APFCON = 0x80;                   // 代替ピン設定、C2OUTをRA6に変更
    /** FVR初期設定 **/
    FVRCON = 0x8F;                   // 4.096V設定
    /** DAC初期設定 **/
    DACCON0 = 0x88;                  // DACOUTなし,FVR使用
    /** A/Dコンバータの初期設定 **/
    ADCON0 = 0x00;                   // Select AN0 OFF
    ADCON1 = 0xC7;                   // Fosc/4, FVR-VREF-  右詰め
    ADCON2 = 0x02;                   // Trigger Disable
    /** 変数初期化 **/
    OldMode = 0xFF;                  // 過去モードリセット
    Interval = 0;                    // 1秒カウンタリセット
    Upper = 0;                       // オーバーフローカウンタリセット
    WaitFlag = 0;                    // 1秒待ちフラグリセット
    InitFlag = 0;                    // 初回フラグリセット
    Index = 0;                       // 周波数設定カウンタリセット
    Period = 100;                    // 矩形波初期値100kHzにセット
    /** LCD初期化 **/
    lcd_init();                      // 液晶表示器の初期化
    lcd_str("Start");                // Startメッセージ表示
```

Callouts:
- I/Oポートの初期設定
- スイッチのプルアップ
- I^2C　100kbpsでセット
- オペアンプ#1,#2の初期設定
- コンパレータ#2のみ初期設定
- 定電圧リファレンス4.096V設定
- D/AコンバータFVRで設定
- 12ビットA/D初期設定
- LCD初期化後開始メッセージ表示

3 メインループ部

次がメインループ部でリスト7-7-3となります。

最初に常時表示する電圧と電流の計測をA/D変換で行い、それぞれ文字列に変換して1行バッファに格納後、一括で液晶表示器に表示しています。

次に計測項目選択スイッチをチェックし、前回と異なっていたら、2行目表示用バッファをクリアしてから関係するタイマなどのモジュールをいったん停止してから、項目ごとの処理に分岐しています。

項目ごとの処理では、それぞれ周波数カウンタ処理、正弦波出力処理、矩形波出力処理のサブ関数を呼んで処理しています。

最後に周波数アップダウンのスイッチの処理を行ってから、0.3秒の遅延を挿入して最初に戻って繰り返しています。

リスト 7-7-3 メインループ部の詳細

```
/************ メインループ  ***********************************/
 while (1) {
     /** 常時計測項目の処理と表示 **/
     /** 電圧入力 **/
     ADCON1 = 0xC7;                          // Fosc/8, FVR-VREF-  右詰め
     Volt = ADConv(0)-20;                    // AN0計測
     ltostring(4, Volt, Cmsg+2);             // 文字に変換
     Cmsg[1] = Cmsg[2];                      // 最下位桁右移動
     Cmsg[2] = '.';                          // 小数点追加
     /** 電流入力 **/
     Curr = ADConv(3) -135;                  // AN3計測
     ltostring(4, Curr, Cmsg+8);             // 文字に変換
     /** 表示出力 ***/
     Cmsg[12] = Cmsg[11];                    // 最下位桁右移動
     Cmsg[11] = '.';                         // 小数点追加
     lcd_cmd(0x80);                          // 1行目指定
     lcd_str(Cmsg);                          // 固定メッセージ表示
     /** 選択スイッチのチェック **/
     Mode = 0;
     Mode = !RC1 + 2*(!RC2) + 4*(!RC6);  // 選択スイッチ入力
     if(OldMode != Mode){                    // スイッチ変更か？
         /** スイッチ変更時の初期化 **/
         for(i=0; i<16; i++)                 // LCD表示バッファクリア
             Dmsg[i] = ' ';                  // ブランク書き込み
         InitFlag = 0;                       // 初回フラグセット
         OldMode = Mode;                     // 過去モード更新
         TMR0IE = 0;                         // タイマ0割り込み禁止
         TMR1IE = 0;                         // タイマ1割り込み禁止
         TMR2IE = 0;                         // タイマ2割り込み禁止
         PSMC1EN = 0;                        // PSMCモジュール無効化
     }
     /** 選択項目の処理と表示 ***/
     switch(Mode){
          case 0:                            // 周波数計測モード
             FreqCounter();                  // 周波数カウントと表示実行
             break;
         case 1:                             // 正弦波出力モード
```

- 電圧計測の実行
- 文字に変換後バッファに格納
- 電流計測の実行
- 文字に変換後バッファに格納
- 1行目に電圧と電流を表示
- 項目選択スイッチの読み込み
- 切り替えがあった場合
- 2行目バッファのクリア
- モジュール動作停止
- 選択項目で分岐
- 周波数計測の実行

正弦波出力の実行

矩形波出力の実行

周波数アップダウンスイッチの処理後0.3秒の遅延

```
                SineOut();                    // 正弦波の出力実行
                break;
            case 2:                           // PWM出力モード
                PWMOutput();                  // 矩形波の出力実行
                break;
            default:
                break;
        }
        /*** Up/Downスイッチ入力処理 ***/
        UpDownSW();                           // スイッチ処理実行
        delay_100ms(3);                       // 測定間隔用遅延
    }
}
```

4 割り込み処理部

次はタイマの割り込み処理関数の詳細でリスト7-7-4となります。

タイマ0の割り込みの場合は正弦波出力用の割り込みなので、正弦波の配列を読み出してD/Aコンバータに出力してから、配列のインデックスを更新しています。こうして配列のデータを順番にD/Aコンバータに出力して、正弦波を生成しています。

タイマ1の割り込みの場合は、周波数カウンタのオーバーフローなので、その回数のカウントのみしています。

タイマ2の割り込みの場合は、周波数カウンタ用の1秒ゲートを生成するためのものです。最初の割り込みでタイマ1のゲートをオンとしてカウントを開始し、50回目の割り込みの場合にタイマ1のゲートをオフとしています。この間がぴったり1秒になるように、数命令の遅延を挿入しています。

リスト 7-7-4　タイマ割り込み処理関数の詳細

タイマ0割り込みの場合

タイマ0の再設定

正弦波の出力

正弦波データ用インデックスの更新

タイマ1割り込みの場合

割り込み回数のカウント

タイマ2割り込みの場合

割り込み回数の更新

```
/*************************************
* タイマ割り込み処理関数
*************************************/
void interrupt isr(void){
    int i;

    if(TMR0IF){                               // タイマ0割り込みの場合
        TMR0IF = 0;                           // タイマ0割り込みフラグクリア
        OPTION_REG = Setting[Index][0];       // プリスケーラセット
        TMR0 = Setting[Index][1];             // タイマ0周期再セット
        DACCON1 = SineData[Cnt++];            // 出力レベルセット
        if(Cnt >= 100)                        // サンプリングカウンタ更新
            Cnt = 0;                          // 100回で最初に戻す
    }
    else{
        if(TMR1IF){                           // タイマ1割り込みの場合
            TMR1IF = 0;                       // タイマ1割り込みフラグクリア
            Upper++;                          // オーバーフローカウンタ更新
        }
        else{
            if(TMR2IF){                       // タイマ2割り込みの場合
                TMR2IF = 0;                   // タイマ2割り込みフラグクリア
                Interval++;                   // 0.5秒カウンタ更新
```

```
                if(Interval == 1){          // 最初の割り込みの場合
                    TMR1IE = 0;             // 1秒補正用ダミー命令
                    TMR1IE = 0;
                    TMR1IE = 0;
                    TMR1IE = 1;             // タイマ1割り込み許可
                    TMR1ON = 1;             // タイマ1開始(この位置が重要)
                }
                if(Interval > 50){          // 1秒後の場合
                    TMR1ON = 0;             // タイマ1停止(この位置が重要)
                    Interval = 0;           // 1秒カウンタリセット
                    WaitFlag = 1;           // 1秒待ちフラグクリア
                    TMR1IE = 0;             // タイマ1割り込み禁止
                    TMR2IE = 0;             // タイマ2停止
                }
            }
        }
    }
}
```

ピッタリ1秒になるようにするための遅延

1回目のときタイマ1カウント開始

50回目のときタイマ1カウント停止

タイマ2も停止して動作停止

5 周波数カウンタ処理部

次からはサブ関数です。最初は周波数カウンタ処理の関数でリスト7-7-5となります。最初に呼ばれたとき、カウンタやフラグを初期化し、タイマ1とタイマ2の初期設定をしてからタイマ1の割り込みを許可しています。

またここで、D/Aコンバータの出力を小さめにしてコンパレータのスレッショルドを低くして、低レベルの信号でもカウントできるようにしています。

その後、1秒間のカウントが完了するまで待ち、結果から周波数を計算し文字列に変換後表示バッファに格納しています。その後単位などをバッファに格納してから2行目に表示しています。

最後にカウンタやフラグをリセットしてからタイマ2の割り込みを許可し、周波数計測を再開します。

リスト 7-7-5 周波数カウンタ処理のサブ関数詳細

```
/******************************************
* 周波数カウンタ処理
******************************************/
void FreqCounter(void){
    if(InitFlag == 0){                  // 最初の場合
        InitFlag = 1;                   // 初回フラグクリア
        Freq = 0;                       // 周波数測定値クリア
        Interval = 0;                   // 1秒カウンタリセット
        DACCON1 = 0x05;                 // コンパレータスレッショルド設定
        WaitFlag = 0;                   // 1秒待ちフラグリセット
        Upper = 0;                      // オーバーフローカウンタリセット
        /** タイマ1初期設定 **/
        TMR1 = 0;                       // タイマ1カウンタリセット
        T1CON = 0x85;                   // 1/1 T1CKI
        T2CON = 0x4F;                   // 1/64, 1/10
        PR2 = 249;                      // 20msec周期とする
        TMR2IF = 0;                     // 割り込みフラグクリア
        TMR2IE = 1;                     // タイマ2割り込み許可
        PEIE = 1;                       // 周辺割り込み許可
```

呼ばれた最初の場合

コンパレータの初期化

カウンタの全クリア

タイマ1の初期化、外部パルス

タイマ2の初期化、20msec周期

タイマ2の割り込み許可

1秒カウント待ち

周波数計算し文字列に変換

表示バッファに格納

2行目に表示

カウンタ、フラグリセット

タイマ2再スタート

```
        GIE = 1;                            // グローバル割り込み許可
    }
    else{                                   // 繰り返しの場合
        while(WaitFlag == 0);               // 周波数カウント待ち
        Freq = (Upper * 65536 + TMR1);      // 周波数取得
        ltostring(7, Freq, Dmsg+5);         // 文字に変換
        Dmsg[0] = 'F';                      // 見出し
        Dmsg[1] = 'r';                      // 「Freq」
        Dmsg[2] = 'e';
        Dmsg[3] = 'q';
        Dmsg[12] = 'H';                     // 単位  Hz
        Dmsg[13] = 'z';
        lcd_cmd(0xC0);                      // 2行目指定
        lcd_str(Dmsg);                      // 表示実行
        /** 再計測のため変数初期化 */
        Upper = 0;                          // オーバーフローカウンタリセット
        TMR1 = 0;                           // タイマ1カウンタリセット
        Interval = 0;                       // 0.5秒カウンタリセット
        WaitFlag = 0;                       // 0.5秒待ちフラグリセット
        TMR2IE = 1;                         // タイマ2 再スタート
    }
}
```

6 正弦波と矩形波の処理部

次が正弦波出力処理と矩形波出力処理のサブ関数の詳細で、リスト7-7-6となります。

正弦波出力処理では、最初に呼ばれたときに指定周波数を出力するために必要なタイマ0の初期設定を行ってからタイマ0の割り込みを許可しています。初回以外の場合は、周波数表示だけ行っています。現在の設定周波数を文字列に変換し表示バッファに格納してから、見出しと単位を表示バッファに格納しています。最後に2行目にバッファ内容を表示出力しています。

矩形波出力処理では、最初に呼ばれたときだけPSMCモジュールの初期設定を行っています。初回以降、出力周波数の設定後周波数を文字列に変換してから2行目に表示しています。

リスト 7-7-6 正弦波と矩形波の出力処理サブ関数の詳細

呼ばれた最初の場合

出力周波数によるタイマ0の設定

タイマ0の割り込み許可

周波数を文字列に変換しバッファに格納

```
/****************************************
* 正弦波出力処理
****************************************/
void SineOut(void){
    if(InitFlag == 0){                      // 最初の場合
        InitFlag = 1;                       // 初回フラグクリア
        Cnt = 0;                            // サンプリング回数カウンタクリア
        Index = 9;                          // 初期値100Hzにセット
        OPTION_REG = Setting[Index][0];     // プリスケーラ設定
        TMR0 = Setting[Index][1];           // TMR0周期設定
        TMR0IF = 0;                         // タイマ0割り込みフラグクリア
        TMR0IE = 1;                         // タイマ1 割り込み許可
        GIE = 1;                            // グローバル割り込み許可
    }
    /** 周波数のLCD表示 ***/
    lcd_cmd(0xC0);                          // 2行目指定
```

```
    ltostring(4, SetFreq[Index], Dmsg+5);   // 周波数を文字列変換しバッファに格納
    Dmsg[0] = 'S';                          // 見出し表示セット
    Dmsg[1] = 'i';                          // 「Sine」
    Dmsg[2] = 'n';
    Dmsg[3] = 'e';
    Dmsg[9] = 'H';                          // 単位セット Hz
    Dmsg[10] = 'z';
    lcd_str(Dmsg);                          // LCD表示実行
}
/****************************************
*  PSMC  矩形波出力処理
****************************************/
void PWMOutput(void){
        if(InitFlag == 0){                  // 最初の場合
            /** PSMC初期設定 ****/
            PSMC1CON = 0x40;                // 固定デューティ、シングルモード
            PSMC1STR0 = 0x20;               // PSMC1 F only
            PSMC1CLK = 0x01;                // Select 32MHz
            PSMC1OEN = 0x20;                // F only Active
            PSMC1POL = 0;                   // Active High
            PSMC1DCS = 0x01;                // レジスタで指定
            PSMC1PRS = 0x01;                // レジスタで指定
            PSMC1PHS = 0x01;                // レジスタで指定
            PSMC1PHH = 0;                   // フェーズシフトなし
            PSMC1PHL = 0;                   // フェーズシフトなし
            InitFlag = 1;                   // 初回フラグクリア
        }
        /** 周波数設定 ***/
        PSMC1PRH = (32000/Period-1) >> 8;   // 周期上位セット
        PSMC1PRL = (32000/Period-1) & 0xFF; // 周期下位セット
        PSMC1DCH = (16000/Period-1) >> 8;   // デューティ上位セット
        PSMC1DCL = (16000/Period-1) & 0xFF; // デューティ下位セット
        PSMC1EN = 1;                        // PSMC有効化
        /** 周波数LCD表示 **/
        lcd_cmd(0xC0);                      // 2行目指定
        ltostring(4, (unsigned long)Period, Dmsg+5);    // 文字に変換
        Dmsg[0] = 'R';                      // 見出しセット
        Dmsg[1] = 'e';                      // 「Rect」
        Dmsg[2] = 'c';
        Dmsg[3] = 't';
        Dmsg[9] = 'k';                      // 単位セット kHz
        Dmsg[10] = 'H';
        Dmsg[11] = 'z';
        lcd_str(Dmsg);                      // LCD表示実行
}
```

見出しと単位をバッファに格納

2行目に出力周波数の表示

呼ばれた最初の場合

PSMCの初期設定

出力周波数の設定

PSMC動作開始

周波数を文字列に変換しバッファに格納

見出しと単位をバッファに格納

2行目に出力周波数の表示

7 アップダウンスイッチ処理部

最後がアップダウンのスイッチの処理関数で、リスト7-7-7のようになります。

アップスイッチが押されている場合、現在モードをチェックし、正弦波出力中であれば、周波数配列の上限をチェックし、上限でなければインデックスをプラスして、タイマ0を次の周波数に設定します。

矩形波出力中の場合は、現在周波数範囲をチェックしてそれに合ったステップで周波数を

上げます。実際のPSMCの設定は矩形波出力関数で行われます。最後にスイッチのチャタリング回避処理を挿入しています。

ダウンスイッチの場合も同様に処理しています。

リスト 7-7-7 アップダウンスイッチ処理関数の詳細

アップスイッチがオンの場合
現在のモードで分岐
正弦波出力の場合
周波数設定上限チェック。上限でなければアップ
指定周波数に設定
矩形波出力の場合
現在周波数範囲でステップ変更し更新
チャタリング回避
ダウンスイッチがオンの場合
現在のモードで分岐
正弦波出力の場合
周波数設定加減チェック 加減でなければダウン
指定周波数に設定
矩形波出力の場合
現在周波数範囲で ステップ変更し更新

```
/********************************************
*  アップダウンスイッチ入力処理
********************************************/
void UpDownSW(void){
    /** アップスイッチ処理 **/
     if(PORTBbits.RB4 == 0){                  // アップスイッチ オンか？
        switch(Mode){                         // モードで分岐
            case 1:                           // 正弦波出力の場合
                if(Index < 18)                // 18より小さい場合
                    Index++;                  // +1
                OPTION_REG = Setting[Index][0]; // プリスケーラ設定
                TMR0 = Setting[Index][1];     // TMR0周期設定
                break;
            case 2:                           // 方形波出力の場合
                PSMC1EN = 0;                  // PSMCいったん停止
                if(Period < 10)               // 周期10より小さい場合
                    Period += 1;              // 周期+1
                else if(Period < 100)         // 周期100より小さい場合
                    Period += 10;             // 周期+10
                else if(Period < 1000)        // 周期1000より小さい場合
                    Period += 100;            // 周期+100
                else if(Period < 8000)        // 周期8000より小さい場合
                    Period += 1000;           // 周期+1000
                break;
            default:
                break;
        }
        while(PORTBbits.RB4 == 0);            // チャタリング処理
    }
     /** ダウンスイッチ処理 ***/
    if(PORTBbits.RB5 == 0){                   // ダウンスイッチオンか？
        switch(Mode){                         // モードで分岐
            case 1:                           // 正弦波出力の場合
              if(Index > 0)                   // 0より大きい場合
                Index--;                      // -1
                OPTION_REG = Setting[Index][0]; // プリスケーラ設定
                TMR0 = Setting[Index][1];     // TMR0周期設定
                break;
            case 2:                           // 方形波出力の場合
                PSMC1EN = 0;                  // PSMCいったん停止
                if(Period > 1000)             // 周期1000より大の場合
                    Period -= 1000;           // 周期-1000
                else if(Period > 100)         // 周期100より大の場合
                    Period -= 100;            // 周期-100
                else if(Period > 10)          // 周期10より大の場合
                    Period -= 10;             // 周期-10
                else if(Period > 1)           // 周期1より大の場合
                    Period -= 1;              // 周期-1
                break;
```

チャタリング回避

```
            default:
                break;
        }
        while(PORTBbits.RB5 == 0);              // チャタリング処理
    }
}
```

以上がマルチメータのプログラム詳細です。これ以外にA/Dコンバータの処理と数値から文字列への変換処理サブ関数がありますが、詳細は省略します。

7-7-5 マルチメータの使い方

このマルチメータの使い方は、特に難しいことはありません。

電圧と電流は常時表示されているので、それぞれの入力端子とグランド端子間に測定対象を接続すれば表示されます。ただし電圧は4Vまで、電流は0.4Aまでです。

12ビットA/Dコンバータのオフセット誤差があるので、ゼロ表示を補正する必要があります。

項目選択用のDIPスイッチが0の位置で周波数カウンタになります。このとき周波数測定用入力端子とグランド間に測定するパルスを加えれば自動的に周波数を表示します。信号レベルはD/Aコンバータの設定を変更すれば変えることができます。また最高カウント周波数は、コンパレータの周波数特性で決まり、ほぼ10MHz程度となります。

正弦波出力は最高周波数が1kHzとなっていますが、正弦波1周期の分割が100の場合の上限なので、分割を少なくすれば周波数を上げられます。例えば20分割とすれば5kHzまで上げられますが、きれいな正弦波ではなくなります。

矩形波はPSMCの元のクロックを32MHzとしているので、最高は8MHzまで可能です。

実際に表示した例が写真7-7-4となります。

●写真7-7-4　実際の表示例

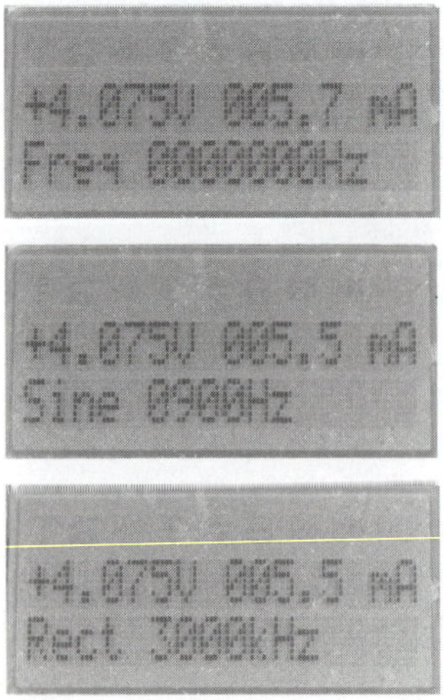

Peripheral Interface Controller

PIC16F1 family

第8章 PIC16F19xx ファミリの使い方

PIC16F19xx ファミリはセグメント液晶表示器用のドライバモジュールを内蔵しているのが特徴で、最大184セグメントの駆動が可能です。

PIC16F1 family

8-1 PIC16F19xxファミリの構成と特徴

PIC16F19xxファミリは他のF1ファミリと同様の周辺モジュールの他に、最大184セグメントを駆動できるLCDドライバモジュールを内蔵しているのが特徴です。

また、ECCPが3モジュール内蔵されているので、3相のDCモータ駆動もできるようになっています。

8-1-1 ファミリのデバイス一覧

このファミリに属すデバイスは本書執筆時点では表8-1-1のようになっています。28ピンから64ピンのデバイスが用意されており、さらにそれぞれに低消費電力版のPIC16LFタイプが用意されています。

さらに、表8-1-1の下側の表は、内蔵モジュールを削減して、特に低消費電力化と低コスト化を図ったファミリとなっています。

シリアル通信やCCPなどが必要ない場合には、こちらのデバイスを使うことでコストを最小化することができます。

▼表8-1-1　PIC16F19xxファミリのデバイス一覧

デバイス名称	ピン数	プログラムメモリ(kW)	データメモリ(バイト)	EEPROM(バイト)	A/Dコンバータチャネル数	コンパレータ	ECCP	CCP	タイマ数/ビット数	LCD Com/Seg/Total	EUSART	MSSP/I²C/SPI	DAC 5bit	その他
PIC16(L)F1933	28	4	256	256	11	2	3	2	4/8,1/16	4/16/60	1	MS/1	1	
PIC16(L)F1936		8	512	256	11	2	3	2	4/8,1/16	4/16/60	1	MS/1	1	
PIC16(L)F1938		16	1024	256	11	2	3	2	4/8,1/16	4/16/60	1	MS/1	1	
PIC16(L)F1934	40	4	256	256	14	2	3	2	4/8,1/16	4/24/96	1	MS/1	1	
PIC16(L)F1937		8	512	256	14	2	3	2	4/8,1/16	4/24/96	1	MS/1	1	
PIC16(L)F1939		16	1024	256	14	2	3	2	4/8,1/16	4/24/96	1	MS/1	1	
PIC16(L)F1946	64	8	512	256	17	3	3	2	4/8,1/16	4/46/184	2	2MS/2	1	
PIC16(L)F1947		16	1024	256	17	3	3	2	4/8,1/16	4/46/184	2	2MS/2	1	

デバイス名称	ピン数	プログラムメモリ（kW）	データメモリ（バイト）	EEPROM（バイト）	A/Dコンバータチャネル数	コンパレータ	ECCP	CCP	タイマ数/ビット数	LCD Com/Seg/Total	EUSART	MSSP/I^{2}C/SPI	DAC 5bit	その他
PIC16LF1902	28	2	128	—	11	—	—	—	1/8,1/16	4/19/72	—	—	1	
PIC16LF1903		4	256	—	11	—	—	—	1/8,1/16	4/19/72	—	—	1	
PIC16LF1906		8	512	—	11	—	—	—	1/8,1/16	4/19/72	—	—	1	
PIC16LF1904	40	4	256	—	14	—	—	—	1/8,1/16	4/29/116	1	—	1	
PIC16LF1907		8	512	—	14	—	—	—	1/8,1/16	4/29/116	1		1	

8-1-2 内部構成

PIC16F19xxファミリの内部構成は図8-1-1となっています。

このファミリの最大の特徴はLCDドライバモジュールですが、それ以外にも、ECCPが3組、CCPが2組実装されているので、最大5チャネルのPWM出力を実装することが可能です。このためタイマも追加されています。

●図8-1-1　PIC16F19xxファミリの構成

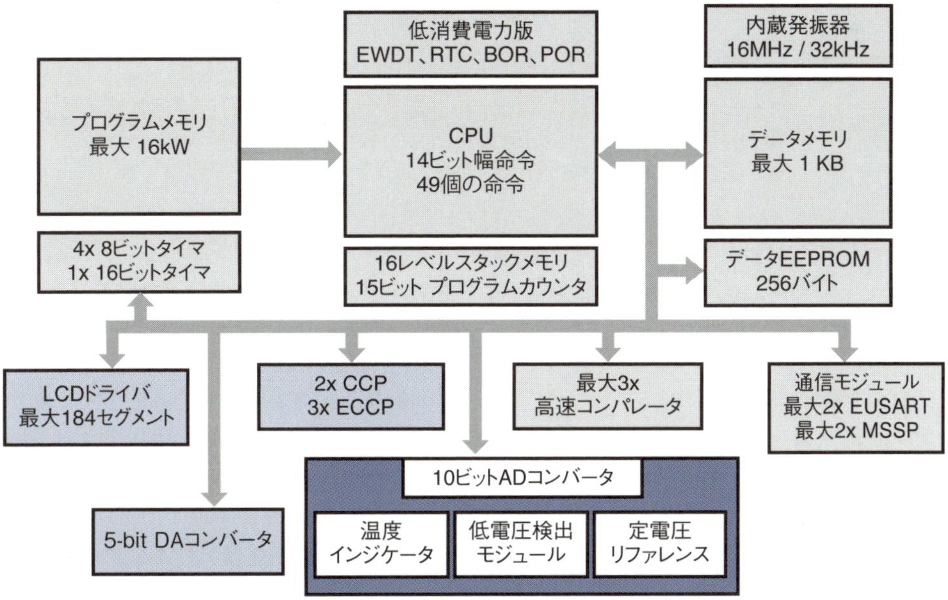

PIC16F1 family

8-2 LCDドライバモジュールの使い方

PIC16F19xxファミリに内蔵されているセグメント液晶表示器、つまり液晶パネルを直接駆動できるLCDドライバモジュールの使い方を説明します。

液晶パネルを使った場合には、表示に必要な消費電流が数μAまで低減できるので、極低消費電力のシステムを構成することができます。

8-2-1 液晶パネルの駆動方法

セグメント表示方式の液晶パネルは写真8-2-1のような外観で、ガラス基板の上に透明電極で作られたセグメントパターン層とコモンパターン層があり、その間に液晶結晶層が挟まれているというだけの構成になっています。コモンとセグメントごとにピンに接続されているだけで、制御用のICなどは全く実装されていません。

●写真8-2-1 液晶パネルの例

セグメントとコモンの端子の間に加わる電圧により液晶結晶の配向が変化し、光を透過したり遮断したりすることでセグメントを表示します。セグメントの形はパターンで作りこみになりますから、標準的なセグメント数字表示の液晶パネル以外は特注品扱いとなります。

この構成は電気的にはコンデンサと同じとなるので、直流電流は流れません。ところが、液晶は直流で駆動すると劣化するので、平均電圧が0Vとなる交流で駆動する必要があります。コンデンサに交流を加えるので交流電流が流れます。しかし、実際の駆動周波数は数100Hzと低く、容量成分も小さいので非常にわずかな電流で駆動することができます。

この液晶パネルの駆動方法には、スタティック方式とマルチプレクス方式があります。

スタティック方式

スタティック方式は単純にセグメントごとに駆動ピンを割り当て、コモンピンとの間に交流電圧を加えて駆動します。このときの駆動波形は図8-2-1のようになります。SEG0に接続されているセグメントとSEG1に接続されているセグメントでは、エネルギつまり図中のCOM0との差の電圧波形の面積比が2対0になりますから、コントラスト比は無限大となり最もきれいに表示されます。しかし、すべてのセグメントごとに駆動ピンが必要となりますから、駆動セグメント数に制限が付くことになります。

●図8-2-1　スタティック方式の場合の駆動波形

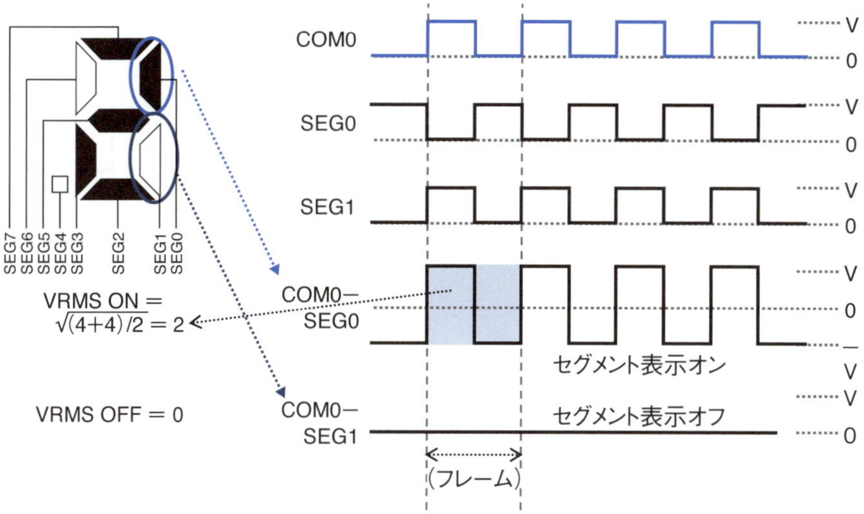

マルチプレクス方式

スタティック駆動に対し、同じピン数でもより多くのセグメントを駆動できるように考えられた方式がマルチプレクス方式で、コモンを複数用意して液晶の範囲ごとに分割して駆動し、これをダイナミックに切り替えるようにしたものです。

例えば2マルチプレクスで2バイアスの場合にセグメントとコモンに加えられる電圧は、図8-2-2のようになります。このように複雑になるのは、液晶を劣化させないように、1周期間の液晶に加えられる平均電圧が0Vになるようにする必要があり、駆動電圧を2種類にしているためです。

例では図中に示したように、数字のセグメントb、c、d、dotがCOM0領域に、a、f、g、eがCOM1領域に分割されていて、それぞれ同じSEG0からSEG3に接続されているものとします。

図(a)がCOM0の駆動期間で、SEG0とSEG1のそれぞれのCOM0とのエネルギ比は、図のように1.58対1となります。この比がコントラストの比でSEG1が見えないようなコントラストレベルとすれば、SEG0だけつまり数字のセグメントbだけが見え、セグメントcは見えないことになります。

同様に図(b)がCOM1の駆動期間で、SEG0とSEG1のそれぞれのCOM1とのエネルギ比は、1.58対1.41となりますから、ここでは、SEG0とSEG1の両方つまり、数字のセグメントaとgの両方が見える状態ということになります。このCOM0とCOM1の駆動を交互に切り替えながら制御するのがマルチプレクス方式です。

●図8-2-2　2バイアス、2マルチプレクスの駆動例

(a) COM0駆動期間の場合

$V_{RMS}\ ON = \sqrt{(4+4+1+1)/4} = 1.58$

$V_{RMS}\ OFF = \sqrt{(1+1+1+1)/4} = 1$

(b) COM1駆動期間の場合

$V_{RMS}\ ON = \sqrt{(1+4+4+1)/4} = 1.58$

$V_{RMS}\ ON = \sqrt{(0+4+4+0)/4} = 1.41$

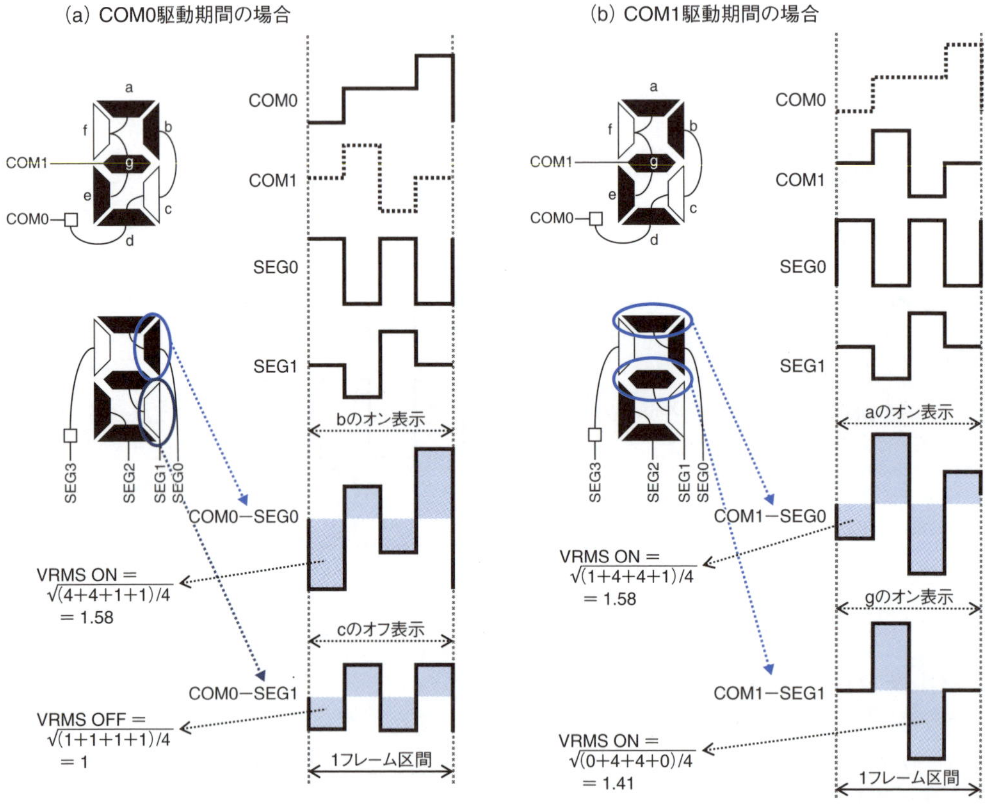

このマルチプレクスが3コモンあるいは4コモンになると、平均電圧を0Vにするため、駆動電圧を2種類の電圧(2バイアス)か3種類の電圧(3バイアス)を使うことになり、かなり複雑な波形制御をする必要があります。

しかし、LCDドライバモジュールを使うと、制御方式を設定するだけで、このような複雑な波形制御をモジュール内ですべて実行してくれるので、波形に関することは考えなくてもよいようになっています。

8-2-2 LCDドライバモジュールの特徴と動作

PICマイコンに内蔵されているLCDドライバモジュールの内部構成は、図8-2-3のようになっています。

PICマイコンのピン数によりセグメント出力ピンの数が異なりますが、基本的な動作は同じとなっています。

コモンピンが4ピンなので、最大4マルチプレクス方式まで対応できます。またバイアス電圧は3種類まで使うことができます。

LCDSEnレジスタでどのピンをセグメント制御用として使うかを設定します。続いてバイアス電圧やマルチプレクスの選択、周期時間などの基本的な動作をLCDCONレジスタとLCDPSレジスタで設定します。

これでスキャン制御が開始され、タイミング制御部でセグメント駆動ピンを順次駆動し、LCDDATAxレジスタの設定内容にしたがって、バイアス制御部で生成された電圧をセグメントピンに出力します。

マルチプレクス方式を使う場合には、コモン出力ピン側も順次駆動され、コモンごとにセグメント出力ピンにバイアス電圧が出力されます。

このスキャンをプログラム実行中も一定周期で繰り返します。さらに、このスキャンはスリープ中も実行されるため、スリープ中も液晶表示器の表示が消えることはありません。

●図8-2-3　LCDドライバモジュールの構成

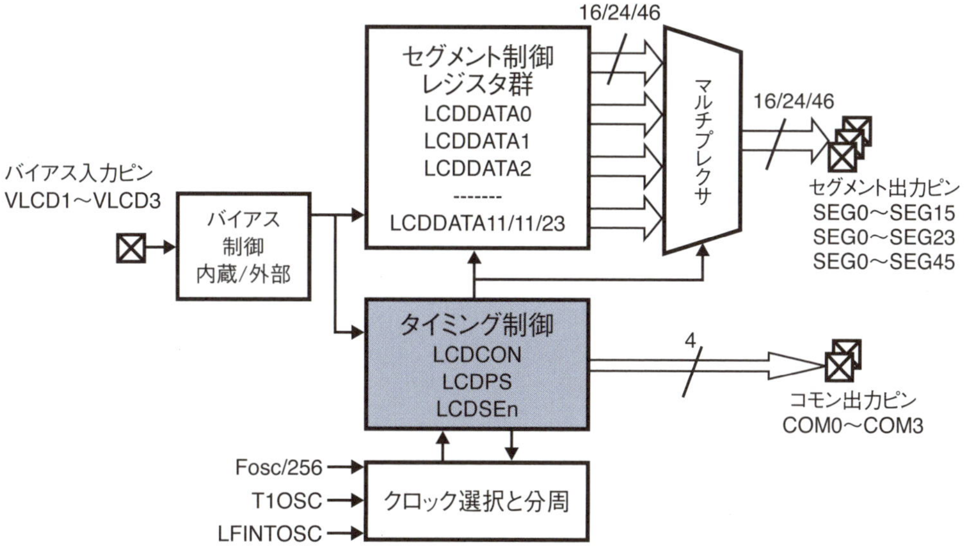

8-2-3 LCDドライバモジュール関連レジスタ

LCDモジュールに関連するレジスタには次のようなものがあります。以降で各々の詳細を説明していきます。

- LCDCON　：制御レジスタ
- LCDPS　：位相レジスタ
- LCDRL　：参照ラダー設定レジスタ
- LCDCST　：コントラスト制御レジスタ
- LCDREF　：リファレンス電圧制御レジスタ
- LCDSE0～2　：セグメント有効化レジスタ
- LCDDATA0～11：セグメントデータレジスタ

1 LCDCONレジスタとLCDPSレジスタ

LCDCONレジスタはLCDドライバモジュールの有効化やコモンの指定などの基本設定を行うレジスタで、その詳細は図8-2-4のようになっています。

●図8-2-4　LCDCONレジスタの詳細

LCDCONレジスタ					
LCDEN	SLPEN	WERR	----	CS〈1:0〉	LMUX〈1:0〉

LCDEN：LCDドライバ有効化
　1：有効　0：無効

SLPEN：スリープ中動作有効化
　1：有効　0：無効

WERR：書き込みエラー
　1：WAが0のときLCDDATAに書き込み
　0：正常

CS〈1:0〉：クロック選択
　00：Fosc/256
　01：T1OSC
　1x：LFINTOSC（31kHz）

LMUX〈1:0〉：コモン選択
　00：スタティック
　01：2マルチプレクス
　10：3マルチプレクス
　11：4マルチプレクス

LCDPSレジスタ				
WFT	BIASMD	LCDA	WA	LP〈3:0〉

WFT：波形タイプ選択
　1：タイプB　0：タイプA

BIASMD：バイアスモードの選択
　1：2マルチプレクス
　0：スタティックか3バイアス

LCDA：LCD状態
　1：動作中
　0：停止中

WA：書き込み許可
　1：書き込み可
　0：書き込み禁止中

LP〈3:0〉：プリスケーラ選択
　1111：1/16　1110：1/15
　1101：1/14　1100：1/13
　1011：1/12　1010：1/11
　1001：1/10　1000：1/9
　0111：1/8　0110：1/7
　0101：1/6　0100：1/5
　0011：1/4　0010：1/3
　0001：1/2　0000：1/1

動作中でのレジスタ設定は失敗することがあるので、LCDENビットによるモジュールの有効化は、すべての設定が完了してから行います。

LCDDATAnレジスタへの書き込みは、WAビットをチェックして、書き込み許可中に行う必要があります。そうしないとレジスタへの書き込みが正常に行われません。WAビットはLCDドライバモジュールが次のフレーム制御のためLCDDATAnレジスタをアクセスしている間だけビジーとなります。

波形タイプはタイプAとBがあり、Aの場合は、コモンごとに位相が反転し平均電圧が1フレーム内で0Vになります。タイプBの場合は、フレーム境界で位相が反転するため、2フレームで平均電圧が0Vになります。

波形タイプの選択は、きめ細かな電力制御を行う場合に使用しますが、通常はそこまでの電力制御は必要ないので、デフォルトの0としてタイプAを選択します。

バイアスモードとマルチプレクスの選択は、表8-2-1のいずれかとなります。これ以外の設定では正常に動作しません。

▼表8-2-1　マルチプレクスとバイアスの選択

マルチプレクス	バイアス	最大セグメント数		
		28ピン	40ピン	64ピン
スタティック	スタティック	16	24	46
2マルチプレクス	2バイアス	32	48	92
	3バイアス			
3マルチプレクス	2バイアス	48	72	138
	3バイアス			
4マルチプレクス	3バイアス	60(注)	96	184

(注) SEG15ピンがCOM3となるため　15×4＝60　となる

クロック選択で注意することは、スリープ中もLCD表示を継続させる場合には、F_{OSC}/256は、スリープ中は停止するので選択できないことです。

プリスケーラの選択はシステムクロック周波数により、LCDへの供給クロックが1kHz程度になるようにします。

このクロック設定は図8-2-5のようにします。例えばF_{OSC}が8MHzの場合、図の例のように3または4マルチプレクスの場合にはプリスケーラを1/1とすれば約1kHzのパルスがリングカウンタに供給されます。

しかし、実際には液晶パネルの特性により最適値が異なります。できるだけ低い方が濃く見えるようになりますが、低過ぎると表示がちらつくようになるので、プリスケーラ値を調整しながら、ちらつかずに、最も良く見える周波数に設定する必要があります。

●図8-2-5　LCDモジュールへのクロック供給

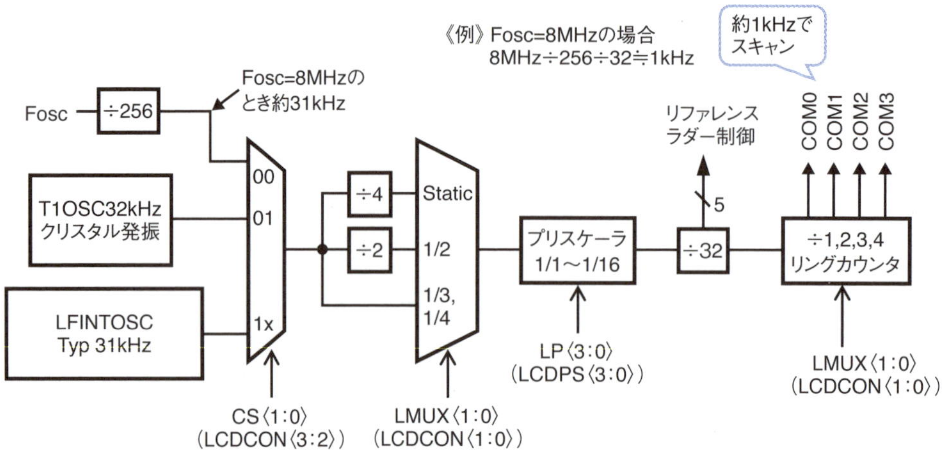

2 LCDREFレジスタとLCDCSTレジスタ

この2つのレジスタはバイアス電圧とコントラストの制御を行うレジスタで、詳細は図8-2-6となっています。

●図8-2-6　LCDREFレジスタとLCDCSTレジスタの詳細

LCDREFレジスタ								
	LCDIRE	LCDIRS	LCDIRI	----	VLCD3PE	VLCD2PE	VLCD1PE	----

LCDIRE：内部リファレンス有効化
　1：有効　0：無効

LCDIRS：リファレンス電源選択
　1：VDD　0：FVR(3.072V)

LCDIRI：リファレンスアイドル有効化
　1：FVRを無効化
　0：FVR常時有効
　(モードBの場合のみ)

VLCDxPE：VLCDxピン有効化
　1：VLCDxピンを内部バイアスに接続
　0：VLCDxピンは接続なし
　(xは1、2、3のいずれか)
※TRISx、ANSELxに影響されない

LCDCSTレジスタ						
	---	---	---	---	---	LCDCST〈2:0〉

LCDCST〈2:0〉：コントラスト制御
　000：最大コントラスト
　001：1/7　　010：2/7
　011：3/7　　100：4/7
　101：3/7　　110：6/7
　111：最小コントラスト

LCDREFレジスタでバイアス電圧の電源を内部にするか外部にするか、さらにV_{DD}にするかFVRにするかを選択します。

そして、内部電源を選択した場合には、電圧をピンに出力するように設定することもできます。

外部電圧を選択した場合には、VLCDxPEピンをバイアス電圧に接続して、3種のバイアス電圧をVLCDxピン経由で外部から供給するようにします。

さらにパワーモードをA、Bで切り替えてきめ細かく制御する場合には、LCDIRIビットをセットすることで、パワーモードBの間はFVRをオフとして消費電力を減らすことができるようになっています。

3 LCDRLレジスタ

LCDRLレジスタは、電力モードのAとBの電力と期間割合の設定をするレジスタで、このモードをきめ細かく制御することで省電力化をします。

LCRLレジスタの詳細は図8-2-7となっています。

●図8-2-7　LCDRLレジスタの詳細

LCDRLレジスタ	LRIAP〈1:0〉	LRIBP〈1:0〉	----	LRLAT〈2:0〉

LRIAP〈1:0〉：モードA中の電源制御
00：電源オフ　01：低電力モード
10：中電力モード　11：高電力モード

LRIBP〈1:0〉：モードB中の電源制御
00：電源オフ　01：低電力モード
10：中電力モード　11：高電力モード

LRLAT〈2:0〉：モードA期間の設定
《WFT=0の場合のA期間》
000：0/16　001：1/16
010：2/16　011：3/16
100：4/16　101：5/16
110：6/16　111：7/16
《WFT=1の場合のA期間》
000：0/32　001：1/32
010：2/32　011：3/32
100：4/32　101：5/32
110：6/32　111：7/32

電力制御には、まずモードAとモードBのそれぞれの電力モードを3段階から選択します。この3段階でバイアス用のラダーの消費電流は、表8-2-2のようになります。電源オフとした場合は外部からのバイアス電圧供給が必要となります。消費電流を高電力とするとコントラストが高くなりますが、消費電流が増えることになります。また、モードAとモードBの切り替えを一定の割合で行うことで、きめ細かな電力制御とコントラスト制御ができるようになります。この設定は液晶パネルとセグメントのサイズに影響され、両者のトレードオフで最適な設定とすることになります。

通常はモードBだけで使って電力モードを低電力にすれば最小の消費電流となります。

▼表8-2-2　電力モードとラダーの消費電流

電力モード	ラダーの抵抗値	消費電流
低電力	3MΩ	1μA
中電力	300kΩ	10μA
高電力	30kΩ	100μA

4 LCDSEnレジスタ（nは0、1、2のいずれか）

LCDSEnレジスタはどのセグメントを使うかを設定するレジスタで、使用する液晶パネルに合わせて指定します。

このレジスタで「1」と設定したセグメントがLCDドライバモジュールの制御下になり、TRISxレジスタやANSELxレジスタに影響されません。

- LCDSE0レジスタ：SEG0～SEG7　の指定
- LCDSE1レジスタ：SEG8～SEG15　の指定
- LCDSE2レジスタ：SEG16～SEG23　の指定

5 LCDDATAnレジスタ（nは0から10のいずれか）

LCDDATAnレジスタでセグメントのオンオフを制御します。「1」と設定したセグメントが暗く表示されるようになり、「0」と設定したセグメントが明るく表示されます。

LCDDATAnレジスタとマルチプレクスした場合のセグメントとの対応は表8-2-3のようになります。

スタティック方式の場合には、COM0のみが有効となりますから、28ピンデバイスの場合はLCDDATA0、1を、40ピンデバイスの場合はLCDDATA0、1、2を使うことになり、さらに64ピンデバイスの場合はLCDDATA12、13、14が追加されることになります。

▼表8-2-3　LCDATAnレジスタとセグメント対応一覧

デバイスピン数			マルチプレクス	4マルチプレクス			
				3マルチプレクス			使用不可
				2マルチプレクス		使用不可	
				スタティック	使用不可		
			セグメント	COM0期間	COM1期間	COM2期間	COM3期間
64	40	28	SEG7～SEG0	LCDDATA0	LCDDATA3	LCDDATA6	LCDDATA9
			SEG15～SEG8	LCDDATA1	LCDDATA4	LCDDATA7	LCDDATA10
			SEG23～SEG16	LCDDATA2	LCDDATA5	LCDDATA8	LCDDATA11
			SEG31～SEG24	LCDDATA12	LCDDATA15	LCDDATA18	LCDDATA21
			SEG39～SEG32	LCDDATA13	LCDDATA16	LCDDATA19	LCDDATA22
			SEG47～SEG40	LCDDATA14	LCDDATA17	LCDDATA20	LCDDATA23

8-2-4 LCDドライバモジュールの使用例

F1評価ボードの液晶パネルを使ってみましょう。

まず、F1ボードの回路図から、PICマイコンのピンと液晶パネルのセグメントの接続を確認します。

液晶パネルの型番は、回路図からVaritronix社のVIM-332-DPとなっています。このデータシートをVaritronix社のサイトからダウンロードすると、図8-2-8となっていることがわかります。これから4マルチプレクスで駆動する必要があることがわかります。

●図8-2-8 液晶パネルVIM-332のセグメントとピン配置(Varitronix社 データシートより)

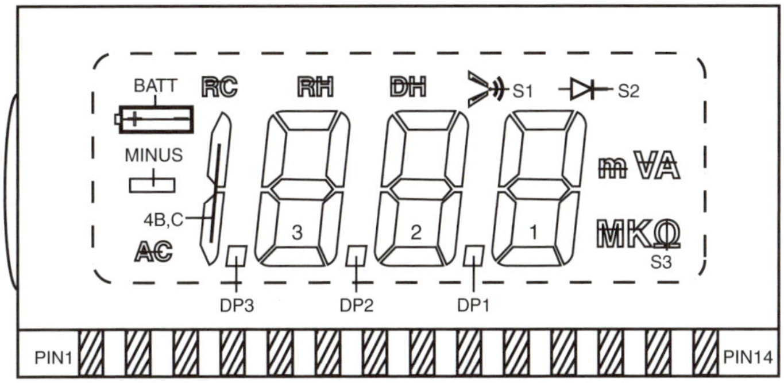

PIN	1	2	3	4	5	6	7	8	9	10	11	12	13	14
COM1	COM1	–––	–––	–––	RC	DH	3A	3B	2A	2B	1A	1B	S1	A
COM2	–––	COM2	–––	–––	BATT	RH	3F	3G	2F	2G	1F	1G	S2	V
COM3	–––	–––	COM3	–––	MINUS	4B、C	3E	3C	2E	2C	1E	1C	m	K
COM4	–––	–––	–––	COM4	AC	DP3	3D	DP2	2D	DP1	1D	–––	M	S3

そしてF1評価ボードの回路図から、PICマイコンとの接続は図8-2-9のようになっていることがわかります。

●図8-2-9 液晶パネルの接続

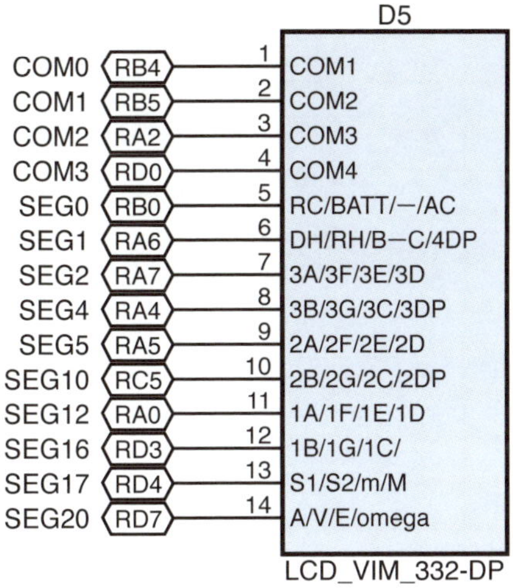

LCDDATAnレジスタの設定値

この2つの情報から、それぞれの桁の数字を表示させるために必要なLCDDATAnレジスタの設定値を求めます。この求め方は簡単で、表8-2-4のような表をExcelで作成すればできます。

縦軸が桁ごとの0から9までの数字で、横軸はセグメントが接続されているLCDDATAnのビットです。

これで桁ごとに0から9までの数字を表示するために必要な7セグメントを、0と1で必要な欄に記入します。それ以外のセグメントはすべて0という設定とします。これで桁ごとに0から9の数値を表示するために必要なLCDDATA0からLCDDATA10までの値が求められますから、この11個のLCDDATAnの値を配列データとして定義します。

数値以外の単独表示のセグメントは、セグメント名称を表の下側に記入しています。

▼表8-2-4　LCDDATAnの値を求める

		COM0									COM1								
		LCDDATA0				LCDDATA1			LCDDATA2		LCDDATA3				LCDDATA4			LCDDATA5	
SEG No		5	4	3	2	12	11	10	17	16	5	4	3	2	12	11	10	17	16
Bit No		5	4	3	2	4	3	2	1	0	5	4	3	2	4	3	2	1	0
		2A	3B		3A	1A		2B	S1	1B	2F	3G		3F	1F		2G	S2	1G
3桁目	0		1		1							0		1					
	1		1		0							0		0					
	2		1		1							1		0					
	3		1		1							1		0					
	4		1		0							1		1					
	5		0		1							1		1					
	6		0		1							1		1					
	7		1		1							0		0					
	8		1		1							1		1					
	9		1		1							1		1					
2桁目	0	1						1			1						0		
	1	0						1			0						0		
	2	1						1			0						1		
	3	1						1			0						1		
	4	0						1			1						1		
	5	1						0			1						1		
	6	1						0			1						1		
	7	1						1			0						0		
	8	1						1			1						1		
	9	1						1			1						1		
1桁目	0					1				1					1				0
	1					0				1					0				0
	2					1				1					0				1
	3					1				1					0				1
	4					0				1					1				1
	5					1				0					1				1
	6					1				0					1				1
	7					1				1					0				0
	8					1				1					1				1
	9					1				1					1				1

RC=SEG0COM0
DH=SEG1COM0
S1=SEG17COM0
A=SEG20COM0

BATT=SEG0COM1
RH=SEG1COM1
S2=SEG17COM1
V=SEG20COM1

ヘッダファイル

この表から実際に作成した配列データがリスト8-2-1となります。専用のヘッダファイルとして作成しています。最初の2次元配列がExcelの表の右端欄にある値となっています。16進数とすることを忘れないようにする必要があります。数字以外の単独のセグメントは、LCDDATAnの特定のビットのオンオフだけでよいですから、セグメント名称指定で定義しています。このセグメント名称で定義すれば、あとはコンパイラがLCDDATAnのビットデータに変換してくれます。

COM2										COM3								
LCDDATA6					LCDDATA7			LCDDATA8		LCDDATA9					LCDDATA10			
5	4	3	2	1	12	11	10	17	16	5	4	3	2	1	12	11	10	
5	4	3	2	1	4	3	2	1	0	5	4	3	2	1	4	3	2	
2E	3C		3E	4BC	1E		2C	m	1C	2D	DP2		3D	DP3	1D		DP1	LCDDATA0～10の設定値
	1		1										1					14,00,00,04,00,00,14,00,00,04,00
	1		0										0					10,00,00,00,00,00,10,00,00,00,00
	0		1										1					14,00,00,10,00,00,04,00,00,04,00
	1		0										1					14,00,00,10,00,00,10,00,00,04,00
	1		0										0					10,00,00,14,00,00,10,00,00,00,00
	1		0										1					04,00,00,14,00,00,10,00,00,04,00
	1		1										1					04,00,00,14,00,00,14,00,00,04,00
	1		0										0					14,00,00,00,00,00,10,00,00,00,00
	1		1										1					14,00,00,14,00,00,14,00,00,04,00
	1		0										0					14,00,00,14,00,00,10,00,00,00,00
1							1			1								20,04,00,20,00,00,20,04,00,20,00
0							1			0								00,04,00,00,00,00,00,04,00,00,00
1							0			1								20,04,00,00,04,00,20,00,00,20,00
0							1			1								20,04,00,00,04,00,00,04,00,20,00
0							1			0								00,04,00,20,04,00,00,04,00,00,00
0							1			1								20,00,00,20,04,00,00,04,00,20,00
1							1			1								20,00,00,20,04,00,20,04,00,20,00
0							1			0								20,04,00,00,00,00,00,04,00,00,00
1							1			1								20,04,00,20,04,00,20,04,00,20,00
0							1			0								20,04,00,20,04,00,00,04,00,00,00
					1				1						1			00,10,01,00,10,00,00,10,01,00,10
					0				1						0			00,00,01,00,00,00,00,00,01,00,00
					1				0						1			00,10,01,00,00,01,00,10,00,00,10
					0				1						1			00,10,01,00,00,01,00,00,01,00,10
					0				1						0			00,00,01,00,10,01,00,00,01,00,00
					0				1						1			00,10,00,00,10,01,00,00,01,00,10
					1				1						1			00,10,00,00,10,01,00,10,01,00,10
					0				1						0			00,10,01,00,00,00,00,00,01,00,00
					1				1						1			00,10,01,00,10,01,00,10,01,00,10
					0				1						0			00,10,01,00,10,01,00,00,01,00,00

MINUS=SEG0COM2
m = SEG17COM2
K = SEG20COM2

AC = SEG0COM3
M = SEG17COM3
S3 = SEG20COM3

リスト 8-2-1 液晶パネルのヘッダファイル

```
/*****************************************************
*  セグメントLCDのセグメント定義
*  VIM332用セグメント定義ファイル
*****************************************************/
/** セグメントLCD定数定義
*   桁ごとの0-9のLCDDATA0 to LCDDATA10の制御データ定義
**/
const unsigned char Digit3[10][11] = {
    {0x14,0,0,0x04,0,0,0x14,0,0,0x04,0},{0x10,0,0,0,0,0,0x10,0,0,0,0},
    {0x14,0,0,0x10,0,0,0x04,0,0,0x04,0},{0x14,0,0,0x10,0,0,0x10,0,0,0x04,0},
    {0x10,0,0,0x14,0,0,0x10,0,0,0,0},   {0x04,0,0,0x14,0,0,0x10,0,0,0x04,0},
    {0x04,0,0,0x14,0,0,0x14,0,0,0x04,0},{0x14,0,0,0,0,0,0x10,0,0,0,0},
    {0x14,0,0,0x14,0,0,0x14,0,0,0x04,0},{0x14,0,0,0x14,0,0,0x10,0,0,0,0}};
const unsigned char Digit2[10][11] = {
    {0x20,0x04,0,0x20,0,0,0x20,0x04,0,0x20,0},{0,0x04,0,0,0,0,0,0x04,0,0,0},
    {0x20,0x04,0,0,0x04,0,0x20,0,0,0x20,0},{0x20,0x04,0,0,0x04,0,0,0x04,0,0x20,0},
    {0,0x04,0,0x20,0x04,0,0,0x04,0,0,0},{0x20,0,0,0x20,0x04,0,0,0x04,0,0x20,0},
    {0x20,0,0,0x20,0x04,0,0x20,0x04,0,0x20,0},{0x20,0x04,0,0,0,0,0,0x04,0,0,0},
    {0x20,0x04,0,0x20,0x04,0,0x20,0x04,0,0x20,0},{0x20,0x04,0,0x20,0x04,0,0,0x04,0,0,0}};
const unsigned char Digit1[10][11] = {
    {0,0x10,0x01,0,0x10,0,0,0x10,0x01,0,0x10},{0,0,0x01,0,0,0,0,0,0x01,0,0},
    {00,0x10,0x01,0,0,0x01,0,0x10,0,0,0x10},{0,0x10,0x01,0,0,0x01,0,0,0x01,0,0x10},
    {0,0,0x01,0,0x10,0x01,0,0,0x01,0,0},{0,0x10,0,0,0x10,0x01,0,0,0x01,0,0x10},
    {0,0x10,0,0,0x10,0x01,0,0x10,0x01,0,0x10},{0,0x10,0x01,0,0,0,0,0,0x01,0,0},
    {0,0x10,0x01,0,0x10,0x01,0,0x10,0x01,0,0x10}, {0,0x10,0x01,0,0x10,0x01,0,0,0x01,0,0}};

/*** 個別制御定義 ***/
#define     DP1     SEG10COM3
#define     DP2     SEG4COM3
#define     DP3     SEG1COM3
#define     Digit4  SEG1COM2
#define     Minus   SEG0COM2
#define     RC      SEG0COM0
#define     BATT    SEG0COM1
#define     AC      SEG0COM3
#define     DH      SEG1COM0
#define     RH      SEG1COM1
#define     m       SEG17COM2
#define     M       SEG17COM3
#define     A       SEG20COM0
#define     S2      SEG17COM1
#define     K       SEG20COM2
#define     S3      SEG20COM3
#define     S1      SEG17COM0
#define     V       SEG20COM1

/********************/
```

3桁目の0から9までのLCDDATAnの値

2桁目の0から9までのLCDDATAnの値

1桁目の0から9までのLCDDATAnの値

単独のセグメントのLCDDATATnの値。セグメントの名称があらかじめMPLABのヘッダファイルで定義されている

LCD制御数値表示関数

このヘッダファイルを使って数字を表示するには、LCDDATAnごとに全桁の表示数値の値のORをとってLCDDATAnに出力します。

さらにその後で、単独セグメントの出力をします。先に単独セグメントの出力をすると数値表示で上書きされてしまうので、注意が必要です。

リスト8-2-2が実際に数値を表示させるサブ関数例です。ここではDisp[0]、Disp[1]、Disp[2]に3桁の表示する数値が格納されているものとしています。それらの数値表示に必要な11個のLCDDATAnの値を、3桁のDigit配列のORで求めています。

またLCDDATAnに書き込むためには、最初にWAビットで書き込み許可状態になるのを待ってから実行する必要があります。

リスト 8-2-2 液晶パネルの制御プログラム例

```
/*************************************
*  LCD数値表示関数
**************************************/
void SetDigit(void){
    while(!WA);                          // レディー待ち
    /** 各桁の数値表示出力 ***/
    LCDDATA0 = Digit3[Disp[2]][0] | Digit2[Disp[1]][0] | Digit1[Disp[0]][0];
    LCDDATA1 = Digit3[Disp[2]][1] | Digit2[Disp[1]][1] | Digit1[Disp[0]][1];
    LCDDATA2 = Digit3[Disp[2]][2] | Digit2[Disp[1]][2] | Digit1[Disp[0]][2];
    LCDDATA3 = Digit3[Disp[2]][3] | Digit2[Disp[1]][3] | Digit1[Disp[0]][3];
    LCDDATA4 = Digit3[Disp[2]][4] | Digit2[Disp[1]][4] | Digit1[Disp[0]][4];
    LCDDATA5 = Digit3[Disp[2]][5] | Digit2[Disp[1]][5] | Digit1[Disp[0]][5];
    LCDDATA6 = Digit3[Disp[2]][6] | Digit2[Disp[1]][6] | Digit1[Disp[0]][6];
    LCDDATA7 = Digit3[Disp[2]][7] | Digit2[Disp[1]][7] | Digit1[Disp[0]][7];
    LCDDATA8 = Digit3[Disp[2]][8] | Digit2[Disp[1]][8] | Digit1[Disp[0]][8];
    LCDDATA9 = Digit3[Disp[2]][9] | Digit2[Disp[1]][9] | Digit1[Disp[0]][9];
    LCDDATA10 =Digit3[Disp[2]][10] | Digit2[Disp[1]][10] | Digit1[Disp[0]][10];
    /* 単独表示の表示制御(数値の後でセットする必要がある)*/
    Digit4 = Disp[3];
    Minus = Digit4;
  (以下省略)
}
```

Disp[0]、Disp[1]、Disp[2]が桁ごとに表示する数値

テストプログラム

以上のヘッダファイルとサブ関数を使って作成した液晶パネルのテストプログラムがリスト8-2-3となります。000から999までの表示を1秒間隔で繰り返します。また奇数表示の場合には、4桁目の「1」の表示を含むすべての単独セグメントの表示をオンとしています。

LCDモジュールの初期設定では、タイプAの低電力モードで全体を制御しています。

クロックはシステムクロックが32MHzの最高速度なので、LCDモジュールでは1/16のプリスケーラを追加して約250Hz周期としています。1kHzとすると動作が追いつかずに表示は薄くなってしまいました。

セグメントの指定では、SEG13とSEG14を追加するとコントラストが大幅に改善されることがわかったので追加しています。このピンはICSP用のピンなので他に影響を与えません。

最後にLCDモジュールを有効化して動作を開始しています。

メインループでは、動作目印用のLEDの点滅制御をしてから、WAビットで書き込み許可中を確認し、3桁とも同じ数字に設定し制御しています。

最上位桁はブランクか1の表示だけですから、奇数のときに1を表示し偶数のときにはブランクにしています。他の単独セグメントも同じように奇数表示のときだけ表示オンとし、偶数表示のときはオフとしています。

リスト 8-2-3 液晶パネルのテストプログラム

```
/****************************************
*  液晶パネルテストプログラム
*  F1評価ボードを使用
****************************************/
#include<htc.h>
#include"lcd_def3.h"
/***** コンフィギュレーションの設定 *********/
__CONFIG(FOSC_INTOSC & WDTE_OFF & PWRTE_ON & MCLRE_ON & CP_OFF
    & CPD_OFF & BOREN_ON & CLKOUTEN_OFF & IESO_OFF & FCMEN_OFF);
__CONFIG(WRT_OFF & PLLEN_ON & STVREN_OFF & LVP_OFF);
/** グローバル定数変数定義 **/
#define _XTAL_FREQ  32000000
unsigned char number, Disp[4];
/* 関数のプロトタイピング */
void delay_100ms(unsigned int time);
void SetDigit(void);
/******** メイン関数  ************/
void main(void) {
     /* クロック周波数の設定 */
    OSCCON = 0x70;                     // 8MHz PLL On = 32MHz
    /** 入出力ポートの設定 ***/
    LATE = 0;                          // 全LEDオフ
    TRISA = 0x00;                      // すべて出力設定
    TRISB = 0x04;                      // RB2のみ入力
    TRISC = 0x10;                      // RC3,4以外出力
    TRISD = 0x04;                      // RD2以外出力
    TRISE = 0x00;                      // すべて出力
    ANSELA = 0x00;                     // すべてデジタル
    ANSELB = 0x04;                     // RB2以外デジタル
    number = 0;                        // 数値クリア
    /** LCDドライバ初期設定 ****/
    LCDCON = 0x03;                     // 1/4 MPLX, Fosc/256,スリープ中有効
    LCDPS  = 0x0F;                     // Type A, PS=1/16, 3Bias
    LCDREF = 0x80;                     // 内部リファレンス,VDD,No FVR
    LCDCST = 0x07;                     // 最小コントラスト
    LCDSE0 = 0x3F;                     // SEG0 to SEG5を使用
    LCDSE1 = 0x7C;                     // SEG10 to SEG12を使用
                                       // SEG13,14追加でコントラスト改善
    LCDSE2 = 0x13;                     // SEG16 to SEG17,SEG20を使用
    LCDRL  = 0x50;                     // Low Power, 常時 B Power
    LCDEN = 1;                         // Start LCD Driver
    /************ メインループ  **********/
    while (1) {
        LATE ^= 0x07;                  // 目印LED点滅
        /** LCD テストの場合 **/
        while(!WA){};                  // 書き込み許可待ち
        Disp[0] = number;              // 数値セット
        Disp[1] = number;
        Disp[2] = number;
        Disp[3] = number % 2;          // 0と1交互
        SetDigit();                    // 表示実行
        number++;                      // 数値更新
        if(number > 9)                 // 数値上限チェック
            number = 0;                // ゼロに戻す
        delay_100ms(10);               // 繰り返し遅延 1sec
    }
}
```

（注記）
- 液晶パネルのヘッダファイルのインクルード
- 遅延関数用のクロック周波数定義
- クロック周波数定義 32MHzの最高
- セグメントhs出力モードとしている
- LCDモジュールの初期化 4マルチプレクスでタイプAで低電力モードとする
- 全桁同じ数字を表示

8-3 製作例　LCメータの製作

PIC16F19xxファミリの使用例として、液晶パネルを表示に使ったLCメータを製作します。コンデンサ容量とコイルインダクタンスを、ほぼ無調整で正確に測定できるので実用的に使えます。液晶パネルを使ったことで消費電流を少なくできたので、電池でも十分長時間の使用が可能となりました。

完成したLCメータの外観は写真8-3-1のようになります。基板そのままで使うことにしました。電源には006Pの9Vの電池を使っています。

●写真8-3-1　LCメータの外観

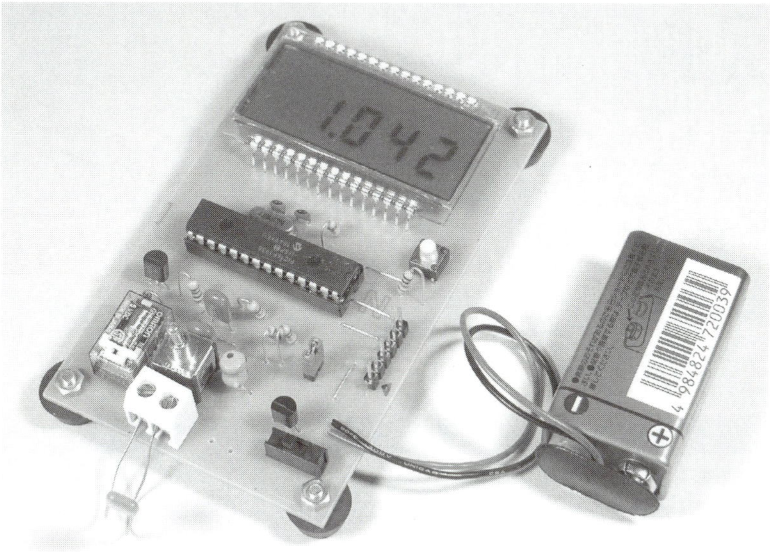

8-3-1 全体構成と機能仕様

製作するLCメータの全体構成は図8-3-1のようにしました。この測定方式では、アナログコンパレータを使った発振回路が必要になるのですが、これをPICマイコン内蔵のコンパレータで構成しています。

液晶パネルには、市販品で3マルチプレクス駆動の4 1/2桁のものがあったのでこれを使っています。このお陰で28ピンのPICマイコンでピン数が足りるので、PIC16F1936を使いました。

電源はすべて5Vで動作させることとし、9Vの電池で駆動することにします。クロックは正確な周波数が必要なので4MHzのクリスタル発振としています。

リレーが1個、自己較正用に必要となりますが、5V動作の小型のもので十分です。リセットスタートのときだけ1回だけ動作し、後はオフのままなので、余分な電流消費にはなりません。

●図8-3-1　LCメータの全体構成

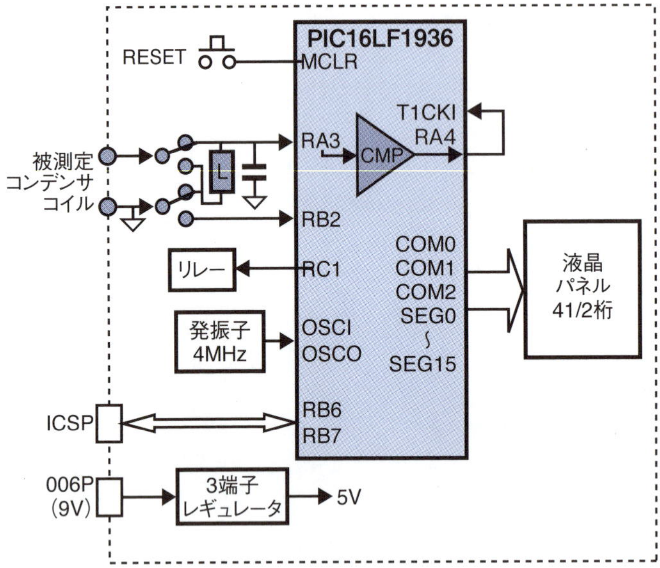

こうして製作するLCメータの機能仕様は、表8-3-1のようにするものとします。

▼表8-3-1　LCメータの機能仕様

項　目	仕　様	備　考
電源	006P型の9V電池 消費電流：常時約1mA	リセット開始時0.1秒間のみ40mA消費する
測定項目	スイッチで下記を切り替え ①コンデンサ容量 1pF～2μF ②コイルインダクタンス 0.1μH～2mH	自動較正機能内蔵 精度約±2% 精度約±2%
表示出力	液晶パネル　4 1/2桁 表示内容 コンデンサ容量の場合 19.999　　(単位pF) コイルインダクタンス 1999.9　　(単位μH)	基板に直接実装
液晶テスト	ジャンパ切替によりテストモード 0000から9999まで繰り返し表示	奇数の場合他のセグメントをすべて表示

8-3-2 LC測定原理

　このLCメータの測定方法は、世の中でよく知られている方法で、オペアンプによるLC発振回路を構成して、その発振周波数を測定することで計測しています。

　まず発振回路でリセット直後の較正時には図8-3-2のような構成で2つの周波数を測定します。最初C1とL1という元となる発振回路の周波数f1を測定します。次にリレーをオンにしてCcalコンデンサを並列接続して周波数f2を測定します。この2つの周波数とCcalの値が既知であれば、図中の式で、C1とL1の値が求められます。

●図8-3-2　LCメータの測定原理　較正時

(a) 基本の発振回路

$$f1 = \frac{1}{2\sqrt{L1 \times C1}}$$

(b) 較正時の回路

$$f2 = \frac{1}{2\pi\sqrt{L1 \times (C1+Ccal)}}$$

$$C1 = \frac{f2^2}{f1^2 - f2^2} \times Ccal$$

$$L1 = \frac{1}{4\pi^2 \times f1^2 \times C1} \times Ccal$$

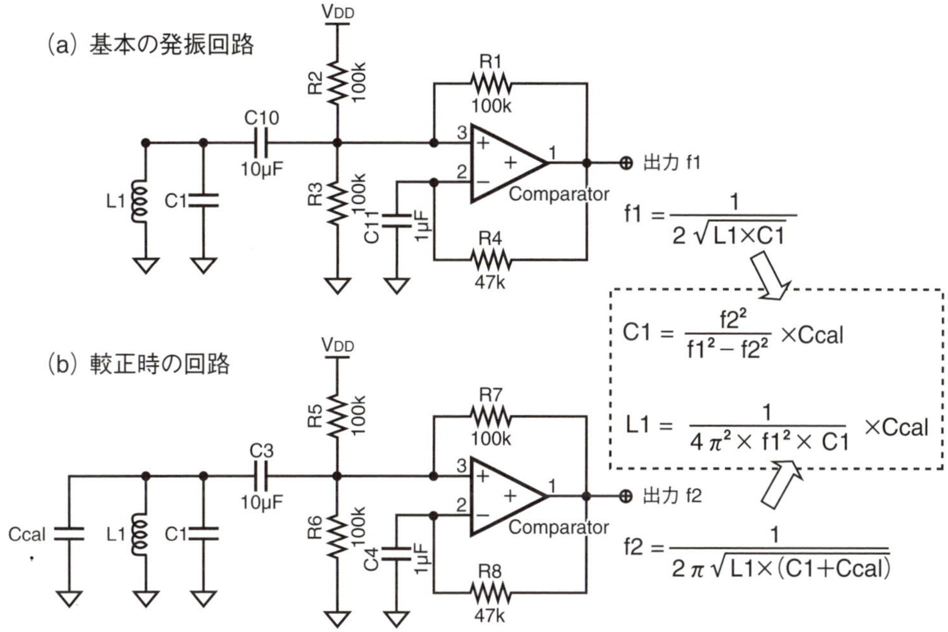

　次に測定する場合には図8-3-3のコンデンサCxの測定かコイルLxの測定かにより、いずれかの接続構成となります。LxとCxの回路切り替えは手動スイッチで行います。

　これで周波数f3またはf4を測定すれば、図中の式から2つの周波数とC1かL1を元にしてCxまたはLxの値を求めることができます。

●図8-3-3　LCメータの測定原理　測定時

(a) コンデンサ測定時

$$f3 = \frac{1}{2\pi\sqrt{L1\times(C1+Cx)}}$$

$$Cx = \left(\frac{f1^2}{f3^2}-1\right)\times C1$$

(b) コイル測定時

$$f4 = \frac{1}{2\pi\sqrt{(L1+Lx)\times C1}}$$

$$Lx = \left(\frac{f1^2}{f4^2}-1\right)\times L1$$

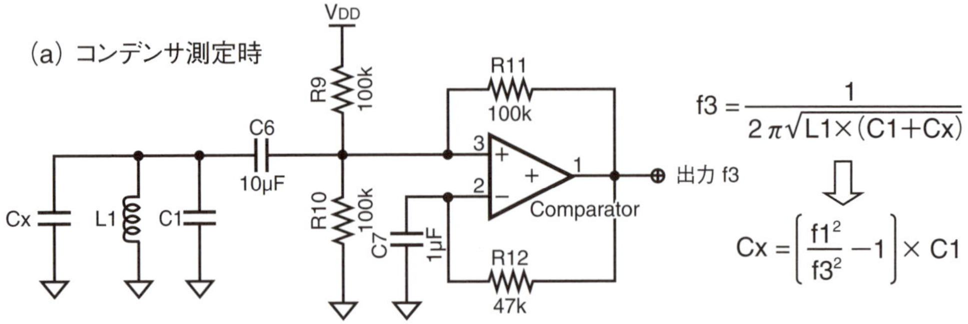

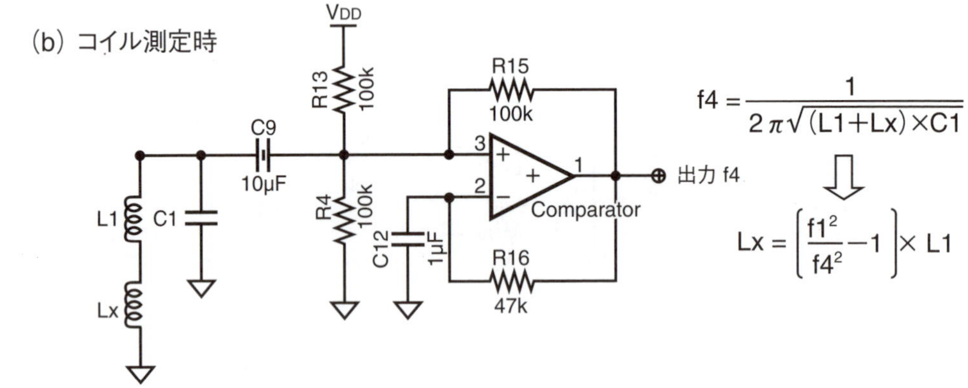

　このようにCcalの値を基準にして測定しますから、このコンデンサの容量さえ正確にわかっていれば測定精度は高精度になります。電源オンごとに毎回較正しますから、温度変化や経年変化もCcalによる影響のみとなります。

　正確なコンデンサはなかなか入手し難いですが、±2％程度のフィルムコンデンサであれば入手可能だと思います。測定器が借りられれば、Ccalの容量を測定した値で作成すれば、さらに高精度の測定が可能となります。

8-3-3　液晶パネルの使い方

　本製作で入手した液晶パネルは、やはりVaritronix社のもので、型番がVIM-503というものです。

　このセグメント構成とピン配置は図8-3-4となっています。図からわかるように3マルチプレクス構成となっている4 1/2桁のセグメント表示です。

　ピンは上下両方にあるのですが、実際に使われているのは下側の15ピンだけで、上側は何も接続されていません。

●図8-3-4 液晶パネルVIM－503のセグメント構成とピン配置

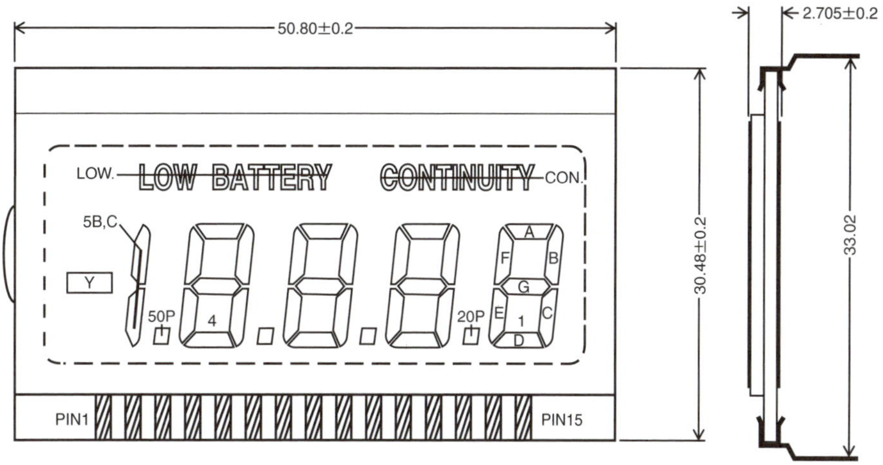

PIN	1	2	3	4	5	6	7	8	9	10	11	12	13	14	15
COM1	4F	4A	4B	3F	3A	3B	2F	2A	2B	1F	1A	1B	COM1	---	---
COM2	4E	4G	4C	3E	3G	3C	2E	2G	2C	1E	1G	1C	---	COM2	---
COM3	5DP	4D	5B、C	4DP	3D	Y	3DP	2D	LOW.	2DP	1D	CON.	---	---	COM3

セグメントとしては12セグメントですから、28ピンのPICマイコンで十分です。そこで、この接続を図8-3-5のようにしました。この接続はプリント基板作成時に最もパターンが通し易い配置にしているだけです。セグメントの順序などは気にしないで接続しています。

●図8-3-5 液晶パネルとPICマイコンの接続

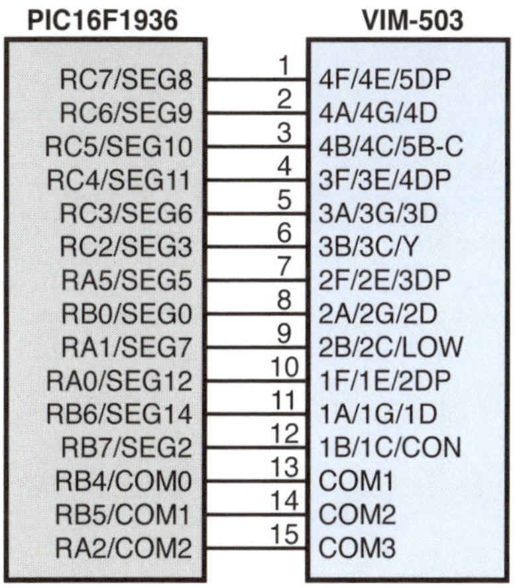

この2つの接続構成からExcelで作成したLCDDATAnレジスタの設定値は表8-3-2のようになりました。

▼表8-3-2　表示数値とLCDDATAn

			COM0											
			LCDDATA0					LCDDATA1						
		LCD Pin No	9	5	7	8	6	11	12	10	4	3	2	1
		LCDDATAn bit No	7	6	5	0	3	6	5	4	3	2	1	0
		segment No	7	6	5	0	3	14	13	12	11	10	9	8
		LCD segment	2B	3A	2F	2A	3B	1A	1B	1F	3F	4B	4A	4F
最上位	0	00,00,00,00,00,00,00,00												
	1	00,00,00,00,00,00,00,04												
4桁目	0	00,07,00,00,05,00,00,02										1	1	1
	1	00,04,00,00,04,00,00,00										1	0	0
	2	00,06,00,00,03,00,00,02										1	1	0
	3	00,06,00,00,06,00,00,02										1	1	0
	4	00,05,00,00,06,00,00,00										1	0	1
	5	00,03,00,00,06,00,00,02										0	1	1
	6	00,03,00,00,07,00,00,02										0	1	1
	7	00,06,00,00,04,00,00,00										1	1	0
	8	00,07,00,00,07,00,00,02										1	1	1
	9	00,07,00,00,06,00,00,00										1	1	1
3桁目	0	48,08,00,08,08,00,40,00		1			1				1			
	1	08,00,00,08,00,00,00,00		0			1				0			
	2	48,00,00,40,08,00,40,00		1			1				0			
	3	48,00,00,48,00,00,40,00		1			1				0			
	4	08,08,00,48,00,00,00,00		0			1				1			
	5	40,08,00,48,00,00,40,00		1			0				1			
	6	40,08,00,48,08,00,40,00		1			0				1			
	7	48,00,00,08,00,00,00,00		1			1				0			
	8	48,08,00,48,08,00,40,00		1			1				1			
	9	48,08,00,48,00,00,00,00		1			1				1			
2桁目	0	A1,00,00,A0,00,00,01,00	1		1	1								
	1	80,00,00,80,00,00,00,00	1		0	0								
	2	81,00,00,21,00,00,01,00	1		0	1								
	3	81,00,00,81,00,00,01,00	1		0	1								
	4	A0,00,00,81,00,00,00,00	1		1	0								
	5	21,00,00,81,00,00,01,00	0		1	1								
	6	21,00,00,A1,00,00,01,00	0		1	1								
	7	81,00,00,80,00,00,00,00	1		0	1								
	8	A1,00,00,A1,00,00,01,00	1		1	1								
	9	A1,00,00,81,00,00,00,00	1		1	1								
1桁目	0	00,70,00,00,30,00,00,40						1	1	1				
	1	00,20,00,00,20,00,00,00						0	1	0				
	2	00,60,00,00,50,00,00,40						1	1	0				
	3	00,60,00,00,60,00,00,40						1	1	0				
	4	00,30,00,00,60,00,00,00						0	1	1				
	5	00,50,00,00,60,00,00,40						1	0	1				
	6	00,50,00,00,70,00,00,40						1	0	1				
	7	00,60,00,00,20,00,00,00						1	1	0				
	8	00,70,00,00,70,00,00,40						1	1	1				
	9	00,70,00,00,60,00,00,00						1	1	1				

COM1																
LCDDATA3					LCDDATA4							LCDDAT6		LCDDATA7		
9	5	7	8	6	11	12	10	4	3	2	1	5	8	11	3	2
7	6	5	0	3	6	5	4	3	2	1	0	6	0	6	2	1
7	6	5	0	3	14	13	12	11	10	9	8	6	0	14	10	9
2C	3G	2E	2G	3C	1G	1C	1E	3E	4C	4G	4E	3D	2D	1D	5BC	4D
															0	
															1	
									1	0	1					1
									1	0	0					0
									0	1	1					1
									1	1	0					1
									1	1	0					0
									1	1	0					1
									1	1	1					1
									1	0	0					0
									1	1	1					1
									1	1	0					0
	0			1				1				1				
	0			1				0				0				
	1			0				1				1				
	1			1				0				1				
	1			1				0				0				
	1			1				0				1				
	1			1				1				1				
	0			1				0				0				
	1			1				1				1				
	1			1				0				0				
1		1	0										1			
1		0	0										0			
0		1	1										1			
1		0	1										1			
1		0	1										0			
1		0	1										1			
1		1	1										1			
1		0	0										0			
1		1	1										1			
1		0	1										0			
					0	1	1							1		
					0	1	0							0		
					1	0	1							1		
					1	1	0							1		
					1	1	0							0		
					1	1	0							1		
					1	1	1							1		
					0	1	0							0		
					1	1	1							1		
					1	1	0							0		

8-3-4 回路設計と組み立て

図8-3-1の全体構成に基づいて作成した回路図が図8-3-6となります。

PICマイコンにはDIPタイプのPIC16F1936を使いました。低消費電力にするためにはPIC16LFタイプがよいのですが、液晶パネルが5V電源でないと十分なコントラストが出なかったので、5V対応のPIC16Fタイプを使いました。

較正時の較正用コンデンサのオンオフはリレーを使っています。電気的に余分な要素のないメカニカルな接点で切り替えるのが最良であるためです。手元にあったので2接点のものを使っていますが、1接点のもので問題なく使えます。

リレーの駆動には、5Vで40mA程度が必要なので、トランジスタを追加して駆動しています。リセット直後の較正時にのみリレーがオンとなるようにしています。

発振回路用のコンパレータには、PICマイコン内蔵のものを使い、入力を外部ピンとしています。出力は内部でパルス数をカウントするための、周波数カウンタ用のタイマに接続しています。

コイル測定とコンデンサ測定の切り替えは、トグルスイッチを使って切り替えるようにしています。

較正用と基本発振用のコンデンサには、同じ2%誤差の1000pFのフィルムコンデンサを使っています。

基本発振用のコイルには、汎用の100μHのチョークコイルを使っています。

JP1のジャンパをオンオフすることで、通常の計測モードと液晶パネルのテストモードとを切り替えられるようにしました。

システムクロックには高精度にするため、4MHzのクリスタル振動子を使いました。

● 図8-3-6 LCDメータの回路図

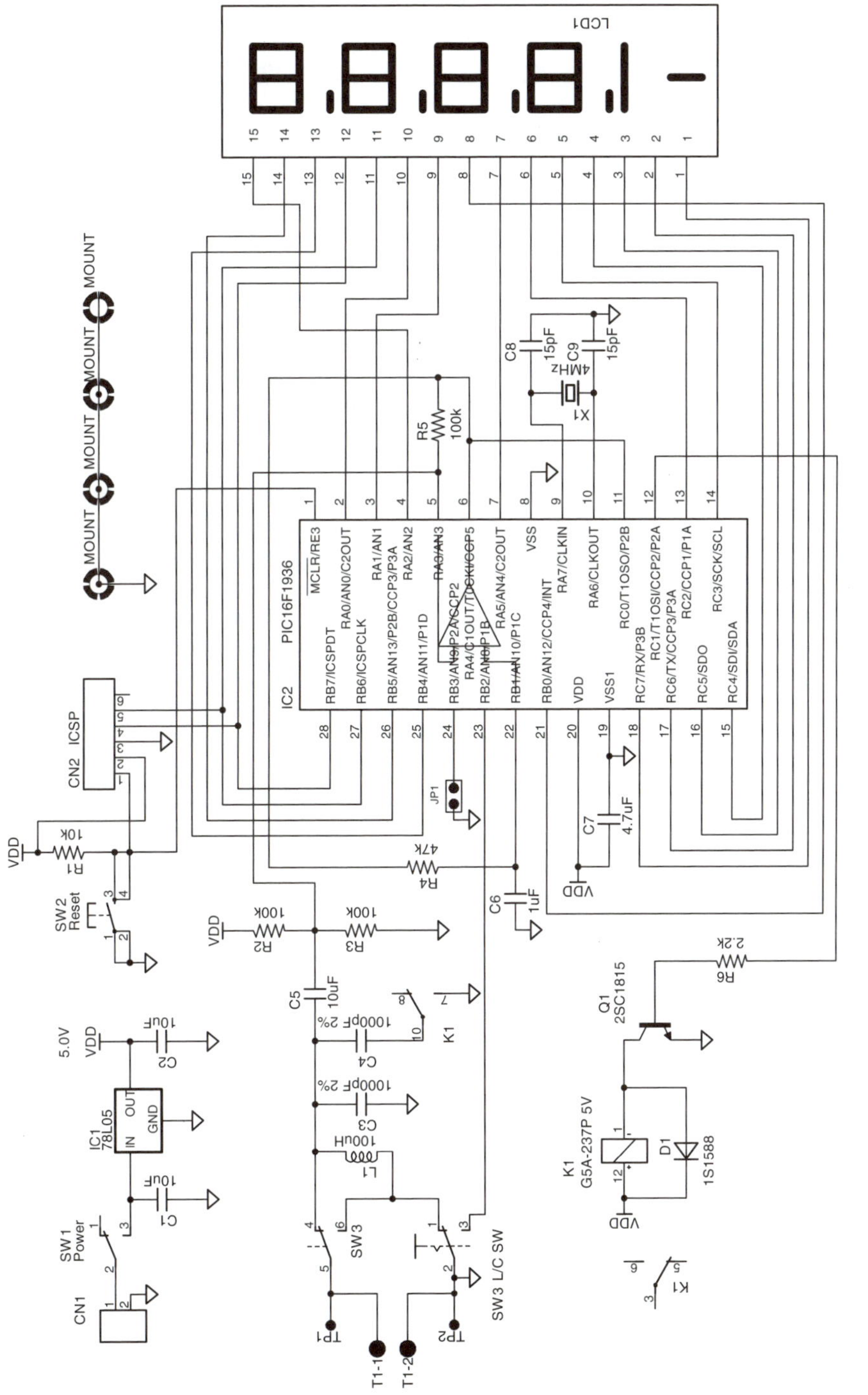

この回路の組み立てに必要なパーツは表8-3-3のようになります。

▼表8-3-3 LCDメータのパーツ一覧

記 号	部品名	品 名	数量
IC1	3端子レギュレータ	78L05相当	1
IC2	PICマイコン	PIC16F1936-I/SP	1
Q1	トランジスタ	2SC1815	1
LCD1	液晶パネル	VIM-503	1
K1	リレー	G5A-237P-5V相当	1
D1	ダイオード	1S1588相当	1
X1	クリスタル振動子	4MHz HC49Sタイプ	1
R1	抵抗	10kΩ 1/4W	1
R2、R3、R5	抵抗	100kΩ 1/4W	3
R4	抵抗	47kΩ 1/4W	1
R6	抵抗	2.2kΩ 1/4W	1
C1、C2、C5	チップ型セラミック	10μF 16V～25V	3
C3、C4	フィルムコンデンサ	1000pF 2%	2
C6、C7	チップ型セラミック	1μF～4.7μF 16V～25V	2
C8、C9	セラミック	15pF	2
CN1		未使用 (直接はんだ付け)	1
CN2	ピンヘッダ	6P オス	1
L1	チョークコイル	100uH	1
SW1	スイッチ	2P小型スライドスイッチ	1
SW2	スイッチ	小型基板用タクトスイッチ	1
SW3	トグルスイッチ	基板用2極双投トグルスイッチ	1
T1	端子台	基板用小型貫通端子台 2P	1
JP1	ジャンパ	シリアルピンヘッダ2P	1
	ジャンパ	ジャンパピン	1
	ICソケット	28ピン	1
	基板	サンハヤト感光基板 10K	1
	電池プラグ		1
	電池	006P 9V電池	1
	ゴム足、ネジ、ナット		少々

部品が収集でき、プリント基板ができれば組み立てです。

組み立ては図8-3-7の組み立て図にしたがって進めます。

最初は表面実装のコンデンサの取り付けです。これが完了したら図の太線で示したジャンパ線の配線をします。次はICソケットの実装です。残りは背の低いものから順に実装していきます。液晶表示器は最後に実装します。3端子レギュレータやICは向きがあるので注意してください。

図8-3-7 LCDメータの組み立て図

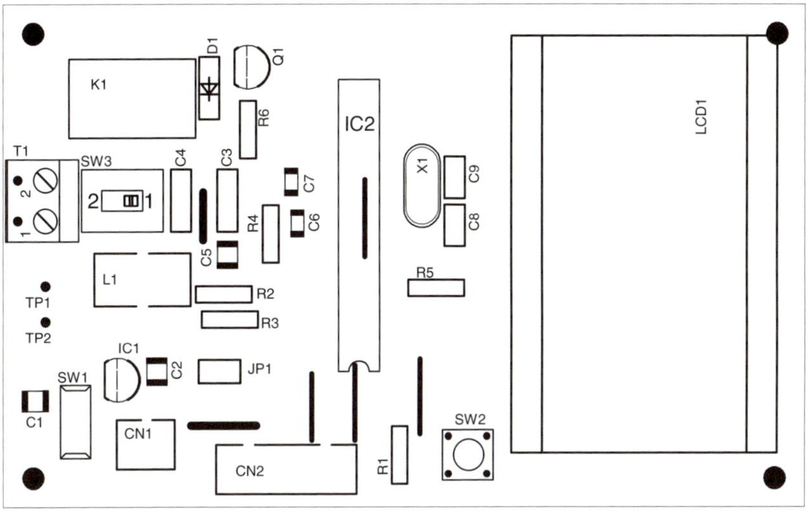

組み立て図にしたがって製作が完了した基板の部品面が写真8-3-2、はんだ面が写真8-3-3となります。

写真8-3-2 部品面

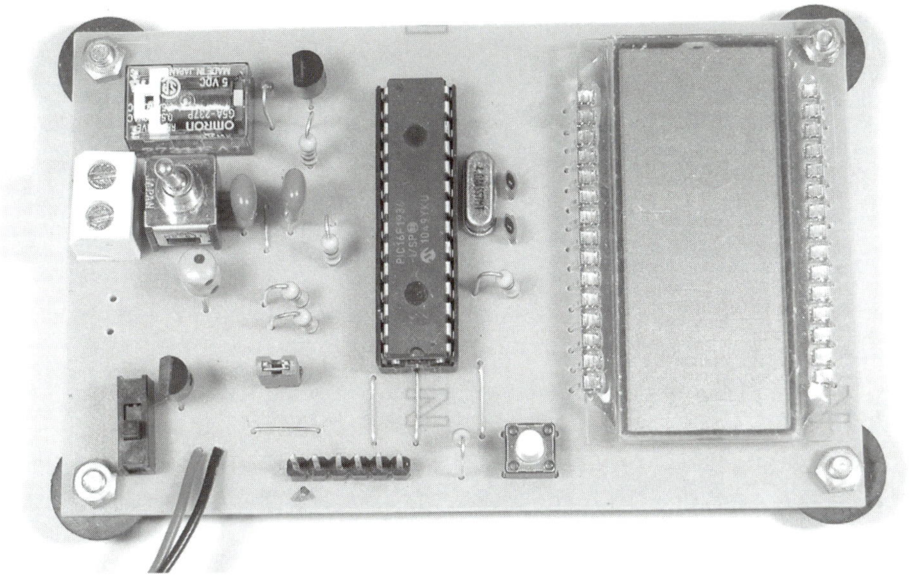

●写真8-3-3　はんだ面

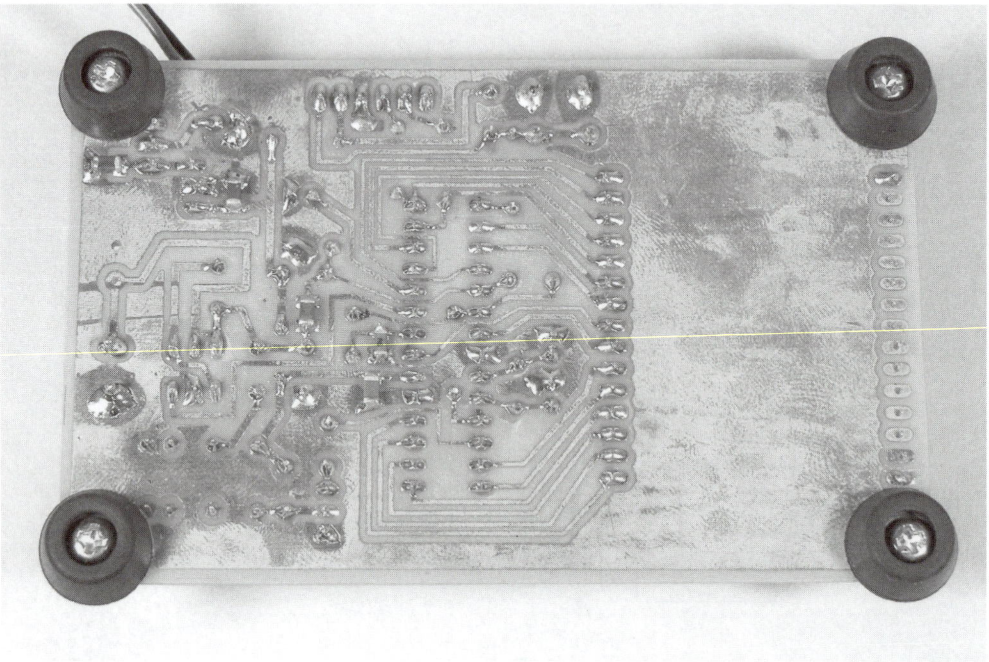

8-3-5 ファームウェアの製作

ハードウェアの製作が完了したら次はプログラムの製作です。LCメータのプログラムはLCMeter2.cという1個だけのソースファイルで構成されています。

このプログラムの全体構成は図8-3-8のようになっています。初期化で必要なモジュールの初期設定をします。この中でLCDドライバの初期化も行います。この初期化の最後で計測の較正をします。リレーをオンにして接続を切り替え、基準コンデンサを接続して発振周波数を計測して基準値を求めます。

その後メインループに入ったらジャンパがオフかをチェックし、オフの場合はテストモードに入り、オンの場合は通常計測モードに入ります。

テストモードではLC切り替えスイッチの状態により、数値の表示の液晶表示器の表示テストか、発振周波数を計測して周波数を表示するテストを実行します。

通常計測モードの場合も、LC切り替えスイッチにより、コンデンサの容量測定か、コイルのインダクタンス測定かを実行し、変換した結果を液晶表示器に表示します。それぞれの計測時に発振周波数を計測しますが、このときタイマ2の割り込みで1秒という時間を生成してタイマ1のカウントの開始、停止を行っているので、周波数計測には1秒という時間を必要とします。

●図8-3-8 LCメータのプログラムフロー

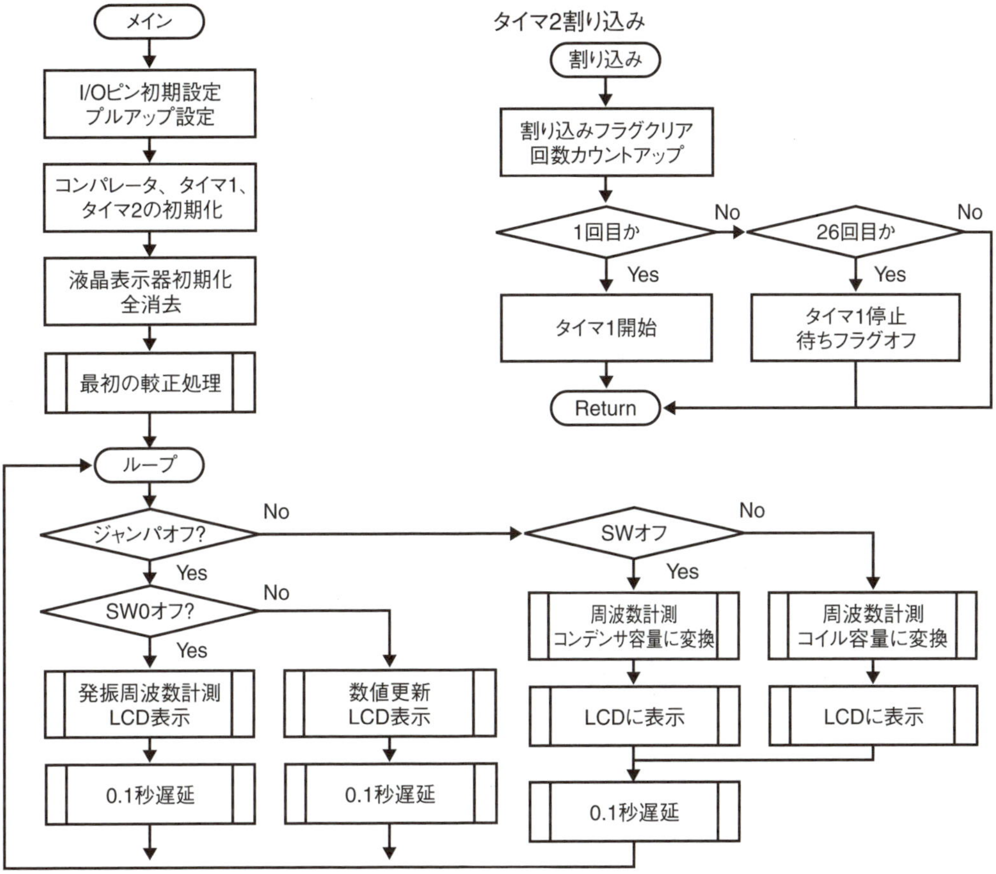

1 メイン関数初期化部

このプログラムを詳しく見ていきます。最初は宣言部ですが、コンフィギュレーションとグローバル変数定義、関数プロトタイピングだけですから説明は省略します。続くメイン関数の初期化部がリスト8-3-1となります。

最初に入出力ピンの初期設定とプルアップを設定しています。続いてコンパレータの初期設定ですが、コンパレータ発振器として使うので全ピンを外部ピン接続としています。

次がLCDドライバの初期化です。ここは8-3-3項で説明した使い方で設定しています。設定後、全セグメントを消えた状態にしています。

タイマ1を外部パルスカウントさせ周波数カウンタとして動作させます。さらにタイマ2を20msec周期インターバル割り込みで使って、1秒の周波数カウンタ用のゲート信号をプログラムで制御します。最後にCalibrate()関数を呼んで基準コンデンサで較正しています。

リスト 8-3-1　メイン関数の初期化部

```
/******************************************
 *  LCメータ
 *    セグメントLCDで表示  PIC16F1936
 *  ファイル名：LCMeter2.c
******************************************/
#include<htc.h>
#include"lcd_def2.h"

（宣言部省略）

/******** メイン関数  ************/
void main(void) {
    /** 入出力ポートの設定 ***/
    TRISA = 0x08;                   // RA3のみ入力設定
    TRISB = 0x0E;                   // RB1,2,3のみ入力
    TRISC = 0x01;                   // RC0,T1CKI以外出力
    TRISE = 0xFF;                   // RE3のみ使用
    ANSELA = 0x08;                  // RA3以外デジタル
    ANSELB = 0x02;                  // RB1以外デジタル
    OPTION_REGbits.nWPUEN = 0;      // プルアップ有効化
    WPUB = 0x0C;                    // RB2,3 pullup
    /** コンパレータの設定  発振回路を構成 **/
    CM1CON0 = 0xA4;                 // C1OUT On. Hi Speed
    CM1CON1 = 0x03;                 // C1IN+, C12IN3-
    CM2CON0 = 0;                    // CM2無効化
    /** LCDドライバ初期設定 ****/
    LCDCON = 0x02;                  // 1/3 MPLX, Fosc/256
    LCDPS = 0x00;                   // Type A, PS=1/1, 3BIAS
    LCDREF = 0x80;                  // 内部コントラスト
    LCDCST = 0x07;                  // 最小コントラスト指定
    LCDSE0 = 0xE9;                  // SEG0,3, SEG5,6,7を使用
    LCDSE1 = 0x7F;                  // SEG8 to SEG14を使用
    LCDRL = 0x50;                   // Low Power, 常時 B mode
    LCDEN = 1;                      // Start LCD Driver
    /** 全セグメント消去 **/
    LCDDATA0 = 0;
    LCDDATA1 = 0;
    LCDDATA3 = 0;
    LCDDATA4 = 0;
    LCDDATA6 = 0;
    LCDDATA7 = 0;
    /** タイマ1の初期設定  外部カウンタ **/
    T1CON = 0xA0;                   // T1CKI, Sync, 1/4, TMR1OFF
    T1GCON = 0;                     // GE Off
    /** タイマ2初期設定  Fosc=4MHz 1MHz/(16*5)=12500Hz1/250=50Hz ***/
    TMR2 = 0;                       // カウンタリセット
    T2CON = 0x22;                   // プリスケール1/16, ポスト1/5
    PR2 = 249;                      // 250カウントで50Hz周期設定
    TMR2IF = 0;                     // 割り込みフラグクリア
    TMR2IE = 1;                     // タイマ2割り込み許可
    PEIE = 1;                       // 周辺割り込み許可
    GIE = 1;                        // グローバル割り込み許可
    /** 変数初期化 ***/
    RC1 = 0;                        // リレーオフ
    number = 0;                     // LCDテスト用数値初期化
    Calibrate();                    // ゼロ調整実行
```

I/Oポートの初期化
プルアップ設定

コンパレータ設定
発振回路を構成

LCDドライバの初期化

LCD表示ブランク

タイマ1設定
周波数カウンタ

タイマ2設定
20msec周期

タイマ2の割り込み許可

較正を実行

2 メインループ部

次がメインループの部分でリスト8-3-2となります。

最初にジャンパのチェックをし、オフであればテストモードとし、オンであれば通常の計測モードとします。

テストモードの場合はLC切り替えスイッチをチェックし、オンであれば液晶表示器の表示テストとして、0から9までの数字を0.1秒間隔で全桁に表示します。スイッチがオフの場合には発振周波数を計測して液晶表示器に表示します。

計測モードの場合にも、LC切り替えスイッチをチェックし、オフの場合はコンデンサ容量測定モードとして、発振周波数を計測し、これからコンデンサ容量を求め、液晶表示器に表示します。

スイッチがオンの場合には、コイルのインダクタンス測定モードとして、発振周波数を測定し、それからインダクタンスを求めて液晶表示器に表示します。

最後に計測中の間、特定セグメントを点滅させて動作中であることがわかるようにしています。

リスト 8-3-2　メインループ部の詳細

ジャンパがオフの場合

スイッチがオンの場合

0から9までの数字表示テスト

スイッチがオフの場合

発振周波数の計測テスト

ジャンパがオンの場合

スイッチがオフの場合

発振周波数計測しコンデンサ容量に変換

コンデンサ容量値をLCDに表示

```
/************ メインループ  **********/
while (1) {
    /** テストモードチェック **/
    if(PORTBbits.RB3 == 1){                 // ジャンパチェック
        if(PORTBbits.RB2 == 0){             // 切り替えスイッチチェック
            /** LCD テストの場合 **/
            LCDTest(number++);              // 数値表示実行
            if(number > 9)                  // 数値上限チェック
                number = 0;                 // ゼロに戻す
            delay_100ms(10);                // 繰り返し遅延 1sec
        }
        else{
            /** 周波数表示テストの場合 **/
            Freq1 = GetFreq();              // 周波数取得
            Display(Freq1*10);              // LCDに表示  0.1kHzまで表示
            DP2 = 1;                        // 小数点表示
            delay_100ms(10);                // 繰り返し周期遅延 1sec
        }
    }
    /** LCDメータ機能実行の場合 ***/
    else{
        if(PORTBbits.RB2==1){               // L,C切り替えチェック
            /** Cの場合 ***/
            Freq3 = GetFreq();              // 測定時の周波数取得
            CX = ((Freq1/Freq3)*(Freq1/Freq3)-1)*C1;
            if(CX < 0)                      // CXが負になったら0にする
                CX = 0;
            Display(CX);                    // 測定値表示  単位pFかuF
            DP4 = 1;                        // 小数点表示
            DP5 = 0;                        // 小数点消去
            DP2 = 0;                        // 小数点消去
            Minus = 0;                      // マイナス記号消去

        }
```

スイッチがオンの場合

発振周波数計測しコイルインダクタンスに変換

インダクタンスをLCDに表示

動作中マークの表示

```
            else{
                /** Lの場合 ***/
                Freq4 = GetFreq();              // 周波数取得
                LX = ((Freq1/Freq4)*(Freq1/Freq4)-1)*L1;
                if(LX > 10000)                  // 10mH以上なら未接続で0とする
                    LX = 0;
                Display(LX*10);                 // 測定値表示　単位uH
                Minus = 1;                      // マイナス記号表示
                DP5 = 1;                        // 小数点表示
                DP4 = 0;                        // 小数点消去
                DP2 = 1;                        // 小数点表示
            }
            /** 繰り返し目印表示 **/
            if(CON)                             // 反転表示
               CON = 0;
            else
               CON = 1;
           delay_100ms(10);                     // 繰り返し周期遅延　1sec
        }
    }
}
```

3 データ表示関数部

残りは各サブ関数で、最初は数値を表示する関数でリスト8-3-3となります。Display()関数では、表示数値を整数に変換し、4桁以上の場合は1000で割ってスケールを変換します。その後、桁ごとに分解して表示用配列にセットしてから、セグメント表示関数を呼んでいます。

SetDigit()のセグメント表示関数では、LCDドライバのレディーチェックをしたあと、全セグメントをいったんクリアしてから桁ごとに数値によるセグメントを設定しています。

リスト 8-3-3　データ表示サブ関数

整数に変換

最大値超えたらスケール変換

データを桁ごとに分解LCD表示

```
/****************************************
* データ表示関数
****************************************/
void Display(float value){
    unsigned long Data;

     Data = (unsigned long)value;   // 型変換　float→long
     if(Data > 19999){              // 表示オーバーか？
        Data /= 1000;               //単位変更　pF→uF
      }
     /** LCDへ表示 **/
     Digit[0] = Data % 10;          // 1桁目セット
     Data /= 10;
     Digit[1] = Data % 10;          // 2桁目セット
     Data /= 10;
     Digit[2] = Data % 10;          // 3桁目セット
     Data /= 10;
     Digit[3] = Data % 10;          // 4桁目セット
     Data /= 10;
     Digit[4] = Data;               // 5桁目セット
     SetDigit();                    // 表示実行
   }
```

レディーチェック

セグメントクリア

桁ごとのセグメントセット

```
/*****************************************
*  LCD数値表示関数
*   変数 Digit[5]で5桁数値指定
*****************************************/
void SetDigit(void){
    while(!WA){};                    // レディー待ち
    LCDDATA0 = 0;                    // 数値部いったん消去
    LCDDATA1 = 0;
    LCDDATA3 = 0;
    LCDDATA4 = 0;
    /** 各桁の設定 ***/
    Digit5 = Digit[4];
    LCDDATA0 = Digit4[Digit[3]][0] | Digit3[Digit[2]][0] | Digit2[Digit[1]][0] | Digit1[Digit[0]][0];
    LCDDATA1 = Digit4[Digit[3]][1] | Digit3[Digit[2]][1] | Digit2[Digit[1]][1] | Digit1[Digit[0]][1];
    LCDDATA3 = Digit4[Digit[3]][3] | Digit3[Digit[2]][3] | Digit2[Digit[1]][3] | Digit1[Digit[0]][3];
    LCDDATA4 = Digit4[Digit[3]][4] | Digit3[Digit[2]][4] | Digit2[Digit[1]][4] | Digit1[Digit[0]][4];
    LCDDATA6 &= 0xA8;                // 小数点等固定部は残し数値部変更
    LCDDATA6 |= Digit4[Digit[3]][6] | Digit3[Digit[2]][6] | Digit2[Digit[1]][6] | Digit1[Digit[0]][6];
    LCDDATA7 &= 0x3D;                // 小数点等の固定部は残し数値部変更
    LCDDATA7 |= Digit4[Digit[3]][7] | Digit3[Digit[2]][7] | Digit2[Digit[1]][7] | Digit1[Digit[0]][7];
}
```

4 初期較正実行関数・テストモードの実行関数

次が、初期較正を実行する関数とテストモードの実行サブ関数で、リスト8-3-4となります。

初期較正では、リレーがオフのときの周波数値とリレーがオン、つまり基準コンデンサを付加した状態の周波数を測定し、この両者の値から計算の元となるC1とL1の値を求めています。

テストモードの実行関数では、同じ数字を全桁に表示させますが、偶数のときは数字だけ、奇数のときは小数点などのオプション表示をすべて表示するようにセグメントを設定してからセグメント表示サブ関数を呼んでいます。

リスト 8-3-4 テストモード実行サブ関数

リレーオフ状態で周波数計測

リレーオン状態で周波数計測

較正値を計算してC1とL1を求める

```
/*****************************************
* 初期較正実行関数
*  何も接続されていない状態とする
*****************************************/
void Calibrate(void){
    RC1 = 0;                                        // リレーオフ
    delay_100ms(1);                                 // 0.1sec
    Freq1 = GetFreq();                              // 周波数1取得 kHz
    RC1 = 1;                                        // リレーオン
    delay_100ms(1);                                 // 0.1sec
    Freq2 = GetFreq();                              // 周波数2取得  kHz
    RC1 = 0;         // リレーオフ
    delay_100ms(1);                                 // 0.2sec遅延
    /** C1とL1を求める  基準1000pFは補正し1020pFとしている **/
    temp1 = Freq1 * Freq1;                          // 二乗
    temp2 = Freq2 * Freq2;                          // 二乗
    C1 = (temp2 * 1020) / (temp1 - temp2);          // 単位 pF
    L1 = 1000000000000.0/(4.0 * PI * PI * temp1 * C1);  // 単位 uH
}
```

```
/***********************************
* LCDテスト関数
*  0から9まで順次表示 他の表示は交互
***********************************/
void LCDTest(unsigned int data){
    while(!WA){};                                      // レディー待ち
    Minus = data % 2;                                  // 0,1交互
    DP2 = data % 2;
    DP3 = data % 2;
    DP4 = data % 2;
    DP5 = data % 2;
    CON = data % 2;
    Low = data % 2;
    Digit[0] = data;                                   // 数値セット
    Digit[1] = data;
    Digit[2] = data;
    Digit[3] = data;
    Digit[4] = data % 2;                               // 0.1交互
    SetDigit();                                        // 表示実行
}
```

奇数の場合は小数点等を表示。偶数の場合は消去

全桁の同じ数字を設定する

セグメント表示関数の呼び出し

5 割り込み処理関数・周波数カウンタ処理関数

最後がタイマ2の割り込み処理関数と周波数カウンタの処理関数で、リスト8-3-5となります。

タイマ2の割り込み処理関数では、正確な1秒でタイマ1を開始し停止させるようにしています。タイマ2は20msec周期のインターバルタイマとなっているので、最初の割り込みでタイマ1をカウントスタートさせ、26回目の割り込みでタイマ1を停止させています。これでタイマ1が1秒間だけ外部パルスをカウントすることになり、周波数を計測することになります。

周波数カウンタ処理関数では、最初全カウンタをクリアし、待ちフラグをオンにしていからタイマ2をスタートさせます。そして待ちフラグが1秒後にクリアされるまで待ちます。待っている間にタイマ1がオーバーフローした回数をカウントします。待ち状態が解除された後、全カウンタから周波数を求めています。

リスト 8-3-5 タイマ2割り込み処理関数と周波数カウンタ処理関数

```
/****************************************
* Timer2 割り込み処理 500msec
****************************************/
void interrupt isr(void) {
    if(TMR2IF){                          // タイマ2の割り込み確認
        TMR2IF = 0;                      // 割り込みフラグクリア
        Interval++;                      // 回数カウントアップ
        if(Interval == 1)                // 1回目の場合
            TMR1ON = 1;                  // タイマ1カウント開始
        if(Interval > 25){               // 26回目の場合  500msec経過
            TMR1ON = 0;                  // タイマ1カウント停止
            WaitFlag = 0;                // 待ちフラグ解除
            Interval = 0;                // 回数カウンタリセット
        }
    }
}
/*****************************************
```

回数カウンタ更新

1回目のときはタイマ1開始

26回目のときはタイマ1停止

```
* 周波数カウントサブ関数　単位kHz
*   500msec間　タイマ1でカウント
*****************************************/
float GetFreq(void){
    int Upper;
    float temp;

    Upper = 0;                          // 桁上げカウンタクリア
    TMR1IF = 0;                         // 割り込みフラグクリア
    TMR1H = 0;                          // タイマ1カウンタクリア
    TMR1L = 0;                          // タイマ1カウンタクリア
    Interval = 0;                       // 0.5秒カウンタクリア
    WaitFlag = 1;                       // 0.5秒待ちフラグオン
    TMR2ON = 1;                         // タイマ2スタート
    /** この間で0.5秒間カウント **/
    while(WaitFlag){                    // 0.5秒待ち
        if(TMR1IF){                     // タイマ1オーバーフローか？
            Upper++;                    // オーバーフロー回数カウント
            TMR1IF = 0;                 // フラグクリア
        }
    }
    TMR2ON = 0;                         // タイマ2停止
    /** 周波数を取得し返す　0.5sec, prescaler 1/4 **/
    temp = (float)TMR1H * 256.0 + (float)TMR1L;
    return((Upper * 65536.0 + temp) / 125); // 単位kHz  *2*4/1000
}
/******************************
*  100msec遅延関数
******************************/
void delay_100ms(unsigned int time)
{
    time *= 4;                          // 4倍
    while(time){
        __delay_ms(25);                 // 25msec
        time--;                         // 100msec x time
    }
}
```

（注釈）
- カウンタクリアして待ち状態とする
- タイマ2をスタート
- 待ち状態解除まで待つ
- 待つ間にタイマ1がオーバーフローした回数をカウントする
- タイマ2を停止
- 全カウンタから周波数を計算
- 組み込みの遅延関数で25msec生成

以上でLCメータの全プログラムになります。

8-3-6 LCメータの使い方

このLCメータの使い方は次の手順で行います。

❶何も測定端子に接続しない状態で電源をオンとする

これで自動的に較正動作が開始され、終了で液晶パネルに0が表示されます。

❷スイッチの切り替え

測定対象がコンデンサかコイルかでLC切り替えスイッチを適当な方に切り替えます。

❸測定端子台に被測定コンデンサあるいはコイルを接続する

これで自動的に測定が行われ、周期的に値が表示されます。

実際に表示された例が写真8-3-4のようになります。この例は105という容量のコンデンサの測定をしたところで、1μFに近い値が表示されています。

●写真8-3-4　表示例

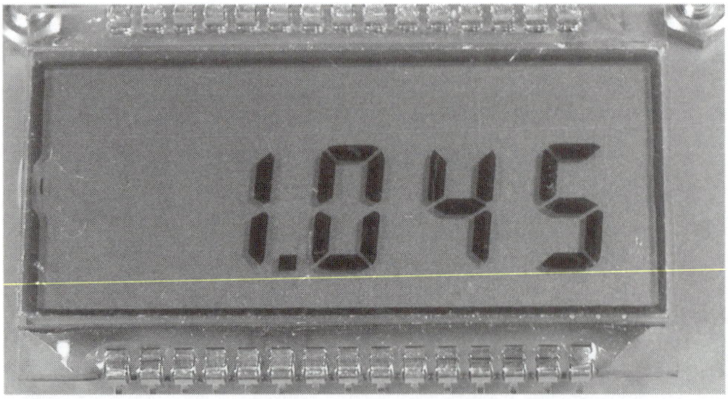

実際に手元のコンデンサとコイルの値を計測した結果が表8-3-4と表8-3-5となります。結構高精度に計測できることがわかります。

▼表8-3-4　コンデンサ容量実測結果

表　示	実測値	コンデンサ種類
15pF	15	セラミック
100pF	88	セラミック
102	1.006	
103	10.285	
104	0.106	フィルム
0.47	0.558	
105	1.198	

▼表8-3-5　コイルインダクタンス実測結果

表　示	実測値	コイル種類
330	29.4	
470	39.1	電源用
181	177.0	
101	98.0	
102	937.4	高周波用
202	1.924	

Peripheral Interface Controller

PIC16F1 family

第9章 その他のモジュール

本章ではこれまでの章の製作例で使わなかったモジュールについて、使い方を説明しています。

PIC16F1 family

9-1 内蔵EEPROMの使い方

内蔵EEPROMは、他のメモリとは全く独立に備えられたデータ用メモリで、特徴は電源がOFFになっても記憶内容が消えることがない不揮発性のメモリになっているということです。したがって、プログラムで1バイトごとに変更できて、しかもずっと取っておきたい初期パラメータなどを格納しておくのに使います。

9-1-1 内蔵EEPROMの概要

内蔵EEPROMは8ビット幅のメモリで構成されており、F1ファミリでの実装容量は256バイトとなっています。すべてのデバイスに実装されているわけではないので、データシートでの確認が必要です。

EEPROMの構成は図9-1-1のようになっていて、4個のSFRレジスタの助けを借りて間接的にアクセスします。

まず、EECON1で基本的な動作モードを設定し、内蔵EEPROMを有効化します。これでEEADRLレジスタでEEPROMのアドレスを指定すると、データがEEDATLレジスタ経由で読み書きできるようになります。このときのRead/Writeのタイミングをコントロールするのが EECON2レジスタとなります。

●図9-1-1 EEPROMの構成

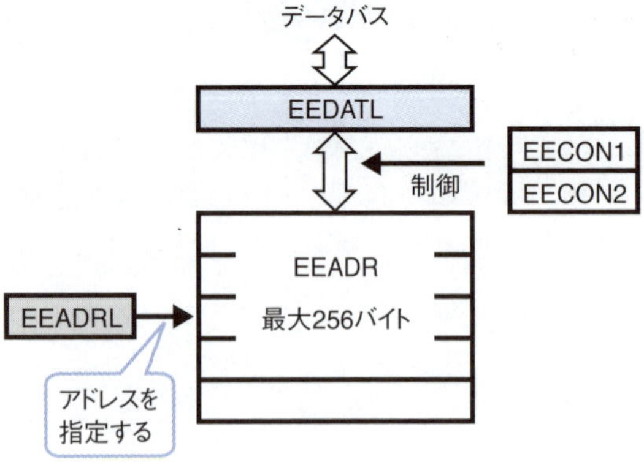

9-1-2　内蔵EEPROM関連レジスタ

内蔵EEPROMの設定に使用するEECON1レジスタの詳細は、図9-1-2となっています。このEECON1レジスタは、内蔵EEPROMメモリだけでなく、プログラムメモリやコンフィギュレーションレジスタの内容の読み書きの設定もできるようになっています。本章では内蔵EEPROMに限定して説明します。

内蔵EEPROMを使う場合には、EEPGD＝0、CFGS＝0　とする必要があります。

WRビットまたはRDビットがセットされると、書き込みまたは読み出しを開始します。それぞれの動作が完了すると自動的にクリアされます。

また書き込みの場合にはWRENビットを「1」にセットしておく必要があります。書き込み途中でWRENがクリアされたような場合には、WRERRビットがセットされて異常である事を通知します。

書き込みが完了すると、EEIFビットがセットされ割り込み要因が発生します。これは書き込みに、4msecから5msec必要とするため、割り込みを使って時間を有効活用する場合に使います。

●図9-1-2　EECON1レジスタの構成

EECON1レジスタ	EEPGD	CFGS	LWLO	FREE	WRERR	WREN	WR	RD

EEPGD：メモリ選択
　1：プログラムメモリ
　0：EEPROM

CFGS：メモリ選択
　1：コンフィギュレーションかID
　0：プログラムメモリかEEPROM

LWLO：一時メモリ制御
　プログラムメモリか
　コンフィギュレーションの場合
　1：一時メモリのみ書き込み
　0：実際に書き込み実行
　EEPROMの場合
　常に書き込み実行

FREE：メモリ消去制御
　プログラムメモリか
　コンフィギュレーションの場合
　1：消去実行
　0：通常書き込み実行
　EEPROMの場合
　常に書き込み実行

WRERR：書き込みエラーフラグ
　1：書き込みエラー発生
　0：正常完了

WREN：書き込み/消去有効化
　1：書き込み/消去有効
　0：書き込み/消去無効

WR：書き込み/消去実行
　1：書き込み/消去開始
　0：書き込み/消去なし

RD：読み出し実行
　1：読み出し開始
　0：何もしない
　読み出し完了でクリア

PIE2レジスタ	OSFIE	C2IE	C1IE	EEIE	BCL1IE	----	----	CCP2IE

各モジュールごとの割り込み許可ビット
　1：割り込み許可　0：割り込み禁止

PIR2レジスタ	OSFIF	C2IF	C1IF	EEIF	BCL1IF	----	----	CCP2IF

各モジュールごとの割り込みフラグ
　1：割り込み中　0：割り込みなし

EEADRLレジスタは読み書き可能なレジスタで、EEPROMのアドレス指定に使います。このアドレス指定が8ビットなので、結局256バイトまでの範囲が指定できる範囲ということになります。

EEDATLレジスタは読み書き可能なレジスタで、EEPROMから読み出したり書き込んだりするデータそのものがこのレジスタ経由となります。

EECON2レジスタは、単にEEPROM書き込みのシーケンスを作るために使われます。書き込むときには、0x55、0xAAという特定のビットパターンを連続してEECON2レジスタに書き込んだあとWRビットをセットすれば、EEDATLの内容がEEPROMのEEADRLにセットされた番地に書き込まれます。このシーケンスを作る理由は、プログラムの異常時や、電源のON/OFF、変動によってEEPROMに誤って書き込まれることがないようにするためです。

9-1-3 内蔵EEPROM用組み込み関数と使用例

Cコンパイラを使ってEEPROMにアクセスする方法は、コンパイラにライブラリ関数があらかじめ用意されているので簡単にできます。

用意されている関数は表9-1-1の2種類で、ずばりREADとWRITEだけです。内蔵EEPROMの読み書きにはEECON2レジスタを使った特殊な手順が必要なのですが、これらは組み込み関数内で処理してくれるので、記述は簡単にできます。

▼表9-1-1 内蔵EEPROM用組み込み関数

組み込み関数書式	内 容
data = eeprom_read(address)	addressで指定された番地の内蔵EEPROMのデータを読み出す
eeprom_write(address, value)	EEPROMのaddress番地にvalueというデータを書き込む。書き込みには数msec要する

実際に内蔵EEPROMにアクセスする例を、F1評価ボードで試してみましょう。例題プログラムの機能は次のようにします。

まずS1を押したままリセットしたときは、EEPROMをすべてイレーズします。

その後0番地から順番に読み出して、4個のLEDに下位4ビットを表示します。0.3秒表示したらいったん全消去します。これを16バイト分繰り返します。その間にS1が押されたら0番地から0x00から0x0Fまでを順番に書き込みます。

これで消去したときは4個のLEDが常に表示され、書き込んだ後はLEDがカウンタ動作をします。この例題のプログラムがリスト9-1-1となります。

リスト 9-1-1 EEPROMの使用例

```
/*************************************************
 *  データEEPROMの使い方
 *   F1 Evaluation Platformを使用
 *   EEPROMに0から0x0Fを書き込み
 *   読み出してLEDに表示
 *  ファイル名  EEPROM.c
```

```
*************************************************/
#include <htc.h>
/***** コンフィギュレーションの設定 *********/
__CONFIG(FOSC_INTOSC & WDTE_OFF & PWRTE_ON & MCLRE_ON & CP_OFF
    & CPD_OFF & BOREN_ON & CLKOUTEN_OFF & IESO_OFF & FCMEN_OFF);
__CONFIG(WRT_OFF & PLLEN_OFF & STVREN_OFF & LVP_OFF);
#define  _XTAL_FREQ  16000000
/* グローバル変数定義 */
int i, Data;                                    // EEPROMアドレス

/***** メイン関数 **************/
void main()
{
    /* クロック周波数の設定 */
    OSCCON = 0x78;                              // 16MHz PLL Off
    /* 入出力ポートの設定 */
    ANSELB = 0x04;                              // RB2のみアナログ入力
    ANSELD = 0x00;                              // すべてデジタルピン
    ANSELE = 0x00;                              // すべてデジタルピン
    TRISB  = 0x04;                              // RB2のみ入力
    TRISD  = 0x04;                              // RD2以外出力
    TRISE  = 0x00;                              // すべて出力
    /* S1が押されていたらEEPROMイレーズ */
    if(PORTDbits.RD2 == 0){                     // S1オンの場合
        for(i=0; i<16; i++)                     // 16回繰り返し
            eeprom_write(i, 0xFF);              // 0番地からFFを書き込み
    }

    /****** メインループ ***********/
    while(1)         // 永久ループ
    {
        /* 0番地から読み出してLED表示 */
        for(i=0; i<16; i++){                    // 16回繰り返し
            Data = eeprom_read(i);              // Adrs番地のEEPROM読み出し
            if(Data & 0x08)                     // 4ビット目が1の場合
                LATDbits.LATD1 = 1;             // 1ならD1オン
            else                                // 4ビット目が0の場合
                LATDbits.LATD1 = 0;             // D1オフ
            LATE = Data & 0x07;                 // 読み出しデータをD2からD4に代入
            __delay_ms(300);                    // 0.3秒待ち
            LATE = 0;                           // D2からD4全消灯
            LATDbits.LATD1 = 0;                 // D1消灯
            __delay_ms(50);                     // 50msec待ち
        }
        /* S1が押されたらEEPROM書き込み */
        if(PORTDbits.RD2 == 0){                 // S1がオンの場合
            for(i=0; i<16; i++)                 // 16回繰り返し
                eeprom_write(i, i);             // 書き込み
        }
    }
}
```

クロック設定

I/Oピン設定

S1が押されている場合

全範囲にFFを書き込む

0番地から16番地を指定

EEPROM読み出し

ビット内容でLEDをオンオフ

全LED消去

S1が押されている場合

0番地から0から0Fを書き込み

9-2 CCPとECCPモジュールの使い方

CCP（Capture/Compare/PWMの略）とECCP（Enhanced Capture/Compare/PWMの略）モジュールは、F1ファミリではCCPが1組だけ実装されたものから、最大ECCPが3組、CCPが2組実装されているものがあります。

キャプチャとコンペア機能はCCPとECCPで同じとなっています。

16ビットのレジスタと16ビットのコンパレータ（比較器）から構成されていて、タイマ1と組み合わせて、キャプチャまたはコンペアの動作をします。

これに対し、PWM機能はCCPとECCPで大きく異なり、CCP側はタイマyと組み合わせてPWMモードで単純なPWM信号を出力します。

これに対して、ECCPによるPWMモードは、4つの出力が出せるようになっており、デッドバンド付きの相補PWM信号でハーフブリッジを構成したり、モータの可変速制御などに使うフルブリッジを構成できたりします。また外部信号によるPWM自動シャットダウン機能なども組み込まれています。

9-2-1 キャプチャモードの動作

キャプチャ機能はCCP、ECCPで同じように動作し、CCPxピン（xは1から5のいずれかモジュールを区別する）の信号をトリガにして、その瞬間のタイマ1の値を16ビットレジスタ（CCPRx）に記憶する機能を持っています。

ただしこのときのタイマ1は、同期モードでタイマかカウンタ動作としなければなりません。非同期モードだと正常にキャプチャが働きません。

キャプチャモードの場合の内部構成は図9-2-1のようになっており、外部CCPxピンの入力のエッジトリガにより、16ビットカウンタのTMR1の内容を記憶用レジスタであるCCPRxに

●図9-2-1　キャプチャモードのときのCCPの構成

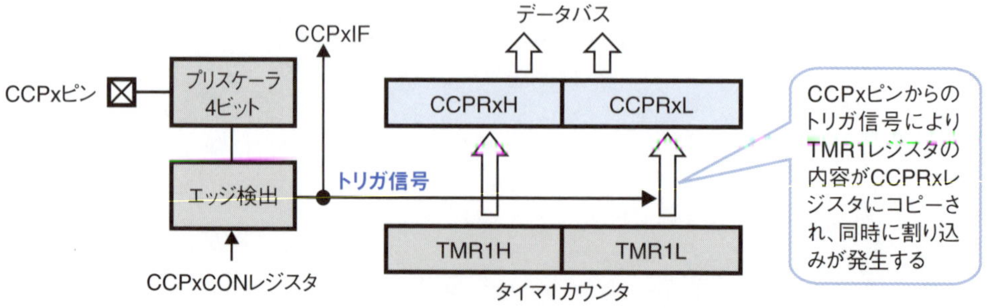

取り込んで記憶します。それと同時に割り込み信号CCPxIFをセットし割り込みを発生します。キャプチャ後もタイマ1のカウントは休まず続けられます。外部入力にはプリスケーラが設けられており、4回、16回のエッジごとにキャプチャさせることもできます。

キャプチャ機能の用途としては、例えば、図9-2-2のように入力パルスの立ち上がりエッジごとにキャプチャを行うと、そのときのキャプチャ値の差を求めれば、パルスの周期の時間を測定することができます。実際にこれをUSARTのボーレートの測定などに使っています

●図9-2-2　パルスの周期の測定

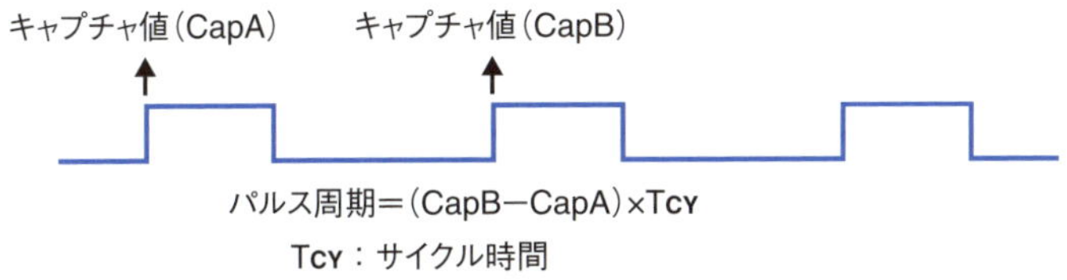

9-2-2 コンペアモードの動作

CCP/ECCPモジュールをコンペアモードで使うときの構成は図9-2-3のようになります。このコンペアモードでは、タイマ1のカウント値が、あらかじめCCPRxレジスタに設定した値と同じになったときCCPxIFの割り込みを発生させると同時に、CCPxピンに出力をする機能を持っています。またスペシャルイベントトリガとして内部にトリガ信号を出力し、タイマのリセットや、A/Dコンバータ側で設定していればA/Dコンバータのスタートをさせせることができます。ただしこの場合には割り込み発生と外部出力(CCPxピン)制御機能は働きません。

●図9-2-3　コンペアモードのときの構成

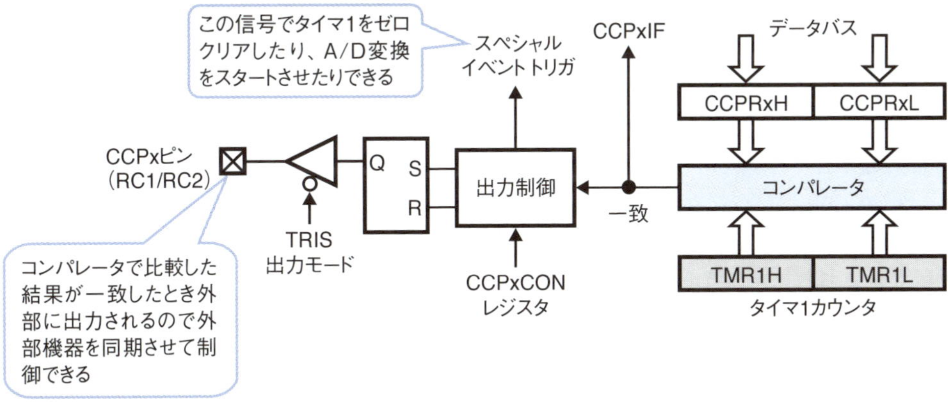

コンペア動作は、まずタイマ1を同期モードで動作させておきます(タイマを非同期モードとすると、コンペアモードは正常に動作しません)。このカウントアップ動作中は、あらかじめ設定されたコンペアレジスタ(CCPRx)の内容とタイマのカウンタが常にコンパレータで比

較され、同じになった時、割り込み信号CCPxIFを発生させ、同時にCCPxピンにHighまたはLowの信号を出力することができます。

また、コンペアが一致した時、タイマ1のカウンタを0クリアする機能もあります。これを行うのがスペシャルイベントトリガ信号で、A/D変換をスタートさせることもできます。

コンペアモードの用途としては、指定した時間幅を持つワンショットのパルス出力を出力するような場合に使われます。これで遅延パルスの生成などが可能です。

CCP2側のスペシャルイベントトリガを使うと、一定の間隔でアナログ信号を取り込んでA/D変換することができるので、音声の入力などを行うことができます。

9-2-3 単純PWMモードの動作

CCPモジュール、ECCPモジュールの単純PWM（Pulse Width Modulation（パルス幅変調））モードでの使い方を説明します。

まずPWM（パルス幅変調）の基本的な原理は、周期を一定にして、パルスの「1」と「0」の割合を可変にすることで、通電する時間の平均のエネルギーを可変制御しようとするものです。

CCPモジュールのPWMモードでの時間の制御はタイマy（yは2、4、6のいずれか）に依存しています。したがって、CCPの動作はタイマyと一緒にして考える必要があります。PWMモードのときのCCPの内部構成は図9-2-4のようになり、少し複雑な関係になっています。

動作としては、まず、TMRyは常時PICのクロック（Tosc/4）でカウントアップ動作をしています。PWM動作の場合TMR2の前段に2ビットのプリスケーラが挿入されて10ビットの動作をします。

このPWM動作は図9-2-5のようになります。まず、PWMの出力パルスの周期は、PRyレジスタで決定されます。PRyとTMRyの上位8ビットは常に周期コンパレータで比較されており、両者の値が一致すると、コンパレータからの出力で、TMRyは0クリアされてカウント動作を最初からやり直すことになります。これと同時にCCPxピンの出力は「High」にセットされます。したがって、TMRyは0からPRyの値までを繰り返し、一定周期でCCPx出力がHighにされることになります。

一方、デューティを決定するのがCCPRxLレジスタで、この内容がデューティレジスタ（CCPRxH）にコピーされてデューティが初期化されます（正確にはここでのCCPRxLレジスタは、もともとのCCPRxLレジスタにCCPxCONのDCxB1:DCxB0の2ビットが付加されたもの）。

このデューティレジスタ（CCPRxH）とTMRy（10ビット）も常時デューティコンパレータで比較されており、一致するとデューティコンパレータの出力でCCP出力が「Low」にリセットされます。したがって、PRyよりCCPRxHの上位8ビットの値が小さければ、CCP出力はHighとLowを一定周期で繰り返すことになります。このときのCCP出力の周期、HighとLowの割合（つまりデューティ比）とレジスタの関係は図9-2-5に示したようになります。つまりPRyで周期が決まり、CCPRxL＋CCPxCON<5:4>の値を可変すれば、デューティ比が自由に設定できることになります。

●図9-2-4 PWMモードのときの構成

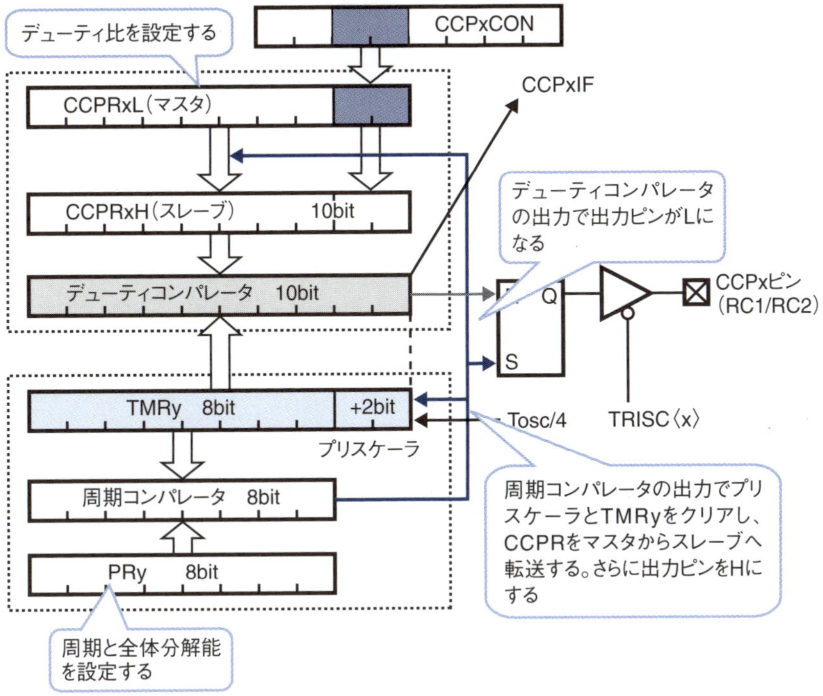

●図9-2-5 PWMモードの周期とデューティ

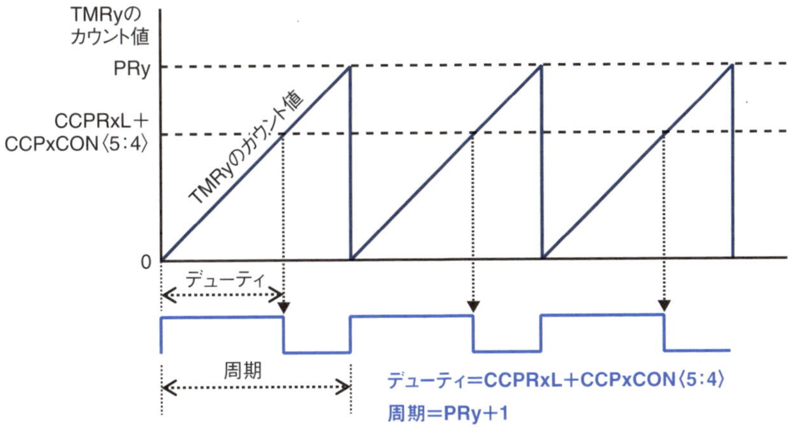

では、CCP出力とデューティの実際の設定の値と分解能はどのようになるでしょうか。これはTMRyのクロックがベースになり、式で表現すると、下記となります。

周期(μsec)=(PRy+1)×4×Tosc×(TMRyのプリスケール値)

デューティ分解能=TMRyの設定値

(Tosc:クロックパルス幅)

これを実際のクロック周波数に当てはめ、いくつかのケースでの実際の値を求めると、表9-2-1のようになります。周期の計算の仕方は上式に当てはめて、

例えば、クロック32MHzでPRy＝0xFF（＝255）、プリスケール＝1なら

周期＝256×（4/32）μsec×1＝32μsec　→31.25kHz

クロック8MHzなら

周期＝256×（4/8）μsec×1＝128μsec　→7.81kHz

となります。同様にしていくつかのケースを求めます。

▼表9-2-1　PWMの設定と周波数と分解能

(a) PICのクロックが32MHzのとき

PWMの周期（kHz）	1.95	7.81	31.25	62.5	125	250	500
プリスケーラ値	16	4	1	1	1	1	1
PRxの最大値	0xFF	0xFF	0xFF	0x7F	0x3F	0x1F	0x0F
分解能（ビット）(注)	10	10	10	9	8	7	6

（注）PRxより大きな値を設定するとデューティは常に100％となるので、PRxより大きな値を設定できないことによる限界。

(b) PICのクロックが8MHzのとき

PWMの周期（kHz）	1.95	7.81	15.63	31.25	62.5	125.0	250.0
プリスケーラ値	4	1	1	1	1	1	1
PRxの最大値	0xFF	0xFF	0x7F	0x3F	0x1F	0x0F	0x7
分解能（ビット）	10	10	9	8	7	6	5

この計算値からすると、10ビットの最大分解能を維持してPWM制御をする場合には、クロックが32MHzなら31.25kHz、8MHzなら7.81kHzが最大の周期ということになります。

9-2-4 ECCPのPWMモード

ECCPでのPWMモードの使い方を説明します。強化されたPWMモジュールの内部構成は図9-2-6のようになっていて、P1A、P1B、P1C、P1Dの4本の出力ピンを制御して下記の4つの動作を行います。いずれのモードの場合でも、ピンへの出力はアクティブHighかアクティブLowかを選択できるので、外部論理はどちらでも使うことができます。

このECCPモードはPIC16とPIC18でまったく同じ構成となっています。ただし、PIC18Fファミリでは40ピンのデバイスにのみ実装されており、28ピンのデバイスには実装されていないので注意して下さい。

- 単一PWM
- ハーフブリッジPWM
- フルブリッジPWM（正転）
- フルブリッジPWM（逆転）

●図9-2-6 ECCPのPWMモジュールの構成

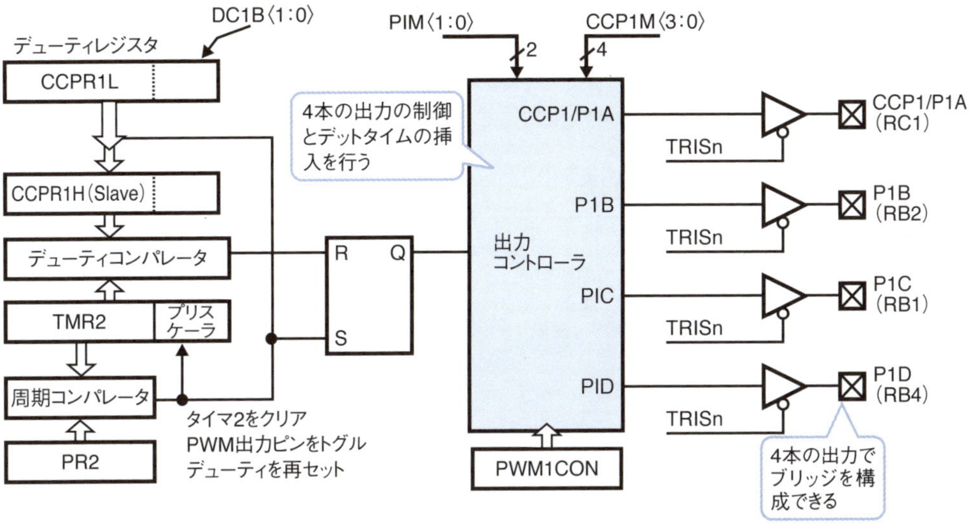

モードごとの出力信号

これらの4つのピンに対してモードごとに出力される信号は、アクティブHighの場合には図9-2-7のようになります。

●図9-2-7 PWMモードごとのパルス出力形式

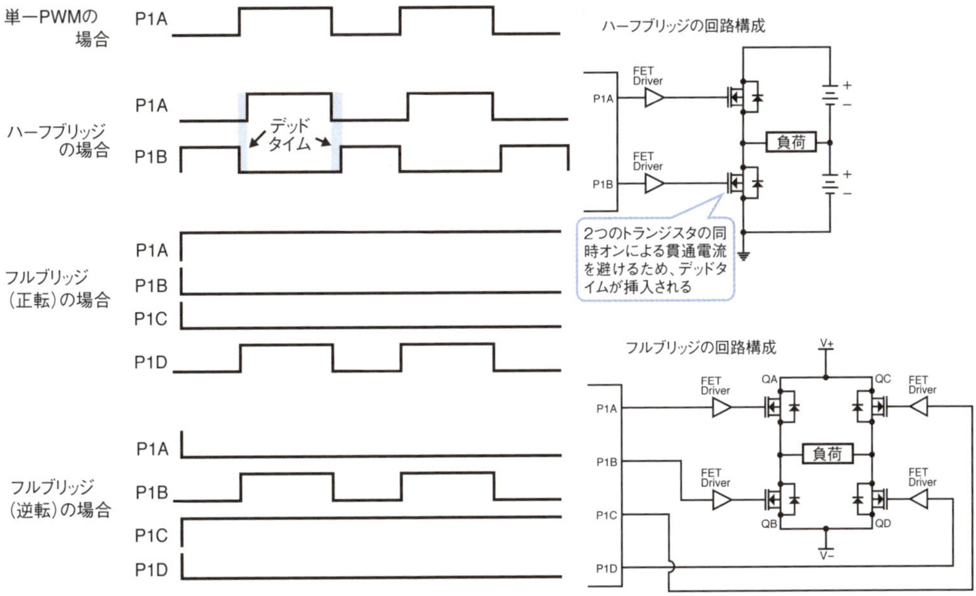

1 単一PWM

単一PWMの場合は、通常はP1Aピンにだけ PWM信号が出力されます。ただし図9-2-8に示すステアリングレジスタPSTRxCONレジスタの設定により、同じPWM信号を4ピンのどれにでも指定して出力することができ、複数ピンに同じPWM信号を出力することもできます。したがって、同じPWM信号を最大4つ出力することができます。

●図9-2-8　PSTRxCONレジスタの内容

PSTRxCONレジスタ	----	----	----	STRxSYNC	STRxD	STRxC	STRxB	STRxA

STRxSYNC：出力同期タイミング
1：PWM周期で変更
0：命令実行後すぐ変更

STRxY：出力するピンの指定
1：P1YピンをPWM出力とする
0：P1Yピンを汎用I/Oとする
極性はCCP1CONレジスタのCCPxM〈1:0〉による
（YはA、B、C、Dのいずれか）

2 ハーフブリッジ

ハーフブリッジの場合には図9-2-7に示したように、相補構成のPWM信号がP1AとP1Bに出力され、P1CとP1Dは汎用のI/Oピンとなります。

この場合、ハーフブリッジの回路構成に示したように2個のトランジスタが直列になって電源とグランドに接続されていますから、両方のトランジスタがオンオフを交代する際、トランジスタの動作遅れにより両方がオンになってしまう時間が発生し、貫通電流が流れて無駄な電気を消費したり、最悪はトランジスタが破壊されたりすることになります。これを避けるため、オンに切り替えるのを遅らせて両方がオフになる時間帯、つまりデッドバンドを自動的に挿入するようになっています。

デッドバンドの自動挿入は、バンド幅が設定できるようになっています。

3 フルブリッジ

フルブリッジの場合には、4つのピンに信号が出力されます。図9-2-7のフルブリッジの回路構成で示したように、正転と逆転で出力される信号でブリッジの異なる対角にあるトランジスタがオンとなるような信号が出力され、下側のトランジスタがPWMでドライブされます。

フルブリッジの場合には方向を切り替えるときだけ貫通電流の問題がありますが、通常動作中は貫通電流の心配はありません。また、回転方向を切り替える場合はソフトウェアで回避すれば問題ないので、フルブリッジの場合にはデッドバンドの自動挿入はありません。

自動シャットダウン機能

ECCPモジュールのPWMには、異常時のPWMの自動シャットダウン機能が用意されています。例えばモータがロックして過電流状態となった場合などに緊急でPWMを停止させる必要がありますが、この制御をソフトウェアで行うと時間がかかりすぎてダメージが大きくなるので、外部異常信号の入力によりハードウェアで直接PWMをシャットダウンさせる機能です。

この自動シャットダウンの要因として、アナログコンパレータの出力と外部割り込みピンへのデジタル入力が用意されていて、選択することができます。さらにシャットダウン時のPWM出力ピンの制御方法も選択できるようになっています。

これらのシャットダウン要因はレベル入力となっているので、要因が続いている限りシャットダウンを継続します。この要因が除かれたとき、PWM1CONレジスタのPRSENがセットされていれば自動的に再起動します。

このシャットダウンは、ECCPASEビットをソフトウェアでセットすることで手動でも制御できます。

9-2-5 CCP/ECCP制御用レジスタ

CCP、ECCPを制御するために用意されたレジスタには、図9-2-9のようなものがあります。

●図9-2-9 CCP/ECCP制御レジスタ

CCPxCONレジスタ（xは1～5）

PxM〈1:0〉	DCxB〈1:0〉	CCPxM〈3:0〉

PxM〈1:0〉：PWM出力構成
- PWMモードの場合
  - 00：P1AのみPWM出力他は汎用
  - 01：フルブリッジ正転（P1DがPWM、P1AHigh）
  - 10：ハーフブリッジ（P1AとP1Bが相補他は汎用）
  - 11：フルブリッジ逆転（P1BがPWM、P1CがHigh）
- 他のモードの場合
  - P1AのみCCP用入力で他は汎用I/O

DCxB〈1:0〉：デューティ下位データ
- PWMモード
  - Duty下位2ビット
- その他のモード
  - 使用せず

CCPxM〈3:0〉：CCP1モード選択
- 0000：キャプチャ/コンペア/PWMオフ（リセット）
- 0001：未使用
- 0010：コンペアモード（一致時出力トグル）
- 0011：未使用
- 0100：キャプチャモード（立ち下がりエッジごと）
- 0101：キャプチャモード（立ち上がりエッジごと）
- 0110：キャプチャモード（4回目の立ち上がりエッジ）
- 0111：キャプチャモード（16回目の立ち上がりエッジ）
- 1000：コンペアモード（一致で出力High）
- 1001：コンペアモード（一致で出力Low）
- 1010：コンペアモード（一致で割り込み 出力ピンは汎用I/O）
- 1011：コンペアモード（スペシャルイベントトリガ）（タイマyリセット、A/D変換開始）
- ECCPのみ：
  - 11xx：PWMモード
  - 1100：PWMモード（P1A, P1B, P1C, P1D アクティブHigh）
  - 1101：PWMモード（P1A, P1Cアクティブ High、P1B、P1DアクティブLow）
  - 1110：PWMモード（P1A, P1CアクティブLow、P1B.P1DアクティブHigh）
  - 1111：PWMモード（P1A, P1B, P1C, P1D アクティブLow）

CCPTMRS0レジスタ

C4TSEL〈1:0〉	C3TSEL〈1:0〉	C2TSEL〈1:0〉	C1TSEL〈1:0〉
C4TSEL〈1:0〉：CCP4タイマ選択	C3TSEL〈1:0〉：CCP3タイマ選択	C2TSEL〈1:0〉：CCP2タイマ選択	C1TSEL〈1:0〉：CCP1タイマ選択

CCPTMRS1レジスタ

----	----	----	----	----	----	C5TSEL〈1:0〉

C5TSEL〈1:0〉：CCP5タイマ選択

- 00：PWM用にタイマ2を選択
- 01：PWM用にタイマ4を選択
- 10：PWM用にタイマ6を選択
- 11：未使用

●図9-2-9　CCP/ECCP制御レジスタ（続き）

PWMxCONレジスタ

PxRSEN	PxDC〈6:0〉

PxRSEN：PWM再スタート有効化
　1：CCPxASEビットを自動クリアし
　　自動再スタート有効化
　0：再スタート無効
　　CCPxASEビットをソフトでクリア

PxDC〈6:0〉：PWM遅延カウンタ
　デッドバンド用遅延（命令サイクル単位）

CCPxASレジスタ
（xは1〜5）

CCPxASE	CCPxAS〈2:0〉	PSSxAD〈1:0〉	PSSxBD〈1:0〉

CCPxASE：シャットダウン状態
　1：CCPxシャットダウン中
　0：CCPx動作中

CCPxAS〈2:0〉：シャットダウン要因選択
　000：シャットダウン無効
　001：コンパレータC1出力High
　010：コンパレータC2出力High
　011：C1またはC2の出力High
　100：INTピンがLow
　101：INTピンLowかC1出力High
　110：INTピンLowかC2出力High
　111：INTピンLowかC1かC2出力High

PSSxAC〈1:0〉：P1A、P1C
　シャットダウン時制御指定

PSSxBC〈1:0〉：P1B、P1D
　シャットダウン時制御指定

　00：ピンをLowとする
　01：ピンをHighとする
　1x：ピンをハイインピーダンスとする

CCPxCONレジスタで基本的な動作モードを設定します。CCPとECCPで異なるのは、PWMモードの場合だけです。

PWMモードの場合には、CCPTMRS0とCCPTMR1レジスタで連携するタイマをタイマ2、タイマ4、タイマ6から選択することができます。

さらにPWMモードの場合、PWMxCONレジスタでシャットダウン条件がなくなった後に自動的に再スタートするか、手動スタートにするかを選択でき、さらにデッドバンド幅を設定することもできます。

CCPxASレジスタでは、ECCPのPWMモードのときのシャットダウン入力の選択と、シャットダウンの際の制御内容を指定することができます。

9-2-6　CCPの使用例

CCPを単純PWMモードで使った簡単な例題がリスト9-2-1となります。この例題では、F1評価ボードを使用し、PWM出力でLEDを駆動しています。

D1のLEDがピンRD1、つまりCCP4の出力ピンに接続されているので、CCP4をPWMモードで使ってLEDを制御します。

常時POTの電圧を入力してデューティ比に設定することで、連続的にデューティが可変できるようにしています。これで、POTをまわすとD1の明るさが連続的に変化します。

入出力ピンの初期設定後、タイマ2、A/Dコンバータ、CCP4の初期設定を行ってからタイマ2をスタートさせてPWM出力を開始します。

メインループでは、POTの電圧を10ビットで入力し、それをそのままCCP4のデューティとして設定しています。これを永久に繰り返しています。

リスト 9-2-1 CCPの使用例

クロック設定

入出力ピン初期設定

タイマ2で周期設定

A/Dコンバータ初期設定

CCP4初期設定。
単純PWMモード

POTの電圧入力

CCP4のデューティに
セット

```
/*****************************************************
   *  CCPの使い方
   *   F1評価ボードを使用
   *   POTによりCCPのデューティを変更してD1の明るさ制御
   *   ファイル名：PWM.c
*****************************************************/
#include  <pic.h>
/***** コンフィギュレーションの設定 *********/
__CONFIG(FOSC_INTOSC & WDTE_OFF & PWRTE_OFF & MCLRE_ON & CP_OFF
    & CPD_OFF & BOREN_ON & CLKOUTEN_OFF & IESO_OFF & FCMEN_OFF);
__CONFIG(WRT_OFF & PLLEN_ON & STVREN_OFF & LVP_OFF);
#define _XTAL_FREQ  32000000
/******* メインループ   *********/
void main()
{
    /* クロック周波数の設定 */
    OSCCON = 0x70;                  // 8MHz PLL On = 32MHz
    /* 入出力ポートの設定 */
    LATE = 0;                       // D2-4 消灯
    ANSELB = 0x04;                  // RB2のみアナログ入力
    ANSELD = 0x00;                  // すべてデジタルピン
    ANSELE = 0x00;                  // すべてデジタルピン
    TRISB  = 0x04;                  // RB2のみ入力
    TRISD  = 0x04;                  // RD2以外出力
    TRISE  = 0x00;                  // すべて出力
    /** タイマ2初期設定 **/
    T2CON = 0x00;                   // 8MHzクロック、プリスケーラ1/1
    PR2 = 0xFF;                     // 周期設定 8MHz/256 = 31.25kHz
    TMR2 = 0;                       // タイマ2カウンタリセット
    /** ADC初期化 **/
    ADCON0 = 0x21;                  // AN8/RB2選択
    ADCON1 = 0x20;                  // Fosc/32, VDD-VSS  左詰め
    /** CCP4初期設定***/
    CCP4CON = 0x0F;                 // 単純PWMモード
    CCPTMRS0 = 0;                   // タイマ2選択
    TMR2ON = 1;                     // タイマ2スタート
    /******** メインループ  ********/
    while(1) {                      // 永久ループ
        /** POT電圧入力**/
        ADCON0 = 0x21;              // AN8/RB2選択
        __delay_us(20);             // アクイジションタイム待ち
        GO = 1;                     // 変換開始
        while(GO);                  // 変換終了待ち
        /** デューティのセット **/
        CCPR4L = ADRESH;            // デューティ上位設定
        CCP4CON |= (ADRESL >> 2);   // デューティ下位設定
    }
}
```

参考文献

1. 「MPLAB X IDE User' s Guide」 DS52027B

2. 「MPLAB XC8 C Compiler User' s Guide」 DS52053B

3. 「PIC16(L)F1508/9 Data Sheet」 DS41609A

4. 「PIC16(L)F1825/1829 Data Sheet」 DS41440C

5. 「PIC16(L)F1782/3　Data Sheet」 DS41579D

6. 「PIC16(L)F1934/6/7 Data Sheet」 DS41364

7. 「MCP3422/3/4　Data Sheet」 DS22088C

PIC16F1 family

索引 INDEX

実機デバッグ	143	PWM	355, 426, 428
実行時間の測定	138	PWMモジュール	224
シミュレータ	90, 130	RCサーボ	229
スタートアップ画面	109	RETFIE	41
ソースファイル	115	RETLW	41
デバッガ	92, 143	RETURN	41, 48
デバッグ	130	RS232C	256
入手	99	SFR	43
入力ピンへの擬似入力	139	sleep	76
ブレークポイント	133	SPI	268
プログラマ	92	STATUS reg	34
プロジェクト作成	110	TRISxレジスタ	79
プロダクトマネージャ	90	W reg	34
メモリ内容の表示、変更	137	WDT	70
ライブラリアン	90	xc.h	148, 156
リンカ	90		
ロジックアナライザ	141	●あ行●	
MPLAB X XC Suite C コンパイラ	90, 105	アクイジションタイム	198
MPLIB	90	アセンブラ命令	33
MPLINK	90	アナログコンパレータ	205
MSSP	268	インクルードファイル	146
MUX	34	ウェイクアップ	76
NCOモジュール	221	ウォッチドッグタイマ	70
OPTION_REG レジスタ	175	液晶表示器	233, 292, 384
PC	40	液晶表示器用ライブラリ	238, 299
PIC12F15xx	180	エスケープ文字	154
PIC12F18xx	254	エディタ	90, 116, 125
PIC16F15xx	180	オプションボード	23
PIC16F17xx	338	オペアンプ	348
PIC16F18xx	254	温度インジケータ	223
PIC16F19xx	382	オンボードシリアル通信	268
PICkit 3	93, 143		
PICプログラマ	89, 93	●か行●	
PIM	23	開発環境	88
Plug in Module	23	外部発振器	64
POR	57	外部割り込み	175
PORTxレジスタ	79	間欠動作	71
PRO MATE3	92	関数	48, 149, 150
PSMC	355	間接アクセス	46

さ行

た行

な行

ダウンロードファイルの内容

以下のWebサイトから、本書で使用したPIC16F1ファミリの例題プログラムや、製作例の回路図・パターン図・実装図がダウンロードできます。

http://gihyo.jp/book/2013/978-4-7741-5646-0/support

ダウンロードファイルを解凍すると、各章ごとに下記のような内容になっています。

(1) F1Bookフォルダ
PICマイコンのファームウェアのソースファイルや実行ファイルなどが格納されています。

(2) ハードウェアフォルダ（第5章～第8章）
製作例の図面のPDFファイルが格納されています。
xxxSCH.pdf：回路図　拡大
xxxBRD.pdf：実装図　拡大
xxxPTN.pdf：プリント基板のパターン図　実寸

パターン図のPDFファイルについては、原寸のままで印刷すれば、感光用のパターン図として使えるようになっています。インクジェットプリンタ用フィルムにインクジェットプリンタで濃い目に印刷すると、きれいに感光できます。

なお、本文に記載または上記Webサイトからダウンロードしたプログラムについては、すべて使用者の責任においてご使用ください。

使用したことで生じた、いかなる直接的、間接的損害に対しても、弊社、著者、編集者、その他書籍製作に関わったすべての個人、団体、企業は、一切の責任を負いません。あらかじめご承知おきください。

■著者紹介
後閑 哲也　Tetsuya Gokan
1947 年　愛知県名古屋市で生まれる
1971 年　東北大学　工学部　応用物理学科卒業
1996 年　ホームページ「電子工作の実験室」を開設
子供のころからの電子工作の趣味の世界と、仕事として
いるコンピュータの世界を融合した遊びの世界を紹介
「PIC 活用ガイドブック」「誰でも手軽にできる電子工作入門」
「C 言語による PIC プログラミング入門」
2003 年　有限会社マイクロチップ・デザインラボ設立

e-mail　gokan@picfun.com
URL　http://www.picfun.com/

●カバーデザイン　平塚兼右（PiDEZA）
●カバーイラスト　石川ともこ
●本文デザイン　SeaGrape
● DTP　（有）フジタ
●編集　藤澤奈緒美

電子工作のためのPIC16F1ファミリ活用ガイドブック

2013年 5月15日　初版　第1刷発行
2020年11月12日　初版　第3刷発行

著　者　後閑　哲也
発行者　片岡　巌
発行所　株式会社技術評論社
東京都新宿区市谷左内町21-13
電話　03-3513-6150　販売促進部
03-3513-6166　書籍編集部
印刷／製本　昭和情報プロセス株式会社

定価はカバーに表示してあります。

ISBN978-4-7741-5646-0 C3055
Printed in Japan

■注意
本書に関するご質問は、FAXや書面でお願いいたします。電話での直接のお問い合わせには一切お答えできませんので、あらかじめご了承下さい。また、以下に示す弊社のWebサイトでも質問用フォームを用意しておりますのでご利用下さい。
ご質問の際には、書籍名と質問される該当ページ、返信先を明記してください。e-mailをお使いになれる方は、メールアドレスの併記をお願いいたします。

■連絡先
〒162-0846
東京都新宿区市谷左内町21-13
(株) 技術評論社　書籍編集部
「電子工作のためのPIC16F1ファミリ活用ガイドブック」係
FAX番号：03-3513-6183
Webサイト：https://gihyo.jp